1章 ベクトル

1 平面上のベクトル

p.19 Quick Check 1

① (1) $\overrightarrow{\mathrm{EF}}$, $\overrightarrow{\mathrm{BC}}$

(2) $\overrightarrow{\mathrm{CA}}$, $\overrightarrow{\mathrm{BD}}$, $\overrightarrow{\mathrm{DB}}$

(3) $\overrightarrow{\mathrm{EB}}$, $\overrightarrow{\mathrm{AB}}$, $\overrightarrow{\mathrm{DF}}$, $\overrightarrow{\mathrm{FC}}$, $\overrightarrow{\mathrm{DC}}$

(4) $\overrightarrow{\mathrm{FA}}$, $\overrightarrow{\mathrm{CE}}$

② 〔1〕 (1)

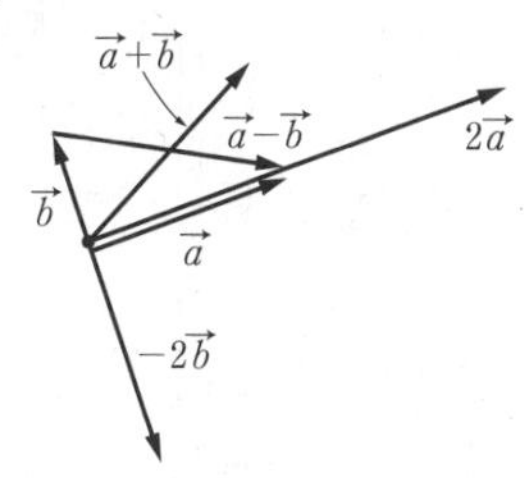

(2)

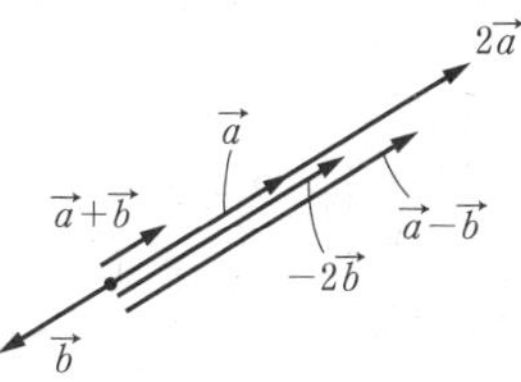

〔2〕 (1) $5\vec{a}+2(-\vec{a}+2\vec{b})=5\vec{a}-2\vec{a}+4\vec{b}$

$=\boldsymbol{3\vec{a}+4\vec{b}}$

(2) $2\vec{a}-3\vec{b}-(\vec{a}-2\vec{b})$

$=2\vec{a}-3\vec{b}-\vec{a}+2\vec{b}$

$=\boldsymbol{\vec{a}-\vec{b}}$

(3) $3(\vec{a}-2\vec{b})-2(2\vec{a}-4\vec{b})$

$=3\vec{a}-6\vec{b}-4\vec{a}+8\vec{b}$

$=\boldsymbol{-\vec{a}+2\vec{b}}$

(4) $-\dfrac{1}{3}(2\vec{a}-3\vec{b})-\dfrac{1}{2}(3\vec{a}+2\vec{b})$

$=-\dfrac{2}{3}\vec{a}+\vec{b}-\dfrac{3}{2}\vec{a}-\vec{b}=\boldsymbol{-\dfrac{13}{6}\vec{a}}$

〔3〕 (1) $\boldsymbol{\pm\dfrac{\vec{a}}{5}}$ (2) $\boldsymbol{2\vec{e}}$

③ (1) $\boldsymbol{k=-1,\ l=3}$

(2) $k\vec{c}+l\vec{d}=k(2\vec{a})+l(\vec{a}+\vec{b})$

$=(2k+l)\vec{a}+l\vec{b}$

よって $5\vec{a}+3\vec{b}=(2k+l)\vec{a}+l\vec{b}$

ゆえに $5=2k+l$ かつ $3=l$

したがって $\boldsymbol{k=1,\ l=3}$

練習 1 右の図のベクトル$\vec{a}$と次の関係にあるベクトルをすべて求めよ。

(1) 同じ向きのベクトル
(2) 大きさの等しいベクトル
(3) 等しいベクトル
(4) 逆ベクトル

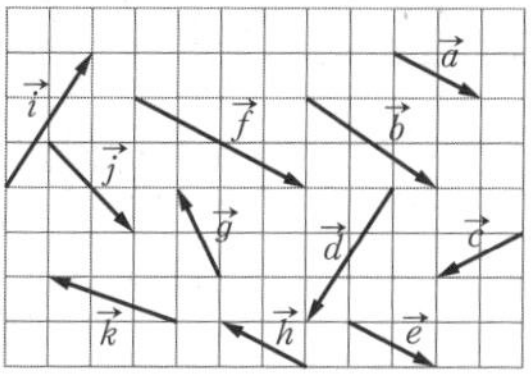

---

(1) 大きさは考えずに，$\vec{a}$と平行で矢印の向きが同じベクトルであるから

$\boldsymbol{\vec{e},\ \vec{f}}$

◀向きは，各ベクトルを対角線とする四角形をもとに考える。

(2) 向きは考えずに，$\vec{a}$と大きさが等しいベクトルであるから

$\boldsymbol{\vec{c},\ \vec{e},\ \vec{g},\ \vec{h}}$

(3) $\vec{a}$と平行，矢印の向きが同じで，大きさも等しいベクトルであるから

$\boldsymbol{\vec{e}}$

◀(1)と(2)のどちらにも入っているベクトルを求めればよい。

(4) $\vec{a}$と平行，矢印の向きが反対で，大きさが等しいベクトルであるから

$\boldsymbol{\vec{h}}$

練習 2　右の図の 3 つのベクトル $\vec{a}$, $\vec{b}$, $\vec{c}$ について，次のベクトルを図示せよ。ただし，始点は O とせよ。

(1) $\vec{a}+\dfrac{1}{2}\vec{b}$　　(2) $\vec{a}+\dfrac{1}{2}\vec{b}-\vec{c}$

(3) $\vec{a}-\vec{b}-2\vec{c}$

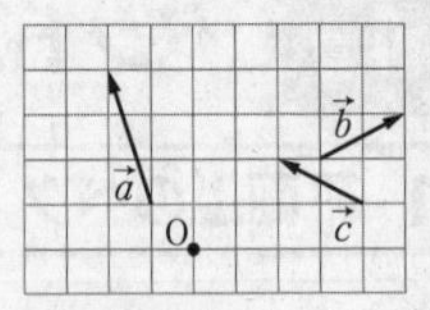

(1)

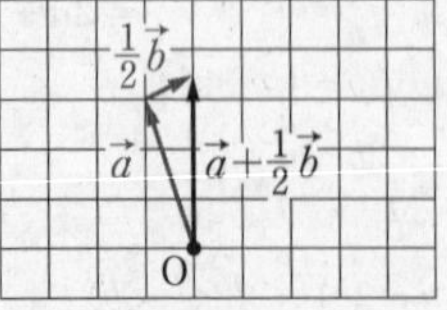

(2)　$\vec{a}+\dfrac{1}{2}\vec{b}-\vec{c}$

$=\left(\vec{a}+\dfrac{1}{2}\vec{b}\right)+(-\vec{c})$

と考えて，(1) の結果を利用すると，

右の図 のようになる。

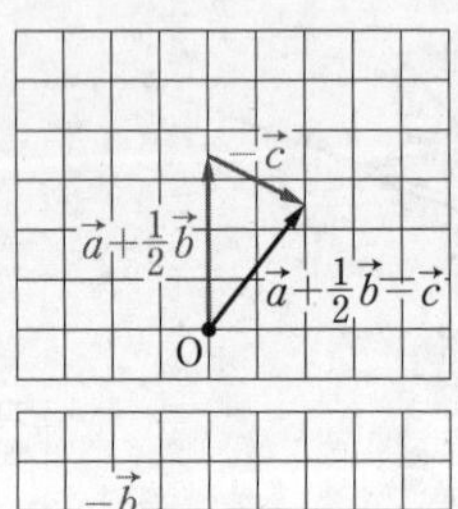

(3)　$\vec{a}-\vec{b}-2\vec{c}$

$=\vec{a}+(-\vec{b})+(-2\vec{c})$

と考えると，**右の図** のようになる。

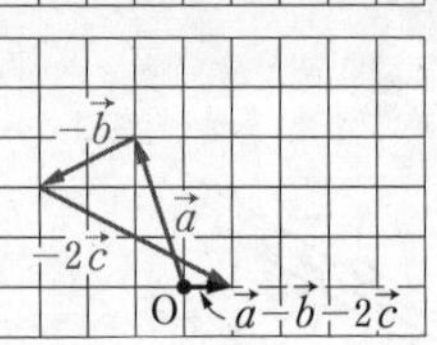

◀ (1) において，$\dfrac{1}{2}\vec{b}$ は $\vec{b}$ と同じ向きで，大きさが $\dfrac{1}{2}$ のベクトルである。求めるベクトルは，$\vec{a}$ の終点に $\dfrac{1}{2}\vec{b}$ の始点を重ねると，$\vec{a}$ の始点から $\dfrac{1}{2}\vec{b}$ の終点へ向かうベクトルである。

練習 3　平面上に 2 つのベクトル $\vec{a}$, $\vec{b}$ がある。

(1) $\vec{p}=\vec{a}+\vec{b}$, $\vec{q}=\vec{a}-\vec{b}$ のとき，$2(\vec{p}-3\vec{q})+3(\vec{p}+4\vec{q})$ を $\vec{a}$, $\vec{b}$ で表せ。

(2) $\vec{b}-3\vec{x}+5\vec{a}=2(\vec{a}+5\vec{b}-\vec{x})$ を満たす $\vec{x}$ を $\vec{a}$, $\vec{b}$ で表せ。

(3) $3\vec{x}+\vec{y}=9\vec{a}-7\vec{b}$, $2\vec{x}-\vec{y}=\vec{a}-8\vec{b}$ を同時に満たす $\vec{x}$, $\vec{y}$ を $\vec{a}$, $\vec{b}$ で表せ。

(1)　$2(\vec{p}-3\vec{q})+3(\vec{p}+4\vec{q})=2\vec{p}-6\vec{q}+3\vec{p}+12\vec{q}$

$=5\vec{p}+6\vec{q}$

$=5(\vec{a}+\vec{b})+6(\vec{a}-\vec{b})$

$=5\vec{a}+5\vec{b}+6\vec{a}-6\vec{b}=\mathbf{11\vec{a}-\vec{b}}$

(2)　$\vec{b}-3\vec{x}+5\vec{a}=2(\vec{a}+5\vec{b}-\vec{x})$ より

$\vec{b}-3\vec{x}+5\vec{a}=2\vec{a}+10\vec{b}-2\vec{x}$

$-\vec{x}=-3\vec{a}+9\vec{b}$

よって　$\mathbf{\vec{x}=3\vec{a}-9\vec{b}}$

(3)　$3\vec{x}+\vec{y}=9\vec{a}-7\vec{b}$ …①，$2\vec{x}-\vec{y}=\vec{a}-8\vec{b}$ …② とおく。

①＋② より　$5\vec{x}=10\vec{a}-15\vec{b}$

よって　$\mathbf{\vec{x}=2\vec{a}-3\vec{b}}$

①×2−②×3 より　$5\vec{y}=15\vec{a}+10\vec{b}$

よって　$\mathbf{\vec{y}=3\vec{a}+2\vec{b}}$

◀ まず，$\vec{p}$, $\vec{q}$ について式を整理し，その後 $\vec{p}=\vec{a}+\vec{b}$ と $\vec{q}=\vec{a}-\vec{b}$ を代入する。

◀ x に関する 1 次方程式 $b-3x+5a=2(a+5b-x)$ と同じ手順で解けばよい

◀ x, y の連立方程式 $\begin{cases}3x+y=9a-7b\\2x-y=a-8b\end{cases}$ と同じ手順で解けばよい

練習 4 右の図の正六角形 ABCDEF において，$\overrightarrow{OA}=\vec{a}$，$\overrightarrow{OB}=\vec{b}$ とするとき，次のベクトルを $\vec{a}$，$\vec{b}$ で表せ。

(1) $\overrightarrow{BC}$　(2) $\overrightarrow{DE}$　(3) $\overrightarrow{FD}$　(4) $\overrightarrow{CE}$

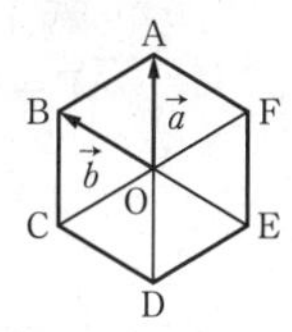

(1) BC // AO，BC = AO より

$$\overrightarrow{BC}=\overrightarrow{AO}=-\overrightarrow{OA}=-\vec{a}$$

◀ $\overrightarrow{AO}=-\vec{a}$

(2) $\overrightarrow{DE}=\overrightarrow{BA}=\overrightarrow{BO}+\overrightarrow{OA}=-\overrightarrow{OB}+\overrightarrow{OA}=\vec{a}-\vec{b}$

◀ $\overrightarrow{BO}=-\vec{b}$，$\overrightarrow{OA}=\vec{a}$

(3) $\overrightarrow{FD}=\overrightarrow{FA}+\overrightarrow{AD}$

ここで　$\overrightarrow{FA}=\overrightarrow{OB}=\vec{b}$，

$\overrightarrow{AD}=2\overrightarrow{AO}=-2\overrightarrow{OA}=-2\vec{a}$

よって　$\overrightarrow{FD}=\vec{b}+(-2\vec{a})=-2\vec{a}+\vec{b}$

◀ FA // OB，FA = OB
AD // AO，AD = 2AO

(4) $\overrightarrow{CE}=\overrightarrow{CB}+\overrightarrow{BE}$

ここで　$\overrightarrow{CB}=\overrightarrow{OA}=\vec{a}$，$\overrightarrow{BE}=2\overrightarrow{BO}=-2\overrightarrow{OB}=-2\vec{b}$

よって　$\overrightarrow{CE}=\vec{a}+(-2\vec{b})=\vec{a}-2\vec{b}$

◀ CB // OA，CB = OA
BE // BO，BE = 2BO

練習 5 AB = 3 であるひし形 ABCD において，辺 BC を 1:2 に内分する点を E とする。$\overrightarrow{AB}$，$\overrightarrow{AD}$ と同じ向きの単位ベクトルをそれぞれ $\vec{a}$，$\vec{b}$ とするとき

(1) $\overrightarrow{AC}$，$\overrightarrow{BD}$，$\overrightarrow{AE}$ を $\vec{a}$，$\vec{b}$ で表せ。

(2) $\overrightarrow{AC}=\vec{p}$，$\overrightarrow{BD}=\vec{q}$ とするとき，$\overrightarrow{AE}$ を $\vec{p}$，$\vec{q}$ で表せ。

(1) AB = AD = 3 であるから

$$\overrightarrow{AB}=3\vec{a},\ \overrightarrow{AD}=3\vec{b}$$

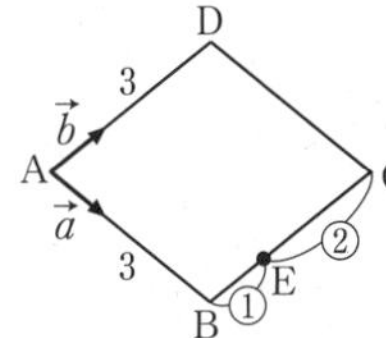

◀ 四角形 ABCD はひし形であるから，4 辺の長さはすべて等しい。

よって　$\overrightarrow{AC}=\overrightarrow{AB}+\overrightarrow{BC}$

$=\overrightarrow{AB}+\overrightarrow{AD}$

$=3\vec{a}+3\vec{b}$

◀ 四角形 ABCD はひし形であるから $\overrightarrow{BC}=\overrightarrow{AD}$

また　$\overrightarrow{BD}=\overrightarrow{BA}+\overrightarrow{AD}$

$=-\overrightarrow{AB}+\overrightarrow{AD}=-3\vec{a}+3\vec{b}$

◀ $\overrightarrow{BD}=\overrightarrow{AD}-\overrightarrow{AB}$ としてもよい。

$\overrightarrow{AE}=\overrightarrow{AB}+\overrightarrow{BE}$

$=\overrightarrow{AB}+\dfrac{1}{3}\overrightarrow{BC}$

$=\overrightarrow{AB}+\dfrac{1}{3}\overrightarrow{AD}=3\vec{a}+\vec{b}$

(2) (1) より　$\begin{cases}\vec{p}=3\vec{a}+3\vec{b} & \cdots ① \\ \vec{q}=-3\vec{a}+3\vec{b} & \cdots ②\end{cases}$

◀ a，b の連立方程式
$\begin{cases}p=3a+3b \\ q=-3a+3b\end{cases}$
と同様に解けばよい。

①＋② より　$\vec{p}+\vec{q}=6\vec{b}$

よって　$\vec{b}=\dfrac{1}{6}(\vec{p}+\vec{q})$

①－② より　$\vec{p}-\vec{q}=6\vec{a}$

よって　$\vec{a}=\dfrac{1}{6}(\vec{p}-\vec{q})$

したがって

$$\overrightarrow{\mathrm{AE}} = 3\vec{a}+\vec{b}$$
$$= 3\times\frac{1}{6}(\vec{p}-\vec{q})+\frac{1}{6}(\vec{p}+\vec{q}) = \frac{2}{3}\vec{p}-\frac{1}{3}\vec{q}$$

p.25 問題編 1 平面上のベクトル

問題 1 右の図において，次の条件を満たすベクトルの組をすべて求めよ。

(1) 大きさの等しいベクトル

(2) 互いに逆ベクトル

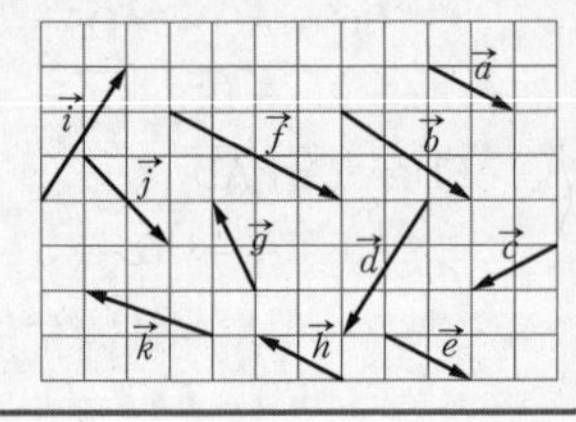

(1) 向きを考えずに，大きさが等しいベクトルであるから

$\vec{a}$ と $\vec{c}$ と $\vec{e}$ と $\vec{g}$ と $\vec{h}$，　$\vec{b}$ と $\vec{d}$ と $\vec{i}$

(2) 互いに平行，矢印の向きが反対で，大きさが等しいベクトルであるから

$\vec{a}$ と $\vec{h}$，　$\vec{e}$ と $\vec{h}$，　$\vec{d}$ と $\vec{i}$

問題 2 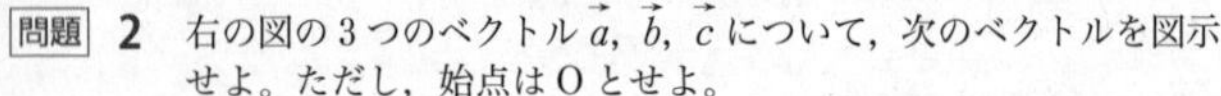右の図の3つのベクトル $\vec{a}$，$\vec{b}$，$\vec{c}$ について，次のベクトルを図示せよ。ただし，始点はOとせよ。

(1) $\vec{d} = \frac{3}{2}(\vec{b}-\vec{a})+\frac{1}{2}(3\vec{a}+2\vec{c})+\frac{1}{2}\vec{b}$

(2) $\vec{e} = (2\vec{a}-\vec{b})+(\vec{b}-\vec{c})+(\vec{c}-\vec{a})$

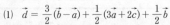

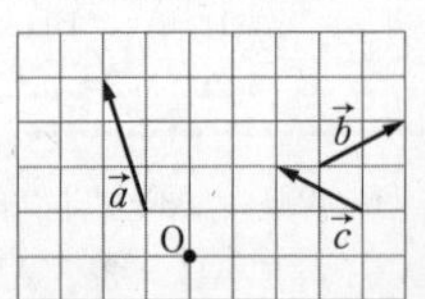

(1) $\vec{d} = \frac{3}{2}(\vec{b}-\vec{a})+\frac{1}{2}(3\vec{a}+2\vec{c})+\frac{1}{2}\vec{b}$

$= \frac{3}{2}\vec{b}-\frac{3}{2}\vec{a}+\frac{3}{2}\vec{a}+\vec{c}+\frac{1}{2}\vec{b}$

$= 2\vec{b}+\vec{c}$

よって，**右の図** のようになる。

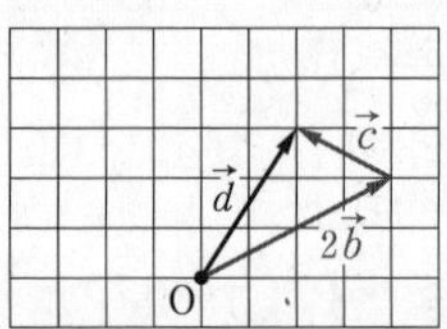

◀計算をして，式を簡単にしてから，ベクトルを考える。

(2) $\vec{e} = (2\vec{a}-\vec{b})+(\vec{b}-\vec{c})+(\vec{c}-\vec{a})$

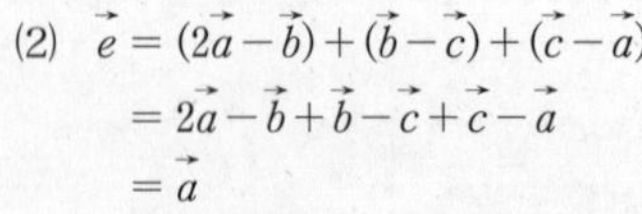

$= 2\vec{a}-\vec{b}+\vec{b}-\vec{c}+\vec{c}-\vec{a}$

$= \vec{a}$

よって，**右の図** のようになる。

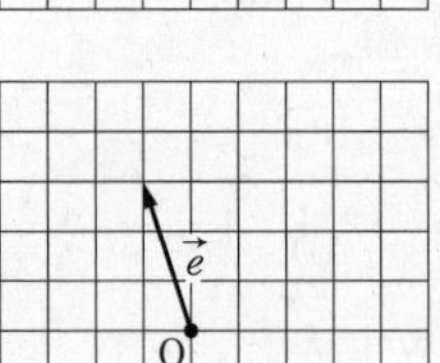

問題 3 次の等式を同時に満たす $\vec{x}$，$\vec{y}$，$\vec{z}$ を $\vec{a}$，$\vec{b}$ で表せ。

$\vec{x}+\vec{y}+2\vec{z} = 3\vec{a}$，$2\vec{x}-3\vec{y}-2\vec{z} = 8\vec{a}+4\vec{b}$，$-\vec{x}+2\vec{y}+6\vec{z} = -2\vec{a}-9\vec{b}$

$$\vec{x}+\vec{y}+2\vec{z}=3\vec{a} \quad \cdots ①$$
$$2\vec{x}-3\vec{y}-2\vec{z}=8\vec{a}+4\vec{b} \quad \cdots ②$$
$$-\vec{x}+2\vec{y}+6\vec{z}=-2\vec{a}-9\vec{b} \quad \cdots ③$$

とおく。

①＋② より　$3\vec{x}-2\vec{y}=11\vec{a}+4\vec{b}$　…④

①×3－③ より　$4\vec{x}+\vec{y}=11\vec{a}+9\vec{b}$　…⑤

④＋⑤×2 より　$11\vec{x}=33\vec{a}+22\vec{b}$

よって　$\boldsymbol{\vec{x}=3\vec{a}+2\vec{b}}$　…⑥

これを ⑤ に代入すると　$4(3\vec{a}+2\vec{b})+\vec{y}=11\vec{a}+9\vec{b}$

よって　$\boldsymbol{\vec{y}=-\vec{a}+\vec{b}}$　…⑦

⑥，⑦ を ① に代入すると　$(3\vec{a}+2\vec{b})+(-\vec{a}+\vec{b})+2\vec{z}=3\vec{a}$

よって　$\boldsymbol{\vec{z}=\frac{1}{2}\vec{a}-\frac{3}{2}\vec{b}}$

◀ x，y，z に関する連立 3 元 1 次方程式
$\begin{cases} x+y+2z=3a \\ 2x-3y-2z=8a+4b \\ -x+2y+6z=-2a-9b \end{cases}$
と同じ手順で解けばよい。

問題 4　右の図の正六角形 ABCDEF において，辺 BC，DE の中点をそれぞれ点 P，Q とし，$\overrightarrow{AB}=\vec{a}$，$\overrightarrow{AF}=\vec{b}$ とするとき，次のベクトルを $\vec{a}$，$\vec{b}$ で表せ。

(1) $\overrightarrow{AP}$　　(2) $\overrightarrow{AQ}$　　(3) $\overrightarrow{PQ}$

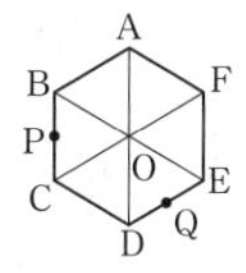

(1) $\overrightarrow{AP}=\overrightarrow{AB}+\overrightarrow{BP}$

点 P は BC の中点であり，

BC ∥ AO，BC = AO であるから

$$\overrightarrow{BP}=\frac{1}{2}\overrightarrow{BC}=\frac{1}{2}\overrightarrow{AO}$$

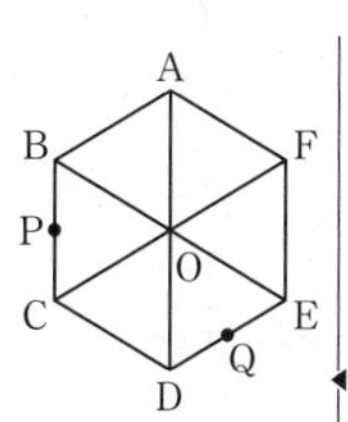

ここで　$\overrightarrow{AO}=\overrightarrow{AB}+\overrightarrow{BO}=\overrightarrow{AB}+\overrightarrow{AF}=\vec{a}+\vec{b}$

◀ BO ∥ AF，BO = AF

よって　$\overrightarrow{BP}=\frac{1}{2}\vec{a}+\frac{1}{2}\vec{b}$

したがって　$\overrightarrow{AP}=\vec{a}+\left(\frac{1}{2}\vec{a}+\frac{1}{2}\vec{b}\right)=\boldsymbol{\frac{3}{2}\vec{a}+\frac{1}{2}\vec{b}}$

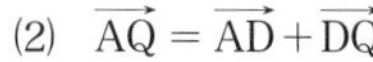

(2) $\overrightarrow{AQ}=\overrightarrow{AD}+\overrightarrow{DQ}$

点 Q は DE の中点であり，DE ∥ BA，DE = BA であるから

$$\overrightarrow{DQ}=\frac{1}{2}\overrightarrow{DE}=\frac{1}{2}\overrightarrow{BA}=\frac{1}{2}(-\vec{a})=-\frac{1}{2}\vec{a}$$

◀ $\overrightarrow{BA}$ は $\overrightarrow{AB}$ の逆ベクトル

ここで　$\overrightarrow{AD}=2\overrightarrow{AO}=2(\overrightarrow{AB}+\overrightarrow{AF})=2(\vec{a}+\vec{b})$

よって　$\overrightarrow{AQ}=2(\vec{a}+\vec{b})+\left(-\frac{1}{2}\vec{a}\right)=\boldsymbol{\frac{3}{2}\vec{a}+2\vec{b}}$

(3) $\overrightarrow{PQ}=\overrightarrow{AQ}-\overrightarrow{AP}$

$$=\left(\frac{3}{2}\vec{a}+2\vec{b}\right)-\left(\frac{3}{2}\vec{a}+\frac{1}{2}\vec{b}\right)=\boldsymbol{\frac{3}{2}\vec{b}}$$

◀ $\overrightarrow{PQ}=\overrightarrow{\square Q}-\overrightarrow{\square P}$

問題 **5** 1辺の長さが1の正五角形ABCDEにおいて，$\overrightarrow{AB}=\vec{a}$，$\overrightarrow{AE}=\vec{b}$ とする。対角線ACとBEの交点をFとおくとき，$\overrightarrow{AF}$ を $\vec{a}$，$\vec{b}$ で表せ。

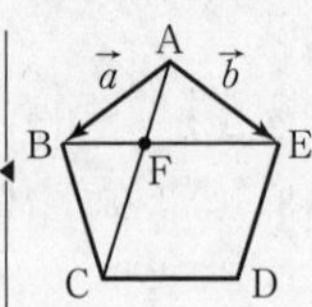

正五角形の1つの内角の大きさは

$$180^\circ\times 3\div 5=108^\circ$$

△BCA，△ABEは頂角が108°，2つの底角がそれぞれ36°の合同な二等辺三角形である。

また，△EAFにおいて

$$\angle EAF=\angle EAB-\angle BAC$$
$$=108^\circ-36^\circ=72^\circ$$
$$\angle EFA=\angle FAB+\angle FBA$$
$$=36^\circ+36^\circ=72^\circ$$

◀△FABにおいて∠EFAは∠AFBの外角である。

よって，∠EAF＝∠EFA より　AE＝FE＝1

次に，△FABと△ABEにおいて

∠FAB＝∠FBA＝∠ABE＝∠AEB＝36° より

△FAB∽△ABE

よって　FA:AB＝AB:BE

ここで，FA＝FB＝x とおくと，AB＝FE＝1 より

$$x:1=1:(x+1)$$

◀$BE=BF+FE=x+1$

$x(x+1)=1$ より　$x^2+x-1=0$

$x>0$ であるから　$x=\dfrac{-1+\sqrt{5}}{2}$

◀2次方程式の解の公式

したがって

$$\overrightarrow{AF}=\overrightarrow{AB}+\overrightarrow{BF}$$
$$=\overrightarrow{AB}+\frac{x}{x+1}\overrightarrow{BE}$$

◀BF:FE＝x:1

$$=\vec{a}+\frac{-1+\sqrt{5}}{1+\sqrt{5}}(\vec{b}-\vec{a})$$

◀$\overrightarrow{BE}=\overrightarrow{AE}-\overrightarrow{AB}=\vec{b}-\vec{a}$

$$=\vec{a}+\frac{3-\sqrt{5}}{2}(\vec{b}-\vec{a})$$
$$=\boldsymbol{\frac{\sqrt{5}-1}{2}\vec{a}+\frac{3-\sqrt{5}}{2}\vec{b}}$$

2 平面上のベクトルの成分と内積

p.28 Quick Check 2

① 〔1〕 (1) $\vec{a}+\vec{b}=(2,\ 3)+(-1,\ 2)$

$=\mathbf{(1,\ 5)}$

$|\vec{a}+\vec{b}|=\sqrt{1^2+5^2}=\boldsymbol{\sqrt{26}}$

(2) $\vec{a}-\vec{b}=(2,\ 3)-(-1,\ 2)$

$=\mathbf{(3,\ 1)}$

$|\vec{a}-\vec{b}|=\sqrt{3^2+1^2}=\boldsymbol{\sqrt{10}}$

(3) $2\vec{a}=2(2,\ 3)=\mathbf{(4,\ 6)}$

$|2\vec{a}|=\sqrt{4^2+6^2}=\sqrt{52}=\boldsymbol{2\sqrt{13}}$

(4) $-3\vec{b}=-3(-1,\ 2)=\mathbf{(3,\ -6)}$

$|-3\vec{b}|=\sqrt{3^2+(-6)^2}=\sqrt{45}$

$=\boldsymbol{3\sqrt{5}}$

(5) $3\vec{a}-2\vec{b}=3(2,\ 3)-2(-1,\ 2)$

$=(6,\ 9)+(2,\ -4)$

$=\mathbf{(8,\ 5)}$

$|3\vec{a}-2\vec{b}|=\sqrt{8^2+5^2}=\boldsymbol{\sqrt{89}}$

(6) $3\vec{a}-3\vec{b}-(\vec{a}-2\vec{b})$

$=3\vec{a}-3\vec{b}-\vec{a}+2\vec{b}=2\vec{a}-\vec{b}$

$=2(2,\ 3)-(-1,\ 2)=\mathbf{(5,\ 4)}$

$|3\vec{a}-3\vec{b}-(\vec{a}-2\vec{b})|=\sqrt{5^2+4^2}$

$=\boldsymbol{\sqrt{41}}$

〔2〕 (1) $\overrightarrow{\mathrm{AB}}=(-1-3,\ 2-(-1))$

$=\mathbf{(-4,\ 3)}$

$|\overrightarrow{\mathrm{AB}}|=\sqrt{(-4)^2+3^2}=\sqrt{25}=\mathbf{5}$

(2) $\overrightarrow{\mathrm{BC}}=(1-(-1),\ 5-2)$

$=\mathbf{(2,\ 3)}$

$|\overrightarrow{\mathrm{BC}}|=\sqrt{2^2+3^2}=\boldsymbol{\sqrt{13}}$

(3) $\overrightarrow{\mathrm{CA}}=(3-1,\ -1-5)$

$=\mathbf{(2,\ -6)}$

$|\overrightarrow{\mathrm{CA}}|=\sqrt{2^2+(-6)^2}=\sqrt{40}$

$=\boldsymbol{2\sqrt{10}}$

〔3〕 $\vec{a}$ と $\vec{b}$ が平行であるから，$\vec{b}=k\vec{a}$ (k は実数) とおける。

$(x,\ 2x-3)=k(2,\ 3)$

$=(2k,\ 3k)$

成分を比較すると $\begin{cases} x=2k \\ 2x-3=3k \end{cases}$

これを解くと $k=3,\ \boldsymbol{x=6}$

② 〔1〕 (1) $\overrightarrow{\mathrm{AB}}\cdot\overrightarrow{\mathrm{AC}}=2\times2\times\cos60^\circ=\mathbf{2}$

(2) $\overrightarrow{\mathrm{AB}}\cdot\overrightarrow{\mathrm{BC}}=2\times2\times\cos120^\circ=\mathbf{-2}$

(3) $\overrightarrow{\mathrm{AC}}\cdot\overrightarrow{\mathrm{CB}}=2\times2\times\cos120^\circ=\mathbf{-2}$

〔2〕 (1) $\cos\theta=\dfrac{\vec{a}\cdot\vec{b}}{|\vec{a}||\vec{b}|}$

$=\dfrac{3}{2\times3}=\dfrac{1}{2}$

$0^\circ\leqq\theta\leqq180^\circ$ より $\boldsymbol{\theta=60^\circ}$

(2) $\vec{a}\cdot\vec{b}=3\times7+(-4)\times(-1)=25$

$|\vec{a}|=\sqrt{3^2+(-4)^2}=5,$

$|\vec{b}|=\sqrt{7^2+(-1)^2}=5\sqrt{2}$ より

$\cos\theta=\dfrac{\vec{a}\cdot\vec{b}}{|\vec{a}||\vec{b}|}$

$=\dfrac{25}{5\times5\sqrt{2}}=\dfrac{1}{\sqrt{2}}$

$0^\circ\leqq\theta\leqq180^\circ$ より $\boldsymbol{\theta=45^\circ}$

(3) $\vec{a}\cdot\vec{b}=1\times4+(-2)\times2=0$

$\vec{a}\neq\vec{0},\ \vec{b}\neq\vec{0}$ であるから

$\boldsymbol{\theta=90^\circ}$

〔3〕 (1) $|\vec{a}+\vec{b}|^2=(\vec{a}+\vec{b})\cdot(\vec{a}+\vec{b})$

$=\vec{a}\cdot\vec{a}+\vec{a}\cdot\vec{b}+\vec{b}\cdot\vec{a}+\vec{b}\cdot\vec{b}$

$=|\vec{a}|^2+2\vec{a}\cdot\vec{b}+|\vec{b}|^2$

$=2^2+2\times4+3^2=\mathbf{21}$

(2) $|\vec{a}-\vec{b}|^2=(\vec{a}-\vec{b})\cdot(\vec{a}-\vec{b})$

$=\vec{a}\cdot\vec{a}-\vec{a}\cdot\vec{b}-\vec{b}\cdot\vec{a}+\vec{b}\cdot\vec{b}$

$=|\vec{a}|^2-2\vec{a}\cdot\vec{b}+|\vec{b}|^2$

$=2^2-2\times4+3^2=\mathbf{5}$

練習 6 2つのベクトル $\vec{a}$, $\vec{b}$ が $\vec{a}-2\vec{b}=(-5,\ -8)$, $2\vec{a}-\vec{b}=(2,\ -1)$ を満たすとき

(1) $\vec{a}$, $\vec{b}$ を成分表示せよ。また，その大きさを求めよ。

(2) $\vec{c}=(6,\ 11)$ を $k\vec{a}+l\vec{b}$ の形で表せ。

(1) $\vec{a}-2\vec{b}=(-5,\ -8)$ …①

$2\vec{a}-\vec{b}=(2,\ -1)$ …②

とおく。

②×2−① より　$3\vec{a}=(9,\ 6)$

よって　$\boldsymbol{\vec{a}=(3,\ 2)}$

②−①×2 より　$3\vec{b}=(12,\ 15)$

よって　$\boldsymbol{\vec{b}=(4,\ 5)}$

また　$|\vec{a}|=\sqrt{3^2+2^2}=\boldsymbol{\sqrt{13}}$

$|\vec{b}|=\sqrt{4^2+5^2}=\boldsymbol{\sqrt{41}}$

◀ $\vec{a}=(a_1,\ a_2)$ のとき $|\vec{a}|=\sqrt{a_1{}^2+a_2{}^2}$

(2) $k\vec{a}+l\vec{b}=k(3,\ 2)+l(4,\ 5)=(3k+4l,\ 2k+5l)$

これが $\vec{c}=(6,\ 11)$ に等しいから

$$\begin{cases}3k+4l=6 & \cdots③\\ 2k+5l=11 & \cdots④\end{cases}$$

③，④ を解くと　$k=-2$, $l=3$

したがって　$\boldsymbol{\vec{c}=-2\vec{a}+3\vec{b}}$

◀ ③×5−④×4 より $7k=-14$ であるから　$k=-2$

練習 7 平面上に3点 A(1, −2), B(3, 1), C(−1, 2) がある。

(1) $\overrightarrow{\mathrm{AB}}$, $\overrightarrow{\mathrm{AC}}$ を成分表示せよ。また，その大きさをそれぞれ求めよ。

(2) $\overrightarrow{\mathrm{AB}}$ と同じ向きの単位ベクトルを成分表示せよ。

(3) $\overrightarrow{\mathrm{AC}}$ と平行で，大きさが5のベクトルを成分表示せよ。

(1) $\overrightarrow{\mathrm{AB}}=(3-1,\ 1-(-2))=\boldsymbol{(2,\ 3)}$

よって　$|\overrightarrow{\mathrm{AB}}|=\sqrt{2^2+3^2}=\boldsymbol{\sqrt{13}}$

同様に　$\overrightarrow{\mathrm{AC}}=(-1-1,\ 2-(-2))=\boldsymbol{(-2,\ 4)}$

よって　$|\overrightarrow{\mathrm{AC}}|=\sqrt{(-2)^2+4^2}=\boldsymbol{2\sqrt{5}}$

(2) $\overrightarrow{\mathrm{AB}}$ と同じ向きの単位ベクトルは

$$\frac{\overrightarrow{\mathrm{AB}}}{|\overrightarrow{\mathrm{AB}}|}=\frac{\overrightarrow{\mathrm{AB}}}{\sqrt{13}}=\frac{\sqrt{13}}{13}\overrightarrow{\mathrm{AB}}=\frac{\sqrt{13}}{13}(2,\ 3)=\boldsymbol{\left(\frac{2\sqrt{13}}{13},\ \frac{3\sqrt{13}}{13}\right)}$$

◀ $\vec{a}$ と同じ向きの単位ベクトルは　$\dfrac{\vec{a}}{|\vec{a}|}$

(3) $\overrightarrow{\mathrm{AC}}$ と平行な単位ベクトルは $\pm\dfrac{\overrightarrow{\mathrm{AC}}}{|\overrightarrow{\mathrm{AC}}|}$ であるから，

$\overrightarrow{\mathrm{AC}}$ と平行で大きさが5のベクトルは

$$\pm5\times\frac{\overrightarrow{\mathrm{AC}}}{|\overrightarrow{\mathrm{AC}}|}=\pm\frac{5}{2\sqrt{5}}\overrightarrow{\mathrm{AC}}=\pm\frac{\sqrt{5}}{2}(-2,\ 4)$$

すなわち　$\boldsymbol{(-\sqrt{5},\ 2\sqrt{5})}$, $\boldsymbol{(\sqrt{5},\ -2\sqrt{5})}$

◀ $\dfrac{\overrightarrow{\mathrm{AC}}}{|\overrightarrow{\mathrm{AC}}|}=\left(-\dfrac{\sqrt{5}}{5},\ \dfrac{2\sqrt{5}}{5}\right)$

練習 8 平面上に 3 点 A(2, 3), B(5, −6), C(−3, −4) がある。
(1) 四角形 ABCD が平行四辺形となるとき，点 D の座標を求めよ。
(2) 4 点 A, B, C, D が平行四辺形の 4 つの頂点となるとき，点 D の座標をすべて求めよ。

点 D の座標を $(a,\ b)$ とおく。

(1) 四角形 ABCD が平行四辺形になるとき　$\overrightarrow{AD}=\overrightarrow{BC}$

◀ $\overrightarrow{BA}=\overrightarrow{CD}$ より a, b を求めてもよい。

$\overrightarrow{AD}=(a-2,\ b-3)$

$\overrightarrow{BC}=(-3-5,\ -4-(-6))$
$=(-8,\ 2)$

よって　$(a-2,\ b-3)=(-8,\ 2)$

成分を比較すると　$\begin{cases}a-2=-8\\ b-3=2\end{cases}$

ゆえに，$a=-6$, $b=5$ より

D(−6, 5)

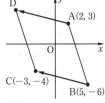

(2) (ア) 四角形 ABCD が平行四辺形になるとき
(1) より　D(−6, 5)

◀ 4 点 A, B, C, D が平行四辺形の頂点であるとき，その順序によって 3 つの場合がある。

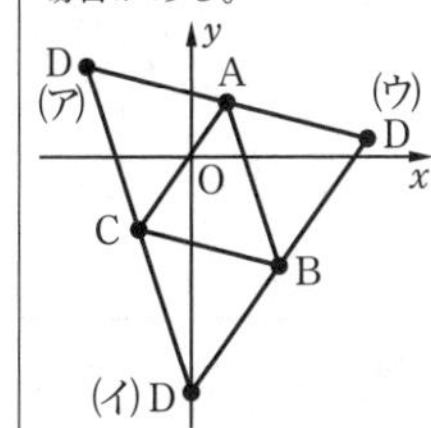

(イ) 四角形 ABDC が平行四辺形になるとき　$\overrightarrow{AC}=\overrightarrow{BD}$

$\overrightarrow{AC}=(-3-2,\ -4-3)=(-5,\ -7)$

$\overrightarrow{BD}=(a-5,\ b+6)$

よって　$(a-5,\ b+6)=(-5,\ -7)$

ゆえに，$a=0$, $b=-13$ より　D(0, −13)

(ウ) 四角形 ADBC が平行四辺形になるとき　$\overrightarrow{AD}=\overrightarrow{CB}$

$\overrightarrow{CB}=(5-(-3),\ -6-(-4))=(8,\ -2)$

$\overrightarrow{AD}=(a-2,\ b-3)$

よって　$(a-2,\ b-3)=(8,\ -2)$

ゆえに，$a=10$, $b=1$ より　D(10, 1)

(ア)〜(ウ) より，点 D の座標は

(−6, 5), (0, −13), (10, 1)

練習 9 3 つのベクトル $\vec{a}=(2,\ -4)$, $\vec{b}=(3,\ -1)$, $\vec{c}=(-2,\ 1)$ について
(1) $\vec{a}+t\vec{b}$ の大きさの最小値，およびそのときの実数 t の値を求めよ。
(2) $\vec{a}+t\vec{b}$ と $\vec{c}$ が平行となるとき，実数 t の値を求めよ。

(1) $\vec{a}+t\vec{b}=(2,\ -4)+t(3,\ -1)$
$=(2+3t,\ -4-t)$　…①

よって　$|\vec{a}+t\vec{b}|^2=(2+3t)^2+(-4-t)^2$
$=10t^2+20t+20$
$=10(t+1)^2+10$

◀ $|\vec{a}+t\vec{b}|^2$ を t の式で表す。t の 2 次式となるから，平方完成して最小値を求める。

ゆえに，$|\vec{a}+t\vec{b}|^2$ は $t=-1$ のとき最小値 10 をとる。

このとき，$|\vec{a}+t\vec{b}|$ も最小となり，最小値は　$\sqrt{10}$

したがって

$t=-1$ のとき　最小値 $\sqrt{10}$

(2) $(\vec{a}+t\vec{b})\parallel\vec{c}$ のとき，k を実数として $\vec{a}+t\vec{b}=k\vec{c}$ と表される。

① より　$(2+3t,\ -4-t)=(-2k,\ k)$

ゆえに　$\begin{cases} 2+3t=-2k \\ -4-t=k \end{cases}$

◀ x 成分，y 成分がともに等しい。

これを連立して解くと　$k=-10,\ \boldsymbol{t=6}$

練習 10　1辺の長さが1の正六角形ABCDEFにおいて，次の内積を求めよ。

(1) $\overrightarrow{AD}\cdot\overrightarrow{AF}$　(2) $\overrightarrow{AD}\cdot\overrightarrow{BC}$　(3) $\overrightarrow{DA}\cdot\overrightarrow{BE}$

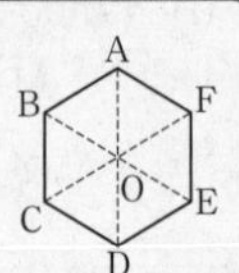

(1) $|\overrightarrow{AD}|=2,\ |\overrightarrow{AF}|=1$，$\overrightarrow{AD}$ と $\overrightarrow{AF}$ のなす角は $60°$

◀ △AOF は正三角形より $\angle OAF=60°$

よって　$\overrightarrow{AD}\cdot\overrightarrow{AF}=2\times1\times\cos60°=\boldsymbol{1}$

(2) $|\overrightarrow{AD}|=2,\ |\overrightarrow{BC}|=1$，$\overrightarrow{AD}$ と $\overrightarrow{BC}$ のなす角は $0°$

◀ $\overrightarrow{AD}$ と $\overrightarrow{BC}$ は向きが同じであるから，なす角は $0°$

よって　$\overrightarrow{AD}\cdot\overrightarrow{BC}=2\times1\times\cos0°=\boldsymbol{2}$

(3) $|\overrightarrow{DA}|=2,\ |\overrightarrow{BE}|=2$，$\overrightarrow{DA}$ と $\overrightarrow{BE}$ のなす角は $120°$

◀ $\overrightarrow{BE}$ を平行移動して $\overrightarrow{DA}$ と始点を合わせてなす角を考える。

よって　$\overrightarrow{DA}\cdot\overrightarrow{BE}=2\times2\times\cos120°=\boldsymbol{-2}$

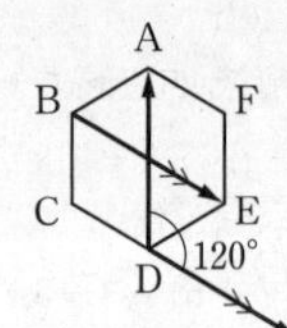

練習 11　〔1〕 次の2つのベクトル $\vec{a}$，$\vec{b}$ のなす角 θ $(0°\leqq\theta\leqq180°)$ を求めよ。

(1) $|\vec{a}|=2,\ |\vec{b}|=\sqrt{3},\ \vec{a}\cdot\vec{b}=-3$　(2) $\vec{a}=(-1,\ 2),\ \vec{b}=(2,\ -4)$

〔2〕 3点A(2, 3)，B(−2, 6)，C(1, 10) について，∠BAC の大きさを求めよ。

〔1〕 (1) $\cos\theta=\dfrac{\vec{a}\cdot\vec{b}}{|\vec{a}||\vec{b}|}=\dfrac{-3}{2\times\sqrt{3}}=-\dfrac{\sqrt{3}}{2}$

◀ $\vec{a}\cdot\vec{b}=|\vec{a}||\vec{b}|\cos\theta$ より $\cos\theta=\dfrac{\vec{a}\cdot\vec{b}}{|\vec{a}||\vec{b}|}$

$0°\leqq\theta\leqq180°$ より　$\boldsymbol{\theta=150°}$

(2) $\vec{a}\cdot\vec{b}=-1\times2+2\times(-4)=-10$

$|\vec{a}|=\sqrt{(-1)^2+2^2}=\sqrt{5}$，$|\vec{b}|=\sqrt{2^2+(-4)^2}=2\sqrt{5}$ より

◀ $\vec{a}=(a_1,\ a_2)$，$\vec{b}=(b_1,\ b_2)$ のとき $\vec{a}\cdot\vec{b}=a_1b_1+a_2b_2$，$|\vec{a}|=\sqrt{{a_1}^2+{a_2}^2}$

$$\cos\theta=\frac{\vec{a}\cdot\vec{b}}{|\vec{a}||\vec{b}|}=\frac{-10}{\sqrt{5}\times2\sqrt{5}}=-1$$

$0°\leqq\theta\leqq180°$ より　$\boldsymbol{\theta=180°}$

〔2〕 $\overrightarrow{AB}=(-4,\ 3),\ \overrightarrow{AC}=(-1,\ 7)$

$\overrightarrow{AB}\cdot\overrightarrow{AC}=-4\times(-1)+3\times7=25$

$|\overrightarrow{AB}|=\sqrt{(-4)^2+3^2}=5,\ |\overrightarrow{AC}|=\sqrt{(-1)^2+7^2}=5\sqrt{2}$

よって

$$\cos\angle BAC=\frac{\overrightarrow{AB}\cdot\overrightarrow{AC}}{|\overrightarrow{AB}||\overrightarrow{AC}|}=\frac{25}{5\times5\sqrt{2}}=\frac{1}{\sqrt{2}}$$

$0°\leqq\angle BAC\leqq180°$ より　$\boldsymbol{\angle BAC=45°}$

練習 **12** 平面上の2つのベクトル $\vec{a}=(1,\ x)$, $\vec{b}=(4,\ 2)$ について，$\vec{a}$ と $\vec{b}$ のなす角が 45° であるとき，x の値を求めよ。

$\vec{a}=(1,\ x)$, $\vec{b}=(4,\ 2)$ であるから

$$\vec{a}\cdot\vec{b}=1\times4+x\times2=2x+4$$

$$|\vec{a}|=\sqrt{1+x^2},\ |\vec{b}|=\sqrt{4^2+2^2}=2\sqrt{5}$$

よって，$\vec{a}$ と $\vec{b}$ のなす角が 45° であるから

$$2x+4=\sqrt{x^2+1}\times2\sqrt{5}\times\cos45^\circ$$

$$\sqrt{2}(x+2)=\sqrt{5(x^2+1)} \quad \cdots ①$$

両辺を2乗すると　$2(x+2)^2=5(x^2+1)$

整理すると　$3x^2-8x-3=0$

$(3x+1)(x-3)=0$ より　$x=-\dfrac{1}{3},\ 3$

$x=-\dfrac{1}{3},\ 3$ はともに ① を満たす。

よって　$\boldsymbol{x=-\dfrac{1}{3},\ 3}$

〔別解〕 $\overrightarrow{OA}=(1,\ x)$, $\overrightarrow{OB}=(4,\ 2)$ と考えると

$$\overrightarrow{AB}=\overrightarrow{OB}-\overrightarrow{OA}=(3,\ 2-x)$$

△OAB において，余弦定理により

$$|\overrightarrow{AB}|^2=|\overrightarrow{OA}|^2+|\overrightarrow{OB}|^2-2|\overrightarrow{OA}||\overrightarrow{OB}|\cos45^\circ$$

$$3^2+(2-x)^2=\left(\sqrt{1+x^2}\right)^2+\left(2\sqrt{5}\right)^2-2\sqrt{1+x^2}\times2\sqrt{5}\times\cos45^\circ$$

これを解くと　$x=-\dfrac{1}{3},\ 3$

◀ $\vec{a}=(a_1,\ a_2)$, $\vec{b}=(b_1,\ b_2)$ のとき $\vec{a}\cdot\vec{b}=a_1b_1+a_2b_2$

◀ $\vec{a}\cdot\vec{b}=|\vec{a}||\vec{b}|\cos\theta$

◀ $\cos45^\circ=\dfrac{1}{\sqrt{2}}$

◀ ① を2乗して求めているから，実際に代入して確かめる。

◀ 余弦定理を利用して解く。

練習 **13** (1) $\vec{a}=(2,\ x+1)$, $\vec{b}=(1,\ 1)$ について，$\vec{a}$ と $\vec{b}$ が垂直のとき x の値を求めよ。
(2) $\vec{a}=(-2,\ 3)$ に垂直で，大きさが2のベクトル $\vec{p}$ を求めよ。

(1) $\vec{a}\cdot\vec{b}=2\times1+(x+1)\times1=x+3$

$\vec{a}$ と $\vec{b}$ が垂直のとき，$\vec{a}\cdot\vec{b}=0$ であるから

$x+3=0$ より　$\boldsymbol{x=-3}$

(2) $\vec{p}=(x,\ y)$ とおく。

$\vec{a}\perp\vec{p}$ より　$\vec{a}\cdot\vec{p}=-2x+3y=0 \quad \cdots ①$

$|\vec{p}|=2$ より　$|\vec{p}|^2=x^2+y^2=4 \quad \cdots ②$

① より　$y=\dfrac{2}{3}x \quad \cdots ③$

③ を ② に代入すると　$x^2+\left(\dfrac{2}{3}x\right)^2=4$

$\dfrac{13}{9}x^2=4$ より　$x=\pm\dfrac{6\sqrt{13}}{13}$

③ より，$x=\dfrac{6\sqrt{13}}{13}$ のとき　$y=\dfrac{4\sqrt{13}}{13}$

$x=-\dfrac{6\sqrt{13}}{13}$ のとき　$y=-\dfrac{4\sqrt{13}}{13}$

◀ $\vec{a}=(a_1,\ a_2)$, $\vec{b}=(b_1,\ b_2)$ のとき $\vec{a}\cdot\vec{b}=a_1b_1+a_2b_2$

◀ $\vec{a}\perp\vec{p}$ より　$\vec{a}\cdot\vec{p}=0$

◀ $x^2=\dfrac{36}{13}$

よって　$\vec{p}=\left(\dfrac{6\sqrt{13}}{13},\ \dfrac{4\sqrt{13}}{13}\right),\ \left(-\dfrac{6\sqrt{13}}{13},\ -\dfrac{4\sqrt{13}}{13}\right)$

◀ $\vec{p}$ は 2 つ存在する。

練習 14　$\vec{a}$, $\vec{b}$ について，$|\vec{a}|=4$, $|\vec{b}|=\sqrt{3}$, $\vec{a}$ と $\vec{b}$ のなす角が $150°$ のとき
(1) $\vec{a}+\vec{b}$, $\vec{a}+3\vec{b}$, $3\vec{a}+2\vec{b}$ の大きさをそれぞれ求めよ。
(2) $\vec{a}+\vec{b}$ と $\vec{a}+3\vec{b}$ のなす角を α $(0°\leqq\alpha\leqq180°)$ とするとき，$\cos\alpha$ の値を求めよ。
(3) $\vec{a}+3\vec{b}$ と $3\vec{a}+2\vec{b}$ のなす角 β $(0°\leqq\beta\leqq180°)$ を求めよ。

(1) $\vec{a}\cdot\vec{b}=|\vec{a}||\vec{b}|\cos150°=4\times\sqrt{3}\times\left(-\dfrac{\sqrt{3}}{2}\right)=-6$

◀ まず $\vec{a}$ と $\vec{b}$ の内積を求める。

よって　$|\vec{a}+\vec{b}|^2=|\vec{a}|^2+2\vec{a}\cdot\vec{b}+|\vec{b}|^2$

$=4^2+2\times(-6)+(\sqrt{3})^2=7$

◀ $|\vec{a}+\vec{b}|^2=(\vec{a}+\vec{b})\cdot(\vec{a}+\vec{b})$
$=\vec{a}\cdot\vec{a}+\vec{a}\cdot\vec{b}+\vec{b}\cdot\vec{a}+\vec{b}\cdot\vec{b}$
$=|\vec{a}|^2+2\vec{a}\cdot\vec{b}+|\vec{b}|^2$

$|\vec{a}+\vec{b}|\geqq0$ であるから　$\boldsymbol{|\vec{a}+\vec{b}|=\sqrt{7}}$

また　$|\vec{a}+3\vec{b}|^2=|\vec{a}|^2+6\vec{a}\cdot\vec{b}+9|\vec{b}|^2$

$=4^2+6\times(-6)+9\times(\sqrt{3})^2=7$

◀ $|\vec{a}+3\vec{b}|^2=(\vec{a}+3\vec{b})\cdot(\vec{a}+3\vec{b})$
$=\vec{a}\cdot\vec{a}+3\vec{a}\cdot\vec{b}+3\vec{b}\cdot\vec{a}$
$+9\vec{b}\cdot\vec{b}$
$=|\vec{a}|^2+6\vec{a}\cdot\vec{b}+9|\vec{b}|^2$

$|\vec{a}+3\vec{b}|\geqq0$ であるから　$\boldsymbol{|\vec{a}+3\vec{b}|=\sqrt{7}}$

さらに　$|3\vec{a}+2\vec{b}|^2=9|\vec{a}|^2+12\vec{a}\cdot\vec{b}+4|\vec{b}|^2$

$=9\times4^2+12\times(-6)+4\times(\sqrt{3})^2=84$

◀ $|3\vec{a}+2\vec{b}|^2$
$=(3\vec{a}+2\vec{b})\cdot(3\vec{a}+2\vec{b})$
$=9\vec{a}\cdot\vec{a}+6\vec{a}\cdot\vec{b}+6\vec{b}\cdot\vec{a}$
$+4\vec{b}\cdot\vec{b}$
$=9|\vec{a}|^2+12\vec{a}\cdot\vec{b}+4|\vec{b}|^2$

$|3\vec{a}+2\vec{b}|\geqq0$ であるから　$\boldsymbol{|3\vec{a}+2\vec{b}|=2\sqrt{21}}$

(2) $(\vec{a}+\vec{b})\cdot(\vec{a}+3\vec{b})=|\vec{a}|^2+4\vec{a}\cdot\vec{b}+3|\vec{b}|^2$

$=4^2+4\times(-6)+3\times(\sqrt{3})^2$

$=1$

$\vec{a}+\vec{b}$ と $\vec{a}+3\vec{b}$ のなす角が α であるから

$$\cos\alpha=\frac{(\vec{a}+\vec{b})\cdot(\vec{a}+3\vec{b})}{|\vec{a}+\vec{b}||\vec{a}+3\vec{b}|}=\frac{1}{\sqrt{7}\times\sqrt{7}}=\boldsymbol{\frac{1}{7}}$$

(3) $(\vec{a}+3\vec{b})\cdot(3\vec{a}+2\vec{b})=3|\vec{a}|^2+11\vec{a}\cdot\vec{b}+6|\vec{b}|^2$

$=3\times4^2+11\times(-6)+6\times(\sqrt{3})^2$

$=0$

$\vec{a}+3\vec{b}$ と $3\vec{a}+2\vec{b}$ はともに $\vec{0}$ ではないから

$(\vec{a}+3\vec{b})\perp(3\vec{a}+2\vec{b})$　すなわち　$\boldsymbol{\beta=90°}$

練習 15　$\vec{0}$ でない 2 つのベクトル $\vec{a}$, $\vec{b}$ について，$|\vec{a}|=|\vec{b}|$ が成り立っている。
$3\vec{a}+\vec{b}$ と $\vec{a}-3\vec{b}$ が垂直であるとき，$\vec{a}$ と $\vec{b}$ のなす角 θ $(0°\leqq\theta\leqq180°)$ を求めよ。

$(3\vec{a}+\vec{b})\perp(\vec{a}-3\vec{b})$ であるから

$(3\vec{a}+\vec{b})\cdot(\vec{a}-3\vec{b})=0$

$3\vec{a}\cdot\vec{a}-9\vec{a}\cdot\vec{b}+\vec{b}\cdot\vec{a}-3\vec{b}\cdot\vec{b}=0$

$3|\vec{a}|^2-8\vec{a}\cdot\vec{b}-3|\vec{b}|^2=0$　$\cdots$①

◀ $\vec{a}\cdot\vec{a}=|\vec{a}|^2$

ここで，$|\vec{a}|=|\vec{b}|$ より　$|\vec{a}|^2=|\vec{b}|^2$

① に代入すると　$3|\vec{a}|^2-8\vec{a}\cdot\vec{b}-3|\vec{a}|^2=0$

よって　$\vec{a}\cdot\vec{b}=0$

$\vec{a}\neq\vec{0}$, $\vec{b}\neq\vec{0}$ であるから　$\vec{a}\perp\vec{b}$

したがって　$\boldsymbol{\theta=90^\circ}$

◀$\vec{a}\neq\vec{0}$, $\vec{b}\neq\vec{0}$ のとき $\vec{a}\cdot\vec{b}=0 \iff \vec{a}\perp\vec{b}$

練習 16 $\vec{a}$, $\vec{b}$ が $|\vec{a}|=4$, $|\vec{b}|=\sqrt{3}$, $\vec{a}\cdot\vec{b}=-6$ を満たすとき

(1) $\vec{a}+t\vec{b}$ の大きさの最小値，およびそのときの実数 t の値 t_0 を求めよ。

(2) $(\vec{a}+t_0\vec{b})\perp\vec{b}$ を示せ。

(1) $|\vec{a}|=4$, $|\vec{b}|=\sqrt{3}$, $\vec{a}\cdot\vec{b}=-6$ より

$$|\vec{a}+t\vec{b}|^2=|\vec{a}|^2+2t\vec{a}\cdot\vec{b}+t^2|\vec{b}|^2$$
$$=3t^2-12t+16=3(t-2)^2+4$$

よって，$t=2$ のとき $|\vec{a}+t\vec{b}|^2$ は最小値 4 をとる。

$|\vec{a}+t\vec{b}|>0$ より，このとき $|\vec{a}+t\vec{b}|$ も最小となるから

$\boldsymbol{t_0=2}$ **のとき　最小値** $\boldsymbol{\sqrt{4}=2}$

◀t についての 2 次関数とみて最小値を考える。

(2) $(\vec{a}+2\vec{b})\cdot\vec{b}=\vec{a}\cdot\vec{b}+2|\vec{b}|^2=-6+2\times3=0$

$\vec{a}+2\vec{b}\neq\vec{0}$, $\vec{b}\neq\vec{0}$ より　$(\vec{a}+t_0\vec{b})\perp\vec{b}$

◀$\vec{a}\perp\vec{b}\iff\vec{a}\cdot\vec{b}=0$ ただし $\vec{a}\neq\vec{0}$, $\vec{b}\neq\vec{0}$

練習 17 △OAB において，$\overrightarrow{\mathrm{OA}}=\vec{a}$, $\overrightarrow{\mathrm{OB}}=\vec{b}$ とおくと，$|\vec{a}|=4$, $|\vec{b}|=5$, $|\vec{a}+\vec{b}|=5$ である。$\angle\mathrm{AOB}=\theta$ とするとき，次の値を求めよ。

(1) $\vec{a}\cdot\vec{b}$　　(2) $\cos\theta$　　(3) △OAB の面積 S

(1) $|\vec{a}+\vec{b}|=5$ の両辺を 2 乗すると

$|\vec{a}+\vec{b}|^2=5^2$ より　$|\vec{a}|^2+2\vec{a}\cdot\vec{b}+|\vec{b}|^2=25$

ここで，$|\vec{a}|=4$, $|\vec{b}|=5$ であるから

$$16+2\vec{a}\cdot\vec{b}+25=25$$

よって　$\boldsymbol{\vec{a}\cdot\vec{b}=-8}$

◀$|\vec{a}+\vec{b}|$ を 2 乗して，$|\vec{a}|$, $|\vec{b}|$, $\vec{a}\cdot\vec{b}$ をつくり出す。

(2) $\cos\theta=\dfrac{\vec{a}\cdot\vec{b}}{|\vec{a}||\vec{b}|}=\dfrac{-8}{4\times5}=\boldsymbol{-\dfrac{2}{5}}$

(3) $0^\circ<\theta<180^\circ$ より，$\sin\theta>0$ であるから

$$\sin\theta=\sqrt{1-\cos^2\theta}=\sqrt{1-\left(-\frac{2}{5}\right)^2}=\frac{\sqrt{21}}{5}$$

したがって

$$S=\frac{1}{2}|\vec{a}||\vec{b}|\sin\theta=\frac{1}{2}\times4\times5\times\frac{\sqrt{21}}{5}=\boldsymbol{2\sqrt{21}}$$

◀$\triangle\mathrm{OAB}=\dfrac{1}{2}\mathrm{OA}\cdot\mathrm{OB}\sin\theta$

練習 18 △ABC の面積を S とするとき，例題 18 の結果を用いて，次の問に答えよ。

(1) $|\overrightarrow{\mathrm{AB}}|=2$, $|\overrightarrow{\mathrm{AC}}|=3$, $\overrightarrow{\mathrm{AB}}\cdot\overrightarrow{\mathrm{AC}}=2$ であるとき，S の値を求めよ。

(2) 3 点 A(0, 0), B(1, 4), C(2, 3) とするとき，S の値を求めよ。

(1) $S=\dfrac{1}{2}\sqrt{|\overrightarrow{\mathrm{AB}}|^2|\overrightarrow{\mathrm{AC}}|^2-(\overrightarrow{\mathrm{AB}}\cdot\overrightarrow{\mathrm{AC}})^2}$ より

$$S=\frac{1}{2}\sqrt{2^2\cdot3^2-2^2}=\frac{4\sqrt{2}}{2}=2\sqrt{2}$$

(2) $\overrightarrow{AB}=(1,\ 4)$, $\overrightarrow{AC}=(2,\ 3)$ であるから

$$S=\frac{1}{2}|1\cdot3-2\cdot4|=\frac{5}{2}$$

◀ $\overrightarrow{AB}=(x_1,\ y_1)$, $\overrightarrow{AC}=(x_2,\ y_2)$ のとき $\triangle ABC=\frac{1}{2}|x_1y_2-x_2y_1|$

p.42 問題編 2 平面上のベクトルの成分と内積

問題 6 3つの単位ベクトル $\vec{a}$, $\vec{b}$, $\vec{c}$ が $\vec{a}+\vec{b}+\vec{c}=\vec{0}$ を満たしている。$\vec{a}=(1,\ 0)$ のとき, $\vec{b}$, $\vec{c}$ を成分表示せよ。

$\vec{b}=(x,\ y)$ とおく。

$\vec{a}+\vec{b}+\vec{c}=\vec{0}$ より　$\vec{c}=-\vec{a}-\vec{b}=(-1-x,\ -y)$

$|\vec{b}|=|\vec{c}|=1$ であるから　$|\vec{b}|^2=|\vec{c}|^2=1$

◀ $\vec{b}$, $\vec{c}$ は単位ベクトル

よって $\begin{cases}x^2+y^2=1 & \cdots① \\ (-1-x)^2+(-y)^2=1 & \cdots②\end{cases}$

② より　$x^2+2x+y^2=0$　$\cdots③$

③－① より $2x=-1$ であるから　$x=-\frac{1}{2}$

これを ① に代入すると $y^2=\frac{3}{4}$ より　$y=\pm\frac{\sqrt{3}}{2}$

したがって　$\vec{b}=\left(-\frac{1}{2},\ \frac{\sqrt{3}}{2}\right)$, $\vec{c}=\left(-\frac{1}{2},\ -\frac{\sqrt{3}}{2}\right)$

または　$\vec{b}=\left(-\frac{1}{2},\ -\frac{\sqrt{3}}{2}\right)$, $\vec{c}=\left(-\frac{1}{2},\ \frac{\sqrt{3}}{2}\right)$

◀ 次の図のような配置になっている。

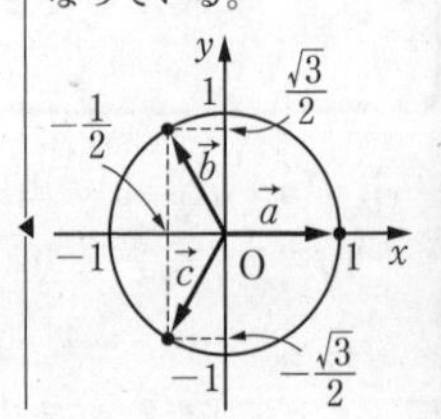

問題 7 平面上に2点 $A(x+1,\ 3-x)$, $B(1-2x,\ 4)$ がある。$\overrightarrow{AB}$ の大きさが 13 となるとき, $\overrightarrow{AB}$ と平行な単位ベクトルを成分表示せよ。

$\overrightarrow{AB}=((1-2x)-(x+1),\ 4-(3-x))=(-3x,\ x+1)$　$\cdots①$

よって　$|\overrightarrow{AB}|^2=(-3x)^2+(x+1)^2$
$=9x^2+(x^2+2x+1)$
$=10x^2+2x+1$

◀ $\vec{a}=(a_1,\ a_2)$ のとき $|\vec{a}|=\sqrt{a_1{}^2+a_2{}^2}$ これより $|\vec{a}|^2=a_1{}^2+a_2{}^2$

$|\overrightarrow{AB}|=13$ より, $|\overrightarrow{AB}|^2=169$ であるから

$10x^2+2x+1=169$
$5x^2+x-84=0$
$(5x+21)(x-4)=0$

◀ $10x^2+2x-168=0$ より $5x^2+x-84=0$

ゆえに　$x=-\frac{21}{5}$, 4

$\overrightarrow{AB}$ と平行な単位ベクトルは　$\pm\frac{\overrightarrow{AB}}{|\overrightarrow{AB}|}=\pm\frac{1}{13}\overrightarrow{AB}$

◀ $\overrightarrow{AB}$ の大きさは 13 であることに注意する。

(ア)　$x=-\frac{21}{5}$ のとき

①より　　$\overrightarrow{AB}=\left(\frac{63}{5},\ -\frac{16}{5}\right)$

よって，$\overrightarrow{AB}$ と平行な単位ベクトルは　　$\pm\frac{1}{13}\left(\frac{63}{5},\ -\frac{16}{5}\right)$

すなわち　　$\left(\frac{63}{65},\ -\frac{16}{65}\right)$，$\left(-\frac{63}{65},\ \frac{16}{65}\right)$

(イ)　$x=4$ のとき

①より　　$\overrightarrow{AB}=(-12,\ 5)$

よって，$\overrightarrow{AB}$ と平行な単位ベクトルは　　$\pm\frac{1}{13}(-12,\ 5)$

すなわち　　$\left(-\frac{12}{13},\ \frac{5}{13}\right)$，$\left(\frac{12}{13},\ -\frac{5}{13}\right)$

(ア)，(イ)より，求める単位ベクトルは

$$\boldsymbol{\left(\frac{63}{65},\ -\frac{16}{65}\right),\ \left(-\frac{63}{65},\ \frac{16}{65}\right),\ \left(-\frac{12}{13},\ \frac{5}{13}\right),\ \left(\frac{12}{13},\ -\frac{5}{13}\right)}$$

問題 8　平面上の 4 点 A(1, 2)，B(−2, 7)，C(p, q)，D(r, $r+3$) について，四角形 ABCD がひし形となるとき，定数 p，q，r の値を求めよ。

四角形 ABCD がひし形になるとき

$$|\overrightarrow{AD}|=|\overrightarrow{AB}|\ \cdots ①\quad かつ\quad \overrightarrow{AB}=\overrightarrow{DC}\ \cdots ②$$

◀ AD = AB かつ AB // DC，AB = DC

$\overrightarrow{AB}=(-2-1,\ 7-2)=(-3,\ 5)$ より

$$|\overrightarrow{AB}|^2=(-3)^2+5^2=34$$

$\overrightarrow{AD}=(r-1,\ (r+3)-2)=(r-1,\ r+1)$ より

$$|\overrightarrow{AD}|^2=(r-1)^2+(r+1)^2=2r^2+2$$

◀ $(r-1)^2+(r+1)^2$ $=(r^2-2r+1)+(r^2+2r+1)$ $=2r^2+2$

①より　　$2r^2+2=34$

$r^2=16$

よって　　$r=\pm 4$

(ア)　$r=4$ のとき

点 D の座標は (4, 7) であるから

$\overrightarrow{DC}=(p-4,\ q-7)$

②より　　$(-3,\ 5)=(p-4,\ q-7)$

よって　　$p=1$，$q=12$

(イ)　$r=-4$ のとき

点 D の座標は (−4, −1) であるから

$\overrightarrow{DC}=(p+4,\ q+1)$

◀ $\overrightarrow{DC}=(p-(-4),\ q-(-1))$ $=(p+4,\ q+1)$

②より　　$(-3,\ 5)=(p+4,\ q+1)$

よって　　$p=-7$，$q=4$

(ア)，(イ)より，求める p，q，r の値は

$\boldsymbol{p=1,\ q=12,\ r=4}$　**または**　$\boldsymbol{p=-7,\ q=4,\ r=-4}$

問題 9 3つのベクトル $\vec{a}=(x,\ 2)$, $\vec{b}=(3,\ 1)$, $\vec{c}=(2,\ 3)$ について

(1) $2\vec{a}+\vec{b}$ の大きさが最小となるとき，実数 x の値を求めよ。

(2) $2\vec{a}+\vec{b}$ と $\vec{c}$ が平行となるとき，実数 x の値を求めよ。

(1) $2\vec{a}+\vec{b}=2(x,\ 2)+(3,\ 1)=(2x+3,\ 5)$

$$|2\vec{a}+\vec{b}|^2=(2x+3)^2+5^2$$

$$=4x^2+12x+34=4\left(x+\frac{3}{2}\right)^2+25$$

よって，$x=-\dfrac{3}{2}$ のとき，$|2\vec{a}+\vec{b}|^2$ は最小となり，

このとき，$|2\vec{a}+\vec{b}|$ も最小となるから　　$\boldsymbol{x=-\dfrac{3}{2}}$

◀ $|2\vec{a}+\vec{b}|\geqq 0$ より

(2) $(2\vec{a}+\vec{b})\parallel\vec{c}$ となるとき，$2\vec{a}+\vec{b}=k\vec{c}$ (k は実数) とおける。

よって　　$(2x+3,\ 5)=(2k,\ 3k)$

成分を比較すると　$\begin{cases}2x+3=2k & \cdots①\\ 5=3k & \cdots②\end{cases}$

①, ② を連立して　　$\boldsymbol{x=\dfrac{1}{6}}$

問題 10 右の図において，次の内積を求めよ。

(1) $\overrightarrow{AB}\cdot\overrightarrow{AC}$　　(2) $\overrightarrow{AD}\cdot\overrightarrow{CB}$　　(3) $\overrightarrow{DA}\cdot\overrightarrow{AC}$

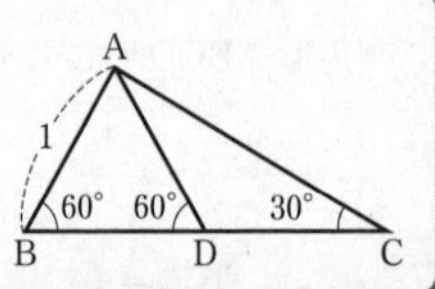

△ABD において　　∠BAD $=180^\circ-(60^\circ+60^\circ)=60^\circ$

◀ △ABD は正三角形である。

△ACD において　　∠ADC $=180^\circ-60^\circ=120^\circ$

∠CAD $=180^\circ-(120^\circ+30^\circ)=30^\circ$

よって　　AD $=$ BD $=$ CD $=1$

また，∠BAC $=60^\circ+30^\circ=90^\circ$，BC $=2$ であるから

AC $=\sqrt{2^2-1^2}=\sqrt{3}$

◀ △ABC は辺の比が $1:2:\sqrt{3}$ の直角三角形である。

(1) ∠BAC $=90^\circ$ であるから

$\overrightarrow{AB}\cdot\overrightarrow{AC}=1\times\sqrt{3}\times\cos 90^\circ=\boldsymbol{0}$

(2) 右の図より

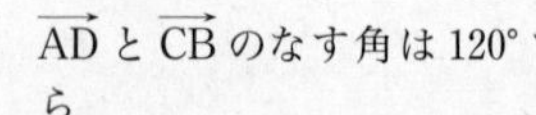

$\overrightarrow{AD}$ と $\overrightarrow{CB}$ のなす角は 120° であるから

$\overrightarrow{AD}\cdot\overrightarrow{CB}=1\times 2\times\cos 120^\circ=\boldsymbol{-1}$

◀ 始点を A にそろえる。

(3) 右の図より

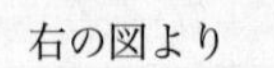

$\overrightarrow{DA}$ と $\overrightarrow{AC}$ のなす角は 150° であるから

$\overrightarrow{DA}\cdot\overrightarrow{AC}=1\times\sqrt{3}\times\cos 150^\circ=\boldsymbol{-\dfrac{3}{2}}$

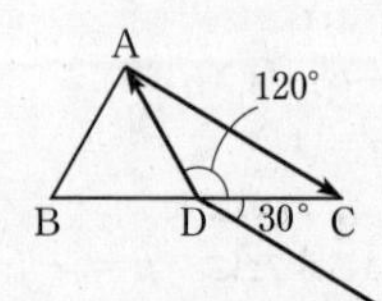

◀ 始点を D にそろえると $\overrightarrow{DA}$ と $\overrightarrow{AC}$ のなす角は $120^\circ+30^\circ=150^\circ$

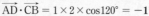

問題 **11** 3点 A(3, 1), B(4, −2), C(5, 3) に対して，次のものを求めよ。
(1) 内積 $\overrightarrow{AB}\cdot\overrightarrow{AC}$
(2) $\cos\angle BAC$
(3) $\triangle ABC$ の面積 S

(1) $\overrightarrow{AB}=(4-3,\ -2-1)=(1,\ -3)$,
$\overrightarrow{AC}=(5-3,\ 3-1)=(2,\ 2)$
よって　$\overrightarrow{AB}\cdot\overrightarrow{AC}=1\times2+(-3)\times2=-4$
(2) $|\overrightarrow{AB}|=\sqrt{1^2+(-3)^2}=\sqrt{10}$
$|\overrightarrow{AC}|=\sqrt{2^2+2^2}=2\sqrt{2}$
よって　$\cos\angle BAC=\dfrac{\overrightarrow{AB}\cdot\overrightarrow{AC}}{|\overrightarrow{AB}||\overrightarrow{AC}|}=\dfrac{-4}{\sqrt{10}\times2\sqrt{2}}=-\dfrac{\sqrt{5}}{5}$
(3) $0^\circ\leqq\angle BAC\leqq180^\circ$ であるから　◀ $\sin\angle BAC\geqq0$
$$\sin\angle BAC=\sqrt{1-\cos^2\angle BAC}=\sqrt{1-\left(-\frac{\sqrt{5}}{5}\right)^2}=\frac{2\sqrt{5}}{5}$$
◀ $\sin^2\theta+\cos^2\theta=1$
したがって
$$S=\frac{1}{2}|\overrightarrow{AB}||\overrightarrow{AC}|\sin\angle BAC=\frac{1}{2}\times\sqrt{10}\times2\sqrt{2}\times\frac{2\sqrt{5}}{5}=4$$

問題 **12** 平面上のベクトル $\vec{a}=(7,\ -1)$ とのなす角が45°で大きさが5であるようなベクトル $\vec{b}$ を求めよ。

$\vec{b}=(x,\ y)$ とおくと　◀ $\vec{a}$ が成分表示されているから，$\vec{b}$ を成分表示する。
$\vec{a}\cdot\vec{b}=7\times x+(-1)\times y=7x-y$
$|\vec{a}|=\sqrt{7^2+(-1)^2}=5\sqrt{2}$, $|\vec{b}|=5$
よって　$7x-y=5\sqrt{2}\times5\times\cos45^\circ$　◀ $\vec{a}\cdot\vec{b}=|\vec{a}||\vec{b}|\cos\theta$ より
整理すると　$y=7x-25$　…①
また，$|\vec{b}|=5$ より　$x^2+y^2=25$　◀ $|\vec{b}|=\sqrt{x^2+y^2}$
① を代入すると　$x^2+(7x-25)^2=25$
整理して　$x^2-7x+12=0$
$(x-3)(x-4)=0$
よって　$x=3,\ 4$
① より，$x=3$ のとき $y=-4$，$x=4$ のとき $y=3$
したがって　$\boldsymbol{\vec{b}=(3,\ -4),\ (4,\ 3)}$

問題 **13** 2つのベクトル $\vec{a}=(t+2,\ t^2-k)$, $\vec{b}=(t^2,\ -t-1)$ がどのような実数 t に対しても垂直にならないような，実数 k の値の範囲を求めよ。　（芝浦工業大）

$\vec{a}\cdot\vec{b}=(t+2)t^2+(t^2-k)(-t-1)$
$=t^2+kt+k$
$\vec{a}$ と $\vec{b}$ が垂直になるのは，$\vec{a}\cdot\vec{b}=0$ のときであるから，どのような実数 t の値に対しても $\vec{a}$ と $\vec{b}$ が垂直にならないためには
◀ $\vec{a}\neq\vec{0}$, $\vec{b}\neq\vec{0}$ のとき $\vec{a}\perp\vec{b}\iff\vec{a}\cdot\vec{b}=0$

2次方程式 $t^2+kt+k=0$ が実数解をもたなければよい。
この方程式の判別式を D とすると　$D=k^2-4k=k(k-4)$
実数解をもたないから　$D<0$
すなわち　$k(k-4)<0$
よって　$\boldsymbol{0<k<4}$

◀ 2次方程式 $ax^2+bx+c=0$ の判別式を D とすると
実数解をもたない $\Longleftrightarrow D<0$

問題 14　$|\vec{a}+\vec{b}|=\sqrt{19}$, $|\vec{a}-\vec{b}|=7$, $|\vec{a}|<|\vec{b}|$, $\vec{a}$ と $\vec{b}$ のなす角が $120°$ のとき
(1) 内積 $\vec{a}\cdot\vec{b}$ を求めよ。　(2) $\vec{a}$, $\vec{b}$ の大きさをそれぞれ求めよ。
(3) $\vec{a}+\vec{b}$ と $\vec{a}-\vec{b}$ のなす角を θ $(0°\leqq\theta\leqq180°)$ とするとき，$\cos\theta$ の値を求めよ。

(1) $|\vec{a}+\vec{b}|=\sqrt{19}$ の両辺を2乗すると
$$|\vec{a}|^2+2\vec{a}\cdot\vec{b}+|\vec{b}|^2=19 \quad \cdots ①$$
次に，$|\vec{a}-\vec{b}|=7$ の両辺を2乗すると
$$|\vec{a}|^2-2\vec{a}\cdot\vec{b}+|\vec{b}|^2=49 \quad \cdots ②$$
①−② より　$4\vec{a}\cdot\vec{b}=-30$
よって　$\boldsymbol{\vec{a}\cdot\vec{b}=-\dfrac{15}{2}}$　$\cdots ③$

◀ ベクトルの大きさは2乗して展開する。

(2) $|\vec{a}|=\alpha$, $|\vec{b}|=\beta$ とおくと　$\alpha<\beta$
③ を ① に代入すると　$|\vec{a}|^2-15+|\vec{b}|^2=19$
よって　$\alpha^2+\beta^2=34$　$\cdots ④$
また，$\vec{a}$ と $\vec{b}$ のなす角が $120°$ であるから，③ より
$$\alpha\beta\cos120°=-\frac{15}{2}$$
よって　$\alpha\beta=15$　$\cdots ⑤$
⑤ より，$\alpha\neq0$ であるから　$\beta=\dfrac{15}{\alpha}$　$\cdots ⑥$
これを ④ に代入すると　$\alpha^2+\dfrac{225}{\alpha^2}=34$
$\alpha^4-34\alpha^2+225=0$ より　$(\alpha^2-9)(\alpha^2-25)=0$
$\alpha\geqq0$ より　$\alpha=3,\ 5$
⑥ より，$\alpha=3$ のとき $\beta=5$，$\alpha=5$ のとき $\beta=3$
$\alpha<\beta$ であるから　$\alpha=3$, $\beta=5$
すなわち　$\boldsymbol{|\vec{a}|=3,\ |\vec{b}|=5}$

◀ $|\vec{a}|<|\vec{b}|$

◀ 分母をはらって整理する。

(3) $(\vec{a}+\vec{b})\cdot(\vec{a}-\vec{b})=|\vec{a}|^2-|\vec{b}|^2=-16$
$\vec{a}+\vec{b}$ と $\vec{a}-\vec{b}$ のなす角が θ であるから
$$\cos\theta=\frac{(\vec{a}+\vec{b})\cdot(\vec{a}-\vec{b})}{|\vec{a}+\vec{b}||\vec{a}-\vec{b}|}=\frac{-16}{\sqrt{19}\times7}=-\boldsymbol{\frac{16\sqrt{19}}{133}}$$

問題 15　$|\vec{x}-\vec{y}|=1$, $|\vec{x}-2\vec{y}|=2$ で $\vec{x}+\vec{y}$ と $6\vec{x}-7\vec{y}$ が垂直であるとき，$\vec{x}$ と $\vec{y}$ の大きさ，および $\vec{x}$ と $\vec{y}$ のなす角 θ $(0°\leqq\theta\leqq180°)$ を求めよ。

$|\vec{x}-\vec{y}|=1$ の両辺を2乗すると　$|\vec{x}-\vec{y}|^2=1$

よって　$|\vec{x}|^2-2\vec{x}\cdot\vec{y}+|\vec{y}|^2=1$　…①

$|\vec{x}-2\vec{y}|=2$ の両辺を2乗すると　$|\vec{x}-2\vec{y}|^2=4$

よって　$|\vec{x}|^2-4\vec{x}\cdot\vec{y}+4|\vec{y}|^2=4$　…②

$(\vec{x}+\vec{y})\perp(6\vec{x}-7\vec{y})$ であるから

$(\vec{x}+\vec{y})\cdot(6\vec{x}-7\vec{y})=0$

$6|\vec{x}|^2-\vec{x}\cdot\vec{y}-7|\vec{y}|^2=0$　…③

①×2−② より　$|\vec{x}|^2-2|\vec{y}|^2=-2$　…④

①−③×2 より　$-11|\vec{x}|^2+15|\vec{y}|^2=1$　…⑤

④×11+⑤ より　$-7|\vec{y}|^2=-21$

よって　$|\vec{y}|^2=3$

$|\vec{y}|\geqq 0$ より　$|\boldsymbol{\vec{y}}|=\boldsymbol{\sqrt{3}}$

④に代入して　$|\vec{x}|^2=4$

$|\vec{x}|\geqq 0$ より　$|\boldsymbol{\vec{x}}|=\boldsymbol{2}$

このとき，① より　$4-2\vec{x}\cdot\vec{y}+3=1$

$\vec{x}\cdot\vec{y}=3$

よって　$\cos\theta=\dfrac{\vec{x}\cdot\vec{y}}{|\vec{x}||\vec{y}|}=\dfrac{3}{2\times\sqrt{3}}=\dfrac{\sqrt{3}}{2}$

$0°\leqq\theta\leqq 180°$ より　$\boldsymbol{\theta=30°}$

◀まず，$\vec{x}\cdot\vec{y}$ を消去し，$|\vec{x}|^2$ と $|\vec{y}|^2$ の連立方程式をつくる。

問題 16　$\vec{0}$ でないベクトル $\vec{a}$, $\vec{b}$ が，$|\vec{a}-\vec{b}|=2|\vec{a}|$，$|\vec{a}+\vec{b}|=2\sqrt{2}|\vec{a}|$ を満たすとき，$\vec{a}+t\vec{b}$ と $t\vec{a}+\vec{b}$ が直交するような実数 t の値を求めよ。

$|\vec{a}-\vec{b}|=2|\vec{a}|$ の両辺を2乗すると

$|\vec{a}|^2-2\vec{a}\cdot\vec{b}+|\vec{b}|^2=4|\vec{a}|^2$　…①

$|\vec{a}+\vec{b}|=2\sqrt{2}|\vec{a}|$ の両辺を2乗すると

$|\vec{a}|^2+2\vec{a}\cdot\vec{b}+|\vec{b}|^2=8|\vec{a}|^2$　…②

(①+②)÷2 より　$|\vec{b}|^2=5|\vec{a}|^2$　…③

(②−①)÷4 より　$\vec{a}\cdot\vec{b}=|\vec{a}|^2$　…④

$(\vec{a}+t\vec{b})\perp(t\vec{a}+\vec{b})$ より　$(\vec{a}+t\vec{b})\cdot(t\vec{a}+\vec{b})=0$

よって　$t|\vec{a}|^2+(1+t^2)\vec{a}\cdot\vec{b}+t|\vec{b}|^2=0$

③，④ より

$t|\vec{a}|^2+(1+t^2)|\vec{a}|^2+5t|\vec{a}|^2=0$

$(t^2+6t+1)|\vec{a}|^2=0$

$|\vec{a}|\neq 0$ より　$t^2+6t+1=0$

解の公式により　$\boldsymbol{t=-3\pm 2\sqrt{2}}$

◀$|\vec{a}+\vec{b}|^2=(2\sqrt{2}|\vec{a}|)^2$

◀$\vec{a}+t\vec{b}$ は，点 $\mathrm{A}(\vec{a})$ を通り，$\overrightarrow{\mathrm{OB}}(\vec{b})$ に平行な直線を表す。

◀$\vec{a}\neq\vec{0}$ より　$|\vec{a}|\neq 0$

問題 17　△OAB において，$\overrightarrow{\mathrm{OA}}=\vec{a}$，$\overrightarrow{\mathrm{OB}}=\vec{b}$ とおくと，$\vec{a}\cdot\vec{b}=3$，$|\vec{a}-\vec{b}|=1$，$(\vec{a}-\vec{b})\cdot(\vec{a}+2\vec{b})=-2$ である。

(1)　$|\vec{a}|$，$|\vec{b}|$ を求めよ。　　(2)　△OAB の面積を求めよ。

(1)　$|\vec{a}-\vec{b}|=1$ の両辺を2乗すると

$$|\vec{a}-\vec{b}|^2=1$$

$$(\vec{a}-\vec{b})\cdot(\vec{a}-\vec{b})=1$$

$$|\vec{a}|^2-2\vec{a}\cdot\vec{b}+|\vec{b}|^2=1$$

$\vec{a}\cdot\vec{b}=3$ を代入すると　$|\vec{a}|^2+|\vec{b}|^2=7$　…①

$(\vec{a}-\vec{b})\cdot(\vec{a}+2\vec{b})=-2$ であるから

$$|\vec{a}|^2+\vec{a}\cdot\vec{b}-2|\vec{b}|^2=-2$$

$\vec{a}\cdot\vec{b}=3$ を代入すると　$|\vec{a}|^2-2|\vec{b}|^2=-5$　…②

①−② より，$3|\vec{b}|^2=12$ であるから　$|\vec{b}|^2=4$

$|\vec{b}|\geqq 0$ より　$|\vec{b}|=2$

① に代入すると　$|\vec{a}|^2=3$

$|\vec{a}|\geqq 0$ より　$|\vec{a}|=\sqrt{3}$

(2)　$\cos\angle\text{AOB}=\dfrac{\vec{a}\cdot\vec{b}}{|\vec{a}||\vec{b}|}=\dfrac{3}{\sqrt{3}\times 2}=\dfrac{\sqrt{3}}{2}$

$0^\circ<\angle\text{AOB}<180^\circ$ より，$\angle\text{AOB}=30^\circ$ であるから

$$\triangle\text{OAB}=\frac{1}{2}|\vec{a}||\vec{b}|\sin 30^\circ=\frac{1}{2}\times\sqrt{3}\times 2\times\frac{1}{2}=\frac{\sqrt{3}}{2}$$

◀ $|\vec{a}-\vec{b}|$ を2乗して，$\vec{a}\cdot\vec{b}$ をつくり出す。

◀ ①, ② を $|\vec{a}|^2$ と $|\vec{b}|^2$ の連立方程式とみなす。

◀ $\triangle\text{OAB}=\dfrac{1}{2}\text{OA}\cdot\text{OB}\sin\angle\text{AOB}$

問題 18　3点 A(−1, −2), B(3, 0), C(1, 1) に対して，△ABC の面積を求めよ。

$$\overrightarrow{\text{AB}}=(3-(-1),\ 0-(-2))=(4,\ 2)$$

$$\overrightarrow{\text{AC}}=(1-(-1),\ 1-(-2))=(2,\ 3)$$

であるから

$$\triangle\text{ABC}=\frac{1}{2}|4\times 3-2\times 2|=4$$

p.44　定期テスト攻略 ▶ 1・2

1　右の図において，次の条件を満たすベクトルを選べ。

(1)　同じ向きのベクトル
(2)　大きさの等しいベクトル
(3)　等しいベクトル
(4)　互いに逆ベクトル

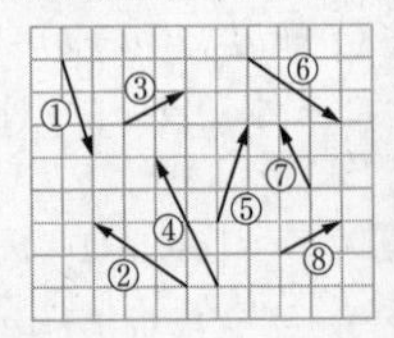

(1)　③ と ⑧，④ と ⑦
(2)　① と ⑤，② と ⑥，③ と ⑦ と ⑧
(3)　③ と ⑧
(4)　② と ⑥

2 右の図の正六角形 ABCDEF において，O を中心，$\overrightarrow{OA}=\vec{a}$，$\overrightarrow{OB}=\vec{b}$ とする。次のベクトルを $\vec{a}$，$\vec{b}$ を用いて表せ。

(1) $\overrightarrow{AB}$　(2) $\overrightarrow{AD}$　(3) $\overrightarrow{CF}$
(4) $\overrightarrow{BD}$　(5) $\overrightarrow{CE}$　(6) $\overrightarrow{DF}$

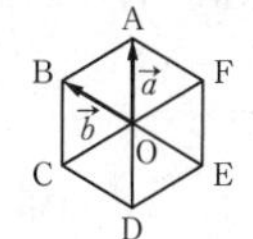

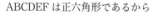

ABCDEF は正六角形であるから

$$\vec{a}=\overrightarrow{OA}=\overrightarrow{CB}=\overrightarrow{DO}=\overrightarrow{EF}$$
$$\vec{b}=\overrightarrow{OB}=\overrightarrow{DC}=\overrightarrow{EO}=\overrightarrow{FA}$$

(1) $\overrightarrow{AB}=\overrightarrow{AO}+\overrightarrow{OB}$

$\overrightarrow{AO}=-\overrightarrow{OA}=-\vec{a}$，$\overrightarrow{OB}=\vec{b}$ であるから

$\boldsymbol{\overrightarrow{AB}=-\vec{a}+\vec{b}}$

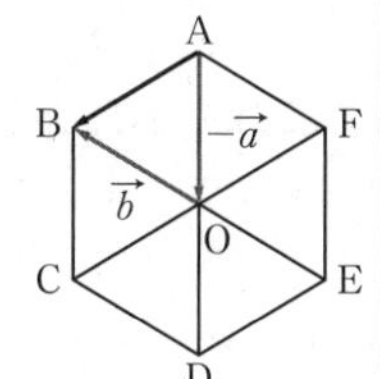

(2) $\overrightarrow{AD}=\overrightarrow{AO}+\overrightarrow{OD}$

$\overrightarrow{AO}=-\overrightarrow{OA}=-\vec{a}$，$\overrightarrow{OD}=-\overrightarrow{DO}=-\vec{a}$ であるから

$\overrightarrow{AD}=-\vec{a}+(-\vec{a})=\boldsymbol{-2\vec{a}}$

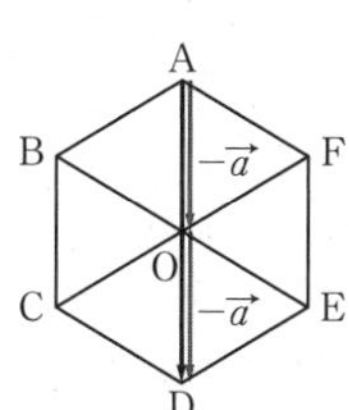

(3) $\overrightarrow{CF}=2\overrightarrow{BA}=-2\overrightarrow{AB}=-2(-\vec{a}+\vec{b})$
$=\boldsymbol{2\vec{a}-2\vec{b}}$

◀(1) を利用

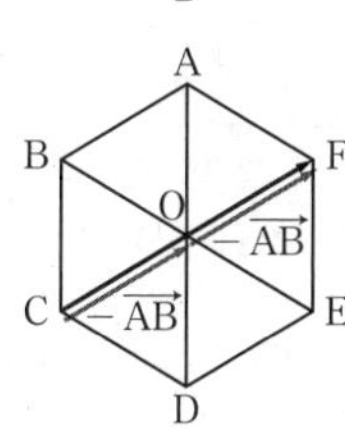

(4) $\overrightarrow{BD}=\overrightarrow{BO}+\overrightarrow{OD}$

$\overrightarrow{BO}=-\overrightarrow{OB}=-\vec{b}$，$\overrightarrow{OD}=-\overrightarrow{DO}=-\vec{a}$ であるから

$\overrightarrow{BD}=-\vec{b}+(-\vec{a})=-\vec{b}-\vec{a}=\boldsymbol{-\vec{a}-\vec{b}}$

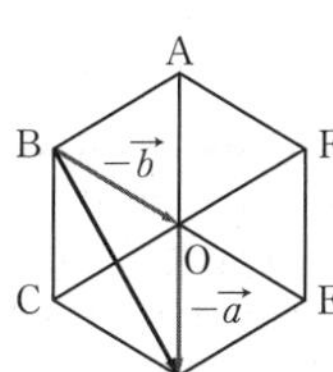

(5) $\overrightarrow{CE}=\overrightarrow{CO}+\overrightarrow{OE}$

$\overrightarrow{CO}=\overrightarrow{BA}=-\overrightarrow{AB}=-(-\vec{a}+\vec{b})=\vec{a}-\vec{b}$

$\overrightarrow{OE}=-\overrightarrow{EO}=-\vec{b}$ であるから

$\overrightarrow{CE}=(\vec{a}-\vec{b})+(-\vec{b})=\boldsymbol{\vec{a}-2\vec{b}}$

◀$\overrightarrow{CE}=\overrightarrow{CD}+\overrightarrow{DO}+\overrightarrow{OE}$ と考えて
$\overrightarrow{CE}=-\vec{b}+\vec{a}+(-\vec{b})$
$=\vec{a}-2\vec{b}$ としてもよい。

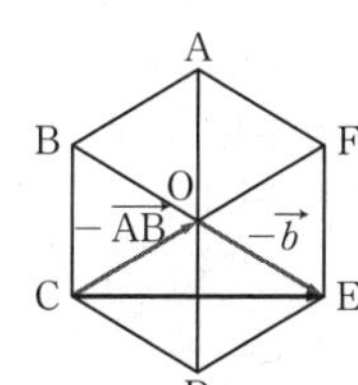

1章 2 平面上のベクトルの成分と内積

(6) $\overrightarrow{DF}=\overrightarrow{DO}+\overrightarrow{OF}$

$\overrightarrow{DO}=\vec{a}$, $\overrightarrow{OF}=\overrightarrow{BA}=-\overrightarrow{AB}=\vec{a}-\vec{b}$ であるから

$$\overrightarrow{DF}=\vec{a}+(\vec{a}-\vec{b})=\boldsymbol{2\vec{a}-\vec{b}}$$

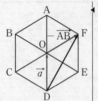

A, B, C, D, E, F, O, $-\overrightarrow{AB}$, $\vec{a}$

◀ $\overrightarrow{DF}=\overrightarrow{DO}+\overrightarrow{OE}+\overrightarrow{EF}$ と考えて $\overrightarrow{DF}=\vec{a}+(-\vec{b})+\vec{a}$ $=2\vec{a}-\vec{b}$ としてもよい。

3 $\vec{a}=(1,\ -2)$, $\vec{b}=(3,\ 1)$ とする。次の等式を満たす $\vec{x}$ の成分表示を求めよ。

(1) $\vec{a}=\vec{x}+\vec{b}$　　(2) $2\vec{b}=\vec{a}-3\vec{x}$　　(3) $\frac{1}{3}(\vec{a}-\vec{x})=\frac{1}{2}(\vec{x}-\vec{b})$

(1) $\vec{a}=\vec{x}+\vec{b}$ より

$\vec{x}=\vec{a}-\vec{b}$

$=(1,\ -2)-(3,\ 1)=\boldsymbol{(-2,\ -3)}$

(2) $2\vec{b}=\vec{a}-3\vec{x}$ より　$3\vec{x}=\vec{a}-2\vec{b}$

よって　$\vec{x}=\frac{1}{3}(\vec{a}-2\vec{b})$

$=\frac{1}{3}\{(1,\ -2)-2(3,\ 1)\}$

$=\frac{1}{3}(-5,\ -4)=\boldsymbol{\left(-\frac{5}{3},\ -\frac{4}{3}\right)}$

(3) $\frac{1}{3}(\vec{a}-\vec{x})=\frac{1}{2}(\vec{x}-\vec{b})$ より　$2(\vec{a}-\vec{x})=3(\vec{x}-\vec{b})$

◀両辺を 6 倍する。

よって，$2\vec{a}-2\vec{x}=3\vec{x}-3\vec{b}$ より　$5\vec{x}=2\vec{a}+3\vec{b}$

したがって　$\vec{x}=\frac{1}{5}(2\vec{a}+3\vec{b})$

$=\frac{1}{5}\{2(1,\ -2)+3(3,\ 1)\}$

$=\frac{1}{5}(11,\ -1)=\boldsymbol{\left(\frac{11}{5},\ -\frac{1}{5}\right)}$

4 3 点 A(3, 3), B(5, −1), C(6, 2) があるとき

(1) $\overrightarrow{OC}$ を $m\overrightarrow{OA}+n\overrightarrow{OB}$ の形で表せ。

(2) 四角形 ABCD が平行四辺形となるような点 D の座標を求めよ。

(1) $m\overrightarrow{OA}+n\overrightarrow{OB}=m(3,\ 3)+n(5,\ -1)$

$=(3m+5n,\ 3m-n)$

これが $\overrightarrow{OC}=(6,\ 2)$ に等しいから

$$\begin{cases}3m+5n=6 & \cdots① \\ 3m-n=2 & \cdots②\end{cases}$$

①, ② を連立させて解くと

$m=\frac{8}{9}$, $n=\frac{2}{3}$

よって　$\boldsymbol{\overrightarrow{OC}=\frac{8}{9}\overrightarrow{OA}+\frac{2}{3}\overrightarrow{OB}}$

(2) 四角形ABCDが平行四辺形になるための条件は

$$AD = BC,\ AD \mathbin{/\!/} BC$$

よって　$\overrightarrow{AD} = \overrightarrow{BC}$

頂点Dの座標を $(a,\ b)$ とおくと

$\overrightarrow{AD} = (a-3,\ b-3)$,

$\overrightarrow{BC} = (6-5,\ 2-(-1)) = (1,\ 3)$

よって，$\overrightarrow{AD} = \overrightarrow{BC}$ より

$$(a-3,\ b-3) = (1,\ 3)$$

ゆえに　$a-3=1$ より　$a=4$

$b-3=3$ より　$b=6$

したがって，点Dの座標は　**(4, 6)**

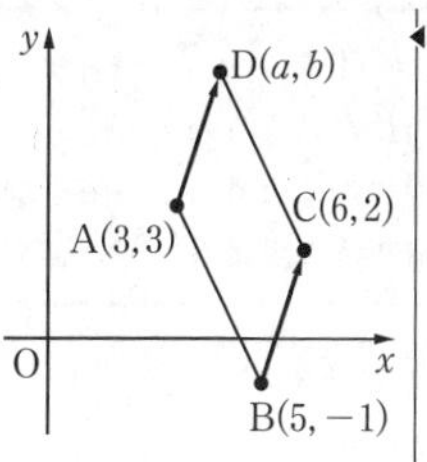

◀ 1組の対辺が平行で，その長さが等しい四角形は平行四辺形である。

---

5 次のベクトル $\vec{a}$, $\vec{b}$ のなす角 θ を求めよ。

(1) $\vec{a}=(2,\ 6)$, $\vec{b}=(-1,\ 2)$　　(2) $\vec{a}=(3,\ 4)$, $\vec{b}=(-8,\ 6)$

---

(1) $\vec{a}\cdot\vec{b} = 2\times(-1)+6\times2 = 10$

$|\vec{a}| = \sqrt{2^2+6^2} = 2\sqrt{10}$, $|\vec{b}| = \sqrt{(-1)^2+2^2} = \sqrt{5}$

よって

$$\cos\theta = \frac{10}{2\sqrt{10}\times\sqrt{5}} = \frac{10}{10\sqrt{2}} = \frac{1}{\sqrt{2}}$$

$0^\circ \leqq \theta \leqq 180^\circ$ より　$\boldsymbol{\theta = 45^\circ}$

(2) $\vec{a}\cdot\vec{b} = 3\times(-8)+4\times6 = 0$

$0^\circ \leqq \theta \leqq 180^\circ$ より　$\boldsymbol{\theta = 90^\circ}$

◀ $\vec{a}\cdot\vec{b} = a_1b_1 + a_2b_2$

◀ $|\vec{a}| = \sqrt{a_1{}^2 + a_2{}^2}$

◀ $\cos\theta = \dfrac{\vec{a}\cdot\vec{b}}{|\vec{a}||\vec{b}|}$

◀ $\vec{a} \neq \vec{0}$, $\vec{b} \neq \vec{0}$ のとき
$\vec{a}\cdot\vec{b} = 0 \iff \vec{a} \perp \vec{b}$

---

6 $\vec{a}=(1,\ x)$, $\vec{b}=(x,\ 2-x)$ のとき

(1) $\vec{a}$ と $\vec{b}$ が平行になるような実数 x の値を求めよ。

(2) $\vec{a}$ と $\vec{b}$ が垂直になるような実数 x の値を求めよ。

---

(1) $\vec{a} \mathbin{/\!/} \vec{b}$ より　$\vec{b} = k\vec{a}$　（k は実数）

よって　$(x,\ 2-x) = (k,\ kx)$

両辺の成分を比較して

$$\begin{cases} x = k & \cdots ① \\ 2-x = kx & \cdots ② \end{cases}$$

① を ② に代入して整理すると　$x^2+x-2=0$

よって，$(x+2)(x-1)=0$ より　$\boldsymbol{x = -2,\ 1}$

(2) $\vec{a} \perp \vec{b}$ より　$\vec{a}\cdot\vec{b} = 0$

$\vec{a}\cdot\vec{b} = 1\times x + x(2-x) = x(3-x)$

$x(3-x) = 0$ より　$\boldsymbol{x = 0,\ 3}$

◀ 1文字（k）を消去する。

7 $\vec{a}=(3,\ -2)$, $\vec{b}=(1,\ -4)$, $\vec{c}=(1,\ 2)$ のとき $\vec{p}=\vec{a}+t\vec{b}$ とする。ただし，t は実数とする。

(1) $\vec{p}$ と $\vec{c}$ が平行になるような t の値を求めよ。

(2) $\vec{p}$ と $\vec{c}$ が垂直になるような t の値を求めよ。

(3) $|\vec{a}+t\vec{b}|$ が最小となるような t の値を求めよ。

(1) $\vec{p} /\!/ \vec{c}$ より　$\vec{p}=k\vec{c}$　(k は実数)

$$\vec{p}=\vec{a}+t\vec{b}=(3,\ -2)+t(1,\ -4)=(t+3,\ -4t-2)$$

よって　$(t+3,\ -4t-2)=(k,\ 2k)$

両辺の成分を比較して

$$\begin{cases} t+3=k \\ -4t-2=2k \end{cases}$$

これらを連立して解くと　$t=-\dfrac{4}{3}$, $k=\dfrac{5}{3}$

よって　$\boldsymbol{t=-\dfrac{4}{3}}$

(2) $\vec{p}\neq\vec{0}$, $\vec{c}\neq\vec{0}$ で，$\vec{p}\perp\vec{c}$ であるから

$$\vec{p}\cdot\vec{c}=(t+3)\times 1+(-4t-2)\times 2=0$$

よって　$\boldsymbol{t=-\dfrac{1}{7}}$

(3) $|\vec{a}+t\vec{b}|^2=(t+3)^2+(-4t-2)^2=17t^2+22t+13$

$$=17\left(t+\frac{11}{17}\right)^2+\frac{100}{17}$$

$t=-\dfrac{11}{17}$ のとき $|\vec{a}+t\vec{b}|^2$ は最小となり，このとき $|\vec{a}+t\vec{b}|$ も最小となる。

よって，$|\vec{a}+t\vec{b}|$ が最小となる t の値は　$\boldsymbol{t=-\dfrac{11}{17}}$

◀ベクトルの平行条件
$\vec{a} /\!/ \vec{b} \Longleftrightarrow \vec{a}=k\vec{b}$

◀ 2つのベクトルの一致
$(a_1,\ a_2)=(b_1,\ b_2)$
$\Longleftrightarrow a_1=b_1,\ a_2=b_2$

◀$\vec{a}\neq\vec{0}$, $\vec{b}\neq\vec{0}$ のとき
$\vec{a}\perp\vec{b} \Longleftrightarrow \vec{a}\cdot\vec{b}=0$

8 $|\vec{a}|=3$, $|\vec{b}|=2$ で，$\vec{a}$ と $\vec{b}$ のなす角が 120° のとき，

(1) $|\vec{a}+2\vec{b}|$ の値を求めよ。

(2) $|\vec{a}+t\vec{b}|$ の最小値とそのときの実数 t の値を求めよ。

(1) $\vec{a}\cdot\vec{b}=3\times 2\times\cos 120^\circ=3\times 2\times\left(-\dfrac{1}{2}\right)=-3$

よって

$$|\vec{a}+2\vec{b}|^2=|\vec{a}|^2+4\vec{a}\cdot\vec{b}+4|\vec{b}|^2$$
$$=3^2+4\times(-3)+4\times 2^2=13$$

$|\vec{a}+2\vec{b}|\geqq 0$ であるから　$\boldsymbol{|\vec{a}+2\vec{b}|=\sqrt{13}}$

(2) $|\vec{a}+t\vec{b}|^2=|\vec{a}|^2+2t\vec{a}\cdot\vec{b}+t^2|\vec{b}|^2$

$$=4t^2-6t+9$$
$$=4\left(t-\frac{3}{4}\right)^2+\frac{27}{4}$$

よって，$t=\dfrac{3}{4}$ のとき $|\vec{a}+t\vec{b}|^2$ は最小になり，このとき $|\vec{a}+t\vec{b}|$

◀$\vec{a}\cdot\vec{b}=|\vec{a}||\vec{b}|\cos\theta$

◀ $(a+2b)^2$
$=a^2+4ab+4b^2$
と同様に計算する。

も最小となるから

$$t=\frac{3}{4}$$ **のとき　最小値** $\frac{3\sqrt{3}}{2}$

◀ $\sqrt{\frac{27}{4}}=\frac{3\sqrt{3}}{2}$

9 △OABにおいて，$\overrightarrow{OA}=\vec{a}$，$\overrightarrow{OB}=\vec{b}$ とする。$|\vec{a}|=4$，$|\vec{b}|=3$，$|\vec{a}-\vec{b}|=3$ のとき
(1) 内積 $\vec{a}\cdot\vec{b}$ の値を求めよ。　(2) $\cos\angle AOB$ の値を求めよ。
(3) △OABの面積を求めよ。

(1) $|\vec{a}-\vec{b}|=3$ の両辺を2乗すると　$|\vec{a}-\vec{b}|^2=3^2$
よって　$|\vec{a}|^2-2\vec{a}\cdot\vec{b}+|\vec{b}|^2=9$
ここで $|\vec{a}|=4$，$|\vec{b}|=3$ であるから

$$4^2-2\vec{a}\cdot\vec{b}+3^2=9$$

よって　$\boldsymbol{\vec{a}\cdot\vec{b}=8}$

◀ $|\vec{a}-\vec{b}|^2$ $=|\vec{a}|^2-2\vec{a}\cdot\vec{b}+|\vec{b}|^2$

(2) $\angle AOB$ は，$\vec{a}$ と $\vec{b}$ のなす角であるから

$$\cos\angle AOB=\frac{\vec{a}\cdot\vec{b}}{|\vec{a}||\vec{b}|}$$

$|\vec{a}|=4$，$|\vec{b}|=3$，$\vec{a}\cdot\vec{b}=8$ であるから

$$\cos\angle AOB=\frac{8}{4\times3}=\boldsymbol{\frac{2}{3}}$$

(3) $0°<\angle AOB<180°$ より，$\sin\angle AOB>0$ であるから

$$\sin\angle AOB=\sqrt{1-\cos^2\angle AOB}$$
$$=\sqrt{1-\frac{4}{9}}=\frac{\sqrt{5}}{3}$$

◀ △OABの面積は，$\frac{1}{2}OA\cdot OB\sin\angle AOB$ で求められるから，まず，$\sin\angle AOB$ を求める。

$\triangle OAB=\frac{1}{2}OA\cdot OB\sin\angle AOB$ より

$$\triangle OAB=\frac{1}{2}\times4\times3\times\frac{\sqrt{5}}{3}=\boldsymbol{2\sqrt{5}}$$

◀ $OA=|\vec{a}|$，$OB=|\vec{b}|$

3 平面上の位置ベクトル

p.48 Quick Check 3

① 〔1〕 (1) $\dfrac{\vec{a}+\vec{b}}{2}$

(2) $\dfrac{2\vec{a}+3\vec{b}}{3+2}=\dfrac{2\vec{a}+3\vec{b}}{5}$

(3) $\dfrac{2\vec{b}+1\vec{c}}{1+2}=\dfrac{2\vec{b}+\vec{c}}{3}$

(4) $\dfrac{-3\vec{a}+2\vec{b}}{2+(-3)}=3\vec{a}-2\vec{b}$

(5) $\dfrac{\vec{a}+\vec{b}}{3}$

〔2〕 $\overrightarrow{AC}=(x-1,\ 9-5)=(x-1,\ 4)$

$\overrightarrow{AB}=(4-1,\ 3-5)=(3,\ -2)$

$\overrightarrow{AC}=k\overrightarrow{AB}$ (k は実数) とおくと

$(x-1,\ 4)=k(3,\ -2)$
$=(3k,\ -2k)$

ゆえに $\begin{cases} x-1=3k \\ 4=-2k \end{cases}$

これを解くと $k=-2$, $\boldsymbol{x=-5}$

② 〔1〕 (1) $\boldsymbol{\vec{p}=\vec{b}+t\vec{a}}$

(2) $\boldsymbol{\vec{b}\cdot(\vec{p}-\vec{a})=0}$

(3) 円の半径は $\mathrm{OA}=3$ であるから

$\boldsymbol{|\vec{p}-\vec{a}|=3}$

(4) 円の直径は $\mathrm{OB}=4$ であるから, 円の半径は 2

また, 円の中心は OB の中点であるから, その位置ベクトルは $\dfrac{\vec{b}}{2}$

よって $\boldsymbol{\left|\vec{p}-\dfrac{\vec{b}}{2}\right|=2}$

〔2〕 求める直線上の点を $\mathrm{P}(\vec{p})$ とし, $\vec{p}=(x,\ y)$ とおく。

(1) $\vec{a}=(3,\ 5)$ とおくと, 求める直線のベクトル方程式は

$\vec{p}=\vec{a}+t\vec{u}$

よって $(x,\ y)=(3,\ 5)+t(1,\ -2)$
$=(t+3,\ -2t+5)$

したがって $\boldsymbol{\begin{cases} x=t+3 \\ y=-2t+5 \end{cases}}$

(2) $\vec{b}=(-4,\ 5)$ とおくと, 求める直線のベクトル方程式は

$\vec{v}\cdot(\vec{p}-\vec{b})=0$ …①

ここで $\vec{p}-\vec{b}=(x,\ y)-(-4,\ 5)$
$=(x+4,\ y-5)$

よって, ① は

$3(x+4)+2(y-5)=0$

整理すると $\boldsymbol{3x+2y+2=0}$

練習 19 3点 $\mathrm{A}(\vec{a})$, $\mathrm{B}(\vec{b})$, $\mathrm{C}(\vec{c})$ を頂点とする △ABC がある。次の点の位置ベクトルを $\vec{a}$, $\vec{b}$, $\vec{c}$ を用いて表せ。

(1) 線分 BC を 3:2 に内分する点 $\mathrm{P}(\vec{p})$
(2) 線分 CA の中点 $\mathrm{M}(\vec{m})$
(3) 線分 AB を 3:2 に外分する点 $\mathrm{Q}(\vec{q})$
(4) △PMQ の重心 $\mathrm{G}(\vec{g})$

(1) $\vec{p}=\dfrac{2\vec{b}+3\vec{c}}{3+2}=\boldsymbol{\dfrac{2\vec{b}+3\vec{c}}{5}}$

(2) $\vec{m}=\boldsymbol{\dfrac{\vec{c}+\vec{a}}{2}}$

(3) 線分 AB を 3:(−2) に内分する点と考えて

$\vec{q}=\dfrac{(-2)\vec{a}+3\vec{b}}{3+(-2)}=\boldsymbol{-2\vec{a}+3\vec{b}}$

(4) $\vec{g}=\dfrac{\vec{p}+\vec{m}+\vec{q}}{3}$

B($\vec{b}$) P($\vec{p}$) C($\vec{c}$) ③ ②

C($\vec{c}$) M($\vec{m}$) A($\vec{a}$)

A($\vec{a}$) B($\vec{b}$) ② Q($\vec{q}$) ③

◀ $\mathrm{A}(\vec{a})$, $\mathrm{B}(\vec{b})$ に対し, 線分 AB を $m:n$ に内分する点の位置ベクトルは
$\dfrac{n\vec{a}+m\vec{b}}{m+n}$
線分 AB の中点の位置ベクトルは $\dfrac{\vec{a}+\vec{b}}{2}$

◀ 線分を $m:n$ に外分する点の位置ベクトルは $m:(-n)$ に内分すると考える。

$$= \frac{1}{3}\left(\frac{2\vec{b}+3\vec{c}}{5}+\frac{\vec{c}+\vec{a}}{2}-2\vec{a}+3\vec{b}\right)$$

$$= \frac{4\vec{b}+6\vec{c}+5\vec{c}+5\vec{a}-20\vec{a}+30\vec{b}}{30}$$

$$= \boldsymbol{\frac{-15\vec{a}+34\vec{b}+11\vec{c}}{30}}$$

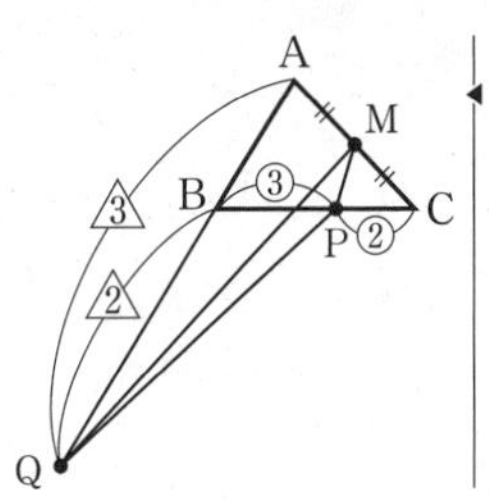

◀重心の位置ベクトルは，3頂点の位置ベクトルの和を3で割る。

練習 20 3点A，B，Cの位置ベクトルをそれぞれ $\vec{a}$，$\vec{b}$，$\vec{c}$ とする。△ABCの辺BC，CA，ABを2:1に外分する点をそれぞれP，Q，Rとするとき，△ABCの重心Gと△PQRの重心G′は一致することを示せ。

点Gは△ABCの重心であるから　　$\overrightarrow{OG}=\dfrac{\vec{a}+\vec{b}+\vec{c}}{3}$

点P，Q，Rはそれぞれ辺BC，CA，ABを2:1に外分する点であるから

$$\overrightarrow{OP}=\frac{-\overrightarrow{OB}+2\overrightarrow{OC}}{2-1}=-\vec{b}+2\vec{c}$$

$$\overrightarrow{OQ}=\frac{-\overrightarrow{OC}+2\overrightarrow{OA}}{2-1}=-\vec{c}+2\vec{a}$$

$$\overrightarrow{OR}=\frac{-\overrightarrow{OA}+2\overrightarrow{OB}}{2-1}=-\vec{a}+2\vec{b}$$

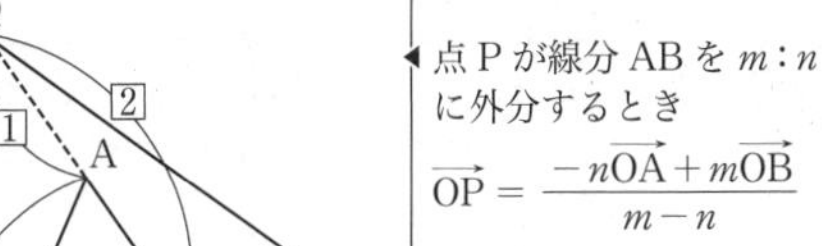

◀点Pが線分ABを $m:n$ に外分するとき

$$\overrightarrow{OP}=\frac{-n\overrightarrow{OA}+m\overrightarrow{OB}}{m-n}$$

点G′は△PQRの重心であるから

$$\overrightarrow{OG'}=\frac{\overrightarrow{OP}+\overrightarrow{OQ}+\overrightarrow{OR}}{3}$$

$$=\frac{(-\vec{b}+2\vec{c})+(-\vec{c}+2\vec{a})+(-\vec{a}+2\vec{b})}{3}=\frac{\vec{a}+\vec{b}+\vec{c}}{3}$$

したがって，$\overrightarrow{OG}=\overrightarrow{OG'}$ であるから，2点G，G′は一致する。

練習 21 △ABCにおいて，辺ABの中点をD，辺BCを2:1に外分する点をE，辺ACを2:1に内分する点をFとする。このとき，3点D，E，Fが一直線上にあることを示せ。また，DF:FEを求めよ。

点Dは辺ABの中点であるから

$$\overrightarrow{AD}=\frac{1}{2}\overrightarrow{AB}$$

点Eは辺BCを2:1に外分する点であるから

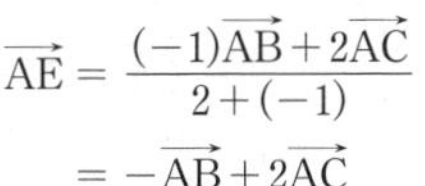

$$\overrightarrow{AE}=\frac{(-1)\overrightarrow{AB}+2\overrightarrow{AC}}{2+(-1)}$$

$$=-\overrightarrow{AB}+2\overrightarrow{AC}$$

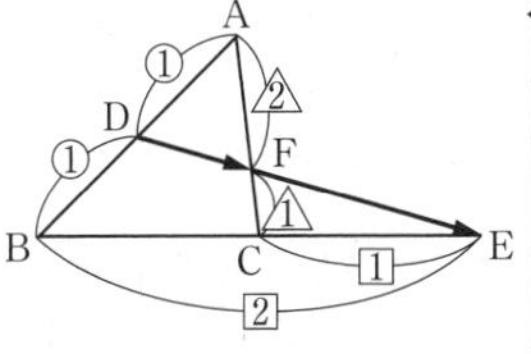

◀点Aを基準にして，$\overrightarrow{AB}$ と $\overrightarrow{AC}$ を用いて，他のベクトルを表す。

点Fは辺ACを2:1に内分する点であるから　　$\overrightarrow{AF}=\dfrac{2}{3}\overrightarrow{AC}$

ここで

$$\overrightarrow{DE}=\overrightarrow{AE}-\overrightarrow{AD}=(-\overrightarrow{AB}+2\overrightarrow{AC})-\frac{1}{2}\overrightarrow{AB}$$

◀$\overrightarrow{DE}=\overrightarrow{\square E}-\overrightarrow{\square D}$

$$= -\frac{3}{2}\overrightarrow{AB}+2\overrightarrow{AC} = \frac{1}{2}(-3\overrightarrow{AB}+4\overrightarrow{AC}) \quad \cdots ①$$

$$\overrightarrow{DF} = \overrightarrow{AF}-\overrightarrow{AD} = \frac{2}{3}\overrightarrow{AC}-\frac{1}{2}\overrightarrow{AB} = \frac{1}{6}(-3\overrightarrow{AB}+4\overrightarrow{AC}) \quad \cdots ②$$

①, ② より　$\overrightarrow{DE} = 3\overrightarrow{DF}$

よって，3 点 D，E，F は一直線上にあり

$$DF : FE = 1 : (3-1) = \mathbf{1 : 2}$$

〔別解〕　△ABC において

$$\frac{BE}{EC}\cdot\frac{CF}{FA}\cdot\frac{AD}{DB} = \frac{2}{1}\cdot\frac{1}{2}\cdot\frac{1}{1} = 1$$

メネラウスの定理の逆により，3 点 D，E，F は一直線上にある。

このとき，△BDE において，メネラウスの定理により

$$\frac{BA}{AD}\cdot\frac{DF}{FE}\cdot\frac{EC}{CB} = 1 \quad \text{すなわち} \quad \frac{2}{1}\cdot\frac{DF}{FE}\cdot\frac{1}{1} = 1$$

$\dfrac{DF}{FE} = \dfrac{1}{2}$ より　　DF : FE = 1 : 2

練習 22　△OAB において，辺 OA を 3 : 1 に内分する点を E，辺 OB を 2 : 3 に内分する点を F とする。また，線分 AF と線分 BE の交点を P，直線 OP と辺 AB の交点を Q とする。さらに，$\overrightarrow{OA}=\vec{a}$，$\overrightarrow{OB}=\vec{b}$ とおく。

(1) $\overrightarrow{OP}$ を $\vec{a}$，$\vec{b}$ を用いて表せ。　　(2) $\overrightarrow{OQ}$ を $\vec{a}$，$\vec{b}$ を用いて表せ。

(3) AQ : QB，OP : PQ をそれぞれ求めよ。

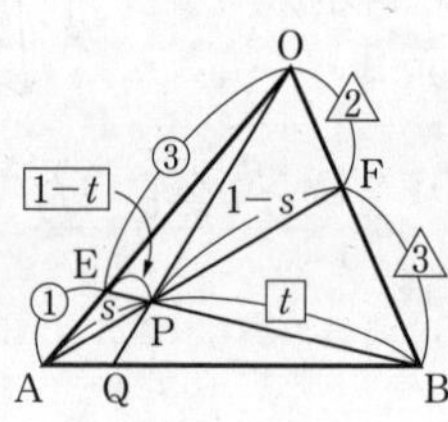

(1)　点 E は辺 OA を 3 : 1 に内分する点であるから　　$\overrightarrow{OE} = \dfrac{3}{4}\vec{a}$

点 F は辺 OB を 2 : 3 に内分する点であるから　　$\overrightarrow{OF} = \dfrac{2}{5}\vec{b}$

AP : PF $= s : (1-s)$ とおくと

$$\overrightarrow{OP} = (1-s)\overrightarrow{OA}+s\overrightarrow{OF}$$
$$= (1-s)\vec{a}+\frac{2}{5}s\vec{b} \quad \cdots ①$$

BP : PE $= t : (1-t)$ とおくと

$$\overrightarrow{OP} = (1-t)\overrightarrow{OB}+t\overrightarrow{OE} = \frac{3}{4}t\vec{a}+(1-t)\vec{b} \quad \cdots ②$$

$\vec{a} \neq \vec{0}$，$\vec{b} \neq \vec{0}$ であり，$\vec{a}$ と $\vec{b}$ は平行でないから，①，② より

$$1-s = \frac{3}{4}t \quad \text{かつ} \quad \frac{2}{5}s = 1-t$$

これを連立して解くと　　$s = \dfrac{5}{14}$，$t = \dfrac{6}{7}$

よって　　$\overrightarrow{\mathbf{OP}} = \dfrac{\mathbf{9}}{\mathbf{14}}\vec{a}+\dfrac{\mathbf{1}}{\mathbf{7}}\vec{b}$

(2)　点 Q は直線 OP 上の点であるから

$$\overrightarrow{OQ} = k\overrightarrow{OP} = \frac{9}{14}k\vec{a}+\frac{1}{7}k\vec{b} \quad \cdots ③$$

とおける。

◀点 P を △OAF の 辺 AF の内分点と考える。

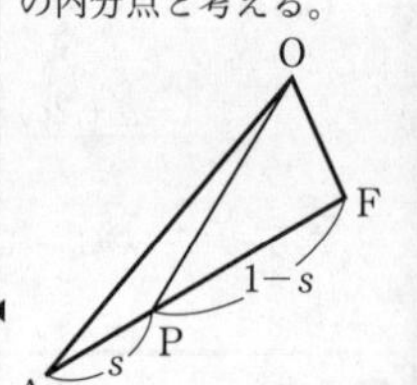

◀点 P を △OBE の辺 BE の内分点と考える。

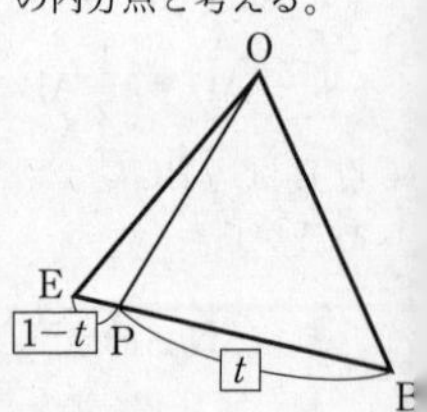

また，点 Q は辺 AB 上の点であるから，AQ : QB $= u : (1-u)$ とおくと　$\overrightarrow{\mathrm{OQ}} = (1-u)\vec{a} + u\vec{b}$　…④

$\vec{a} \neq \vec{0}$，$\vec{b} \neq \vec{0}$ であり，$\vec{a}$ と $\vec{b}$ は平行でないから

◀係数を比較するときには，必ず 1 次独立であることを述べる。

③，④ より　$\dfrac{9}{14}k = 1-u$　かつ　$\dfrac{1}{7}k = u$

これを連立して解くと　$k = \dfrac{14}{11}$，$u = \dfrac{2}{11}$

よって　$\boldsymbol{\overrightarrow{\mathrm{OQ}} = \dfrac{9}{11}\vec{a} + \dfrac{2}{11}\vec{b}}$

〔別解〕

点 Q は直線 OP 上の点であるから

$$\overrightarrow{\mathrm{OQ}} = k\overrightarrow{\mathrm{OP}} = \frac{9}{14}k\vec{a} + \frac{1}{7}k\vec{b} \quad \cdots ③$$

とおける。

点 Q は辺 AB 上の点であるから　$\dfrac{9}{14}k + \dfrac{1}{7}k = 1$

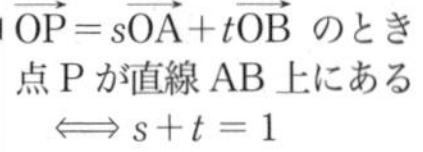
◀$\overrightarrow{\mathrm{OP}} = s\overrightarrow{\mathrm{OA}} + t\overrightarrow{\mathrm{OB}}$ のとき点 P が直線 AB 上にある $\Longleftrightarrow s+t=1$

これを解くと　$k = \dfrac{14}{11}$

③ に代入すると　$\overrightarrow{\mathrm{OQ}} = \dfrac{9}{11}\vec{a} + \dfrac{2}{11}\vec{b}$

(3)　(2) より，$\overrightarrow{\mathrm{OQ}} = \dfrac{9\vec{a}+2\vec{b}}{11}$ であるから

◀$\overrightarrow{\mathrm{OQ}} = \dfrac{9\overrightarrow{\mathrm{OA}} + 2\overrightarrow{\mathrm{OB}}}{2+9}$

AQ : QB = 2 : 9

また，(2) より

$$\overrightarrow{\mathrm{OQ}} = \frac{14}{11}\overrightarrow{\mathrm{OP}}$$

よって，OP : OQ = 11 : 14 となるから

OP : PQ = 11 : 3

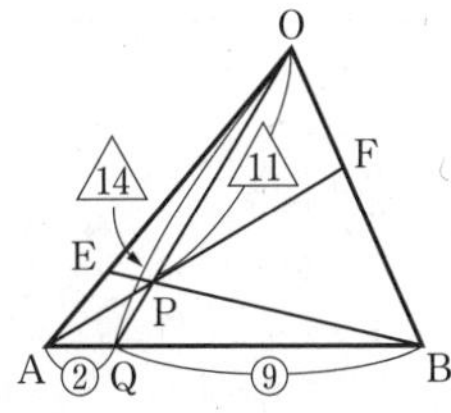

チャレンジ〈1〉　上のようにメネラウスの定理とチェバの定理を用いて，練習 22 を解け。

(1)　△OAF と直線 BE において，メネラウスの定理により

$$\frac{\mathrm{AP}}{\mathrm{PF}} \cdot \frac{\mathrm{FB}}{\mathrm{BO}} \cdot \frac{\mathrm{OE}}{\mathrm{EA}} = 1$$

ここで，点 E，F はそれぞれ，辺 OA を 3 : 1，辺 OB を 2 : 3 に内分する点であるから

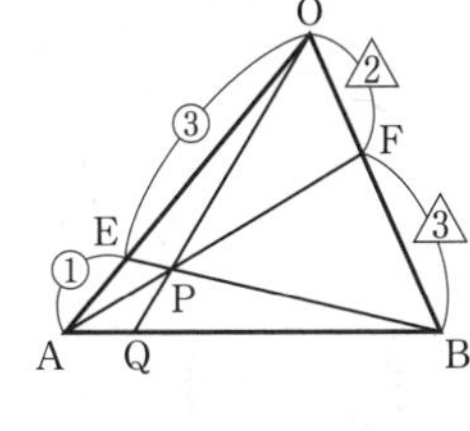

◀$\dfrac{\mathrm{FB}}{\mathrm{BO}} = \dfrac{3}{2+3} = \dfrac{3}{5}$
$\dfrac{\mathrm{OE}}{\mathrm{EA}} = \dfrac{3}{1}$

$$\frac{\mathrm{AP}}{\mathrm{PF}} \cdot \frac{3}{5} \cdot \frac{3}{1} = 1$$

すなわち　$\dfrac{\mathrm{AP}}{\mathrm{PF}} = \dfrac{5}{9}$

よって，AP : PF = 5 : 9 であるから

$$\overrightarrow{\mathrm{OP}} = \frac{9\overrightarrow{\mathrm{OA}} + 5\overrightarrow{\mathrm{OF}}}{5+9} = \frac{9}{14}\overrightarrow{\mathrm{OA}} + \frac{5}{14}\overrightarrow{\mathrm{OF}}$$

ここで，$\overrightarrow{\mathrm{OA}}=\vec{a}$，$\overrightarrow{\mathrm{OF}}=\dfrac{2}{5}\overrightarrow{\mathrm{OB}}=\dfrac{2}{5}\vec{b}$ より

$$\overrightarrow{\mathrm{OP}}=\frac{9}{14}\vec{a}+\frac{5}{14}\cdot\frac{2}{5}\vec{b}=\boldsymbol{\frac{9}{14}\vec{a}+\frac{1}{7}\vec{b}}\quad\cdots①$$

(2) OP の延長線と辺 AB の交点が Q であるから，△OAB において，チェバの定理により

$$\frac{\mathrm{AQ}}{\mathrm{QB}}\cdot\frac{\mathrm{BF}}{\mathrm{FO}}\cdot\frac{\mathrm{OE}}{\mathrm{EA}}=1 \quad \text{すなわち} \quad \frac{\mathrm{AQ}}{\mathrm{QB}}\cdot\frac{3}{2}\cdot\frac{3}{1}=1$$

よって　$\dfrac{\mathrm{AQ}}{\mathrm{QB}}=\dfrac{2}{9}$　すなわち　AQ：QB＝2：9　…②

ゆえに　$\overrightarrow{\mathrm{OQ}}=\dfrac{9\overrightarrow{\mathrm{OA}}+2\overrightarrow{\mathrm{OB}}}{2+9}=\boldsymbol{\dfrac{9}{11}\vec{a}+\dfrac{2}{11}\vec{b}}$　…③

(3) ② より　**AQ：QB＝2：9**

また，①，③ より，$\overrightarrow{\mathrm{OP}}=\dfrac{11}{14}\overrightarrow{\mathrm{OQ}}$ であるから

OP：PQ＝11：3

練習 23　△OAB において，辺 OA を 2：1 に内分する点を C，辺 OB の中点を D とする。線分 CD の中点を E とするとき，直線 OE と線分 AB の交点を F とする。また，$\overrightarrow{\mathrm{OA}}=\vec{a}$，$\overrightarrow{\mathrm{OB}}=\vec{b}$ とおく。
(1) $\overrightarrow{\mathrm{OE}}$ を $\vec{a}$，$\vec{b}$ を用いて表せ。　(2) $\overrightarrow{\mathrm{OF}}$ を $\vec{a}$，$\vec{b}$ を用いて表せ。

(1) 点 C は辺 OA を 2：1 に内分するから

$$\overrightarrow{\mathrm{OC}}=\frac{2}{3}\overrightarrow{\mathrm{OA}}=\frac{2}{3}\vec{a}$$

点 D は辺 OB の中点であるから

$$\overrightarrow{\mathrm{OD}}=\frac{1}{2}\overrightarrow{\mathrm{OB}}=\frac{1}{2}\vec{b}$$

点 E は線分 CD の中点であるから

$$\overrightarrow{\mathrm{OE}}=\frac{\overrightarrow{\mathrm{OC}}+\overrightarrow{\mathrm{OD}}}{2}=\frac{1}{2}\left(\frac{2}{3}\vec{a}+\frac{1}{2}\vec{b}\right)$$

$$=\boldsymbol{\frac{1}{3}\vec{a}+\frac{1}{4}\vec{b}}$$

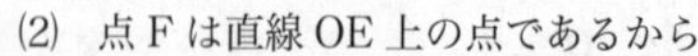

(2) 点 F は直線 OE 上の点であるから

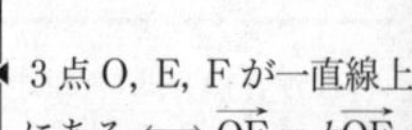

◀ 3 点 O, E, F が一直線上にある ⟺ $\overrightarrow{\mathrm{OF}}=k\overrightarrow{\mathrm{OE}}$

$$\overrightarrow{\mathrm{OF}}=k\overrightarrow{\mathrm{OE}}=\frac{k}{3}\vec{a}+\frac{k}{4}\vec{b}\quad\cdots①$$

とおける。

点 F は辺 AB 上の点であるから　$\dfrac{k}{3}+\dfrac{k}{4}=1$

◀ AF：FB＝s：$(1-s)$ とおいて $\overrightarrow{\mathrm{OF}}=(1-s)\vec{a}+s\vec{b}$ とし，$\vec{a}$ と $\vec{b}$ が 1 次独立であることを用いて $1-s=\dfrac{k}{3}$ かつ $s=\dfrac{k}{4}$ から $\overrightarrow{\mathrm{OF}}$ を求めてもよい

これを解くと　$k=\dfrac{12}{7}$

① に代入すると　$\overrightarrow{\mathrm{OF}}=\boldsymbol{\dfrac{4}{7}\vec{a}+\dfrac{3}{7}\vec{b}}$

練習 24 $\triangle ABC$ の内部に点Pがあり，等式 $4\overrightarrow{PA}+2\overrightarrow{PB}+3\overrightarrow{PC}=\vec{0}$ が成り立っている。
(1) $\overrightarrow{AP}$ を $\overrightarrow{AB}$, $\overrightarrow{AC}$ を用いて表せ。
(2) 点Pはどのような位置にあるか。
(3) $\triangle PBC:\triangle PCA:\triangle PAB$ を求めよ。

(1) $4\overrightarrow{PA}+2\overrightarrow{PB}+3\overrightarrow{PC}=\vec{0}$ より

$$4\cdot(-\overrightarrow{AP})+2(\overrightarrow{AB}-\overrightarrow{AP})+3(\overrightarrow{AC}-\overrightarrow{AP})=\vec{0}$$

◀点Aを始点にしたベクトルで表す。

整理すると $-9\overrightarrow{AP}+2\overrightarrow{AB}+3\overrightarrow{AC}=\vec{0}$

よって $\overrightarrow{AP}=\dfrac{2\overrightarrow{AB}+3\overrightarrow{AC}}{9}$

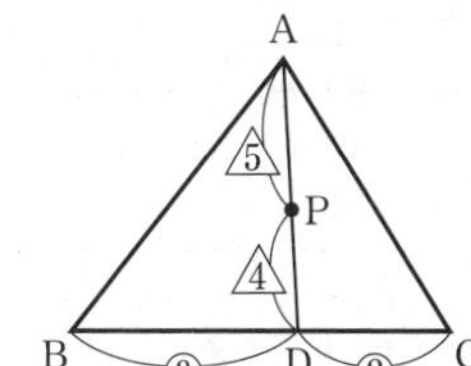

(2) (1)より

$$\overrightarrow{AP}=\frac{2\overrightarrow{AB}+3\overrightarrow{AC}}{9}$$

$$=\frac{3+2}{9}\cdot\frac{2\overrightarrow{AB}+3\overrightarrow{AC}}{3+2}$$

$$=\frac{5}{9}\cdot\frac{2\overrightarrow{AB}+3\overrightarrow{AC}}{5}$$

◀$\dfrac{2\overrightarrow{AB}+3\overrightarrow{AC}}{3+2}$ は，線分BCを3:2に内分する点を表す。

よって，**点Pは，線分BCを3:2に内分する点Dに対し，線分ADを5:4に内分する点**である。

(3) $\triangle ABC=S$ とおくと，$AP:PD=5:4$ より

$$\triangle PBC=\frac{4}{9}\triangle ABC=\frac{4}{9}S$$

次に，$AP:PD=5:4$, $BD:DC=3:2$ より

$$\triangle PAB=\frac{5}{9}\triangle ABD=\frac{5}{9}\times\frac{3}{5}\triangle ABC=\frac{1}{3}S$$

$$\triangle PCA=\frac{5}{9}\triangle ADC=\frac{5}{9}\times\frac{2}{5}\triangle ABC=\frac{2}{9}S$$

したがって

$$\triangle PBC:\triangle PCA:\triangle PAB=\frac{4}{9}S:\frac{2}{9}S:\frac{1}{3}S$$
$$=\mathbf{4:2:3}$$

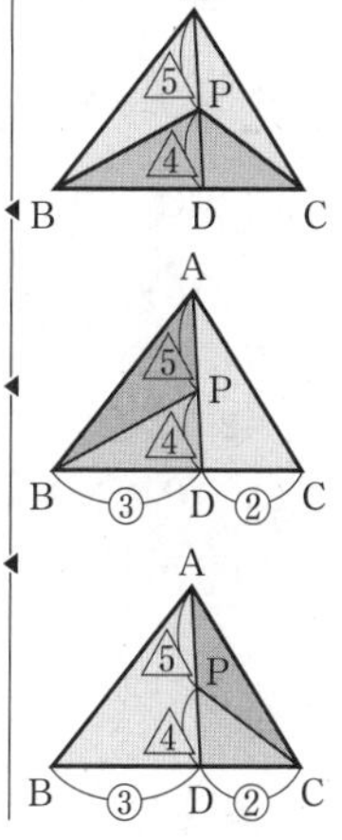

Plus One

一般に，$\triangle ABC$ と $a\overrightarrow{PA}+b\overrightarrow{PB}+c\overrightarrow{PC}=\vec{0}$ ($a>0$, $b>0$, $c>0$) を満たす点Pについて
$\triangle PBC:\triangle PCA:\triangle PAB=a:b:c$
が成り立つ。

練習 25 $AB=5$, $BC=7$, $CA=6$ である $\triangle ABC$ の内心をIとする。このとき，$\overrightarrow{AI}$ を $\overrightarrow{AB}$ と $\overrightarrow{AC}$ を用いて表せ。

直線AIと辺BCの交点をDとする。
ADは∠BACを2等分するから

$BD:DC=AB:AC=5:6$ …①

◀内心は角の二等分線の交点である。

よって　　$BD=\dfrac{5}{5+6}BC=\dfrac{35}{11}$

次に，BI は ∠ABC を 2 等分するから

$$AI:ID=BA:BD=5:\frac{35}{11}=11:7 \quad \cdots ②$$

◀△ABD に着目して，角の二等分線の性質を用いる。

①，② より

$$\overrightarrow{AI}=\frac{11}{11+7}\overrightarrow{AD}=\frac{11}{18}\cdot\frac{6\overrightarrow{AB}+5\overrightarrow{AC}}{5+6}=\boldsymbol{\frac{1}{3}\overrightarrow{AB}+\frac{5}{18}\overrightarrow{AC}}$$

練習 26　AB = 5，AC = 6，∠BAC = 60° の △ABC の外心を O とする。
(1) 内積 $\overrightarrow{AB}\cdot\overrightarrow{AC}$ の値を求めよ。　(2) $\overrightarrow{AO}$ を $\overrightarrow{AB}$，$\overrightarrow{AC}$ を用いて表せ。

(1) $\overrightarrow{AB}\cdot\overrightarrow{AC}=|\overrightarrow{AB}||\overrightarrow{AC}|\cos60^\circ=5\times6\times\dfrac{1}{2}=\mathbf{15}$

(2) $\overrightarrow{AO}=s\overrightarrow{AB}+t\overrightarrow{AC}$ とおく。

辺 AB，AC の中点をそれぞれ M，N とおくと

$$MO\perp AB \quad かつ \quad NO\perp AC$$

◀辺 AB, AC の垂直二等分線の交点が外心 O である。

$$\overrightarrow{MO}=\overrightarrow{AO}-\overrightarrow{AM}=\left(s-\frac{1}{2}\right)\overrightarrow{AB}+t\overrightarrow{AC}$$

◀$\overrightarrow{AM}=\dfrac{1}{2}\overrightarrow{AB}$

$$\overrightarrow{NO}=\overrightarrow{AO}-\overrightarrow{AN}=s\overrightarrow{AB}+\left(t-\frac{1}{2}\right)\overrightarrow{AC}$$

◀$\overrightarrow{AN}=\dfrac{1}{2}\overrightarrow{AC}$

AB ⊥ MO より，$\overrightarrow{AB}\cdot\overrightarrow{MO}=0$ が成り立つから

$$\overrightarrow{AB}\cdot\left\{\left(s-\frac{1}{2}\right)\overrightarrow{AB}+t\overrightarrow{AC}\right\}=0$$

$\left(s-\dfrac{1}{2}\right)|\overrightarrow{AB}|^2+t\overrightarrow{AB}\cdot\overrightarrow{AC}=0$ より　　$10s+6t=5$　　⋯①

◀$\left(s-\dfrac{1}{2}\right)\cdot5^2+t\cdot15=0$

また，AC ⊥ NO より，$\overrightarrow{AC}\cdot\overrightarrow{NO}=0$ が成り立つから

$$\overrightarrow{AC}\cdot\left\{s\overrightarrow{AB}+\left(t-\frac{1}{2}\right)\overrightarrow{AC}\right\}=0$$

$s\overrightarrow{AB}\cdot\overrightarrow{AC}+\left(t-\dfrac{1}{2}\right)|\overrightarrow{AC}|^2=0$ より　　$5s+12t=6$　　⋯②

◀$s\cdot15+\left(t-\dfrac{1}{2}\right)\cdot6^2=0$

①，② を解いて　　$s=\dfrac{4}{15}$，$t=\dfrac{7}{18}$

よって　　$\boldsymbol{\overrightarrow{AO}=\dfrac{4}{15}\overrightarrow{AB}+\dfrac{7}{18}\overrightarrow{AC}}$

練習 27　直角三角形でない △ABC の外心を O，重心を G，$\overrightarrow{OH}=\overrightarrow{OA}+\overrightarrow{OB}+\overrightarrow{OC}$ とする。ただし，O，G，H はすべて異なる点であるとする。
(1) 点 H は △ABC の垂心であることを示せ。
(2) 3 点 O，G，H は一直線上にあり，OG : GH = 1 : 2 であることを示せ。

(1) $\overrightarrow{AH}=\overrightarrow{OH}-\overrightarrow{OA}=\overrightarrow{OB}+\overrightarrow{OC}$，$\overrightarrow{BC}=\overrightarrow{OC}-\overrightarrow{OB}$ より

$$\overrightarrow{AH}\cdot\overrightarrow{BC}=(\overrightarrow{OB}+\overrightarrow{OC})\cdot(\overrightarrow{OC}-\overrightarrow{OB})=|\overrightarrow{OC}|^2-|\overrightarrow{OB}|^2$$

◀AH と BC が直交することを示す。

ここで，点 O は △ABC の外心であるから，

$|\overrightarrow{OA}|=|\overrightarrow{OB}|=|\overrightarrow{OC}|$ より　　$\overrightarrow{AH}\cdot\overrightarrow{BC}=0$

$\overrightarrow{\mathrm{AH}} \neq \vec{0}$, $\overrightarrow{\mathrm{BC}} \neq \vec{0}$ であるから　$\overrightarrow{\mathrm{AH}} \perp \overrightarrow{\mathrm{BC}}$

◀AH が BC への垂線である。

$\overrightarrow{\mathrm{BH}} = \overrightarrow{\mathrm{OH}} - \overrightarrow{\mathrm{OB}} = \overrightarrow{\mathrm{OA}} + \overrightarrow{\mathrm{OC}}$, $\overrightarrow{\mathrm{CA}} = \overrightarrow{\mathrm{OA}} - \overrightarrow{\mathrm{OC}}$ より

$$\overrightarrow{\mathrm{BH}} \cdot \overrightarrow{\mathrm{CA}} = (\overrightarrow{\mathrm{OA}} + \overrightarrow{\mathrm{OC}}) \cdot (\overrightarrow{\mathrm{OA}} - \overrightarrow{\mathrm{OC}}) = |\overrightarrow{\mathrm{OA}}|^2 - |\overrightarrow{\mathrm{OC}}|^2 = 0$$

◀BH と CA が直交することを示す。

$\overrightarrow{\mathrm{BH}} \neq \vec{0}$, $\overrightarrow{\mathrm{CA}} \neq \vec{0}$ であるから　$\overrightarrow{\mathrm{BH}} \perp \overrightarrow{\mathrm{CA}}$

◀BH が CA への垂線である。

よって，点 H は △ABC の垂心である。

◀点 H が各頂点から対辺への垂線の交点である。

(2) 点 G が △ABC の重心であるから

$$\overrightarrow{\mathrm{OG}} = \frac{\overrightarrow{\mathrm{OA}} + \overrightarrow{\mathrm{OB}} + \overrightarrow{\mathrm{OC}}}{3}$$

よって　$\overrightarrow{\mathrm{OH}} = 3\overrightarrow{\mathrm{OG}}$

ゆえに，3 点 O, G, H は一直線上にある。

◀ 3 点 O, G, H を通る直線をオイラー線という。

また，OG : OH $= 1:3$ であるから　OG : GH $= 1:2$

練習 28 次の直線の方程式を媒介変数 t を用いて表せ。

(1) 点 A$(5,\ -4)$ を通り，方向ベクトルが $\vec{d} = (1,\ -2)$ である直線

(2) 2 点 B$(2,\ 4)$，C$(-3,\ 9)$ を通る直線

(1) A$(\vec{a})$ とし，直線上の点を P$(\vec{p})$ とすると，求める直線のベクトル方程式は　$\vec{p} = \vec{a} + t\vec{d}$

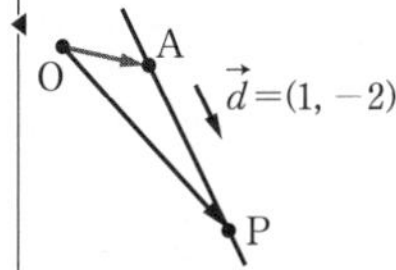

ここで，$\vec{p} = (x,\ y)$ とおき，$\vec{a} = (5,\ -4)$，$\vec{d} = (1,\ -2)$ を代入すると　$(x,\ y) = (5,\ -4) + t(1,\ -2) = (t+5,\ -2t-4)$

よって，求める直線の方程式は

$$\begin{cases} \boldsymbol{x = t+5} \\ \boldsymbol{y = -2t-4} \end{cases}$$

◀この 2 式から t を消去すると $y = -2x + 6$ となる。

(2) B$(\vec{b})$ とする。求める直線の方向ベクトルは $\overrightarrow{\mathrm{BC}}$ であるから，直線上の点を P$(\vec{p})$ とすると，求める直線のベクトル方程式は

$$\vec{p} = \vec{b} + t\overrightarrow{\mathrm{BC}}$$

◀$\vec{p} = \vec{c} + t\overrightarrow{\mathrm{CB}}$ とおいてもよい。

ここで，$\vec{p} = (x,\ y)$ とおき，$\vec{b} = (2,\ 4)$，

$\overrightarrow{\mathrm{BC}} = (-3-2,\ 9-4) = (-5,\ 5)$ を代入すると

$$(x,\ y) = (2,\ 4) + t(-5,\ 5) = (-5t+2,\ 5t+4)$$

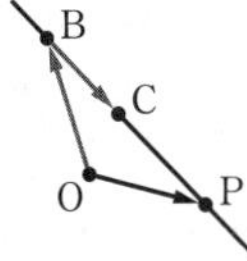

よって，求める直線の方程式は

$$\begin{cases} \boldsymbol{x = -5t+2} \\ \boldsymbol{y = 5t+4} \end{cases}$$

◀この 2 式から t を消去すると，$x + y = 6$ となる。

練習 29 一直線上にない異なる 3 点 A$(\vec{a})$，B$(\vec{b})$，C$(\vec{c})$ がある。線分 AB の中点を通り，直線 BC に平行な直線と垂直な直線のベクトル方程式をそれぞれ求めよ。

線分 AB の中点を M とする。直線 BC に平行な直線の方向ベクトルは $\overrightarrow{\mathrm{BC}}$ であるから，この直線上の点を P$(\vec{p})$ とすると，t を媒介変数として

$$\overrightarrow{\mathrm{OP}} = \overrightarrow{\mathrm{OM}} + t\overrightarrow{\mathrm{BC}} \quad \cdots ①$$

ここで　$\overrightarrow{\mathrm{OP}} = \vec{p}$，$\overrightarrow{\mathrm{OM}} = \dfrac{\vec{a} + \vec{b}}{2}$，$\overrightarrow{\mathrm{BC}} = \vec{c} - \vec{b}$

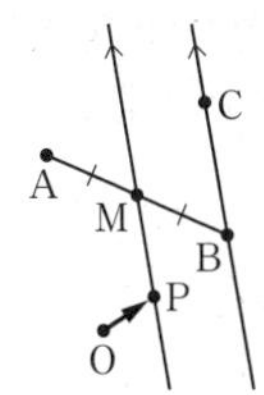

① に代入すると　$\vec{p}=\dfrac{\vec{a}+\vec{b}}{2}+t(\vec{c}-\vec{b})$

すなわち　$\boldsymbol{\vec{p}=\dfrac{1}{2}\vec{a}+\dfrac{1-2t}{2}\vec{b}+t\vec{c}}$

次に，直線 BC に垂直な直線の法線ベクトルは $\overrightarrow{\mathrm{BC}}$ であるから，この直線上の点を $\mathrm{P}(\vec{p})$ とすると　$\overrightarrow{\mathrm{MP}}\cdot\overrightarrow{\mathrm{BC}}=0$　…②

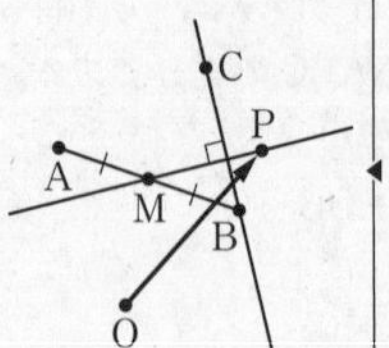

◀ $\overrightarrow{\mathrm{MP}}\perp\overrightarrow{\mathrm{BC}}$ または $\overrightarrow{\mathrm{MP}}=\vec{0}$

ここで　$\overrightarrow{\mathrm{MP}}=\overrightarrow{\mathrm{OP}}-\overrightarrow{\mathrm{OM}}=\vec{p}-\dfrac{\vec{a}+\vec{b}}{2}$

$\overrightarrow{\mathrm{BC}}=\vec{c}-\vec{b}$

② に代入すると　$\boldsymbol{\left(\vec{p}-\dfrac{\vec{a}+\vec{b}}{2}\right)\cdot(\vec{c}-\vec{b})=0}$

◀ $(2\vec{p}-\vec{a}-\vec{b})\cdot(\vec{c}-\vec{b})=0$ としてもよい。

練習 30　3 つの定点 O，$\mathrm{A}(\vec{a})$，$\mathrm{B}(\vec{b})$ と動点 $\mathrm{P}(\vec{p})$ がある。次のベクトル方程式で表される点 P はどのような図形をえがくか。

(1) $|4\vec{p}-3\vec{a}-\vec{b}|=12$　　　(2) $(2\vec{p}-\vec{a})\cdot(\vec{p}+\vec{b})=0$

(1) $|4\vec{p}-3\vec{a}-\vec{b}|=12$ より　$\left|\vec{p}-\dfrac{3\vec{a}+\vec{b}}{4}\right|=3$

◀ $|\vec{p}-\square|=r$ の形になるように変形する。
$\vec{p}$ の係数を 1 にするために，両辺を 4 で割る。

ここで，$\dfrac{3\vec{a}+\vec{b}}{4}=\overrightarrow{\mathrm{OC}}$ とすると，点 C は線分 AB を 1:3 に内分する点であり　$|\overrightarrow{\mathrm{OP}}-\overrightarrow{\mathrm{OC}}|=3$

すなわち，$|\overrightarrow{\mathrm{CP}}|=3$ であるから，点 P は点 C からの距離が 3 の点である。

よって，点 P は，**線分 AB を 1:3 に内分する点を中心とする半径 3 の円** をえがく。

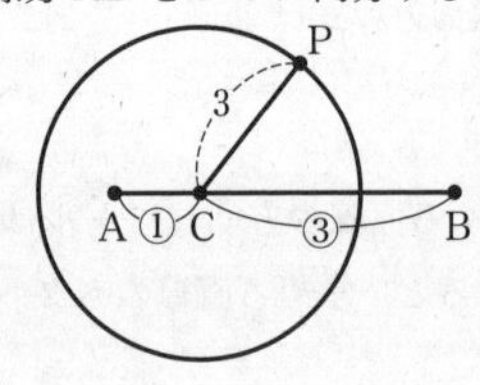

(2) $(2\vec{p}-\vec{a})\cdot(\vec{p}+\vec{b})=0$ より　$\left(\vec{p}-\dfrac{1}{2}\vec{a}\right)\cdot(\vec{p}+\vec{b})=0$

◀ $(\vec{p}-\square)\cdot(\vec{p}-\triangle)=0$ の形になるように変形する。

ここで，原点を O，$\dfrac{1}{2}\vec{a}=\overrightarrow{\mathrm{OD}}$，$-\vec{b}=\overrightarrow{\mathrm{OB'}}$ とすると，点 D は線分 OA の中点，点 B′ は点 B の原点 O に関して対称な点であり

$(\overrightarrow{\mathrm{OP}}-\overrightarrow{\mathrm{OD}})\cdot(\overrightarrow{\mathrm{OP}}-\overrightarrow{\mathrm{OB'}})=0$

すなわち，$\overrightarrow{\mathrm{DP}}\cdot\overrightarrow{\mathrm{B'P}}=0$ であるから

$\overrightarrow{\mathrm{DP}}=\vec{0}$　または　$\overrightarrow{\mathrm{B'P}}=\vec{0}$　または　$\overrightarrow{\mathrm{DP}}\perp\overrightarrow{\mathrm{B'P}}$

◀ $\vec{a}\cdot\vec{b}=0$ のとき $\vec{a}=\vec{0}$ または $\vec{b}=\vec{0}$ または $\vec{a}\perp\vec{b}$ に注意

ゆえに，点 P は点 D または点 B′ に一致するか，$\angle\mathrm{B'PD}=90^\circ$ となる点である。

したがって，点 P は **点 B の原点に関して対称な点 B′ と線分 OA の中点 D に対し，線分 B′D を直径とする円** をえがく。

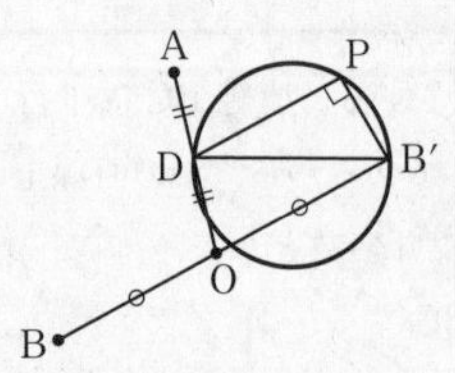

練習 31 一直線上にない 3 点 O，A，B があり，実数 s，t が次の条件を満たすとき，$\overrightarrow{OP}=s\overrightarrow{OA}+t\overrightarrow{OB}$ で定められる点 P の存在する範囲を図示せよ。

(1) $2s+5t=10$　　(2) $3s+2t=2$，$s\geqq 0$，$t\geqq 0$

(3) $2s+3t\leqq 1$，$s\geqq 0$，$t\geqq 0$　　(4) $2\leqq s\leqq 3$，$3\leqq t\leqq 4$

(1) $2s+5t=10$ より　$\dfrac{1}{5}s+\dfrac{1}{2}t=1$

◀両辺を 10 で割り，右辺を 1 にする。

ここで　$\overrightarrow{OP}=\dfrac{1}{5}s(5\overrightarrow{OA})+\dfrac{1}{2}t(2\overrightarrow{OB})$

よって，$\overrightarrow{OA_1}=5\overrightarrow{OA}$，$\overrightarrow{OB_1}=2\overrightarrow{OB}$ とおくと，点 P の存在範囲は，**右の図の直線 A_1B_1** である。

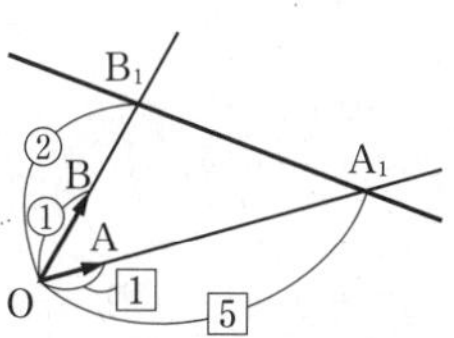

(2) $3s+2t=2$ より　$\dfrac{3}{2}s+t=1$

◀両辺を 2 で割り，右辺を 1 にする。

ここで　$\overrightarrow{OP}=\dfrac{3}{2}s\left(\dfrac{2}{3}\overrightarrow{OA}\right)+t\overrightarrow{OB}$

よって，$\overrightarrow{OA_2}=\dfrac{2}{3}\overrightarrow{OA}$ とおくと，$\dfrac{3}{2}s\geqq 0$，

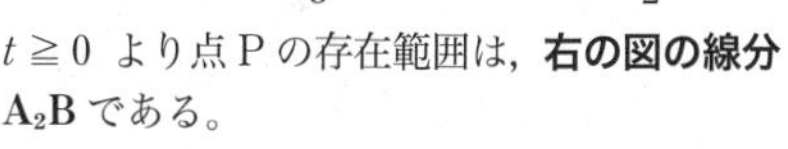

$t\geqq 0$ より点 P の存在範囲は，**右の図の線分 A_2B** である。

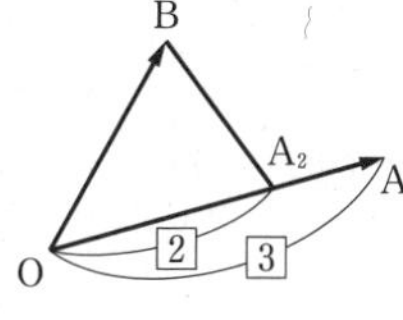

(3) $\overrightarrow{OP}=2s\left(\dfrac{1}{2}\overrightarrow{OA}\right)+3t\left(\dfrac{1}{3}\overrightarrow{OB}\right)$

よって，$\overrightarrow{OA_3}=\dfrac{1}{2}\overrightarrow{OA}$，$\overrightarrow{OB_3}=\dfrac{1}{3}\overrightarrow{OB}$ とおくと，$2s\geqq 0$，$3t\geqq 0$ より，点 P の存在範囲は，**右の図の $\triangle OA_3B_3$ の周および内部**である。

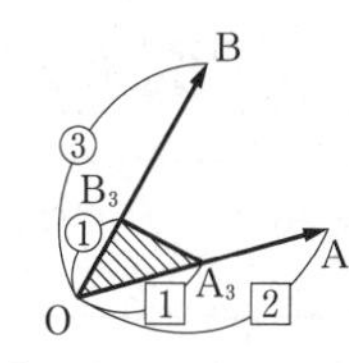

(4) $2\leqq s\leqq 3$ である s に対して，$\overrightarrow{OA_s}=s\overrightarrow{OA}$ とすると

$$\overrightarrow{OP}=s\overrightarrow{OA}+t\overrightarrow{OB}$$
$$=\overrightarrow{OA_s}+t\overrightarrow{OB}\quad(3\leqq t\leqq 4)$$

◀まず，s を固定して考える。

よって，点 P の存在範囲は点 A_s を通り $\overrightarrow{OB}$ を方向ベクトルとする直線のうち，$3\leqq t\leqq 4$ の範囲の線分である。

◀$\overrightarrow{OP}=\overrightarrow{OA_s}+t\overrightarrow{OB}$ のとき，点 P は点 A_s を通り $\overrightarrow{OB}$ に平行な直線である。

さらに，$2\leqq s\leqq 3$ の範囲で s の値を変化させると，求める点 P の存在範囲は

◀ある s に対する点 P の存在範囲を調べたから，次に s を変化させて考える。

$$\overrightarrow{OA_4}=2\overrightarrow{OA},\ \overrightarrow{OA_5}=3\overrightarrow{OA},\ \overrightarrow{OB_4}=3\overrightarrow{OB},\ \overrightarrow{OB_5}=4\overrightarrow{OB}$$

とおくとき

$$\overrightarrow{OC}=\overrightarrow{OA_4}+\overrightarrow{OB_4},\ \overrightarrow{OD}=\overrightarrow{OA_5}+\overrightarrow{OB_4}$$
$$\overrightarrow{OE}=\overrightarrow{OA_5}+\overrightarrow{OB_5},\ \overrightarrow{OF}=\overrightarrow{OA_4}+\overrightarrow{OB_5}$$

を満たす点 C，D，E，F について，**右の図の平行四辺形 CDEF の周および内部**である。

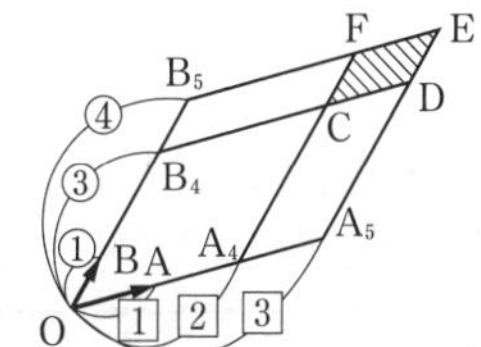

練習 32 次の 2 直線 l_1，l_2 のなす角 θ $(0^\circ\leqq\theta\leqq 90^\circ)$ を求めよ。

(1) $l_1: 2x-3y-1=0$　　$l_2: 3x+2y+4=0$

(2) $l_1: x+5y-2=0$　　$l_2: -3x-2y+1=0$

(1) l_1，l_2 の法線ベクトルの 1 つをそれぞれ $\overrightarrow{n_1}$，$\overrightarrow{n_2}$ とすると

◀直線 $ax+by+c=0$ の法線ベクトルの 1 つは $\vec{n}=(a,\ b)$

$\overrightarrow{n_1}=(2,\ -3),\quad \overrightarrow{n_2}=(3,\ 2)$

この2つのベクトルのなす角を

$\alpha\ (0^\circ \leqq \alpha \leqq 180^\circ)$ とすると

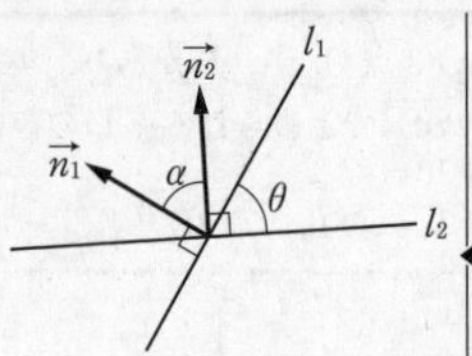

$$\cos\alpha=\frac{2\times3+(-3)\times2}{\sqrt{2^2+(-3)^2}\times\sqrt{3^2+2^2}}=0$$

◀ $\cos\theta=\dfrac{\overrightarrow{n_1}\cdot\overrightarrow{n_2}}{|\overrightarrow{n_1}||\overrightarrow{n_2}|}$

$0^\circ \leqq \alpha \leqq 180^\circ$ より　　$\alpha=90^\circ$

よって　　$\boldsymbol{\theta=90^\circ}$

◀ $0^\circ \leqq \alpha \leqq 90^\circ$ より $\theta=\alpha$ となる。

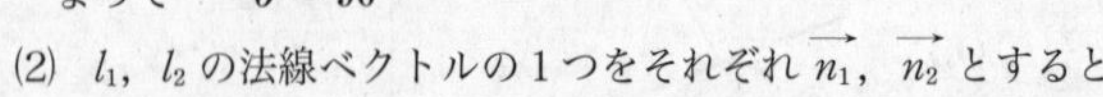

(2) l_1, l_2 の法線ベクトルの1つをそれぞれ $\overrightarrow{n_1}$, $\overrightarrow{n_2}$ とすると

$\overrightarrow{n_1}=(1,\ 5),\quad \overrightarrow{n_2}=(-3,\ -2)$

この2つのベクトルのなす角を

$\alpha\ (0^\circ \leqq \alpha \leqq 180^\circ)$ とすると

$$\cos\alpha=\frac{1\times(-3)+5\times(-2)}{\sqrt{1^2+5^2}\times\sqrt{(-3)^2+(-2)^2}}$$

$$=-\frac{1}{\sqrt{2}}$$

$0^\circ \leqq \alpha \leqq 180^\circ$ より　　$\alpha=135^\circ$

よって　　$\theta=180^\circ-135^\circ=\boldsymbol{45^\circ}$

◀ $90^\circ<\alpha$ より $\theta=180^\circ-\alpha$

p.68 問題編 3 平面上の位置ベクトル

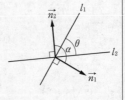

問題 19 四角形ABCDにおいて，辺ADの中点をP，辺BCの中点をQとするとき，$\overrightarrow{PQ}$ を $\overrightarrow{AB}$ と $\overrightarrow{DC}$ を用いて表せ。

4点A，B，C，Dの位置ベクトルをそれぞれ $\vec{a}$, $\vec{b}$, $\vec{c}$, $\vec{d}$ とする。

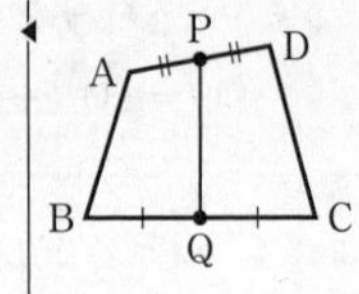

2点P，Qの位置ベクトルを $\vec{p}$, $\vec{q}$ とする。

Pは AD の中点であるから　　$\vec{p}=\dfrac{\vec{a}+\vec{d}}{2}$

Qは BC の中点であるから　　$\vec{q}=\dfrac{\vec{b}+\vec{c}}{2}$

ここで　　$\overrightarrow{PQ}=\vec{q}-\vec{p}=\dfrac{\vec{b}+\vec{c}}{2}-\dfrac{\vec{a}+\vec{d}}{2}=\dfrac{1}{2}(-\vec{a}+\vec{b}+\vec{c}-\vec{d})$

◀ $\overrightarrow{PQ}$, $\overrightarrow{AB}$, $\overrightarrow{DC}$ を $\vec{a}$, $\vec{b}$, $\vec{c}$, $\vec{d}$ で表す。

$\overrightarrow{AB}=\vec{b}-\vec{a}=-\vec{a}+\vec{b}$

$\overrightarrow{DC}=\vec{c}-\vec{d}$

よって　　$\boldsymbol{\overrightarrow{PQ}=\dfrac{1}{2}(\overrightarrow{AB}+\overrightarrow{DC})}$

問題 20 △ABCの重心をGとするとき，次の等式が成り立つことを示せ。

$$\overrightarrow{GA}+\overrightarrow{GB}+\overrightarrow{GC}=\vec{0}$$

点A，B，C，Gの位置ベクトルをそれぞれ $\vec{a}$, $\vec{b}$, $\vec{c}$, $\vec{g}$ とする。

点Gは△ABCの重心であるから

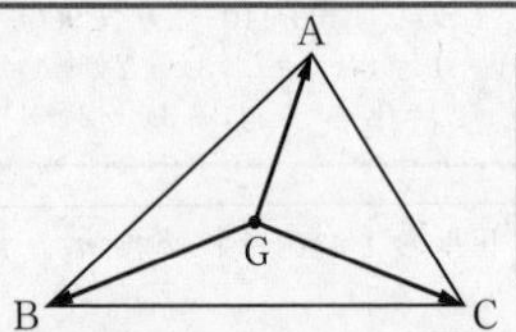

$$\vec{g}=\frac{\vec{a}+\vec{b}+\vec{c}}{3} \quad \cdots①$$

① より

$$(\text{左辺})=(\overrightarrow{OA}-\overrightarrow{OG})+(\overrightarrow{OB}-\overrightarrow{OG})+(\overrightarrow{OC}-\overrightarrow{OG})$$

$$=\overrightarrow{OA}+\overrightarrow{OB}+\overrightarrow{OC}-3\overrightarrow{OG}=\vec{a}+\vec{b}+\vec{c}-3\cdot\frac{\vec{a}+\vec{b}+\vec{c}}{3}$$

$$=\vec{a}+\vec{b}+\vec{c}-(\vec{a}+\vec{b}+\vec{c})=\vec{0}$$

よって　$\overrightarrow{GA}+\overrightarrow{GB}+\overrightarrow{GC}=\vec{0}$

〔別解〕 点 G は △ABC の重心であるから

$$\overrightarrow{AG}=\frac{2}{3}\cdot\frac{\overrightarrow{AB}+\overrightarrow{AC}}{2}=\frac{\overrightarrow{AB}+\overrightarrow{AC}}{3}$$

よって　$-3\overrightarrow{GA}=\overrightarrow{GB}-\overrightarrow{GA}+\overrightarrow{GC}-\overrightarrow{GA}$

したがって　$\overrightarrow{GA}+\overrightarrow{GB}+\overrightarrow{GC}=\vec{0}$

◀ $\overrightarrow{GA}=\overrightarrow{\square A}-\overrightarrow{\square G}$

◀ ベクトルの計算より $\vec{0}$ である。0 としないことに注意。

1章 3 平面上の位置ベクトル

問題 21 3 点 A，B，C の位置ベクトルを $\vec{a}$，$\vec{b}$，$\vec{c}$ とし，2 つのベクトル $\vec{x}$，$\vec{y}$ を用いて，$\vec{a}=3\vec{x}+2\vec{y}$，$\vec{b}=\vec{x}-3\vec{y}$，$\vec{c}=m\vec{x}+(m+2)\vec{y}$（$m$ は実数）と表せるとする。このとき，3 点 A，B，C が一直線上にあるような実数 m の値を求めよ。ただし，$\vec{x}\neq\vec{0}$，$\vec{y}\neq\vec{0}$ で，$\vec{x}$ と $\vec{y}$ は平行でない。

3 点 A，B，C が一直線上にあるから，$\overrightarrow{AC}=k\overrightarrow{AB}$ …①（k は実数）と表される。

ここで　$\overrightarrow{AC}=\vec{c}-\vec{a}$

$$=m\vec{x}+(m+2)\vec{y}-(3\vec{x}+2\vec{y})=(m-3)\vec{x}+m\vec{y}$$

$$\overrightarrow{AB}=\vec{b}-\vec{a}$$

$$=\vec{x}-3\vec{y}-(3\vec{x}+2\vec{y})=-2\vec{x}-5\vec{y}$$

① に代入すると　$(m-3)\vec{x}+m\vec{y}=k(-2\vec{x}-5\vec{y})$

すなわち　$(m-3)\vec{x}+m\vec{y}=-2k\vec{x}-5k\vec{y}$

$\vec{x}\neq\vec{0}$，$\vec{y}\neq\vec{0}$ であり，$\vec{x}$ と $\vec{y}$ は平行でないから

$$m-3=-2k \cdots② \quad かつ \quad m=-5k \cdots③$$

②，③ より　$k=-1$，$\boldsymbol{m=5}$

◀ $\overrightarrow{AB}=k\overrightarrow{AC}$ としてもよいが，ここでは，$\overrightarrow{AB}$ には文字 m が含まれていないから，$\overrightarrow{AC}=k\overrightarrow{AB}$ を用いる方が計算が簡単である。

◀ $\vec{x}$ と $\vec{y}$ は 1 次独立であるから，係数を比較する。

問題 22 平行四辺形 ABCD において，辺 BC を 1:2 に内分する点を E，辺 AD を 1:3 に内分する点を F とする。また，線分 BD と EF の交点を P，直線 AP と直線 CD の交点を Q とする。さらに，$\overrightarrow{AB}=\vec{b}$，$\overrightarrow{AD}=\vec{d}$ とおく。

(1) $\overrightarrow{AP}$ を $\vec{b}$，$\vec{d}$ を用いて表せ。　(2) $\overrightarrow{AQ}$ を $\vec{b}$，$\vec{d}$ を用いて表せ。

(1) 点 E は辺 BC を 1:2 に内分する点であるから

$$\overrightarrow{AE}=\overrightarrow{AB}+\overrightarrow{BE}$$

$$=\overrightarrow{AB}+\frac{1}{3}\overrightarrow{BC}=\vec{b}+\frac{1}{3}\vec{d}$$

点 F は辺 AD を 1:3 に内分する点である

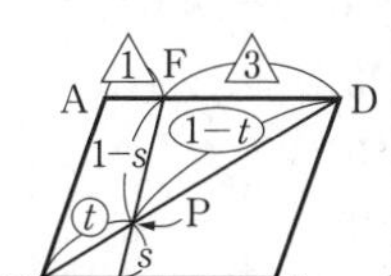

◀ 四角形 ABCD は平行四辺形であるから，$\overrightarrow{BC}=\overrightarrow{AD}=\vec{d}$ である。

から　　$\overrightarrow{\mathrm{AF}}=\dfrac{1}{4}\overrightarrow{\mathrm{AD}}=\dfrac{1}{4}\vec{d}$

EP：PF $=s:(1-s)$ とおくと

$$\overrightarrow{\mathrm{AP}}=(1-s)\overrightarrow{\mathrm{AE}}+s\overrightarrow{\mathrm{AF}}$$
$$=(1-s)\left(\vec{b}+\frac{1}{3}\vec{d}\right)+\frac{1}{4}s\vec{d}$$
$$=(1-s)\vec{b}+\left(\frac{1}{3}-\frac{1}{12}s\right)\vec{d}\quad\cdots①$$

◀点 P を △AEF の辺 EF の内分点と考える。

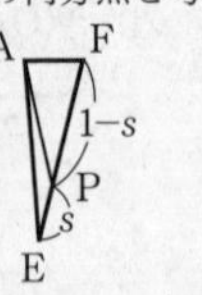

BP：PD $=t:(1-t)$ とおくと

$$\overrightarrow{\mathrm{AP}}=(1-t)\overrightarrow{\mathrm{AB}}+t\overrightarrow{\mathrm{AD}}=(1-t)\vec{b}+t\vec{d}\quad\cdots②$$

◀点 P を △ABD の辺 BD の内分点と考える。

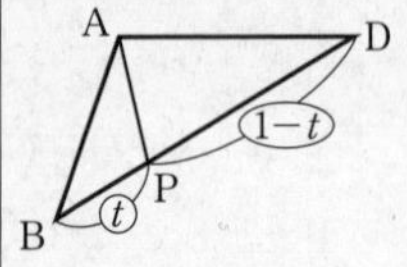

$\vec{b}\neq\vec{0}$, $\vec{d}\neq\vec{0}$ であり，$\vec{b}$ と $\vec{d}$ は平行でないから，①，② より

$$1-s=1-t \quad かつ \quad \frac{1}{3}-\frac{1}{12}s=t$$

これを連立して解くと　　$s=t=\dfrac{4}{13}$

よって　　$\overrightarrow{\mathbf{AP}}=\dfrac{\mathbf{9}}{\mathbf{13}}\vec{b}+\dfrac{\mathbf{4}}{\mathbf{13}}\vec{d}$

(2)　点 Q は直線 AP 上の点であるから

$$\overrightarrow{\mathrm{AQ}}=k\overrightarrow{\mathrm{AP}}=\frac{9}{13}k\vec{b}+\frac{4}{13}k\vec{d}\quad\cdots③$$

とおける。

また，点 Q は直線 CD 上の点であるから，

$\overrightarrow{\mathrm{DQ}}=u\overrightarrow{\mathrm{DC}}$（$u$ は実数）とおくと

$$\overrightarrow{\mathrm{AQ}}=\overrightarrow{\mathrm{AD}}+\overrightarrow{\mathrm{DQ}}=u\vec{b}+\vec{d}\quad\cdots④$$

$\vec{b}\neq\vec{0}$, $\vec{d}\neq\vec{0}$ であり，$\vec{b}$ と $\vec{d}$ は平行でないから，

③，④ より　　$\dfrac{9}{13}k=u$　かつ　$\dfrac{4}{13}k=1$

これを連立して解くと　　$k=\dfrac{13}{4}$，$u=\dfrac{9}{4}$

よって　　$\overrightarrow{\mathbf{AQ}}=\dfrac{\mathbf{9}}{\mathbf{4}}\vec{b}+\vec{d}$

〔別解〕

点 Q は直線 AP 上の点であるから

$$\overrightarrow{\mathrm{AQ}}=k\overrightarrow{\mathrm{AP}}=\frac{9}{13}k\vec{b}+\frac{4}{13}k\vec{d}\quad\cdots③$$

とおける。ここで，$\overrightarrow{\mathrm{AC}}=\vec{b}+\vec{d}$ であるから

$$\overrightarrow{\mathrm{AQ}}=\frac{9}{13}k(\vec{b}+\vec{d})-\frac{5}{13}k\vec{d}$$
$$=\frac{9}{13}k\overrightarrow{\mathrm{AC}}-\frac{5}{13}k\overrightarrow{\mathrm{AD}}$$

◀点 Q は直線 CD 上の点であるから，$\overrightarrow{\mathrm{AQ}}$ を $\overrightarrow{\mathrm{AC}}$ と $\overrightarrow{\mathrm{AD}}$ で表したとき，係数の和が 1 となればよい。**PlusOne** 参照。

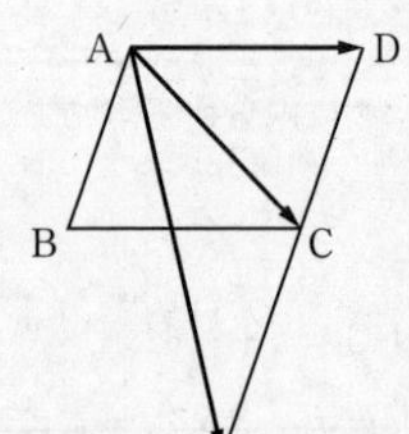

点 Q は直線 CD 上の点であるから

$$\frac{9}{13}k+\left(-\frac{5}{13}k\right)=1$$

これを解くと　　$k=\dfrac{13}{4}$

③ に代入すると

$$\overrightarrow{AQ} = \frac{9}{4}\vec{b} + \vec{d}$$

Plus One

例題 22，練習 22 では，点 Q が辺 AB 上にあるとき，$\overrightarrow{OQ}$ を $\overrightarrow{OA}$ と $\overrightarrow{OB}$ で表したときの係数の和が 1 になることを用いた。この性質は，点 Q が直線 AB 上にあるときも同様に成り立つ。

なぜなら，線分 AB を $m:n$ に外分する点を Q とすると，点 Q は辺 AB 上にはなく，直線 AB 上にあるが

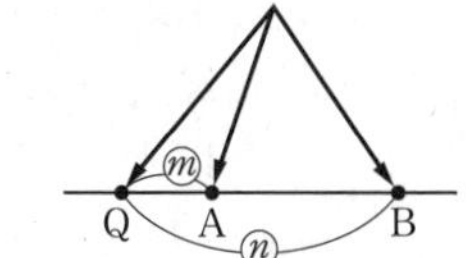

$$\overrightarrow{OQ} = \frac{-n\overrightarrow{OA} + m\overrightarrow{OB}}{m-n} = \frac{-n}{m-n}\overrightarrow{OA} + \frac{m}{m-n}\overrightarrow{OB}$$

と表され，やはり係数の和が 1 になるからである。

問題 23 正六角形 ABCDEF において，AE と BF の交点を P とする。
$\overrightarrow{AB} = \vec{b}$，$\overrightarrow{AF} = \vec{f}$ とするとき，$\overrightarrow{AP}$ を $\vec{b}$，$\vec{f}$ で表せ。

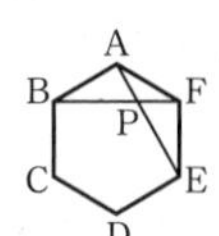

$\overrightarrow{AE} = \overrightarrow{AF} + \overrightarrow{FE}$ …①

ここで，対角線 AD，BE，CF の交点を O とすると，AO と FE は平行で長さが等しいから $\overrightarrow{FE} = \overrightarrow{AO}$

また，AF と BO は平行で長さが等しいから $\overrightarrow{BO} = \overrightarrow{AF}$

よって $\overrightarrow{FE} = \overrightarrow{AO} = \overrightarrow{AB} + \overrightarrow{BO}$

$= \overrightarrow{AB} + \overrightarrow{AF} = \vec{b} + \vec{f}$

① に代入すると

$\overrightarrow{AE} = \vec{f} + (\vec{b} + \vec{f}) = \vec{b} + 2\vec{f}$

点 P は直線 AE 上の点であるから

$\overrightarrow{AP} = k\overrightarrow{AE} = k\vec{b} + 2k\vec{f}$ …②

とおける。

◀ 3 点 A, E, P が一直線上にある $\Longleftrightarrow$ $\overrightarrow{AP} = k\overrightarrow{AE}$

点 P は線分 BF 上の点であるから $k + 2k = 1$

◀ $\vec{b}$ と $\vec{f}$ の係数の和が 1 となる。

よって $k = \frac{1}{3}$

② に代入すると $\boldsymbol{\overrightarrow{AP} = \frac{1}{3}\vec{b} + \frac{2}{3}\vec{f}}$

問題 24 △ABC において，等式 $3\overrightarrow{PA} + m\overrightarrow{PB} + 2\overrightarrow{PC} = \vec{0}$ を満たす点 P に対して，△PBC : △PAC : △PAB = 3 : 5 : 2 であるとき，正の数 m を求めよ。

$3\overrightarrow{PA} + m\overrightarrow{PB} + 2\overrightarrow{PC} = \vec{0}$ より

$3\cdot(-\overrightarrow{AP}) + m(\overrightarrow{AB} - \overrightarrow{AP}) + 2(\overrightarrow{AC} - \overrightarrow{AP}) = \vec{0}$

$-(m+5)\overrightarrow{AP} + m\overrightarrow{AB} + 2\overrightarrow{AC} = \vec{0}$

よって　$\overrightarrow{AP}=\dfrac{m\overrightarrow{AB}+2\overrightarrow{AC}}{m+5}$

◀ $m>0$ より $m+5>0$

$$=\frac{m+2}{m+5}\cdot\frac{m\overrightarrow{AB}+2\overrightarrow{AC}}{2+m}\quad\cdots①$$

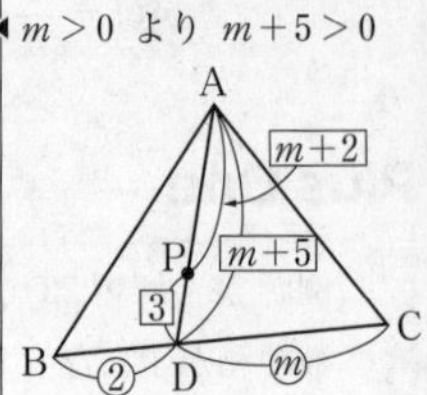

ここで，$\dfrac{m\overrightarrow{AB}+2\overrightarrow{AC}}{2+m}=\overrightarrow{AD}$ とおくと，$m>0$ であるから，点 D は線分 BC を $2:m$ に内分する点である。

また，① より，$\overrightarrow{AP}=\dfrac{m+2}{m+5}\overrightarrow{AD}$ であるから，点 P は，線分 AD を $(m+2):3$ に内分する点である。

◀ $m+2>0$

$\triangle PBD=S$ とおくと，$BD:DC=2:m$ より

$$\triangle PCD=\frac{m}{2}S,\quad \triangle PBC=S+\frac{m}{2}S=\frac{m+2}{2}S$$

$AP:PD=(m+2):3$ より

$$\triangle PAB:\triangle PBD=(m+2):3$$
$$\triangle PAC:\triangle PCD=(m+2):3$$

よって

$$\triangle PAB=\frac{m+2}{3}S,\ \triangle PAC=\frac{m+2}{3}\cdot\frac{m}{2}S=\frac{m(m+2)}{6}S$$

ゆえに

$$\triangle PBC:\triangle PAC:\triangle PAB=\frac{m+2}{2}S:\frac{m(m+2)}{6}S:\frac{m+2}{3}S$$
$$=3:m:2$$

◀ $m+2>0$

$\triangle PBC:\triangle PAC:\triangle PAB=3:5:2$ であるから　$\boldsymbol{m=5}$

問題 25　$\triangle OAB$ において，$OA=a$，$OB=b$，$AB=c$，$\overrightarrow{OA}=\vec{a}$，$\overrightarrow{OB}=\vec{b}$ とし，内心を I とするとき，$\overrightarrow{OI}$ を a，b，c および $\vec{a}$，$\vec{b}$ を用いて表せ。

$\angle AOB$ の二等分線と辺 AB の交点を C とすると

$$AC:CB=OA:OB=a:b$$

◀ 三角形の角の二等分線の性質

ゆえに　$\overrightarrow{OC}=\dfrac{b\vec{a}+a\vec{b}}{a+b}$

◀ 点 C は，線分 AB を $a:b$ に内分する点である。

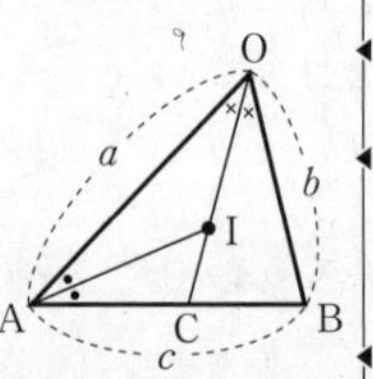

また　$AC=\dfrac{a}{a+b}AB=\dfrac{ac}{a+b}$

次に，線分 AI は $\angle OAC$ の二等分線であるから

◀ $\triangle ACO$ において $\angle OAC$ の二等分線が AI である。

$$OI:IC=OA:AC$$
$$=a:\frac{ac}{a+b}=(a+b):c$$

よって

$$\overrightarrow{OI}=\frac{a+b}{(a+b)+c}\overrightarrow{OC}$$
$$=\frac{a+b}{a+b+c}\cdot\frac{b\vec{a}+a\vec{b}}{a+b}=\boldsymbol{\frac{b\vec{a}+a\vec{b}}{a+b+c}}$$

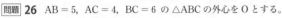

問題 26 AB = 5，AC = 4，BC = 6 の △ABC の外心を O とする。

(1) 内積 $\overrightarrow{\mathrm{AB}}\cdot\overrightarrow{\mathrm{AC}}$ の値を求めよ。

(2) $\overrightarrow{\mathrm{AO}}$ を $\overrightarrow{\mathrm{AB}}$，$\overrightarrow{\mathrm{AC}}$ を用いて表せ。また，線分 AO の長さを求めよ。

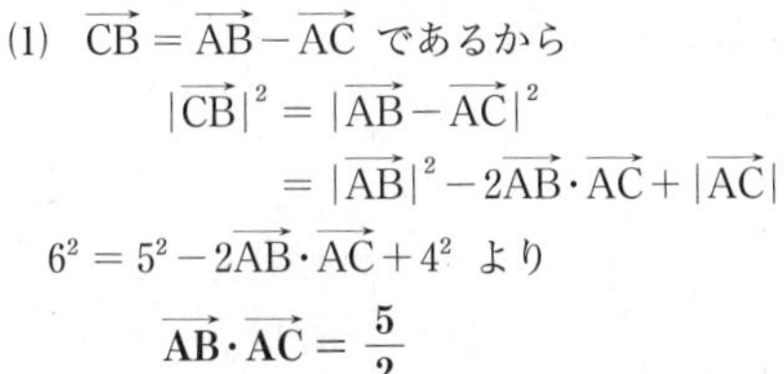

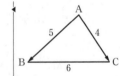

(1) $\overrightarrow{\mathrm{CB}}=\overrightarrow{\mathrm{AB}}-\overrightarrow{\mathrm{AC}}$ であるから

$$|\overrightarrow{\mathrm{CB}}|^2=|\overrightarrow{\mathrm{AB}}-\overrightarrow{\mathrm{AC}}|^2$$
$$=|\overrightarrow{\mathrm{AB}}|^2-2\overrightarrow{\mathrm{AB}}\cdot\overrightarrow{\mathrm{AC}}+|\overrightarrow{\mathrm{AC}}|^2$$

$6^2=5^2-2\overrightarrow{\mathrm{AB}}\cdot\overrightarrow{\mathrm{AC}}+4^2$ より

$$\overrightarrow{\mathbf{AB}}\cdot\overrightarrow{\mathbf{AC}}=\frac{\mathbf{5}}{\mathbf{2}}$$

〔別解〕

余弦定理により

$$\cos A=\frac{5^2+4^2-6^2}{2\cdot5\cdot4}=\frac{1}{8}$$

よって

$$\overrightarrow{\mathrm{AB}}\cdot\overrightarrow{\mathrm{AC}}=|\overrightarrow{\mathrm{AB}}||\overrightarrow{\mathrm{AC}}|\cos A$$
$$=5\times4\times\frac{1}{8}=\frac{5}{2}$$

(2) $\overrightarrow{\mathrm{AO}}=s\overrightarrow{\mathrm{AB}}+t\overrightarrow{\mathrm{AC}}$ とおく。

外心 O は，辺 AB と AC の垂直二等分線の交点であるから，辺 AB，AC の中点をそれぞれ M，N とすると

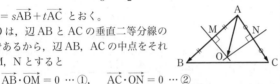

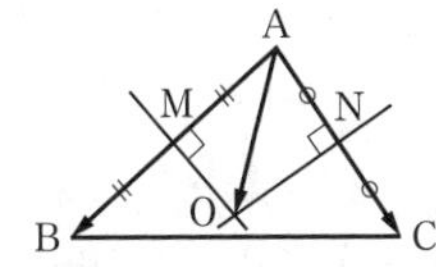

$$\overrightarrow{\mathrm{AB}}\cdot\overrightarrow{\mathrm{OM}}=0\ \cdots①,\qquad \overrightarrow{\mathrm{AC}}\cdot\overrightarrow{\mathrm{ON}}=0\ \cdots②$$

ここで

$$\overrightarrow{\mathrm{OM}}=\overrightarrow{\mathrm{AM}}-\overrightarrow{\mathrm{AO}}=\frac{1}{2}\overrightarrow{\mathrm{AB}}-(s\overrightarrow{\mathrm{AB}}+t\overrightarrow{\mathrm{AC}})$$
$$=\left(\frac{1}{2}-s\right)\overrightarrow{\mathrm{AB}}-t\overrightarrow{\mathrm{AC}}$$

◀ $\overrightarrow{\mathrm{OM}}$ を $\overrightarrow{\mathrm{AB}}$，$\overrightarrow{\mathrm{AC}}$ で表す。

$$\overrightarrow{\mathrm{ON}}=\overrightarrow{\mathrm{AN}}-\overrightarrow{\mathrm{AO}}=\frac{1}{2}\overrightarrow{\mathrm{AC}}-(s\overrightarrow{\mathrm{AB}}+t\overrightarrow{\mathrm{AC}})$$
$$=-s\overrightarrow{\mathrm{AB}}+\left(\frac{1}{2}-t\right)\overrightarrow{\mathrm{AC}}$$

◀ $\overrightarrow{\mathrm{ON}}$ を $\overrightarrow{\mathrm{AB}}$，$\overrightarrow{\mathrm{AC}}$ で表す。

よって，① より

$$\overrightarrow{\mathrm{AB}}\cdot\left\{\left(\frac{1}{2}-s\right)\overrightarrow{\mathrm{AB}}-t\overrightarrow{\mathrm{AC}}\right\}=0$$
$$\left(\frac{1}{2}-s\right)|\overrightarrow{\mathrm{AB}}|^2-t\overrightarrow{\mathrm{AB}}\cdot\overrightarrow{\mathrm{AC}}=0$$

ゆえに　$25\left(\frac{1}{2}-s\right)-\frac{5}{2}t=0$

◀ (1) より $\overrightarrow{\mathrm{AB}}\cdot\overrightarrow{\mathrm{AC}}=\frac{5}{2}$

すなわち　$10s+t=5$　$\cdots③$

また，② より

$$\overrightarrow{\mathrm{AC}}\cdot\left\{-s\overrightarrow{\mathrm{AB}}+\left(\frac{1}{2}-t\right)\overrightarrow{\mathrm{AC}}\right\}=0$$
$$-s\overrightarrow{\mathrm{AB}}\cdot\overrightarrow{\mathrm{AC}}+\left(\frac{1}{2}-t\right)|\overrightarrow{\mathrm{AC}}|^2=0$$

ゆえに　$-\frac{5}{2}s+16\left(\frac{1}{2}-t\right)=0$

すなわち　$5s+32t=16$　…④

③, ④を解くと　$s=\frac{16}{35},\ t=\frac{3}{7}$

よって　$\mathbf{\overrightarrow{AO}=\frac{16}{35}\overrightarrow{AB}+\frac{3}{7}\overrightarrow{AC}}$

ゆえに

$$|\overrightarrow{AO}|^2=\left|\frac{16}{35}\overrightarrow{AB}+\frac{3}{7}\overrightarrow{AC}\right|^2$$

$$=\left(\frac{16}{35}\right)^2|\overrightarrow{AB}|^2+2\times\frac{16}{35}\times\frac{3}{7}\overrightarrow{AB}\cdot\overrightarrow{AC}+\left(\frac{3}{7}\right)^2|\overrightarrow{AC}|^2$$

$$=\left(\frac{16}{35}\right)^2\times5^2+2\times\frac{16}{35}\times\frac{3}{7}\times\frac{5}{2}+\left(\frac{3}{7}\right)^2\times4^2$$

$$=\frac{4^2}{7^2}(16+3+9)=\frac{4^2\times28}{7^2}$$

したがって　$|\overrightarrow{AO}|=\frac{8\sqrt{7}}{7}$

すなわち，線分AOの長さは　$\mathbf{AO=\frac{8\sqrt{7}}{7}}$

◀〔別解〕
$\cos A=\frac{1}{8}$ より
$\sin A=\frac{3\sqrt{7}}{8}$
$|\overrightarrow{AO}|$ は△ABCの外接円の半径であるから，正弦定理により
$2|\overrightarrow{AO}|=\frac{6}{\sin A}$
よって　$|\overrightarrow{AO}|=\frac{8\sqrt{7}}{7}$

〔別解〕

$\overrightarrow{AO}=s\overrightarrow{AB}+t\overrightarrow{AC}$ とおく。
外心Oは，辺ABとACの垂直二等分線の交点であるから，辺AB, ACの中点をそれぞれM, Nとすると，内積の定義により

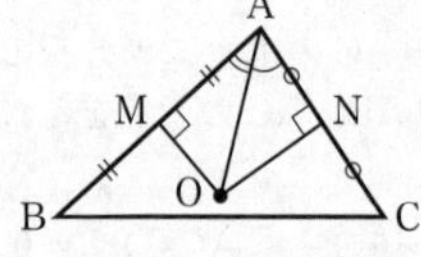

◀$\overrightarrow{AM}\cdot\overrightarrow{AO}$, $\overrightarrow{AN}\cdot\overrightarrow{AO}$ をそれぞれ2通りに表す。

$$\overrightarrow{AM}\cdot\overrightarrow{AO}=|\overrightarrow{AM}||\overrightarrow{AO}|\cos\angle OAM$$

$$=|\overrightarrow{AM}|^2=\frac{25}{4}\quad\cdots①$$

◀△AMOは直角三角形であるから
$|\overrightarrow{AO}|\cos\angle OAM=|\overrightarrow{AM}|$

$$\overrightarrow{AN}\cdot\overrightarrow{AO}=|\overrightarrow{AN}||\overrightarrow{AO}|\cos\angle OAN$$

$$=|\overrightarrow{AN}|^2=4\quad\cdots②$$

◀△ANOは直角三角形であるから
$|\overrightarrow{AO}|\cos\angle OAN=|\overrightarrow{AN}|$

一方

$$\overrightarrow{AM}\cdot\overrightarrow{AO}=\frac{1}{2}\overrightarrow{AB}\cdot(s\overrightarrow{AB}+t\overrightarrow{AC})$$

$$=\frac{s}{2}|\overrightarrow{AB}|^2+\frac{t}{2}\overrightarrow{AB}\cdot\overrightarrow{AC}$$

$$=\frac{25}{2}s+\frac{5}{4}t\quad\cdots③$$

$$\overrightarrow{AN}\cdot\overrightarrow{AO}=\frac{1}{2}\overrightarrow{AC}\cdot(s\overrightarrow{AB}+t\overrightarrow{AC})$$

$$=\frac{s}{2}\overrightarrow{AB}\cdot\overrightarrow{AC}+\frac{t}{2}|\overrightarrow{AC}|^2$$

$$=\frac{5}{4}s+8t\quad\cdots④$$

①, ③より

$$\frac{25}{2}s+\frac{5}{4}t=\frac{25}{4}\quad すなわち\quad 10s+t=5\quad\cdots⑤$$

②，④ より

$$\frac{5}{4}s+8t=4 \quad \text{すなわち} \quad 5s+32t=16 \qquad \cdots ⑥$$

⑤，⑥ を解くと　$s=\dfrac{16}{35}$，$t=\dfrac{3}{7}$

よって　$\overrightarrow{AO}=\dfrac{16}{35}\overrightarrow{AB}+\dfrac{3}{7}\overrightarrow{AC}$　（以降同様）

1章 3 平面上の位置ベクトル

問題 27 点 O を中心とする円に内接する △ABC の 3 辺 AB，BC，CA をそれぞれ 2:3 に内分する点を P，Q，R とする。△PQR の外心が点 O と一致するとき，△ABC はどのような三角形か。（京都大）

$\overrightarrow{OA}=\vec{a}$，$\overrightarrow{OB}=\vec{b}$，$\overrightarrow{OC}=\vec{c}$ とする。

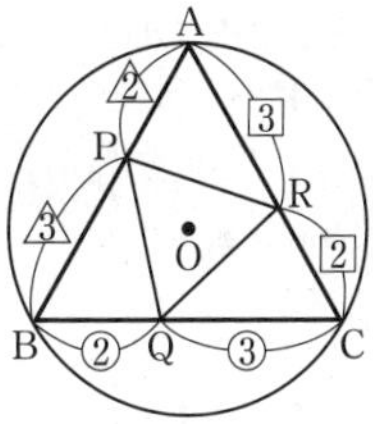

点 O は △ABC の外心より

$$|\vec{a}|=|\vec{b}|=|\vec{c}| \qquad \cdots ①$$

また，条件より

$$\overrightarrow{OP}=\frac{3\vec{a}+2\vec{b}}{5},\ \overrightarrow{OQ}=\frac{3\vec{b}+2\vec{c}}{5},\ \overrightarrow{OR}=\frac{3\vec{c}+2\vec{a}}{5}$$

◀ 分点の公式

点 O は △PQR の外心でもあるから

$$|\overrightarrow{OP}|=|\overrightarrow{OQ}|=|\overrightarrow{OR}| \quad \text{すなわち} \quad \left|\frac{3\vec{a}+2\vec{b}}{5}\right|=\left|\frac{3\vec{b}+2\vec{c}}{5}\right|=\left|\frac{3\vec{c}+2\vec{a}}{5}\right|$$

よって　$|3\vec{a}+2\vec{b}|=|3\vec{b}+2\vec{c}|=|3\vec{c}+2\vec{a}|$

$|3\vec{a}+2\vec{b}|=|3\vec{b}+2\vec{c}|$ より　$|3\vec{a}+2\vec{b}|^2=|3\vec{b}+2\vec{c}|^2$

$$9|\vec{a}|^2+12\vec{a}\cdot\vec{b}+4|\vec{b}|^2=9|\vec{b}|^2+12\vec{b}\cdot\vec{c}+4|\vec{c}|^2$$

◀ $|3\vec{a}+2\vec{b}|^2$
$=(3\vec{a}+2\vec{b})\cdot(3\vec{a}+2\vec{b})$
$=9\vec{a}\cdot\vec{a}+6\vec{a}\cdot\vec{b}+6\vec{b}\cdot\vec{a}+4\vec{b}\cdot\vec{b}$
$=9|\vec{a}|^2+12\vec{a}\cdot\vec{b}+4|\vec{b}|^2$

① より $|\vec{a}|^2=|\vec{b}|^2=|\vec{c}|^2$ であるから

$$12\vec{a}\cdot\vec{b}=12\vec{b}\cdot\vec{c} \quad \text{すなわち} \quad \vec{a}\cdot\vec{b}=\vec{b}\cdot\vec{c} \qquad \cdots ②$$

同様にして $|3\vec{b}+2\vec{c}|=|3\vec{c}+2\vec{a}|$ より　$\vec{b}\cdot\vec{c}=\vec{c}\cdot\vec{a}$　$\cdots ③$

②，③ より　$\vec{a}\cdot\vec{b}=\vec{b}\cdot\vec{c}=\vec{c}\cdot\vec{a}$　$\cdots ④$

ここで，①，④ より

$$AB^2=|\vec{b}-\vec{a}|^2=|\vec{a}|^2-2\vec{a}\cdot\vec{b}+|\vec{b}|^2=2|\vec{a}|^2-2\vec{a}\cdot\vec{b}$$
$$BC^2=|\vec{c}-\vec{b}|^2=|\vec{b}|^2-2\vec{b}\cdot\vec{c}+|\vec{c}|^2=2|\vec{a}|^2-2\vec{a}\cdot\vec{b}$$
$$CA^2=|\vec{a}-\vec{c}|^2=|\vec{c}|^2-2\vec{c}\cdot\vec{a}+|\vec{a}|^2=2|\vec{a}|^2-2\vec{a}\cdot\vec{b}$$

◀ 三角形の形状を調べるために，3 辺の長さの関係を考える。

よって　$AB^2=BC^2=CA^2$

辺の長さは正であるから　$AB=BC=CA$

したがって，△ABC は **正三角形** である。

問題 28 点 $A(x_1,\ y_1)$ を通り，$\vec{d}=(1,\ m)$ に平行な直線 l の方程式を媒介変数 t を用いて表せ。また，この直線の方程式が $y-y_1=m(x-x_1)$ で表されることを確かめよ。

求める直線上の点を $P(\vec{p})$ とし，$\vec{p}=(x,\ y)$ とする。

点 A の位置ベクトル $\vec{a}$ は $\vec{a}=(x_1,\ y_1)$ であり，方向ベクトルは $\vec{d}=(1,\ m)$ であるから，直線 l のベクトル方程式は　$\vec{p}=\vec{a}+t\vec{d}$

◀ 方向ベクトルが $(1,\ m)$ であるから，傾き m の直線を表している。

すなわち　$(x,\ y)=(x_1,\ y_1)+t(1,\ m)=(t+x_1,\ mt+y_1)$

よって，直線 l の方程式は

$$\begin{cases} \boldsymbol{x = t + x_1} & \cdots ① \\ \boldsymbol{y = mt + y_1} & \cdots ② \end{cases}$$

また，① より　　$t = x - x_1$

② に代入すると　　$y = m(x - x_1) + y_1$

したがって　　$y - y_1 = m(x - x_1)$

問題 29　平面上の異なる 3 点 O，A$(\vec{a})$，B$(\vec{b})$ において，次の直線を表すベクトル方程式を求めよ。ただし，O，A，B は一直線上にないものとする。

(1)　線分 OA の中点と線分 AB を 3 : 2 に内分する点を通る直線

(2)　点 A を中心とする円上の点 B における接線

(1)　線分 OA の中点を A′，線分 AB を 3 : 2 に内分する点を C とする。求める直線の方向ベクトルは $\overrightarrow{\mathrm{A'C}}$ であるから，求める直線上の点を P$(\vec{p})$ とすると，t を媒介変数として

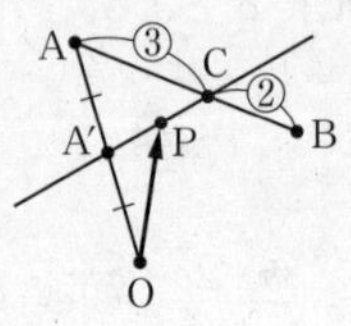

$$\overrightarrow{\mathrm{OP}} = \overrightarrow{\mathrm{OA'}} + t\overrightarrow{\mathrm{A'C}}$$

ここで　　$\overrightarrow{\mathrm{OP}} = \vec{p}$，$\overrightarrow{\mathrm{OA'}} = \dfrac{1}{2}\vec{a}$，

$$\overrightarrow{\mathrm{A'C}} = \overrightarrow{\mathrm{OC}} - \overrightarrow{\mathrm{OA'}} = \frac{2\vec{a} + 3\vec{b}}{5} - \frac{1}{2}\vec{a} = \frac{-\vec{a} + 6\vec{b}}{10}$$

◀ 点 C は AB を 3 : 2 に内分する点であるから $\overrightarrow{\mathrm{OC}} = \dfrac{2\vec{a} + 3\vec{b}}{5}$

よって　　$\vec{p} = \dfrac{1}{2}\vec{a} + t \cdot \dfrac{-\vec{a} + 6\vec{b}}{10}$

すなわち　　$\boldsymbol{\vec{p} = \dfrac{5 - t}{10}\vec{a} + \dfrac{3}{5}t\vec{b}}$

(2)　求める接線上の点を P$(\vec{p})$ とする。

点 B は接点であるから

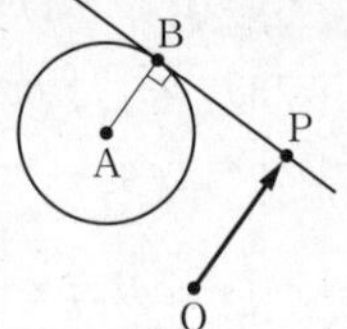

$\overrightarrow{\mathrm{BP}} \perp \overrightarrow{\mathrm{AB}}$　または　$\overrightarrow{\mathrm{BP}} = \vec{0}$

◀ $\overrightarrow{\mathrm{AB}}$ は求める接線の法線ベクトルの 1 つである。

よって　　$\overrightarrow{\mathrm{BP}} \cdot \overrightarrow{\mathrm{AB}} = 0$

ここで　　$\overrightarrow{\mathrm{BP}} = \overrightarrow{\mathrm{OP}} - \overrightarrow{\mathrm{OB}} = \vec{p} - \vec{b}$

$\overrightarrow{\mathrm{AB}} = \overrightarrow{\mathrm{OB}} - \overrightarrow{\mathrm{OA}} = \vec{b} - \vec{a}$

ゆえに　　$\boldsymbol{(\vec{p} - \vec{b}) \cdot (\vec{b} - \vec{a}) = 0}$

問題 30　3 つの定点 O，A$(\vec{a})$，B$(\vec{b})$ と動点 P$(\vec{p})$ がある。次のベクトル方程式で表される点 P はどのような図形上にあるか。

(1)　$|2\vec{p} - \vec{b}| = |\vec{a} - \vec{b}|$　　　　(2)　$|\vec{p}|^2 = 2\vec{a} \cdot \vec{p}$

(1)　$|2\vec{p} - \vec{b}| = |\vec{a} - \vec{b}|$ より　$\left|\vec{p} - \dfrac{\vec{b}}{2}\right| = \dfrac{|\vec{a} - \vec{b}|}{2}$　　$\cdots ①$

◀ 両辺を 2 で割る。

ここで，$\dfrac{\vec{b}}{2} = \overrightarrow{\mathrm{OC}}$ とすると，点 C は線分 OB の中点である。

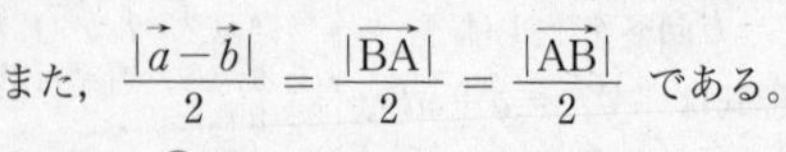

また，$\dfrac{|\vec{a} - \vec{b}|}{2} = \dfrac{|\overrightarrow{\mathrm{BA}}|}{2} = \dfrac{|\overrightarrow{\mathrm{AB}}|}{2}$ である。

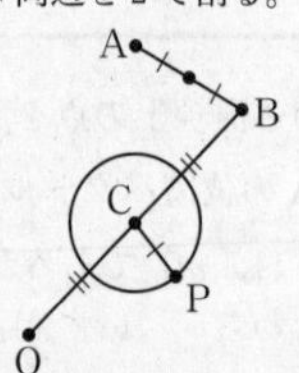

よって，① は

$$|\overrightarrow{OP}-\overrightarrow{OC}| = \frac{|\overrightarrow{AB}|}{2} \quad \text{すなわち} \quad |\overrightarrow{CP}| = \frac{|\overrightarrow{AB}|}{2}$$

ゆえに，点Pは点Cからの距離が $\dfrac{AB}{2}$ である。

したがって，**点Pは線分OBの中点を中心とし，2点A，B間の距離の半分を半径とする円上の点** である。

(2) $|\vec{p}|^2 = 2\vec{a}\cdot\vec{p}$ より　$\vec{p}\cdot\vec{p} - 2\vec{a}\cdot\vec{p} = 0$

よって　$\vec{p}\cdot(\vec{p}-2\vec{a}) = 0$　…②

ここで，$2\vec{a} = \overrightarrow{OD}$ とすると，点Dは線分OAを2:1に外分する点であり，②は　$\overrightarrow{OP}\cdot(\overrightarrow{OP}-\overrightarrow{OD}) = 0$

よって　$\overrightarrow{OP}\cdot\overrightarrow{DP} = 0$

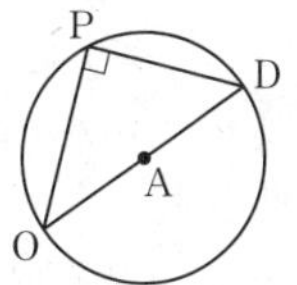

ゆえに，$\overrightarrow{OP} = \vec{0}$　または　$\overrightarrow{DP} = \vec{0}$　または　$\overrightarrow{OP} \perp \overrightarrow{DP}$

すなわち，点Pは点Oまたは点Dに一致するか，$\angle OPD = 90°$ である。

したがって，点Pは線分ODを直径とする円周上の点である。

すなわち，**点Pは点Aを中心とし，半径がOAである円上の点** である。

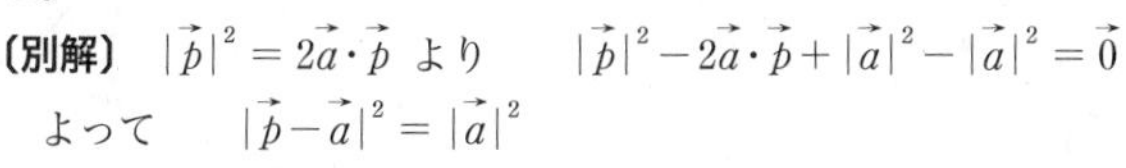

〔別解〕 $|\vec{p}|^2 = 2\vec{a}\cdot\vec{p}$ より　$|\vec{p}|^2 - 2\vec{a}\cdot\vec{p} + |\vec{a}|^2 - |\vec{a}|^2 = \vec{0}$

◀ $|\vec{a}|^2$ を足して引く。

よって　$|\vec{p}-\vec{a}|^2 = |\vec{a}|^2$

$|\overrightarrow{AP}|^2 = |\overrightarrow{OA}|^2$ より　$|\overrightarrow{AP}| = |\overrightarrow{OA}|$

したがって，点Pは点Aを中心とし，半径がOAである円周上の点である。

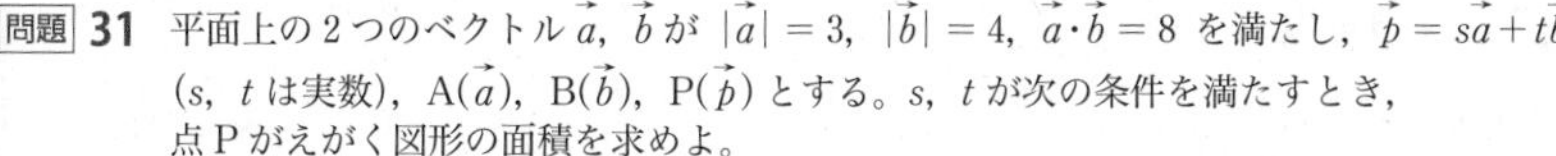

問題 31 平面上の2つのベクトル $\vec{a}$，$\vec{b}$ が $|\vec{a}| = 3$，$|\vec{b}| = 4$，$\vec{a}\cdot\vec{b} = 8$ を満たし，$\vec{p} = s\vec{a} + t\vec{b}$ (s，t は実数)，A($\vec{a}$)，B($\vec{b}$)，P($\vec{p}$) とする。s，t が次の条件を満たすとき，点Pがえがく図形の面積を求めよ。

(1) $s+t \leqq 1$，$s \geqq 0$，$t \geqq 0$　　(2) $0 \leqq s \leqq 2$，$1 \leqq t \leqq 2$

原点をOとする。

$\vec{a}$ と $\vec{b}$ のなす角を θ とすると

$$\cos\theta = \frac{\vec{a}\cdot\vec{b}}{|\vec{a}||\vec{b}|} = \frac{2}{3}$$

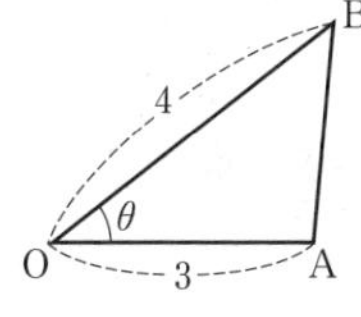

◀ $|\vec{a}| = 3$, $|\vec{b}| = 4$, $\vec{a}\cdot\vec{b} = 8$

◀ $0 < \cos\theta < 1$ より $0° < \theta < 90°$ であることが分かる。

よって，△OABは右の図のようになる。

(1) $\vec{p} = s\vec{a} + t\vec{b}$，$s \geqq 0$，$t \geqq 0$，$s+t \leqq 1$ より，点Pは△OABの内部および周をえがく。

ここで　$\sin\theta = \sqrt{1-\left(\dfrac{2}{3}\right)^2} = \dfrac{\sqrt{5}}{3}$

よって，求める面積を S_1 とすると

$$S_1 = \frac{1}{2}|\vec{a}||\vec{b}|\sin\theta = \mathbf{2\sqrt{5}}$$

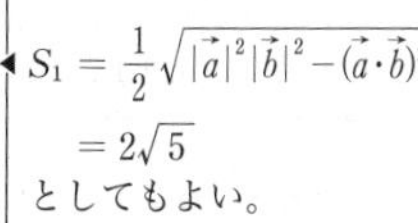

◀ $S_1 = \dfrac{1}{2}\sqrt{|\vec{a}|^2|\vec{b}|^2 - (\vec{a}\cdot\vec{b})^2} = 2\sqrt{5}$ としてもよい。

(2) $\vec{p} = s\vec{a} + t\vec{b}$，$0 \leqq s \leqq 2$，$1 \leqq t \leqq 2$ より，

$\overrightarrow{OA'} = 2\overrightarrow{OA}$，$\overrightarrow{OB'} = 2\overrightarrow{OB}$，

$\overrightarrow{OC} = \overrightarrow{OA'} + \overrightarrow{OB}$，$\overrightarrow{OC'} = \overrightarrow{OA'} + \overrightarrow{OB'}$

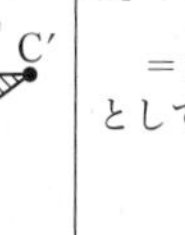

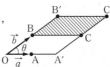

としたとき，点 P は平行四辺形 B′BCC′ の内部および周をえがく。
その面積を S_2 とすると

$$S_2 = 4S_1 = 8\sqrt{5}$$

問題 32　2 直線 $l_1 : x+y+1=0$，$l_2 : x+ay-3=0$ のなす角が 60° であるとき，定数 a の値を求めよ。

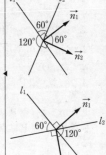

l_1，l_2 の法線ベクトルの 1 つをそれぞれ $\overrightarrow{n_1}$，$\overrightarrow{n_2}$ とすると

$$\overrightarrow{n_1} = (1,\ 1),\quad \overrightarrow{n_2} = (1,\ a)$$

$$|\overrightarrow{n_1}| = \sqrt{2},\ |\overrightarrow{n_2}| = \sqrt{1+a^2},\ \overrightarrow{n_1}\cdot\overrightarrow{n_2} = 1+a$$

2 直線 l_1，l_2 のなす角が 60° であるとき，$\overrightarrow{n_1}$ と $\overrightarrow{n_2}$ のなす角は 60° または 120° である。

(ア)　$\overrightarrow{n_1}$，$\overrightarrow{n_2}$ のなす角が 60° のとき

$\overrightarrow{n_1}\cdot\overrightarrow{n_2} = |\overrightarrow{n_1}||\overrightarrow{n_2}|\cos 60°$ より

$$1+a = \sqrt{2}\cdot\sqrt{1+a^2}\cdot\frac{1}{2}\quad \cdots ①$$

両辺を 2 乗すると　$(1+a)^2 = \dfrac{1+a^2}{2}$

整理して　$a^2+4a+1=0$

よって　$a = -2\pm\sqrt{3}$

① の右辺は正より，$1+a>0$ であるから　$a>-1$

したがって　$a = -2+\sqrt{3}$

◀ 2 乗しているから確認が必要。

(イ)　$\overrightarrow{n_1}$，$\overrightarrow{n_2}$ のなす角が 120° のとき

$\overrightarrow{n_1}\cdot\overrightarrow{n_2} = |\overrightarrow{n_1}||\overrightarrow{n_2}|\cos 120°$ より

$$1+a = \sqrt{2}\cdot\sqrt{1+a^2}\cdot\left(-\frac{1}{2}\right)\quad \cdots ②$$

両辺を 2 乗すると　$(1+a)^2 = \dfrac{1+a^2}{2}$

よって　$a = -2\pm\sqrt{3}$

② の右辺は負より，$1+a<0$ であるから　$a<-1$

したがって　$a = -2-\sqrt{3}$

(ア)，(イ) より　$\boldsymbol{a = -2\pm\sqrt{3}}$

p.71　定期テスト攻略 ▶ 3

1　平行四辺形 ABCD において，辺 AB を 2:1 に内分する点を E，対角線 BD を 1:3 に内分する点を F とする。

(1)　$\overrightarrow{BA} = \vec{a}$，$\overrightarrow{BC} = \vec{c}$ とするとき，$\overrightarrow{EF}$ を $\vec{a}$，$\vec{c}$ で表せ。

(2)　3 点 E，F，C は一直線上にあることを証明せよ。

(1)　$\overrightarrow{BA} = \vec{a}$，$\overrightarrow{BC} = \vec{c}$ より

$$\overrightarrow{BE} = \frac{1}{3}\overrightarrow{BA} = \frac{1}{3}\vec{a}$$

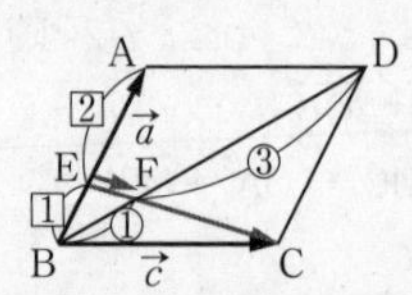

$$\overrightarrow{BF}=\frac{1}{4}\overrightarrow{BD}=\frac{1}{4}(\vec{a}+\vec{c})$$

◀ $\overrightarrow{BD}=\overrightarrow{BC}+\overrightarrow{CD}$
$=\overrightarrow{BC}+\overrightarrow{BA}$
$=\vec{c}+\vec{a}$

よって　$\overrightarrow{EF}=\overrightarrow{BF}-\overrightarrow{BE}$

$$=\frac{1}{4}(\vec{a}+\vec{c})-\frac{1}{3}\vec{a}=\boldsymbol{\frac{-\vec{a}+3\vec{c}}{12}}\quad\cdots①$$

(2)　$\overrightarrow{EC}=\overrightarrow{BC}-\overrightarrow{BE}=\vec{c}-\frac{1}{3}\vec{a}=\frac{-\vec{a}+3\vec{c}}{3}\quad\cdots②$

①，② より　$\overrightarrow{EC}=4\overrightarrow{EF}$

◀ $\overrightarrow{EC}=4\times\frac{-\vec{a}+3\vec{c}}{12}$

したがって，3 点 E，F，C は一直線上にある。

2　平行四辺形 ABCD において，対角線 BD を 3 : 4 に内分する点を E，辺 CD を 4 : 1 に外分する点を F，直線 AE と直線 CD の交点を G とする。$\overrightarrow{AB}=\vec{b}$，$\overrightarrow{AD}=\vec{d}$ とおくとき

(1)　$\overrightarrow{AE}$ と $\overrightarrow{AF}$ を $\vec{b}$ と $\vec{d}$ を用いて表せ。

(2)　$\overrightarrow{AG}$ を $\vec{b}$ と $\vec{d}$ を用いて表せ。

(1)　E は BD を 3 : 4 に内分する点より

$$\boldsymbol{\overrightarrow{AE}=\frac{4\vec{b}+3\vec{d}}{7}}$$

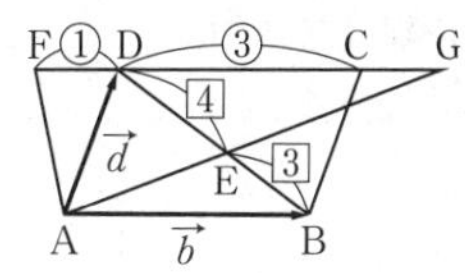
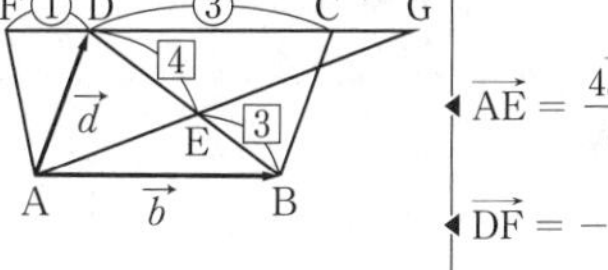

◀ $\overrightarrow{AE}=\frac{4\vec{b}+3\vec{d}}{3+4}$

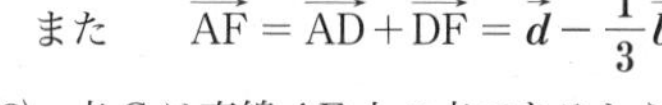

また　$\overrightarrow{AF}=\overrightarrow{AD}+\overrightarrow{DF}=\boldsymbol{\vec{d}-\frac{1}{3}\vec{b}}$

◀ $\overrightarrow{DF}=-\frac{1}{3}\overrightarrow{DC}$

(2)　点 G は直線 AE 上の点であるから

$$\overrightarrow{AG}=k\overrightarrow{AE}$$
$$=\frac{4}{7}k\vec{b}+\frac{3}{7}k\vec{d}\quad\cdots①$$

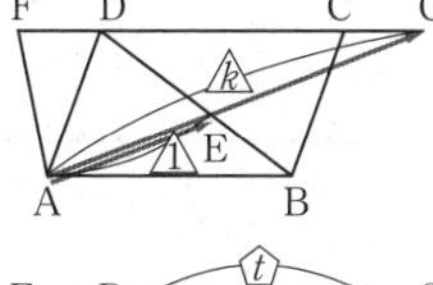

また，点 G は直線 CD 上の点であるから

$$\overrightarrow{AG}=\overrightarrow{AD}+t\overrightarrow{DC}$$
$$=\vec{d}+t\vec{b}\quad\cdots②$$

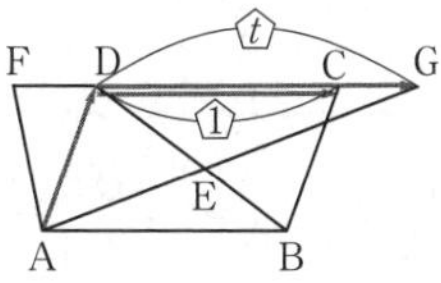

◀ $\overrightarrow{DC}=\overrightarrow{AB}=\vec{b}$

①，② より　$\frac{4}{7}k\vec{b}+\frac{3}{7}k\vec{d}=\vec{d}+t\vec{b}$

$\vec{b}\neq\vec{0}$，$\vec{d}\neq\vec{0}$ で，$\vec{b}$ と $\vec{d}$ は平行でないから　$\frac{4}{7}k=t$，$\frac{3}{7}k=1$

◀ $\vec{a}\neq\vec{0}$，$\vec{b}\neq\vec{0}$ で，$\vec{a}$ と $\vec{b}$ が平行でないとき（$\vec{a}$ と $\vec{b}$ が 1 次独立）
$m\vec{a}+n\vec{b}=m'\vec{a}+n'\vec{b}$
$\Longleftrightarrow m=m'$，$n=n'$

これを連立して解くと　$k=\frac{7}{3}$，$t=\frac{4}{3}$

よって　$\boldsymbol{\overrightarrow{AG}=\frac{4}{3}\vec{b}+\vec{d}}$

3　次の点 A を通り，$\vec{u}$ に平行な直線および垂直な直線の方程式を求めよ。

(1)　A$(-3,\ 1)$，$\vec{u}=(2,\ -1)$　　(2)　A$(1,\ -4)$，$\vec{u}=(0,\ 2)$

(1)　点 A を通り，$\vec{u}$ に平行な直線上の任意の点を P$(x,\ y)$ とおくと

$$(x,\ y)=(-3,\ 1)+t(2,\ -1)$$
$$=(-3+2t,\ 1-t)$$

◀ 直線のベクトル方程式は
（通る点の位置ベクトル）
＋t（方向ベクトル）

よって

$\begin{cases} x=-3+2t \\ y=1-t \end{cases}$

t を消去すると，平行な直線の方程式は　　$\boldsymbol{x+2y+1=0}$

点Aを通り，$\vec{u}$ に垂直な直線上の任意の点を $\mathrm{Q}(x,\ y)$ とおくと

$\vec{u}\cdot\overrightarrow{\mathrm{AQ}}=0$

$\vec{u}=(2,\ -1)$，$\overrightarrow{\mathrm{AQ}}=(x+3,\ y-1)$ より

$2(x+3)-(y-1)=0$

よって，垂直な直線の方程式は　　$\boldsymbol{2x-y+7=0}$

(2)　点Aを通り，$\vec{u}$ に平行な直線上の任意の点を $\mathrm{P}(x,\ y)$ とおくと

$(x,\ y)=(1,\ -4)+t(0,\ 2)$
$=(1,\ -4+2t)$

よって

$\begin{cases} x=1 \\ y=-4+2t \end{cases}$

t はすべての実数の値をとり得るから，y はすべての実数の値をとる。

したがって，平行な直線の方程式は　　$\boldsymbol{x=1}$

点Aを通り，$\vec{u}$ に垂直な直線上の任意の点を $\mathrm{Q}(x,\ y)$ とおくと

$\vec{u}\cdot\overrightarrow{\mathrm{AQ}}=0$

$\vec{u}=(0,\ 2)$，$\overrightarrow{\mathrm{AQ}}=(x-1,\ y+4)$ より

$0(x-1)+2(y+4)=0$

よって，垂直な直線の方程式は　　$\boldsymbol{y=-4}$

4　平面上の2定点O，Aと動点Pに対し，次のベクトル方程式で表される点Pはどのような図形をえがくか。

(1)　$|2\overrightarrow{\mathrm{OP}}-\overrightarrow{\mathrm{OA}}|=4$　　(2)　$\overrightarrow{\mathrm{OP}}\cdot(\overrightarrow{\mathrm{OP}}-2\overrightarrow{\mathrm{OA}})=0$

(1)　$|2\overrightarrow{\mathrm{OP}}-\overrightarrow{\mathrm{OA}}|=4$ より　　$\left|\overrightarrow{\mathrm{OP}}-\dfrac{\overrightarrow{\mathrm{OA}}}{2}\right|=2$

◀両辺を2で割る。

よって，点Pは，**線分OAの中点を中心とする半径2の円** をえがく。

(2)　$2\overrightarrow{\mathrm{OA}}=\overrightarrow{\mathrm{OC}}$ とすると

$\overrightarrow{\mathrm{OP}}\cdot(\overrightarrow{\mathrm{OP}}-\overrightarrow{\mathrm{OC}})=0$ より　　$\overrightarrow{\mathrm{OP}}\cdot\overrightarrow{\mathrm{CP}}=0$

よって

$\overrightarrow{\mathrm{OP}}=\vec{0}$　または　$\overrightarrow{\mathrm{CP}}=\vec{0}$　または　$\overrightarrow{\mathrm{OP}}\perp\overrightarrow{\mathrm{CP}}$

◀$\vec{a}\cdot\vec{b}=0$
$\iff \vec{a}=\vec{0}$ または $\vec{b}=\vec{0}$
または　$\vec{a}\perp\vec{b}$

すなわち，点Pは，点Oまたは点Cと一致するか $\angle\mathrm{OPC}=90^\circ$ である。

したがって，**点Pは，線分OAを2:1に外分する点Cに対し，線分OCを直径とする円上の点** である。

5　平面上に3点 $\mathrm{O}(0,\ 0)$，$\mathrm{A}(1,\ 2)$，$\mathrm{B}(3,\ 1)$ がある。次の各場合に，$\overrightarrow{\mathrm{OP}}=s\overrightarrow{\mathrm{OA}}+t\overrightarrow{\mathrm{OB}}$ で定められる点Pの存在する範囲を求めよ。

(1)　$2s+3t=5$

(2)　$2s+t\leqq 3$，$s\geqq 0$，$t\geqq 0$

(1) $2s+3t=5$ より $\quad \dfrac{2}{5}s+\dfrac{3}{5}t=1$

ここで，$\dfrac{2}{5}s=s'$，$\dfrac{3}{5}t=t'$ とおくと $\quad s'+t'=1$

$s=\dfrac{5}{2}s'$，$t=\dfrac{5}{3}t'$ より

$$\overrightarrow{\mathrm{OP}}=\frac{5}{2}s'\overrightarrow{\mathrm{OA}}+\frac{5}{3}t'\overrightarrow{\mathrm{OB}}=s'\left(\frac{5}{2}\overrightarrow{\mathrm{OA}}\right)+t'\left(\frac{5}{3}\overrightarrow{\mathrm{OB}}\right)$$

$\dfrac{5}{2}\overrightarrow{\mathrm{OA}}=\overrightarrow{\mathrm{OA'}}$，$\dfrac{5}{3}\overrightarrow{\mathrm{OB}}=\overrightarrow{\mathrm{OB'}}$ とおくと

$$\overrightarrow{\mathrm{OP}}=s'\overrightarrow{\mathrm{OA'}}+t'\overrightarrow{\mathrm{OB'}}\ (s'+t'=1)$$

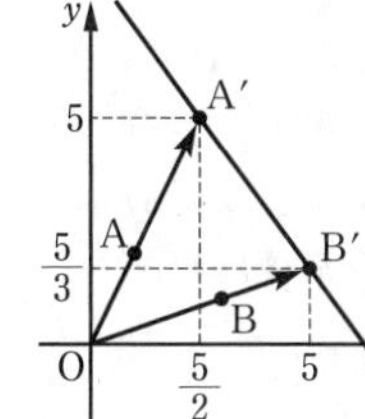

よって，**点 P の存在範囲は 2 点 A′$\left(\dfrac{5}{2},\ 5\right)$，B′$\left(5,\ \dfrac{5}{3}\right)$ を通る直線** である。

◀ $2s+3t=5$ の両辺を 5 で割って，右辺が 1 となるようにする。

◀ 点 P($\vec{p}$) が 2 点 A($\vec{a}$)，B($\vec{b}$) を通る直線上にある
$\Longleftrightarrow \vec{p}=s\vec{a}+t\vec{b}$，$s+t=1$

(2) $2s+t\leqq 3$ より $\quad \dfrac{2}{3}s+\dfrac{1}{3}t\leqq 1$

ここで，$\dfrac{2}{3}s=s'$，$\dfrac{1}{3}t=t'$ とおくと $\quad s'+t'\leqq 1$

$s=\dfrac{3}{2}s'$，$t=3t'$ より

$$\overrightarrow{\mathrm{OP}}=\frac{3}{2}s'\overrightarrow{\mathrm{OA}}+3t'\overrightarrow{\mathrm{OB}}=s'\left(\frac{3}{2}\overrightarrow{\mathrm{OA}}\right)+t'(3\overrightarrow{\mathrm{OB}})$$

また，$s\geqq 0$，$t\geqq 0$ のとき $s'\geqq 0$，$t'\geqq 0$ であるから

$\dfrac{3}{2}\overrightarrow{\mathrm{OA}}=\overrightarrow{\mathrm{OA'}}$，$3\overrightarrow{\mathrm{OB}}=\overrightarrow{\mathrm{OB'}}$ とおくと

$$\overrightarrow{\mathrm{OP}}=s'\overrightarrow{\mathrm{OA'}}+t'\overrightarrow{\mathrm{OB'}}$$
$$(s'+t'\leqq 1,\ s'\geqq 0,\ t'\geqq 0)$$

よって，**点 P の存在範囲は A′$\left(\dfrac{3}{2},\ 3\right)$，B′(9, 3) としたときの，△OA′B′ の周および内部** である。

◀ 点 P が △OAB の周および内部にある。
$\Longleftrightarrow \vec{p}=s\vec{a}+t\vec{b}$，$s+t\leqq 1$，$s\geqq 0$，$t\geqq 0$

4 空間におけるベクトル

p.76 Quick Check 4

① (1) B(2, 3, 0), E(2, 0, 4),
F(2, 3, 4), G(0, 3, 4)

(2) $\mathrm{OF}=\sqrt{2^2+3^2+4^2}=\sqrt{29}$

(3) 平面 ABFE の方程式は　$\boldsymbol{x=2}$
平面 FBCG の方程式は　$\boldsymbol{y=3}$
平面 DEFG の方程式は　$\boldsymbol{z=4}$

② (1) $|\vec{a}|=\sqrt{1^2+(-1)^2+2^2}=\sqrt{6}$
$|\vec{b}|=\sqrt{2^2+(-3)^2+1^2}=\sqrt{14}$

(2) $\vec{a}+\vec{b}=(1,\ -1,\ 2)+(2,\ -3,\ 1)$
$=(3,\ -4,\ 3)$

$3\vec{a}-2\vec{b}$
$=3(1,\ -1,\ 2)-2(2,\ -3,\ 1)$
$=(3,\ -3,\ 6)-(4,\ -6,\ 2)$
$=(-1,\ 3,\ 4)$

また
$|\vec{a}+\vec{b}|=\sqrt{3^2+(-4)^2+3^2}=\sqrt{34}$
$|3\vec{a}-2\vec{b}|=\sqrt{(-1)^2+3^2+4^2}=\sqrt{26}$

(3) $\vec{c}=k\vec{a}$ (k は実数) とおくと
$(x,\ y,\ 6)=k(1,\ -1,\ 2)$
$=(k,\ -k,\ 2k)$

成分を比較すると　$\begin{cases}x=k\\ y=-k\\ 6=2k\end{cases}$

これを解くと　$k=3$, $\boldsymbol{x=3,\ y=-3}$

③ (1) $\vec{a}\cdot\vec{b}=1\times3+2\times(-2)+3\times2=\boldsymbol{5}$
$\vec{b}\cdot\vec{c}=3\times(-1)+(-2)\times4+2\times(-2)$
$=\boldsymbol{-15}$
$\vec{c}\cdot\vec{a}=-1\times1+4\times2+(-2)\times3=\boldsymbol{1}$

(2) $|\vec{a}|=\sqrt{1^2+0^2+1^2}=\sqrt{2}$
$|\vec{b}|=\sqrt{(-1)^2+1^2+0^2}=\sqrt{2}$
$\vec{a}\cdot\vec{b}=1\times(-1)+0\times1+1\times0=-1$
よって

$$\cos\theta=\frac{-1}{\sqrt{2}\times\sqrt{2}}=-\frac{1}{2}$$

$0^\circ\leqq\theta\leqq180^\circ$ より　$\boldsymbol{\theta=120^\circ}$

(3) $\vec{a}\perp\vec{b}$ のとき　$\vec{a}\cdot\vec{b}=0$
よって
$5\times x+(-3)\times(x-2)+4\times1=0$
$2x+10=0$ より　$\boldsymbol{x=-5}$

④ (1) $\left(\dfrac{2+(-1)}{2},\ \dfrac{1+4}{2},\ \dfrac{-3+2}{2}\right)$

すなわち　$\mathbf{M}\left(\boldsymbol{\dfrac{1}{2},\ \dfrac{5}{2},\ -\dfrac{1}{2}}\right)$

(2) $\left(\dfrac{2\cdot2+1\cdot(-1)}{1+2},\ \dfrac{2\cdot1+1\cdot4}{1+2},\ \dfrac{2\cdot(-3)+1\cdot2}{1+2}\right)$

すなわち　$\mathbf{D}\left(\boldsymbol{1,\ 2,\ -\dfrac{4}{3}}\right)$

(3) $\left(\dfrac{-1\cdot2+2\cdot(-1)}{2+(-1)},\ \dfrac{-1\cdot1+2\cdot4}{2+(-1)},\ \dfrac{-1\cdot(-3)+2\cdot2}{2+(-1)}\right)$

すなわち　$\mathbf{E}(\boldsymbol{-4,\ 7,\ 7})$

(4) $\left(\dfrac{2+(-1)+5}{3},\ \dfrac{1+4+4}{3},\ \dfrac{-3+2+(-2)}{3}\right)$

すなわち　$\mathbf{G}(\boldsymbol{2,\ 3,\ -1})$

⑤ (1) $\boldsymbol{x^2+y^2+z^2=9}$

(2) 半径は
$\mathrm{AB}=\sqrt{(2-1)^2+(0-2)^2+(-1-3)^2}$
$=\sqrt{21}$
より
$\boldsymbol{(x-1)^2+(y-2)^2+(z-3)^2=21}$

練習 33 次の平面，直線，点に関して，点 A(4, −2, 3) と対称な点の座標を求めよ。
(1) xy 平面　(2) yz 平面　(3) x 軸
(4) z 軸　(5) 原点　(6) 平面 $z=1$

(1) 求める点を B，点 A から xy 平面に垂線 AP を下ろすと
P(4, −2, 0)
であるから，求める点 B の座標は
(4, −2, −3)

(2) 求める点を C，点 A から yz 平面に垂線

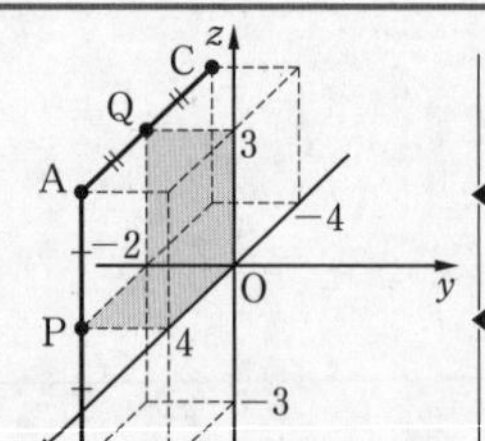

◀ xy 平面 ⟺ 平面 $z=0$

◀ xy 平面に関して対称な点
⇨ z 座標の符号が変わる

AQ を下ろすと

$Q(0,\ -2,\ 3)$

であるから，求める点 C の座標は

$(-4,\ -2,\ 3)$

◀ yz 平面 $\Longleftrightarrow$ 平面 $x=0$

◀ yz 平面に関して対称な点
⇨ x 座標の符号が変わる。

(3) 求める点を D，点 A から x 軸に垂線 AR を下ろすと

$R(4,\ 0,\ 0)$

であるから，求める点 D の座標は

$(4,\ 2,\ -3)$

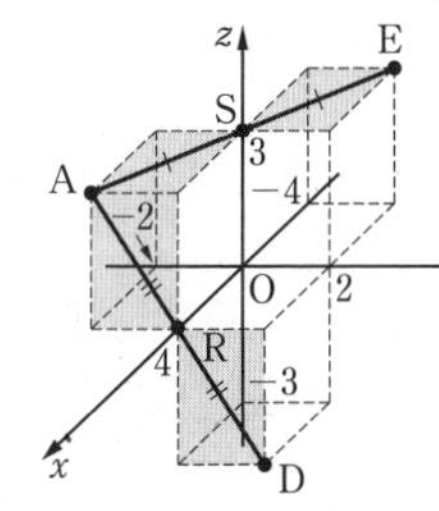

◀ x 軸 $\Longleftrightarrow$ $y=0,\ z=0$

◀ x 軸に関して対称な点
⇨ y，z 座標の符号が変わる。

(4) 求める点を E，点 A から z 軸に垂線 AS を下ろすと

$S(0,\ 0,\ 3)$

であるから，求める点 E の座標は

$(-4,\ 2,\ 3)$

◀ z 軸 $\Longleftrightarrow$ $x=0,\ y=0$

◀ z 軸に関して対称な点
⇨ x，y 座標の符号が変わる。

(5) 求める点を F とすると　$AO=FO$

であるから，求める点 F の座標は

$(-4,\ 2,\ -3)$

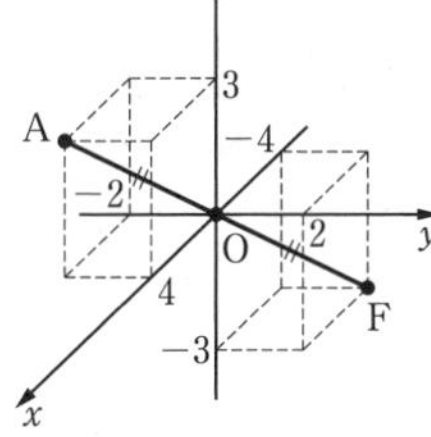

◀ 原点に関して対称な点
⇨ x，y，z 座標すべての符号が変わる。

(6) 求める点を G，点 A から平面 $z=1$ に垂線 AT を下ろすと

$T(4,\ -2,\ 1)$

であるから，求める点 G の座標は

$(4,\ -2,\ -1)$

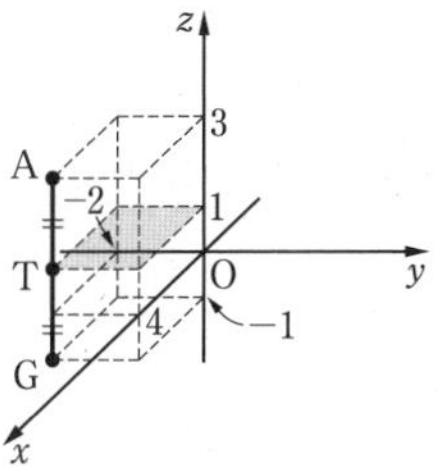

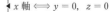

練習 34　3 点 $A(2,\ -3,\ 1)$，$B(-1,\ -2,\ 5)$，$C(0,\ 1,\ 3)$ について
(1) 2 点 A，B から等距離にある y 軸上の点 P の座標を求めよ。
(2) 3 点 A，B，C から等距離にある zx 平面上の点 Q の座標を求めよ。

(1) 点 P は y 軸上にあるから，$P(0,\ y,\ 0)$ とおける。

$AP=BP$ であるから　$AP^2=BP^2$　…①

$AP^2=(0-2)^2+(y+3)^2+(0-1)^2=y^2+6y+14$

$BP^2=(0+1)^2+(y+2)^2+(0-5)^2=y^2+4y+30$

① より　$y^2+6y+14=y^2+4y+30$

よって，$2y=16$ より　$y=8$

したがって　$\mathbf{P(0,\ 8,\ 0)}$

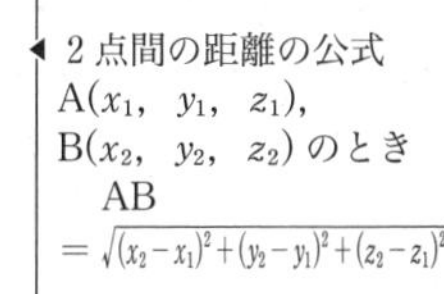
◀ 2 点間の距離の公式
$A(x_1,\ y_1,\ z_1)$，
$B(x_2,\ y_2,\ z_2)$ のとき
$AB=\sqrt{(x_2-x_1)^2+(y_2-y_1)^2+(z_2-z_1)^2}$

(2) 点 Q は zx 平面上にあるから，$Q(x,\ 0,\ z)$ とおける。

$AQ=BQ=CQ$ であるから　$AQ^2=BQ^2=CQ^2$

$AQ^2=(x-2)^2+(0+3)^2+(z-1)^2$
$\quad =x^2+z^2-4x-2z+14$

$$\mathrm{BQ}^2=(x+1)^2+(0+2)^2+(z-5)^2$$
$$=x^2+z^2+2x-10z+30$$
$$\mathrm{CQ}^2=(x-0)^2+(0-1)^2+(z-3)^2$$
$$=x^2+z^2-6z+10$$

$\mathrm{AQ}^2=\mathrm{CQ}^2$ より　　$x-z-1=0$

$\mathrm{BQ}^2=\mathrm{CQ}^2$ より　　$x-2z+10=0$

連立して解くと　$x=12,\ z=11$

したがって　　**Q(12, 0, 11)**

◀ $\mathrm{AQ}^2=\mathrm{BQ}^2=\mathrm{CQ}^2 \iff \begin{cases}\mathrm{AQ}^2=\mathrm{CQ}^2\\ \mathrm{BQ}^2=\mathrm{CQ}^2\end{cases}$

練習 35　平行六面体 ABCD−EFGH において，$\overrightarrow{\mathrm{AB}}=\vec{a}$, $\overrightarrow{\mathrm{AD}}=\vec{b}$, $\overrightarrow{\mathrm{AE}}=\vec{c}$ とする。
このとき，次のベクトルを $\vec{a}$, $\vec{b}$, $\vec{c}$ で表せ。
(1) $\overrightarrow{\mathrm{CF}}$　　(2) $\overrightarrow{\mathrm{HB}}$　　(3) $\overrightarrow{\mathrm{EC}}+\overrightarrow{\mathrm{AG}}$

(1) $\overrightarrow{\mathrm{CF}}=\overrightarrow{\mathrm{CB}}+\overrightarrow{\mathrm{BF}}$
$=(-\overrightarrow{\mathrm{AD}})+\overrightarrow{\mathrm{AE}}$
$=\boldsymbol{-\vec{b}+\vec{c}}$

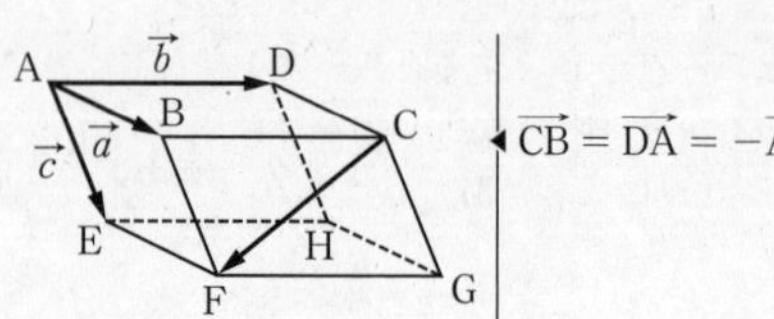

◀ $\overrightarrow{\mathrm{CB}}=\overrightarrow{\mathrm{DA}}=-\overrightarrow{\mathrm{AD}}$

(2) $\overrightarrow{\mathrm{HB}}=\overrightarrow{\mathrm{HG}}+\overrightarrow{\mathrm{GF}}+\overrightarrow{\mathrm{FB}}$
$=\overrightarrow{\mathrm{AB}}+(-\overrightarrow{\mathrm{AD}})+(-\overrightarrow{\mathrm{AE}})$
$=\boldsymbol{\vec{a}-\vec{b}-\vec{c}}$

◀ $\overrightarrow{\mathrm{DA}}=-\overrightarrow{\mathrm{AD}}=-\vec{b}$

◀ $\overrightarrow{\mathrm{EA}}=-\overrightarrow{\mathrm{AE}}=-\vec{c}$

(3) $\overrightarrow{\mathrm{EC}}=\overrightarrow{\mathrm{EF}}+\overrightarrow{\mathrm{FG}}+\overrightarrow{\mathrm{GC}}$
$=\overrightarrow{\mathrm{AB}}+\overrightarrow{\mathrm{AD}}+(-\overrightarrow{\mathrm{AE}})$
$=\vec{a}+\vec{b}-\vec{c}$　　…①

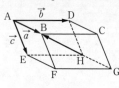

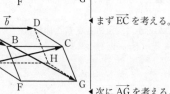

◀ まず $\overrightarrow{\mathrm{EC}}$ を考える。

また
$\overrightarrow{\mathrm{AG}}=\overrightarrow{\mathrm{AE}}+\overrightarrow{\mathrm{EF}}+\overrightarrow{\mathrm{FG}}$
$=\overrightarrow{\mathrm{AE}}+\overrightarrow{\mathrm{AB}}+\overrightarrow{\mathrm{AD}}$
$=\vec{c}+\vec{a}+\vec{b}=\vec{a}+\vec{b}+\vec{c}$　　…②

◀ 次に $\overrightarrow{\mathrm{AG}}$ を考える。

①，② より
$\overrightarrow{\mathrm{EC}}+\overrightarrow{\mathrm{AG}}=(\vec{a}+\vec{b}-\vec{c})+(\vec{a}+\vec{b}+\vec{c})$
$=\boldsymbol{2\vec{a}+2\vec{b}}$

練習 36　3つのベクトル $\vec{a}=(2,\ 0,\ 1)$, $\vec{b}=(-1,\ 3,\ 4)$, $\vec{c}=(3,\ -2,\ 2)$ について，$\vec{p}=(-10,\ 10,\ 3)$ を $l\vec{a}+m\vec{b}+n\vec{c}$ の形で表せ。

$$l\vec{a}+m\vec{b}+n\vec{c}=l(2,\ 0,\ 1)+m(-1,\ 3,\ 4)+n(3,\ -2,\ 2)$$
$$=(2l-m+3n,\ 3m-2n,\ l+4m+2n)$$

これが $\vec{p}$ に等しいから
$$(-10,\ 10,\ 3)=(2l-m+3n,\ 3m-2n,\ l+4m+2n)$$

成分を比較すると $\begin{cases} 2l-m+3n=-10 & \cdots ① \\ 3m-2n=10 & \cdots ② \\ l+4m+2n=3 & \cdots ③ \end{cases}$

◀ベクトルの相等

①−③×2 より　$-9m-n=-16$　… ④

◀ l を消去する。

②×3+④ より　$-7n=14$

よって　$n=-2$

$n=-2$ を ② に代入すると　$m=2$

$n=-2$，$m=2$ を ③ に代入すると　$l=-1$

したがって　$\vec{p}=-\vec{a}+2\vec{b}-2\vec{c}$

練習 37　3 点 A$(-2,\ -1,\ 3)$，B$(1,\ 0,\ 1)$，C$(2,\ -3,\ 2)$ において

(1) $\overrightarrow{AB}+\overrightarrow{AC}$ を成分表示し，その大きさ $|\overrightarrow{AB}+\overrightarrow{AC}|$ を求めよ。

(2) $\overrightarrow{AB}=\overrightarrow{CD}$ となる点 D の座標を求めよ。

(1) $\overrightarrow{AB}=(1-(-2),\ 0-(-1),\ 1-3)=(3,\ 1,\ -2)$

$\overrightarrow{AC}=(2-(-2),\ -3-(-1),\ 2-3)=(4,\ -2,\ -1)$

◀一般に，A$(a_1,\ a_2,\ a_3)$，B$(b_1,\ b_2,\ b_3)$ のとき $\overrightarrow{AB}=(b_1-a_1,\ b_2-a_2,\ b_3-a_3)$

よって

$$\overrightarrow{AB}+\overrightarrow{AC}=(3,\ 1,\ -2)+(4,\ -2,\ -1)$$
$$=\mathbf{(7,\ -1,\ -3)}$$

ゆえに　$|\overrightarrow{AB}+\overrightarrow{AC}|=\sqrt{7^2+(-1)^2+(-3)^2}=\boldsymbol{\sqrt{59}}$

(2) D$(x,\ y,\ z)$ とおくと

$$\overrightarrow{CD}=(x-2,\ y-(-3),\ z-2)$$
$$=(x-2,\ y+3,\ z-2)$$

$\overrightarrow{AB}=\overrightarrow{CD}$ より

$$(3,\ 1,\ -2)=(x-2,\ y+3,\ z-2)$$

成分を比較すると $\begin{cases} x-2=3 \\ y+3=1 \\ z-2=-2 \end{cases}$

◀ベクトルの相等

よって　$x=5$，$y=-2$，$z=0$

ゆえに　**D(5, −2, 0)**

練習 38　$\vec{a}=(2,\ 3,\ 4)$，$\vec{b}=(3,\ 2,\ 1)$，$\vec{c}=(1,\ -1,\ -3)$ のとき

(1) $|\vec{a}+t\vec{b}|$ の最小値，およびそのときの実数 t の値を求めよ。

(2) $\vec{a}+t\vec{b}$ と $\vec{c}$ が平行となるとき，実数 t の値を求めよ。

(1) $\vec{a}+t\vec{b}=(2,\ 3,\ 4)+t(3,\ 2,\ 1)$

$=(2+3t,\ 3+2t,\ 4+t)$

よって　$|\vec{a}+t\vec{b}|^2=(2+3t)^2+(3+2t)^2+(4+t)^2$

$=14t^2+32t+29$

$=14\left(t+\dfrac{8}{7}\right)^2+\dfrac{75}{7}$

◀平方完成する。

ゆえに，$|\vec{a}+t\vec{b}|^2$ は，$t=-\dfrac{8}{7}$ のとき最小値 $\dfrac{75}{7}$ をとる。

このとき $|\vec{a}+t\vec{b}|$ も最小となり，最小値は　$\sqrt{\dfrac{75}{7}}=\dfrac{5\sqrt{3}}{\sqrt{7}}=\dfrac{5\sqrt{21}}{7}$

したがって，$|\vec{a}+t\vec{b}|$ は　　$t=-\dfrac{8}{7}$ **のとき　最小値** $\dfrac{5\sqrt{21}}{7}$

◀ $|\vec{a}+t\vec{b}|\geqq 0$ であるから，2 乗が最小のとき，同時に最小となる。

(2)　$(\vec{a}+t\vec{b})\,/\!/\,\vec{c}$ となるとき，$\vec{a}+t\vec{b}=k\vec{c}$（$k$ は実数）とおける。

よって　　$(2+3t,\ 3+2t,\ 4+t)=(k,\ -k,\ -3k)$

成分を比較すると　$\begin{cases}2+3t=k & \cdots ① \\ 3+2t=-k & \cdots ② \\ 4+t=-3k & \cdots ③\end{cases}$

①，② より　　$t=-1,\ k=-1$

これは，③ を満たす。

したがって　　$t=-1$

◀ ①，② から求めた t，k の値が ③ も満たしているか確認する。

練習 39　$\mathrm{AB}=\sqrt{3}$，$\mathrm{AE}=1$，$\mathrm{AD}=1$ の直方体 ABCD−EFGH において，次の内積を求めよ。

(1) $\overrightarrow{\mathrm{AB}}\cdot\overrightarrow{\mathrm{AF}}$　　(2) $\overrightarrow{\mathrm{AD}}\cdot\overrightarrow{\mathrm{HG}}$　　(3) $\overrightarrow{\mathrm{ED}}\cdot\overrightarrow{\mathrm{GF}}$

(4) $\overrightarrow{\mathrm{EB}}\cdot\overrightarrow{\mathrm{DG}}$　　(5) $\overrightarrow{\mathrm{AC}}\cdot\overrightarrow{\mathrm{AF}}$

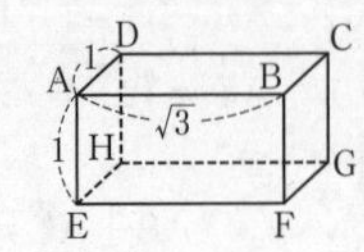

(1)　$|\overrightarrow{\mathrm{AB}}|=\sqrt{3}$，$|\overrightarrow{\mathrm{AF}}|=2$，

$\angle\mathrm{BAF}=30^\circ$ であるから

$\overrightarrow{\mathrm{AB}}\cdot\overrightarrow{\mathrm{AF}}=\sqrt{3}\times2\times\cos30^\circ=\mathbf{3}$

(2)　$|\overrightarrow{\mathrm{AD}}|=1$，$|\overrightarrow{\mathrm{HG}}|=\sqrt{3}$，

$\overrightarrow{\mathrm{AD}}$ と $\overrightarrow{\mathrm{HG}}$ のなす角は 90° であるから

$\overrightarrow{\mathrm{AD}}\cdot\overrightarrow{\mathrm{HG}}=1\times\sqrt{3}\times\cos90^\circ=\mathbf{0}$

(3)　$|\overrightarrow{\mathrm{ED}}|=\sqrt{2}$，$|\overrightarrow{\mathrm{GF}}|=1$，

$\overrightarrow{\mathrm{ED}}$ と $\overrightarrow{\mathrm{GF}}$ のなす角は 135° であるから

$\overrightarrow{\mathrm{ED}}\cdot\overrightarrow{\mathrm{GF}}=\sqrt{2}\times1\times\cos135^\circ=\mathbf{-1}$

(4)　$|\overrightarrow{\mathrm{EB}}|=2$，$|\overrightarrow{\mathrm{DG}}|=2$

$\overrightarrow{\mathrm{EB}}$ と $\overrightarrow{\mathrm{DG}}$ のなす角は 60° であるから

$\overrightarrow{\mathrm{EB}}\cdot\overrightarrow{\mathrm{DG}}=2\times2\times\cos60^\circ=\mathbf{2}$

(5)　$|\overrightarrow{\mathrm{AC}}|=2$，$|\overrightarrow{\mathrm{AF}}|=2$

△ACF において，余弦定理により

$$\cos\angle\mathrm{CAF}=\frac{2^2+2^2-\sqrt{2}^{\,2}}{2\cdot2\cdot2}=\frac{3}{4}$$

よって

$\overrightarrow{\mathrm{AC}}\cdot\overrightarrow{\mathrm{AF}}=2\times2\times\cos\angle\mathrm{CAF}=\mathbf{3}$

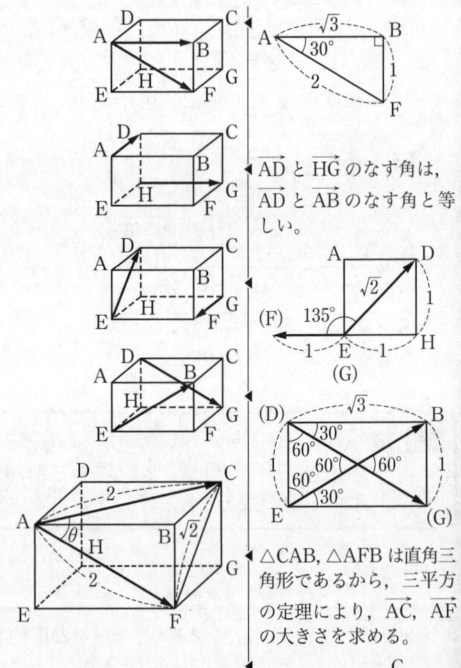

◀ $\overrightarrow{\mathrm{AD}}$ と $\overrightarrow{\mathrm{HG}}$ のなす角は，$\overrightarrow{\mathrm{AD}}$ と $\overrightarrow{\mathrm{AB}}$ のなす角と等しい。

◀ △CAB, △AFB は直角三角形であるから，三平方の定理により，$\overrightarrow{\mathrm{AC}}$，$\overrightarrow{\mathrm{AF}}$ の大きさを求める。

練習 40　〔1〕 次の2つのベクトルのなす角 θ $(0° \leqq \theta \leqq 180°)$ を求めよ。

(1) $\vec{a}=(-3,\ 1,\ 2)$, $\vec{b}=(2,\ -3,\ 1)$

(2) $\vec{a}=(1,\ -1,\ 2)$, $\vec{b}=(2,\ 0,\ -1)$

〔2〕 3点 A(2, 3, 1), B(4, 5, 5), C(4, 3, 3) について，△ABC の面積を求めよ。

〔1〕 (1) $\vec{a}\cdot\vec{b}=-3\times2+1\times(-3)+2\times1=-7$

$|\vec{a}|=\sqrt{(-3)^2+1^2+2^2}=\sqrt{14}$

$|\vec{b}|=\sqrt{2^2+(-3)^2+1^2}=\sqrt{14}$

よって　$\cos\theta=\dfrac{-7}{\sqrt{14}\sqrt{14}}=-\dfrac{1}{2}$

◀ $\cos\theta=\dfrac{\vec{a}\cdot\vec{b}}{|\vec{a}||\vec{b}|}$

$0° \leqq \theta \leqq 180°$ より　$\boldsymbol{\theta=120°}$

(2) $\vec{a}\cdot\vec{b}=1\times2+(-1)\times0+2\times(-1)=0$

よって　$\boldsymbol{\theta=90°}$

◀ $\vec{a}\neq\vec{0}$, $\vec{b}\neq\vec{0}$ のとき $\vec{a}\cdot\vec{b}=0 \Longleftrightarrow \vec{a}\perp\vec{b}$

〔2〕 $\overrightarrow{AB}=(4-2,\ 5-3,\ 5-1)=(2,\ 2,\ 4)$

$\overrightarrow{AC}=(4-2,\ 3-3,\ 3-1)=(2,\ 0,\ 2)$ より

◀ ∠BAC は $\overrightarrow{AB}$ と $\overrightarrow{AC}$ のなす角であるから，まず $\overrightarrow{AB}$, $\overrightarrow{AC}$ を求める。

$\overrightarrow{AB}\cdot\overrightarrow{AC}=2\times2+2\times0+4\times2=12$

$|\overrightarrow{AB}|=\sqrt{2^2+2^2+4^2}=2\sqrt{6}$

$|\overrightarrow{AC}|=\sqrt{2^2+0^2+2^2}=2\sqrt{2}$

よって　$\cos\angle BAC=\dfrac{\overrightarrow{AB}\cdot\overrightarrow{AC}}{|\overrightarrow{AB}||\overrightarrow{AC}|}=\dfrac{12}{2\sqrt{6}\times2\sqrt{2}}=\dfrac{\sqrt{3}}{2}$

$0° \leqq \angle BAC \leqq 180°$ より　$\angle BAC=30°$

したがって　$\triangle ABC=\dfrac{1}{2}\cdot2\sqrt{6}\cdot2\sqrt{2}\sin30°=\boldsymbol{2\sqrt{3}}$

〔別解〕

$\triangle ABC=\dfrac{1}{2}\sqrt{(2\sqrt{6})^2(2\sqrt{2})^2-12^2}=2\sqrt{3}$

練習 41　2つのベクトル $\vec{a}=(1,\ 2,\ 4)$, $\vec{b}=(2,\ 1,\ -1)$ の両方に垂直で，大きさが $2\sqrt{7}$ のベクトルを求めよ。

求めるベクトルを $\vec{p}=(x,\ y,\ z)$ とおく。

$\vec{a}\perp\vec{p}$ より　$\vec{a}\cdot\vec{p}=x+2y+4z=0$　…①

$\vec{b}\perp\vec{p}$ より　$\vec{b}\cdot\vec{p}=2x+y-z=0$　…②

◀ $\vec{a}\neq\vec{0}$, $\vec{p}\neq\vec{0}$ のとき $\vec{a}\perp\vec{p} \Longleftrightarrow \vec{a}\cdot\vec{p}=0$

$|\vec{p}|=2\sqrt{7}$ より　$|\vec{p}|^2=x^2+y^2+z^2=28$　…③

◀ $|\vec{p}|=\sqrt{x^2+y^2+z^2}$

①×2−② より　$3y+9z=0$

よって　$y=-3z$　…④

◀ x, y, z のいずれか1つの文字で，残りの2文字を表す。
ここでは，x と y をそれぞれ z の式で表した。

$y=-3z$ を①に代入すると　$x-6z+4z=0$

よって　$x=2z$　…⑤

$x=2z$, $y=-3z$ を③に代入すると

$(2z)^2+(-3z)^2+z^2=28$

$14z^2=28$ より　$z=\pm\sqrt{2}$

④, ⑤ より

$z=\sqrt{2}$ のとき　$x=2\sqrt{2}$, $y=-3\sqrt{2}$

$z=-\sqrt{2}$ のとき　$x=-2\sqrt{2}$, $y=3\sqrt{2}$

したがって，求めるベクトルは

$$(2\sqrt{2},\ -3\sqrt{2},\ \sqrt{2}),\ (-2\sqrt{2},\ 3\sqrt{2},\ -\sqrt{2})$$

◀ 2つのベクトルは互いに逆ベクトルである。

練習 42　3点A(1, −1, 3), B(−2, 3, 1), C(4, 0, −2)に対して，線分AB, BC, CAを3:2に外分する点をそれぞれP, Q, Rとする。
(1) 点P, Q, Rの座標を求めよ。　(2) △PQRの重心Gの座標を求めよ。

(1) $\overrightarrow{OP}=\dfrac{-2\overrightarrow{OA}+3\overrightarrow{OB}}{3-2}=-2(1,\ -1,\ 3)+3(-2,\ 3,\ 1)$

$=(-8,\ 11,\ -3)$

◀ Pが線分ABを $m:n$ に外分するとき $\overrightarrow{OP}=\dfrac{-n\overrightarrow{OA}+m\overrightarrow{OB}}{m-n}$

$\overrightarrow{OQ}=\dfrac{-2\overrightarrow{OB}+3\overrightarrow{OC}}{3-2}=-2(-2,\ 3,\ 1)+3(4,\ 0,\ -2)$

$=(16,\ -6,\ -8)$

$\overrightarrow{OR}=\dfrac{-2\overrightarrow{OC}+3\overrightarrow{OA}}{3-2}=-2(4,\ 0,\ -2)+3(1,\ -1,\ 3)$

$=(-5,\ -3,\ 13)$

よって　**P(−8, 11, −3), Q(16, −6, −8), R(−5, −3, 13)**

(2) $\overrightarrow{OG}=\dfrac{\overrightarrow{OP}+\overrightarrow{OQ}+\overrightarrow{OR}}{3}$

$=\dfrac{1}{3}\{(-8,\ 11,\ -3)+(16,\ -6,\ -8)+(-5,\ -3,\ 13)\}$

$=\dfrac{1}{3}(3,\ 2,\ 2)=\left(1,\ \dfrac{2}{3},\ \dfrac{2}{3}\right)$

よって　$\mathbf{G}\left(\mathbf{1},\ \dfrac{\mathbf{2}}{\mathbf{3}},\ \dfrac{\mathbf{2}}{\mathbf{3}}\right)$

◀ △ABCの重心 $\left(\dfrac{1+(-2)+4}{3},\ \dfrac{-1+3+0}{3},\ \dfrac{3+1+(-2)}{3}\right)$ すなわち $\left(1,\ \dfrac{2}{3},\ \dfrac{2}{3}\right)$ と一致する。

練習 43　直方体OADB−CEFGにおいて，△ABC，△EDGの重心をそれぞれS, Tとする。このとき，点S, Tは対角線OF上にあり，OFを3等分することを示せ。

$\overrightarrow{OA}=\vec{a}$, $\overrightarrow{OB}=\vec{b}$, $\overrightarrow{OC}=\vec{c}$ とおく。

◀ 始点をOとしたベクトルで表すことを考える。

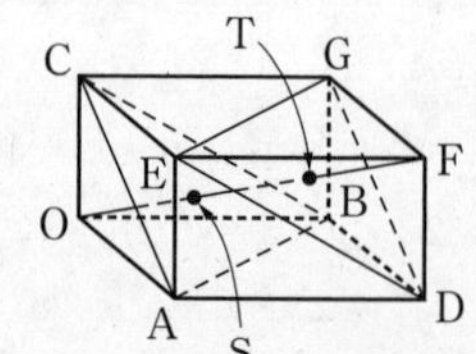

点Sは△ABCの重心より

$\overrightarrow{OS}=\dfrac{\overrightarrow{OA}+\overrightarrow{OB}+\overrightarrow{OC}}{3}$

$=\dfrac{1}{3}(\vec{a}+\vec{b}+\vec{c})$ …①

点Tは△EDGの重心より

$\overrightarrow{OT}=\dfrac{\overrightarrow{OE}+\overrightarrow{OD}+\overrightarrow{OG}}{3}$

ここで　$\overrightarrow{OE}=\overrightarrow{OA}+\overrightarrow{AE}=\vec{a}+\vec{c}$　◀ $\overrightarrow{AE}=\overrightarrow{OC}$

$\overrightarrow{OD}=\overrightarrow{OA}+\overrightarrow{AD}=\vec{a}+\vec{b}$　◀ $\overrightarrow{AD}=\overrightarrow{OB}$

$\overrightarrow{OG}=\overrightarrow{OB}+\overrightarrow{BG}=\vec{b}+\vec{c}$　◀ $\overrightarrow{BG}=\overrightarrow{OC}$

であるから

$$\overrightarrow{OT}=\frac{(\vec{a}+\vec{c})+(\vec{a}+\vec{b})+(\vec{b}+\vec{c})}{3}=\frac{2}{3}(\vec{a}+\vec{b}+\vec{c}) \quad \cdots ②$$

また　$\overrightarrow{OF}=\overrightarrow{OA}+\overrightarrow{AD}+\overrightarrow{DF}=\vec{a}+\vec{b}+\vec{c}$　$\cdots$ ③

◀ $\overrightarrow{DF}=\overrightarrow{OC}$

①，②，③ より　$\overrightarrow{OS}=\frac{1}{3}\overrightarrow{OF}$，$\overrightarrow{OT}=\frac{2}{3}\overrightarrow{OF}$

よって，点 S，T は対角線 OF 上にある。
また，OS : OF = 1 : 3，OT : OF = 2 : 3 であるから，点 S，T は対角線 OF を 3 等分する。

◀ 3 点 O，S，F が一直線上にあり，3 点 O，T，F も一直線上にあることから，S，T は直線 OF 上にある。

練習 44　四面体 OABC において，辺 AB，BC，CA を 2 : 3，3 : 2，1 : 4 に内分する点をそれぞれ L，M，N とし，線分 CL と MN の交点を P とする。$\overrightarrow{OA}=\vec{a}$，$\overrightarrow{OB}=\vec{b}$，$\overrightarrow{OC}=\vec{c}$ とするとき，$\overrightarrow{OP}$ を $\vec{a}$，$\vec{b}$，$\vec{c}$ で表せ。

辺 AB，BC，CA を 2 : 3，3 : 2，1 : 4 に内分する点がそれぞれ L，M，N であるから

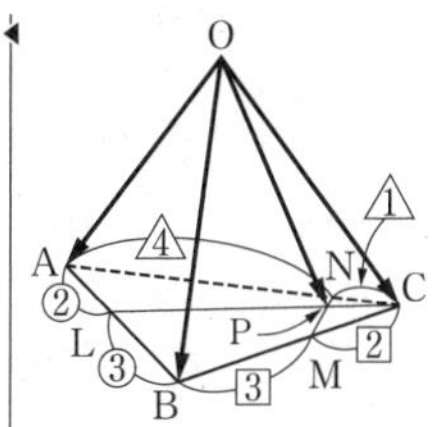

$$\overrightarrow{OL}=\frac{3\overrightarrow{OA}+2\overrightarrow{OB}}{2+3}=\frac{3}{5}\vec{a}+\frac{2}{5}\vec{b}$$

$$\overrightarrow{OM}=\frac{2\overrightarrow{OB}+3\overrightarrow{OC}}{3+2}=\frac{2}{5}\vec{b}+\frac{3}{5}\vec{c}$$

$$\overrightarrow{ON}=\frac{4\overrightarrow{OC}+\overrightarrow{OA}}{1+4}=\frac{4}{5}\vec{c}+\frac{1}{5}\vec{a}$$

点 P は線分 CL 上にあるから，CP : PL $= s : (1-s)$ とおくと

$$\begin{aligned}\overrightarrow{OP}&=(1-s)\overrightarrow{OC}+s\overrightarrow{OL}\\&=(1-s)\vec{c}+s\left(\frac{3}{5}\vec{a}+\frac{2}{5}\vec{b}\right)\\&=\frac{3}{5}s\vec{a}+\frac{2}{5}s\vec{b}+(1-s)\vec{c} \quad \cdots ①\end{aligned}$$

点 P は線分 MN 上にあるから，MP : PN $= t : (1-t)$ とおくと

$$\begin{aligned}\overrightarrow{OP}&=(1-t)\overrightarrow{OM}+t\overrightarrow{ON}\\&=(1-t)\left(\frac{2}{5}\vec{b}+\frac{3}{5}\vec{c}\right)+t\left(\frac{4}{5}\vec{c}+\frac{1}{5}\vec{a}\right)\\&=\frac{1}{5}t\vec{a}+\frac{2}{5}(1-t)\vec{b}+\frac{1}{5}(3+t)\vec{c} \quad \cdots ②\end{aligned}$$

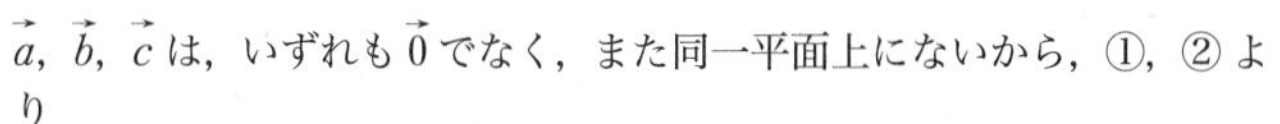

$\vec{a}$，$\vec{b}$，$\vec{c}$ は，いずれも $\vec{0}$ でなく，また同一平面上にないから，①，② より

◀ 係数を比較するときは必ず 1 次独立であることを述べる。

$$\frac{3}{5}s=\frac{1}{5}t, \quad \frac{2}{5}s=\frac{2}{5}(1-t), \quad 1-s=\frac{1}{5}(3+t)$$

よって

$$3s=t \ \cdots ③, \quad s=1-t \ \cdots ④, \quad 5(1-s)=3+t \ \cdots ⑤$$

③，④ を連立して解くと　$s=\frac{1}{4}$，$t=\frac{3}{4}$

これは，⑤ を満たす。

したがって　$\boldsymbol{\overrightarrow{OP}=\frac{3}{20}\vec{a}+\frac{1}{10}\vec{b}+\frac{3}{4}\vec{c}}$

練習 45 3点 A(−2, 1, 3), B(−1, 3, 4), C(1, 4, 5) があり，yz 平面上に点 P を，x 軸上に点 Q をとる。
(1) 3点 A, B, P が一直線上にあるとき，点 P の座標を求めよ。
(2) 4点 A, B, C, Q が同一平面上にあるとき，点 Q の座標を求めよ。

$\overrightarrow{AB}=(-1-(-2),\ 3-1,\ 4-3)=(1,\ 2,\ 1)$,

$\overrightarrow{AC}=(1-(-2),\ 4-1,\ 5-3)=(3,\ 3,\ 2)$

(1) 点 P は yz 平面上の点であるから，P$(0,\ y,\ z)$ とおける。

このとき　$\overrightarrow{AP}=(2,\ y-1,\ z-3)$

3点 A, B, P が一直線上にあるとき，$\overrightarrow{AP}=k\overrightarrow{AB}$ となる実数 k があるから　$(2,\ y-1,\ z-3)=(k,\ 2k,\ k)$

◀共線条件
$k\overrightarrow{AB}=k(1,\ 2,\ 1)$
$=(k,\ 2k,\ k)$

成分を比較すると　$\begin{cases}2=k\\ y-1=2k\\ z-3=k\end{cases}$

$k=2$ より　$y=5,\ z=5$

したがって　**P(0, 5, 5)**

(2) 点 Q は x 軸上の点であるから，Q$(x,\ 0,\ 0)$ とおける。

$\overrightarrow{AB}\neq\vec{0}$, $\overrightarrow{AC}\neq\vec{0}$ であり，$\overrightarrow{AB}$ と $\overrightarrow{AC}$ は平行でない。

◀$\overrightarrow{AB}$ と $\overrightarrow{AC}$ は1次独立であるから，この平面上の任意のベクトルを1次結合 $s\overrightarrow{AB}+t\overrightarrow{AC}$ で表すことができる。

よって，4点 A, B, C, Q が同一平面上にあるとき，$\overrightarrow{AQ}=s\overrightarrow{AB}+t\overrightarrow{AC}$ となる実数 s, t があるから

$$(x+2,\ -1,\ -3)=s(1,\ 2,\ 1)+t(3,\ 3,\ 2)$$
$$=(s+3t,\ 2s+3t,\ s+2t)$$

◀$\overrightarrow{AQ}=(x+2,\ -1,\ -3)$

成分を比較すると　$\begin{cases}x+2=s+3t\\ -1=2s+3t\\ -3=s+2t\end{cases}$

これを解くと　$s=7,\ t=-5,\ x=-10$

したがって　**Q(−10, 0, 0)**

練習 46 四面体 OABC において，辺 AC の中点を M，辺 OB を 1:2 に内分する点を Q，線分 MQ を 3:2 に内分する点を R とし，直線 OR と平面 ABC との交点を P とする。$\overrightarrow{OA}=\vec{a}$, $\overrightarrow{OB}=\vec{b}$, $\overrightarrow{OC}=\vec{c}$ とするとき
(1) $\overrightarrow{OR}$ を $\vec{a}$, $\vec{b}$, $\vec{c}$ で表せ。　(2) $\overrightarrow{OP}$ を $\vec{a}$, $\vec{b}$, $\vec{c}$ で表せ。

(1) 点 M は辺 AC の中点であるから

$$\overrightarrow{OM}=\frac{\overrightarrow{OA}+\overrightarrow{OC}}{2}=\frac{\vec{a}+\vec{c}}{2}$$

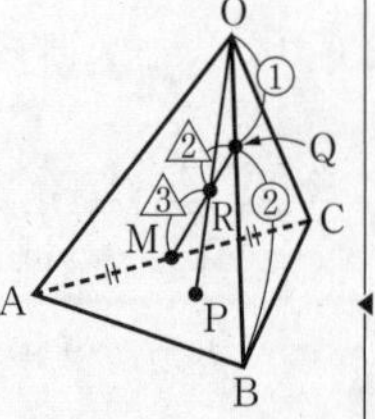

点 Q は辺 OB を 1:2 に内分する点であるから

$$\overrightarrow{OQ}=\frac{1}{3}\overrightarrow{OB}=\frac{\vec{b}}{3}$$

◀$\overrightarrow{OQ}=\dfrac{2\overrightarrow{OO}+\overrightarrow{OB}}{3}=\dfrac{1}{3}\overrightarrow{OB}$ と考えてもよい。

点 R は線分 MQ を 3:2 に内分する点であるから

$$\overrightarrow{OR}=\frac{2\overrightarrow{OM}+3\overrightarrow{OQ}}{3+2}$$
$$=\frac{1}{5}\left(2\cdot\frac{\vec{a}+\vec{c}}{2}+3\cdot\frac{\vec{b}}{3}\right)=\boldsymbol{\frac{1}{5}(\vec{a}+\vec{b}+\vec{c})}$$

◀分点公式 $\dfrac{n\vec{a}+m\vec{b}}{m+n}$ を用いる。

(2) 点 P は直線 OR 上にあるから $\overrightarrow{OP} = k\overrightarrow{OR}$ (k は実数) とおくと

(1) より　$\overrightarrow{OP} = \frac{1}{5}k\vec{a} + \frac{1}{5}k\vec{b} + \frac{1}{5}k\vec{c}$

点 P は平面 ABC 上にあるから

$$\frac{1}{5}k + \frac{1}{5}k + \frac{1}{5}k = 1$$

よって　$k = \frac{5}{3}$

したがって　$\overrightarrow{OP} = \frac{1}{3}\vec{a} + \frac{1}{3}\vec{b} + \frac{1}{3}\vec{c}$

◀ $\vec{p} = l\vec{a} + m\vec{b} + n\vec{c}$ と表されるとき
点 P が平面 ABC 上にある
$\iff l + m + n = 1$

練習 47 4 点 A(3, −3, 4), B(1, −1, 3), C(−1, −3, 3), D(−2, −2, 7) がある。
(1) △BCD の面積を求めよ。
(2) 直線 AB は平面 BCD に垂直であることを示せ。
(3) 四面体 ABCD の体積を求めよ。

(1) $\overrightarrow{BC} = (-2,\ -2,\ 0)$, $\overrightarrow{BD} = (-3,\ -1,\ 4)$ より

$$|\overrightarrow{BC}|^2 = (-2)^2 + (-2)^2 + 0^2 = 8$$

$$|\overrightarrow{BD}|^2 = (-3)^2 + (-1)^2 + 4^2 = 26$$

$$\overrightarrow{BC}\cdot\overrightarrow{BD} = (-2)\times(-3) + (-2)\times(-1) + 0\times 4 = 8$$

よって　$\triangle BCD = \frac{1}{2}\sqrt{|\overrightarrow{BC}|^2|\overrightarrow{BD}|^2 - (\overrightarrow{BC}\cdot\overrightarrow{BD})^2}$

$$= \frac{1}{2}\sqrt{8\times 26 - 8^2} = \mathbf{6}$$

◀ 例題 18 参照。
平面における三角形の面積公式は，空間における三角形にも適用できる。

(2) $\overrightarrow{AB} = (-2,\ 2,\ -1)$

平面 BCD 上の平行でない 2 つのベクトル $\overrightarrow{BC}$, $\overrightarrow{BD}$ において

$$\overrightarrow{AB}\cdot\overrightarrow{BC} = -2\times(-2) + 2\times(-2) + (-1)\times 0 = 0$$

$$\overrightarrow{AB}\cdot\overrightarrow{BD} = -2\times(-3) + 2\times(-1) + (-1)\times 4 = 0$$

$\overrightarrow{AB} \neq \vec{0}$, $\overrightarrow{BC} \neq \vec{0}$, $\overrightarrow{BD} \neq \vec{0}$ より

$$\overrightarrow{AB} \perp \overrightarrow{BC},\ \overrightarrow{AB} \perp \overrightarrow{BD}$$

ゆえに，直線 AB は平面 BCD に垂直である。

◀ 直線 l ⊥ 平面 $\alpha \iff$
平面 α 上の平行でない 2 つの直線 m, n に対して
$l \perp m$, $l \perp n$
(例題 41 **Point** 参照)

(3) (2) より，線分 AB は △BCD を底面としたときの四面体 ABCD の高さになる。

$$AB = |\overrightarrow{AB}| = \sqrt{(-2)^2 + 2^2 + (-1)^2} = 3$$

よって，四面体 ABCD の体積は

$$\frac{1}{3}\cdot\triangle BCD\cdot AB = \frac{1}{3}\cdot 6\cdot 3 = \mathbf{6}$$

練習 48 4 点 O(0, 0, 0), A(0, 2, 2), B(1, 0, 2), C(3, 2, 1) において，点 C から平面 OAB に下ろした垂線を CH とするとき，点 H の座標を求めよ。

点 H は平面 OAB 上にあるから，$\overrightarrow{OH} = s\overrightarrow{OA} + t\overrightarrow{OB}$ (s, t は実数) とおける。

これより　$\overrightarrow{OH} = s(0,\ 2,\ 2) + t(1,\ 0,\ 2) = (t,\ 2s,\ 2s + 2t)$

◀ $\overrightarrow{OA} = (0,\ 2,\ 2)$
$\overrightarrow{OB} = (1,\ 0,\ 2)$

$\overrightarrow{\mathrm{CH}}$ は平面 OAB に垂直であるから

$$\overrightarrow{\mathrm{CH}} \perp \overrightarrow{\mathrm{OA}} \quad \text{かつ} \quad \overrightarrow{\mathrm{CH}} \perp \overrightarrow{\mathrm{OB}}$$

よって　$\overrightarrow{\mathrm{CH}} \cdot \overrightarrow{\mathrm{OA}} = 0$ …①　$\overrightarrow{\mathrm{CH}} \cdot \overrightarrow{\mathrm{OB}} = 0$ …②

ここで

$$\overrightarrow{\mathrm{CH}} = \overrightarrow{\mathrm{OH}} - \overrightarrow{\mathrm{OC}} = (t,\ 2s,\ 2s+2t) - (3,\ 2,\ 1)$$
$$= (t-3,\ 2s-2,\ 2s+2t-1)$$

よって

①より　$2(2s-2) + 2(2s+2t-1) = 0$　◀ $4s+2t-3=0$

②より　$(t-3) + 2(2s+2t-1) = 0$　◀ $4s+5t-5=0$

これを解くと　$s = \dfrac{5}{12},\ t = \dfrac{2}{3}$

ゆえに　$\overrightarrow{\mathrm{OH}} = \left(\dfrac{2}{3},\ \dfrac{5}{6},\ \dfrac{13}{6}\right)$

したがって　$\mathbf{H}\left(\dfrac{\mathbf{2}}{\mathbf{3}},\ \dfrac{\mathbf{5}}{\mathbf{6}},\ \dfrac{\mathbf{13}}{\mathbf{6}}\right)$

練習 49　正四面体 OABC において，$\overrightarrow{\mathrm{OA}} = \vec{a}$，$\overrightarrow{\mathrm{OB}} = \vec{b}$，$\overrightarrow{\mathrm{OC}} = \vec{c}$ とする。△OAB の重心を G とするとき，次の問に答えよ。

(1) $\overrightarrow{\mathrm{OG}}$ をベクトル $\vec{a}$，$\vec{b}$ を用いて表せ。

(2) $\mathrm{OG} \perp \mathrm{GC}$ であることを示せ。　（宮崎大）

(1) G は △OAB の重心であるから

$$\overrightarrow{\mathbf{OG}} = \frac{\vec{a}+\vec{b}}{3}$$

◀ $\overrightarrow{\mathrm{OG}} = \dfrac{\overrightarrow{\mathrm{OO}}+\overrightarrow{\mathrm{OA}}+\overrightarrow{\mathrm{OB}}}{3} = \dfrac{\vec{a}+\vec{b}}{3}$

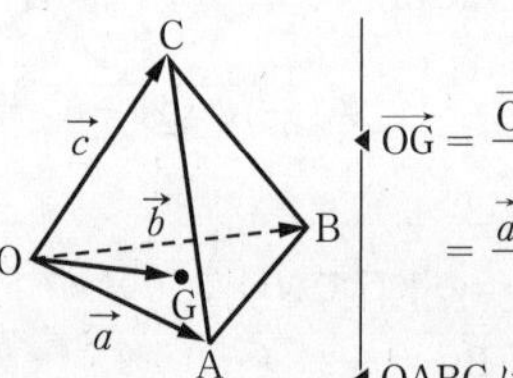

(2) OABC は正四面体であるから

$$|\vec{a}| = |\vec{b}| = |\vec{c}|$$

また，$\vec{a}$，$\vec{b}$，$\vec{c}$ のどの 2 つのベクトルのなす角も 60° であるから

◀ OABC は正四面体であるから △OAB，△OBC，△OCA はいずれも正三角形である。

$$\vec{a} \cdot \vec{c} = |\vec{a}||\vec{c}|\cos 60^\circ = \frac{1}{2}|\vec{a}|^2$$

同様に　$\vec{b} \cdot \vec{c} = \vec{a} \cdot \vec{b} = \dfrac{1}{2}|\vec{a}|^2$　◀ $|\vec{a}| = |\vec{b}| = |\vec{c}|$

よって

$$\overrightarrow{\mathrm{OG}} \cdot \overrightarrow{\mathrm{GC}} = \overrightarrow{\mathrm{OG}} \cdot (\overrightarrow{\mathrm{OC}} - \overrightarrow{\mathrm{OG}})$$
$$= \frac{\vec{a}+\vec{b}}{3} \cdot \left(\vec{c} - \frac{\vec{a}+\vec{b}}{3}\right)$$

◀ (1)より　$\overrightarrow{\mathrm{OG}} = \dfrac{\vec{a}+\vec{b}}{3}$

$$= \frac{1}{9}(\vec{a}+\vec{b}) \cdot (3\vec{c} - \vec{a} - \vec{b})$$
$$= \frac{1}{9}(3\vec{a} \cdot \vec{c} + 3\vec{b} \cdot \vec{c} - |\vec{a}|^2 - 2\vec{a} \cdot \vec{b} - |\vec{b}|^2)$$
$$= \frac{1}{9}\left(\frac{3}{2}|\vec{a}|^2 + \frac{3}{2}|\vec{a}|^2 - |\vec{a}|^2 - |\vec{a}|^2 - |\vec{a}|^2\right) = 0$$

$\overrightarrow{\mathrm{OG}} \neq \vec{0}$，$\overrightarrow{\mathrm{GC}} \neq \vec{0}$ より　$\overrightarrow{\mathrm{OG}} \perp \overrightarrow{\mathrm{GC}}$

したがって　$\mathrm{OG} \perp \mathrm{GC}$

練習 50 1辺の長さが1の正四面体の内部に点Pがあり，等式 $2\overrightarrow{OP}+4\overrightarrow{AP}+2\overrightarrow{BP}+\overrightarrow{CP}=\vec{0}$ が成り立っている。

(1) $\overrightarrow{OP}$ を $\overrightarrow{OA}$, $\overrightarrow{OB}$, $\overrightarrow{OC}$ を用いて表せ。
(2) 直線OPと底面ABCとの交点をQとするとき，OP：PQを求めよ。
(3) 四面体の体積比 OABC：PABC を求めよ。
(4) 線分OPの長さを求めよ。

(1) $2\overrightarrow{OP}+4\overrightarrow{AP}+2\overrightarrow{BP}+\overrightarrow{CP}=\vec{0}$ より

$$2\overrightarrow{OP}+4(\overrightarrow{OP}-\overrightarrow{OA})+2(\overrightarrow{OP}-\overrightarrow{OB})+(\overrightarrow{OP}-\overrightarrow{OC})=\vec{0}$$

◀始点をOにそろえる。

整理すると　$9\overrightarrow{OP}=4\overrightarrow{OA}+2\overrightarrow{OB}+\overrightarrow{OC}$

よって　$\boldsymbol{\overrightarrow{OP}=\dfrac{4\overrightarrow{OA}+2\overrightarrow{OB}+\overrightarrow{OC}}{9}}$

(2) 点Qは直線OP上にあるから，$\overrightarrow{OQ}=k\overrightarrow{OP}$（$k$ は実数）とおくと

$$\overrightarrow{OQ}=k\cdot\frac{4\overrightarrow{OA}+2\overrightarrow{OB}+\overrightarrow{OC}}{9}=\frac{4k}{9}\overrightarrow{OA}+\frac{2k}{9}\overrightarrow{OB}+\frac{k}{9}\overrightarrow{OC}$$

Qは平面ABC上にあるから　$\dfrac{4k}{9}+\dfrac{2k}{9}+\dfrac{k}{9}=1$

よって，$\dfrac{7}{9}k=1$ より　$k=\dfrac{9}{7}$

ゆえに $\overrightarrow{OQ}=\dfrac{9}{7}\overrightarrow{OP}$ であるから　OQ：OP＝9：7

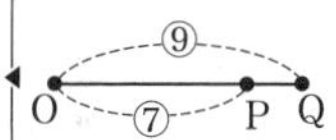

したがって　**OP：PQ＝7：2**

(3) 点O，Pから底面ABCに下ろした垂線をそれぞれOH，PH′とすると

OH：PH′＝OQ：PQ＝9：2

よって，求める体積比は

OABC：PABC＝OH：PH′＝**9：2**

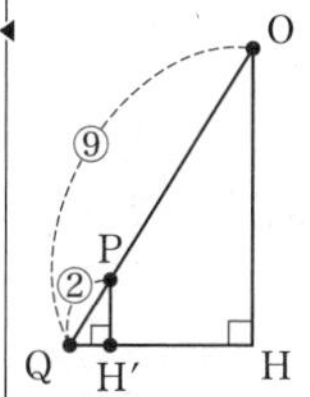

底面を△ABCと考えると体積の比は高さであるOHとPH′の比で表される。

(4) $|\overrightarrow{OA}|=|\overrightarrow{OB}|=|\overrightarrow{OC}|=1$

$\overrightarrow{OA}\cdot\overrightarrow{OB}=\overrightarrow{OB}\cdot\overrightarrow{OC}=\overrightarrow{OC}\cdot\overrightarrow{OA}=1\times1\times\cos60^\circ=\dfrac{1}{2}$ より

$$|\overrightarrow{OP}|^2=\left|\frac{4\overrightarrow{OA}+2\overrightarrow{OB}+\overrightarrow{OC}}{9}\right|^2$$
$$=\frac{1}{81}(16|\overrightarrow{OA}|^2+4|\overrightarrow{OB}|^2+|\overrightarrow{OC}|^2+16\overrightarrow{OA}\cdot\overrightarrow{OB}+4\overrightarrow{OB}\cdot\overrightarrow{OC}+8\overrightarrow{OC}\cdot\overrightarrow{OA})$$
$$=\frac{1}{81}\left(16\times1^2+4\times1^2+1^2+16\times\frac{1}{2}+4\times\frac{1}{2}+8\times\frac{1}{2}\right)$$
$$=\frac{35}{81}$$

$|\overrightarrow{OP}|\geqq0$ より　$|\overrightarrow{OP}|=\dfrac{\sqrt{35}}{9}$

したがって　$\boldsymbol{OP=\dfrac{\sqrt{35}}{9}}$

練習 51 2 点 A(−1, 2, 1), B(2, 1, 3) を通る直線 AB 上の点のうち，原点 O に最も近い点 P の座標を求めよ。

点 P は直線 AB 上にあるから，$\overrightarrow{OP}=\overrightarrow{OA}+t\overrightarrow{AB}$ (t は実数) とおける。

$\overrightarrow{OA}=(-1,\ 2,\ 1)$，$\overrightarrow{AB}=(3,\ -1,\ 2)$ であるから

$$\overrightarrow{OP}=(-1,\ 2,\ 1)+t(3,\ -1,\ 2)$$
$$=(-1+3t,\ 2-t,\ 1+2t) \quad \cdots ①$$

よって

$$|\overrightarrow{OP}|^2=(-1+3t)^2+(2-t)^2+(1+2t)^2$$
$$=14t^2-6t+6$$
$$=14\left(t-\frac{3}{14}\right)^2+\frac{75}{14}$$

$|\overrightarrow{OP}|^2$ は $t=\frac{3}{14}$ のとき最小となり，このとき $|\overrightarrow{OP}|$ も最小となるから ① より　$\mathbf{P\left(-\frac{5}{14},\ \frac{25}{14},\ \frac{10}{7}\right)}$

〔別解〕 (解答 4 行目まで同じ)

直線 AB 上の点で原点 O に最も近い点 P は $\overrightarrow{OP}\perp\overrightarrow{AB}$ を満たすから

$$\overrightarrow{OP}\cdot\overrightarrow{AB}=0$$

よって　$(-1+3t)\times3+(2-t)(-1)+(1+2t)\times2=0$

これを解くと　$t=\frac{3}{14}$

したがって　$P\left(-\frac{5}{14},\ \frac{25}{14},\ \frac{10}{7}\right)$

◀直線 AB は点 A を通り，方向ベクトルが $\overrightarrow{AB}$ である。

◀$|\overrightarrow{OP}|$ の最小値は $|\overrightarrow{OP}|^2$ の最小値から考える。

◀$P(-1+3t,\ 2-t,\ 1+2t)$ において，$t=\frac{3}{14}$ を代入する。

◀整理すると　$14t-3=0$

練習 52 次の球の方程式を求めよ。

(1) 点 (−3, −2, 1) を中心とし，半径 4 の球

(2) 点 C(−3, 1, 2) を中心とし，点 P(−2, 5, 4) を通る球

(3) 2 点 A(2, −3, 1), B(−2, 3, −1) を直径の両端とする球

(4) 点 (5, 5, −2) を通り，3 つの座標平面に接する球

(1) 求める球の方程式は

$$\boldsymbol{(x+3)^2+(y+2)^2+(z-1)^2=16}$$

(2) 半径を r とすると

$$r=CP=\sqrt{(-2+3)^2+(5-1)^2+(4-2)^2}=\sqrt{21}$$

よって，求める球の方程式は

$$\boldsymbol{(x+3)^2+(y-1)^2+(z-2)^2=21}$$

(3) 球の中心 C は線分 AB の中点であるから

$$C\left(\frac{2-2}{2},\ \frac{-3+3}{2},\ \frac{1-1}{2}\right) \quad すなわち \quad C(0,\ 0,\ 0)$$

また，半径は AC であり　$AC=\sqrt{2^2+(-3)^2+1^2}=\sqrt{14}$

よって，求める球の方程式は

$$\boldsymbol{x^2+y^2+z^2=14}$$

◀半径 r は，2 点 C, P 間の距離である。

◀線分 AB が直径であり，線分 AC が半径である。

(4) 点 $(5,\ 5,\ -2)$ を通り 3 つの座標平面に接するから，その球の半径を r とおくと，中心は $(r,\ r,\ -r)$ と表せる。
よって，求める球の方程式は

$$(x-r)^2+(y-r)^2+(z+r)^2=r^2$$

これが点 $(5,\ 5,\ -2)$ を通るから

$$(5-r)^2+(5-r)^2+(-2+r)^2=r^2$$

ゆえに　$2r^2-24r+54=0$

$(r-3)(r-9)=0$ より　$r=3,\ 9$

よって，求める球の方程式は

$$(x-3)^2+(y-3)^2+(z+3)^2=9$$
$$(x-9)^2+(y-9)^2+(z+9)^2=81$$

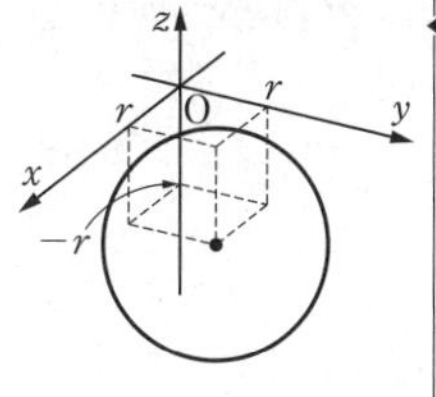

◀通る点の座標の正負から中心の座標の正負を考える。

チャレンジ〈2〉 次の平面におけるベクトル方程式は，どのような図形を表すか。また，空間におけるベクトル方程式の場合には，どのような図形を表すか。ただし，$A(\vec{a})$，$B(\vec{b})$ は定点であるとする。
(1) $3\vec{p}-(3t+2)\vec{a}-(3t+1)\vec{b}=\vec{0}$
(2)* $(\vec{p}-\vec{a})\cdot(\vec{p}-\vec{b})=0$

(1) $3\vec{p}-(3t+2)\vec{a}-(3t+1)\vec{b}=\vec{0}$ より

$$3\vec{p}=(2\vec{a}+\vec{b})+3t(\vec{a}+\vec{b})$$

よって　$\vec{p}=\dfrac{2\vec{a}+\vec{b}}{3}+t(\vec{a}+\vec{b})$

ここで，点 $C\left(\dfrac{2\vec{a}+\vec{b}}{3}\right)$ は線分 AB を 1:2 に内分する点であるから，このベクトル方程式は，平面においても空間においても **線分 AB を 1:2 に内分する点を通り，$\vec{a}+\vec{b}$ に平行な直線** を表す。

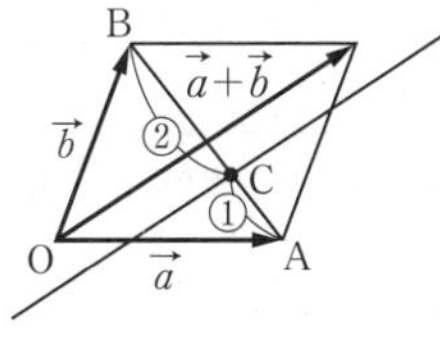

◀ベクトル方程式 $\vec{p}=\vec{a}+t\vec{u}$ は平面においても空間においても，点 $A(\vec{a})$ を通り $\vec{u}$ に平行な直線を表す。

(2) $P(\vec{p})$ とおくと，$(\vec{p}-\vec{a})\cdot(\vec{p}-\vec{b})=0$ より　$\overrightarrow{AP}\cdot\overrightarrow{BP}=0$

ゆえに　$\overrightarrow{AP}=\vec{0}$　または　$\overrightarrow{BP}=\vec{0}$　または　$\overrightarrow{AP}\perp\overrightarrow{BP}$

(ア) 平面におけるベクトル方程式の場合
点 P は線分 AB を直径とする円上にある。
すなわち，このベクトル方程式は **線分 AB を直径とする円** を表す。

(イ) 空間におけるベクトル方程式の場合
点 P は線分 AB を直径とする球面上にある。
すなわち，このベクトル方程式は **線分 AB を直径とする球** を表す。

◀点 P は $\overrightarrow{AP}=\vec{0}$ のとき点 A と一致し，$\overrightarrow{BP}=\vec{0}$ のとき点 B と一致する。

◀$\angle APB$ が常に $90°$ であるから，直径の円周角の定理の逆を用いる。

◀球においても直径の円周角の定理と同じように，直径 AB と球面上の点 P について $\angle APB=90°$ であり，その逆も成り立つ。

練習 53 空間に $\vec{n}=(2,\ 1,\ -3)$ を法線ベクトルとし，点 $A(1,\ -4,\ 2)$ を通る平面 α がある。
(1) 平面 α の方程式を求めよ。
(2) 点 $P(4,\ -3,\ 9)$ から平面 α に下ろした垂線を PH とする。点 H の座標を求めよ。また，点 P と平面 α の距離を求めよ。

(1) $2(x-1)+1(y+4)-3(z-2)=0$ より

$$\boldsymbol{2x+y-3z+8=0} \quad \cdots ①$$

(2) $\mathrm{H}(x,\ y,\ z)$ とおく。$\mathrm{PH} \mathbin{/\!/} \vec{n}$ であるから，直線 PH を媒介変数 t を用いて表すと

$$\begin{cases} x=4+2t \\ y=-3+t \\ z=9-3t \end{cases} \quad \cdots ②$$

◀点 P を通り，$\vec{n}$ を方向ベクトルとする直線である。

$\mathrm{H}(x,\ y,\ z)$ は平面 α 上にあるから，② を ① に代入して

$$2(4+2t)+(-3+t)-3(9-3t)+8=0$$

◀$14t-14=0$

これを解いて　$t=1$

$t=1$ を ② に代入して　$\mathbf{H(6,\ -2,\ 6)}$

また，点 P と平面 α の距離は

$$\mathrm{PH}=\sqrt{(6-4)^2+(-2+3)^2+(6-9)^2}=\boldsymbol{\sqrt{14}}$$

p.105 問題編 4 空間におけるベクトル

問題 33 点 $\mathrm{A}(x,\ y,\ -4)$ を y 軸に関して対称移動し，さらに，zx 平面に関して対称移動すると，点 $\mathrm{B}(2,\ -1,\ z)$ となる。このとき，$x,\ y,\ z$ の値を求めよ。

点 A を y 軸に関して対称移動した点を C とすると　$\mathrm{C}(-x,\ y,\ 4)$

点 C を zx 平面に関して対称移動した点は $(-x,\ -y,\ 4)$ と表せ，それが点 $\mathrm{B}(2,\ -1,\ z)$ であるから

$$-x=2,\ -y=-1,\ 4=z$$

よって　$\boldsymbol{x=-2,\ y=1,\ z=4}$

◀y 軸に関して対称移動 ⇨ x，z 座標の符号が変わる。

◀zx 平面に関して対称移動 ⇨ y 座標の符号が変わる。

問題 34 正四面体 ABCD の 3 つの頂点が $\mathrm{A}(2,\ 1,\ 1)$，$\mathrm{B}(3,\ 2,\ -1)$，$\mathrm{C}(1,\ 3,\ 0)$ であるとき，頂点 D の座標を求めよ。

$\mathrm{D}(x,\ y,\ z)$ とおく。

$\mathrm{AD}=\mathrm{BD}=\mathrm{CD}=\mathrm{AB}$ であるから　$\mathrm{AD}^2=\mathrm{BD}^2=\mathrm{CD}^2=\mathrm{AB}^2$

◀$\mathrm{AD}=\mathrm{BD}=\mathrm{CD}$ だけでは不十分であることに注意する。

$$\begin{aligned}\mathrm{AD}^2&=(x-2)^2+(y-1)^2+(z-1)^2\\&=x^2+y^2+z^2-4x-2y-2z+6\end{aligned}$$

$$\begin{aligned}\mathrm{BD}^2&=(x-3)^2+(y-2)^2+(z+1)^2\\&=x^2+y^2+z^2-6x-4y+2z+14\end{aligned}$$

$$\begin{aligned}\mathrm{CD}^2&=(x-1)^2+(y-3)^2+z^2\\&=x^2+y^2+z^2-2x-6y+10\end{aligned}$$

$$\mathrm{AB}^2=(3-2)^2+(2-1)^2+(-1-1)^2=6$$

$\mathrm{AD}^2=\mathrm{BD}^2$ より

$$x^2+y^2+z^2-4x-2y-2z+6=x^2+y^2+z^2-6x-4y+2z+14$$

すなわち　$x+y-2z=4$　$\cdots ①$

$\mathrm{BD}^2=\mathrm{CD}^2$ より

$$x^2+y^2+z^2-6x-4y+2z+14=x^2+y^2+z^2-2x-6y+10$$

すなわち　$2x-y-z=2$　$\cdots ②$

$\mathrm{CD}^2=\mathrm{AB}^2$ より　$(x-1)^2+(y-3)^2+z^2=6$　$\cdots ③$

◀①，② を代入することを考えて CD^2 は展開する前の形を用いる。

①, ② より，$x=z+2$，$y=z+2$ を ③ に代入すると

$$(z+1)^2+(z-1)^2+z^2=6$$

$3z^2=4$ より　　$z=\pm\dfrac{2\sqrt{3}}{3}$

$z=\dfrac{2\sqrt{3}}{3}$ のとき　　$x=\dfrac{6+2\sqrt{3}}{3}$，$y=\dfrac{6+2\sqrt{3}}{3}$

$z=-\dfrac{2\sqrt{3}}{3}$ のとき　　$x=\dfrac{6-2\sqrt{3}}{3}$，$y=\dfrac{6-2\sqrt{3}}{3}$

◀ $x=z+2$，$y=z+2$ に代入する。

したがって，点 D の座標は

$$\left(\frac{6+2\sqrt{3}}{3},\ \frac{6+2\sqrt{3}}{3},\ \frac{2\sqrt{3}}{3}\right),\ \left(\frac{6-2\sqrt{3}}{3},\ \frac{6-2\sqrt{3}}{3},\ -\frac{2\sqrt{3}}{3}\right)$$

問題 35　平行六面体 ABCD−EFGH において，次の等式が成り立つことを証明せよ。

(1) $\overrightarrow{AC}+\overrightarrow{AH}+\overrightarrow{AF}=2\overrightarrow{AG}$　　(2) $\overrightarrow{AG}+\overrightarrow{BH}+\overrightarrow{CE}+\overrightarrow{DF}=4\overrightarrow{AE}$

$\overrightarrow{AB}=\vec{a}$，$\overrightarrow{AD}=\vec{b}$，$\overrightarrow{AE}=\vec{c}$ とおく。

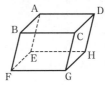

◀ $\overrightarrow{AB}$, $\overrightarrow{AD}$, $\overrightarrow{AE}$ はどの 2 つも平行ではないから，(1), (2) で出てくるベクトルは，$\vec{a}$, $\vec{b}$, $\vec{c}$ で表せる。

(1) $\overrightarrow{AC}=\overrightarrow{AB}+\overrightarrow{BC}=\overrightarrow{AB}+\overrightarrow{AD}=\vec{a}+\vec{b}$

$\overrightarrow{AH}=\overrightarrow{AD}+\overrightarrow{DH}=\overrightarrow{AD}+\overrightarrow{AE}=\vec{b}+\vec{c}$

$\overrightarrow{AF}=\overrightarrow{AB}+\overrightarrow{BF}=\overrightarrow{AB}+\overrightarrow{AE}=\vec{a}+\vec{c}$

よって

$$\begin{aligned}(\text{左辺})&=\overrightarrow{AC}+\overrightarrow{AH}+\overrightarrow{AF}\\&=(\vec{a}+\vec{b})+(\vec{b}+\vec{c})+(\vec{a}+\vec{c})\\&=2(\vec{a}+\vec{b}+\vec{c})\end{aligned}$$

また　$$\begin{aligned}\overrightarrow{AG}&=\overrightarrow{AB}+\overrightarrow{BC}+\overrightarrow{CG}\\&=\overrightarrow{AB}+\overrightarrow{AD}+\overrightarrow{AE}\\&=\vec{a}+\vec{b}+\vec{c}\end{aligned}$$

よって　　(右辺) $=2\overrightarrow{AG}=2(\vec{a}+\vec{b}+\vec{c})$

◀ (左辺) = (右辺)

したがって　　$\overrightarrow{AC}+\overrightarrow{AH}+\overrightarrow{AF}=2\overrightarrow{AG}$

(2) (1) より　　$\overrightarrow{AG}=\vec{a}+\vec{b}+\vec{c}$

また　$\overrightarrow{BH}=\overrightarrow{BC}+\overrightarrow{CG}+\overrightarrow{GH}=-\vec{a}+\vec{b}+\vec{c}$

$\overrightarrow{CE}=\overrightarrow{CD}+\overrightarrow{DA}+\overrightarrow{AE}=-\vec{a}-\vec{b}+\vec{c}$

$\overrightarrow{DF}=\overrightarrow{DA}+\overrightarrow{AB}+\overrightarrow{BF}=\vec{a}-\vec{b}+\vec{c}$

◀ $\overrightarrow{BC}=\overrightarrow{AD}=\vec{b}$
$\overrightarrow{CG}=\overrightarrow{AE}=\vec{c}$
$\overrightarrow{GH}=\overrightarrow{BA}=-\vec{a}$

よって

$$\begin{aligned}&\overrightarrow{AG}+\overrightarrow{BH}+\overrightarrow{CE}+\overrightarrow{DF}\\&=(\vec{a}+\vec{b}+\vec{c})+(-\vec{a}+\vec{b}+\vec{c})+(-\vec{a}-\vec{b}+\vec{c})+(\vec{a}-\vec{b}+\vec{c})\\&=4\vec{c}\\&=4\overrightarrow{AE}\end{aligned}$$

ゆえに　　$\overrightarrow{AG}+\overrightarrow{BH}+\overrightarrow{CE}+\overrightarrow{DF}=4\overrightarrow{AE}$

問題 36 5点 A(2, −1, 1), B(−1, 2, 3), C(3, 0, −1), D(1, −1, 2), E(0, 6, 0) がある。$\overrightarrow{AE}$ を $\overrightarrow{AB}$, $\overrightarrow{AC}$, $\overrightarrow{AD}$ を用いて表せ。

$\overrightarrow{AB}=(-1-2,\ 2-(-1),\ 3-1)=(-3,\ 3,\ 2)$

$\overrightarrow{AC}=(3-2,\ 0-(-1),\ -1-1)=(1,\ 1,\ -2)$

$\overrightarrow{AD}=(1-2,\ -1-(-1),\ 2-1)=(-1,\ 0,\ 1)$

$\overrightarrow{AE}=(0-2,\ 6-(-1),\ 0-1)=(-2,\ 7,\ -1)$

$\overrightarrow{AE}=l\overrightarrow{AB}+m\overrightarrow{AC}+n\overrightarrow{AD}$ とおくと

$$(-2,\ 7,\ -1)=l(-3,\ 3,\ 2)+m(1,\ 1,\ -2)+n(-1,\ 0,\ 1)$$
$$=(-3l+m-n,\ 3l+m,\ 2l-2m+n)$$

成分を比較すると

$$\begin{cases}-3l+m-n=-2 & \cdots ① \\ 3l+m=7 & \cdots ② \\ 2l-2m+n=-1 & \cdots ③\end{cases}$$

①+③より　$-l-m=-3$　…④

②+④より　$2l=4$　すなわち　$l=2$

$l=2$ を②に代入すると　$m=1$

$l=2,\ m=1$ を①に代入すると　$n=-3$

よって　$\boldsymbol{\overrightarrow{AE}=2\overrightarrow{AB}+\overrightarrow{AC}-3\overrightarrow{AD}}$

◀空間における任意のベクトルは，同一平面上にない4点 O, A, B, C において，$\overrightarrow{OA}$, $\overrightarrow{OB}$, $\overrightarrow{OC}$ の3つのベクトルを用いてただ1通りに表すことができる。

◀ベクトルの相等

◀n を消去する。

問題 37 4点 A(−1, 2, 3), B(2, 5, 4), C(3, −3, −2), D(a, b, c) を頂点とする四角形 ABCD が平行四辺形となるとき，点Dの座標を求めよ。

四角形 ABCD が平行四辺形であるから　$\overrightarrow{AB}=\overrightarrow{DC}$

ここで　$\overrightarrow{AB}=(2-(-1),\ 5-2,\ 4-3)=(3,\ 3,\ 1)$

$\overrightarrow{DC}=(3-a,\ -3-b,\ -2-c)$

よって　$(3,\ 3,\ 1)=(3-a,\ -3-b,\ -2-c)$

成分を比較すると　$\begin{cases}3-a=3 \\ -3-b=3 \\ -2-c=1\end{cases}$

よって　$a=0,\ b=-6,\ c=-3$

ゆえに　**D(0, −6, −3)**

◀
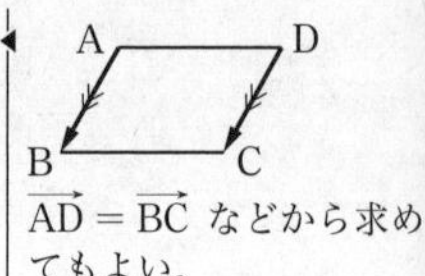

$\overrightarrow{AD}=\overrightarrow{BC}$ などから求めてもよい。

問題 38 4点 O(0, 0, 0), A(3, 3, 0), B(0, 3, −3), C(3, 0, −3) を頂点とする正四面体 OABC がある。2点 P, Q がそれぞれ線分 OC, 線分 AB 上を動くとき，PQ の最小値を求めよ。

（福井大・改）

点Pは線分 OC 上の点であるから

$\overrightarrow{OP}=s\overrightarrow{OC}$ $(0\leqq s\leqq 1)$

とおける。同様に，

点Qは線分 AB 上の点であるから

$\overrightarrow{AQ}=t\overrightarrow{AB}$ $(0\leqq t\leqq 1)$

すなわち

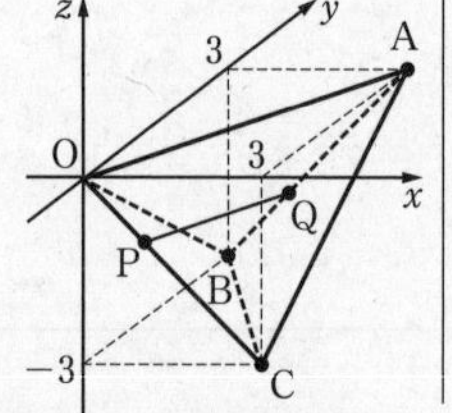

$$\overrightarrow{OQ}-\overrightarrow{OA}=t(\overrightarrow{OB}-\overrightarrow{OA})$$

$$\overrightarrow{OQ}=(1-t)\overrightarrow{OA}+t\overrightarrow{OB}$$
$$=(1-t)(3,\ 3,\ 0)+t(0,\ 3,\ -3)$$
$$=(3-3t,\ 3,\ -3t)$$

よって

$$\overrightarrow{PQ}=\overrightarrow{OQ}-\overrightarrow{OP}$$
$$=(3-3t,\ 3,\ -3t)-(3s,\ 0,\ -3s)$$
$$=3(1-t-s,\ 1,\ -t+s)$$

◀ $\overrightarrow{OP}=s\overrightarrow{OC}$
$=s(3,\ 0,\ -3)$
$=(3s,\ 0,\ -3s)$

ゆえに

$$|\overrightarrow{PQ}|^2=9\{(1-t-s)^2+1^2+(-t+s)^2\}$$
$$=9(1+t^2+s^2+2ts-2t-2s+1+t^2-2ts+s^2)$$
$$=9\cdot 2(s^2-s+t^2-t+1)$$
$$=18\left\{\left(s-\frac{1}{2}\right)^2+\left(t-\frac{1}{2}\right)^2+\frac{1}{2}\right\}$$

$0\leqq s\leqq 1$, $0\leqq t\leqq 1$ より，$|\overrightarrow{PQ}|^2$ は

$s=\dfrac{1}{2}$, $t=\dfrac{1}{2}$ のとき最小値 $18\cdot\dfrac{1}{2}=9$ をとる。

したがって，PQ の最小値は　$\sqrt{9}=\mathbf{3}$

◀ PQ が最小となるのは PQ ⊥ OC かつ PQ ⊥ AB のときであり，点 P, Q はそれぞれ辺 OC, AB の中点 $\left(s=t=\dfrac{1}{2}\right)$ と一致する。

問題 39　1 辺の長さが 2 の正四面体 ABCD で，CD の中点を M とする。次の内積を求めよ。

(1) $\overrightarrow{AB}\cdot\overrightarrow{AC}$　　(2) $\overrightarrow{BC}\cdot\overrightarrow{CD}$

(3) $\overrightarrow{AB}\cdot\overrightarrow{CD}$　　(4) $\overrightarrow{MA}\cdot\overrightarrow{MB}$

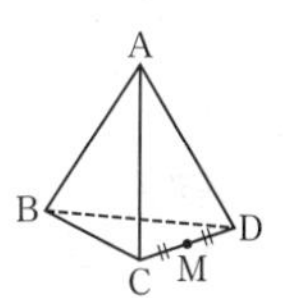

(1) $|\overrightarrow{AB}|=|\overrightarrow{AC}|=2$, $\angle BAC=60°$ であるから

$$\overrightarrow{AB}\cdot\overrightarrow{AC}=2\times 2\times\cos 60°=\mathbf{2}$$

◀ △ABC は正三角形

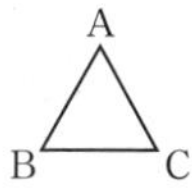

(2) $|\overrightarrow{BC}|=|\overrightarrow{CD}|=2$, $\overrightarrow{BC}$ と $\overrightarrow{CD}$ のなす角は 120° より

$$\overrightarrow{BC}\cdot\overrightarrow{CD}=2\times 2\times\cos 120°=\mathbf{-2}$$

◀
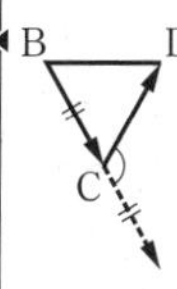

(3) $\overrightarrow{CD}=\overrightarrow{AD}-\overrightarrow{AC}$ より

$$\overrightarrow{AB}\cdot\overrightarrow{CD}=\overrightarrow{AB}\cdot(\overrightarrow{AD}-\overrightarrow{AC})=\overrightarrow{AB}\cdot\overrightarrow{AD}-\overrightarrow{AB}\cdot\overrightarrow{AC}$$

ここで，$\overrightarrow{AB}\cdot\overrightarrow{AD}=2\times 2\times\cos 60°=2$, $\overrightarrow{AB}\cdot\overrightarrow{AC}=2$ であるから

$$\boldsymbol{\overrightarrow{AB}\cdot\overrightarrow{CD}=0}$$

◀ 正四面体の性質より，AB ⊥ CD であるから，$\overrightarrow{AB}\cdot\overrightarrow{CD}=0$ となる。

(4) $|\overrightarrow{MA}|=\sqrt{AC^2-CM^2}=\sqrt{3}$,

$|\overrightarrow{MB}|=\sqrt{BC^2-CM^2}=\sqrt{3}$

△ABM において，余弦定理により

$$\cos\angle AMB=\frac{(\sqrt{3})^2+(\sqrt{3})^2-2^2}{2\times\sqrt{3}\times\sqrt{3}}=\frac{1}{3}$$

よって　$\overrightarrow{MA}\cdot\overrightarrow{MB}=\sqrt{3}\times\sqrt{3}\times\cos\angle AMB=\mathbf{1}$

◀ △AMC, △BMC は直角三角形であるから，三平方の定理により $\overrightarrow{MA}$, $\overrightarrow{MB}$ の大きさを求める。

問題 **40** 3点A(0, 5, 5), B(2, 3, 4), C(6, −2, 7) について，△ABC の面積を求めよ。

$\overrightarrow{AB}=(2-0,\ 3-5,\ 4-5)=(2,\ -2,\ -1)$

$\overrightarrow{AC}=(6-0,\ -2-5,\ 7-5)=(6,\ -7,\ 2)$ より

$$|\overrightarrow{AB}|=\sqrt{2^2+(-2)^2+(-1)^2}=3$$

$$|\overrightarrow{AC}|=\sqrt{6^2+(-7)^2+2^2}=\sqrt{89}$$

$$\overrightarrow{AB}\cdot\overrightarrow{AC}=2\times6+(-2)\times(-7)+(-1)\times2=24$$

よって $\cos\angle BAC=\dfrac{\overrightarrow{AB}\cdot\overrightarrow{AC}}{|\overrightarrow{AB}||\overrightarrow{AC}|}=\dfrac{24}{3\times\sqrt{89}}=\dfrac{8}{\sqrt{89}}$

$0°<\angle BAC<180°$ より，$\sin\angle BAC>0$ であるから

$$\sin\angle BAC=\sqrt{1-\left(\frac{8}{\sqrt{89}}\right)^2}=\sqrt{\frac{25}{89}}=\frac{5}{\sqrt{89}}$$

したがって

$$\triangle ABC=\frac{1}{2}|\overrightarrow{AB}||\overrightarrow{AC}|\sin\angle BAC$$

$$=\frac{1}{2}\times3\times\sqrt{89}\times\frac{5}{\sqrt{89}}=\mathbf{\frac{15}{2}}$$

◀△ABC の面積を求めるために，2辺 AB, AC の長さと sin∠BAC の値を求め，$\triangle ABC=\frac{1}{2}AB\cdot AC\sin\angle BAC$ を用いる。

◀sin∠BAC を求めるために，まず cos∠BAC を求める。

◀$\sin^2\theta+\cos^2\theta=1$ より $\sin^2\theta=1-\cos^2\theta$
$\sin\theta\geqq0$ のとき $\sin\theta=\sqrt{1-\cos^2\theta}$

問題 **41** $\vec{a}=(1,\ 3,\ -2)$ となす角が 60°，$\vec{b}=(1,\ -1,\ -1)$ と垂直で，大きさが $\sqrt{14}$ であるベクトルを求めよ。

求めるベクトルを $\vec{p}=(x,\ y,\ z)$ とおく。

$\vec{a}$ と $\vec{p}$ のなす角は 60° であるから　$\vec{a}\cdot\vec{p}=|\vec{a}||\vec{p}|\cos60°$　…①

ここで　$|\vec{a}|=\sqrt{1^2+3^2+(-2)^2}=\sqrt{14}$，$|\vec{p}|=\sqrt{14}$

$\vec{a}\cdot\vec{p}=x+3y-2z$

①に代入すると

$$x+3y-2z=\sqrt{14}\cdot\sqrt{14}\cdot\cos60°$$

よって　$x+3y-2z=7$　…②

次に，$\vec{b}\perp\vec{p}$ であるから　$\vec{b}\cdot\vec{p}=0$

よって　$x-y-z=0$　…③

また，$|\vec{p}|=\sqrt{14}$ より

$x^2+y^2+z^2=14$　…④

②−③×2 より

$-x+5y=7$　すなわち　$x=5y-7$　…⑤

⑤を③に代入すると

$(5y-7)-y-z=0$　すなわち　$z=4y-7$　…⑥

④に⑤，⑥を代入すると

$$(5y-7)^2+y^2+(4y-7)^2=14$$

$$42y^2-126y+84=0$$

$$y^2-3y+2=0$$

$$(y-1)(y-2)=0$$

よって　$y=1,\ 2$

◀問題の条件より，求めるベクトル $\vec{p}$ の大きさは $\sqrt{14}$ である。

◀$\sqrt{x^2+y^2+z^2}=\sqrt{14}$

◀②，③，④を連立して解く。

⑤，⑥ より

$y=1$ のとき　　$x=-2,\ z=-3$

$y=2$ のとき　　$x=3,\ z=1$

したがって，求めるベクトルは

(−2, 1, −3), (3, 2, 1)

問題 42　△ABC の辺 AB, BC, CA の中点を P(−1, 5, 2), Q(−2, 2, −2), R(1, 1, −1) とする。
(1) 頂点 A, B, C の座標を求めよ。　　(2) △ABC の重心の座標を求めよ。

(1) 頂点 A, B, C の座標を，それぞれ $(x_1,\ y_1,\ z_1)$, $(x_2,\ y_2,\ z_2)$, $(x_3,\ y_3,\ z_3)$ とすると，AB, BC, CA の中点は，それぞれ

$\left(\dfrac{x_1+x_2}{2},\ \dfrac{y_1+y_2}{2},\ \dfrac{z_1+z_2}{2}\right)$, $\left(\dfrac{x_2+x_3}{2},\ \dfrac{y_2+y_3}{2},\ \dfrac{z_2+z_3}{2}\right)$,

$\left(\dfrac{x_3+x_1}{2},\ \dfrac{y_3+y_1}{2},\ \dfrac{z_3+z_1}{2}\right)$ と表されるから

$$\frac{x_1+x_2}{2}=-1,\quad \frac{y_1+y_2}{2}=5,\quad \frac{z_1+z_2}{2}=2$$

◀ P(−1, 5, 2)

$$\frac{x_2+x_3}{2}=-2,\quad \frac{y_2+y_3}{2}=2,\quad \frac{z_2+z_3}{2}=-2$$

◀ Q(−2, 2, −2)

$$\frac{x_3+x_1}{2}=1,\quad \frac{y_3+y_1}{2}=1,\quad \frac{z_3+z_1}{2}=-1$$

◀ R(1, 1, −1)

整理して

$$\begin{cases}x_1+x_2=-2\\x_2+x_3=-4\\x_3+x_1=2\end{cases}\qquad \begin{cases}y_1+y_2=10\\y_2+y_3=4\\y_3+y_1=2\end{cases}\qquad \begin{cases}z_1+z_2=4\\z_2+z_3=-4\\z_3+z_1=-2\end{cases}$$

よって　　$x_1=2,\ y_1=4,\ z_1=3$

$x_2=-4,\ y_2=6,\ z_2=1$

$x_3=0,\ y_3=-2,\ z_3=-5$

◀ $\begin{cases}x_1+x_2=-2 & \cdots ①\\x_2+x_3=-4 & \cdots ②\\x_3+x_1=2 & \cdots ③\end{cases}$

①＋②＋③ より

$2(x_1+x_2+x_3)=-4$

$x_1+x_2+x_3=-2$　　…④

① と ④ より　$x_3=0$
② と ④ より　$x_1=2$
③ と ④ より　$x_2=-4$

ゆえに　　**A(2, 4, 3), B(−4, 6, 1), C(0, −2, −5)**

〔別解〕 P, Q, R はそれぞれ辺 AB, BC, CA の中点であるから，中点連結定理により

$$\mathrm{PR}\parallel\mathrm{BC}\quad かつ\quad \mathrm{PR}=\frac{1}{2}\mathrm{BC}$$

よって　　$\overrightarrow{\mathrm{QC}}=\overrightarrow{\mathrm{PR}}=(2,\ -4,\ -3)$

ゆえに　　$\overrightarrow{\mathrm{OC}}=\overrightarrow{\mathrm{OQ}}+\overrightarrow{\mathrm{QC}}$
$=(-2,\ 2,\ -2)+(2,\ -4,\ -3)$
$=(0,\ -2,\ -5)$

よって　　C(0, −2, −5)

また　　$\overrightarrow{\mathrm{OB}}=\overrightarrow{\mathrm{OQ}}+\overrightarrow{\mathrm{QB}}=\overrightarrow{\mathrm{OQ}}+(-\overrightarrow{\mathrm{QC}})$
$=(-2,\ 2,\ -2)+(-2,\ 4,\ 3)$
$=(-4,\ 6,\ 1)$

よって　　B(−4, 6, 1)

同様に考えると

$\overrightarrow{\mathrm{OA}}=\overrightarrow{\mathrm{OP}}+\overrightarrow{\mathrm{PA}}=\overrightarrow{\mathrm{OP}}+\overrightarrow{\mathrm{QR}}$
$=(-1,\ 5,\ 2)+(3,\ -1,\ 1)$
$=(2,\ 4,\ 3)$

◀ 中点連結定理により
QR ∥ BA
$\mathrm{QR}=\dfrac{1}{2}\mathrm{BA}$

よって　　$A(2,\ 4,\ 3)$

(2)　△ABC の重心の座標は

$$\left(\frac{2+(-4)+0}{3},\ \frac{4+6+(-2)}{3},\ \frac{3+1+(-5)}{3}\right)$$

すなわち　$\left(-\frac{2}{3},\ \frac{8}{3},\ -\frac{1}{3}\right)$

問題 43　四面体 ABCD において，辺 AB を 2:3 に内分する点を L，辺 CD の中点を M，線分 LM を 4:5 に内分する点を N，△BCD の重心を G とするとき，線分 AG は N を通ることを示せ。また，AN:NG を求めよ。

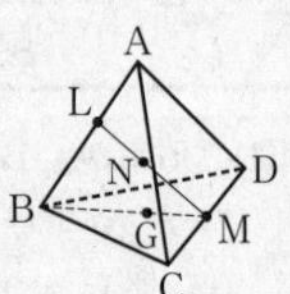

$\overrightarrow{AB}=\vec{b},\ \overrightarrow{AC}=\vec{c},\ \overrightarrow{AD}=\vec{d}$ とおく。

点 L は辺 AB を 2:3 に内分するから

$$\overrightarrow{AL}=\frac{2}{5}\overrightarrow{AB}=\frac{2}{5}\vec{b}$$

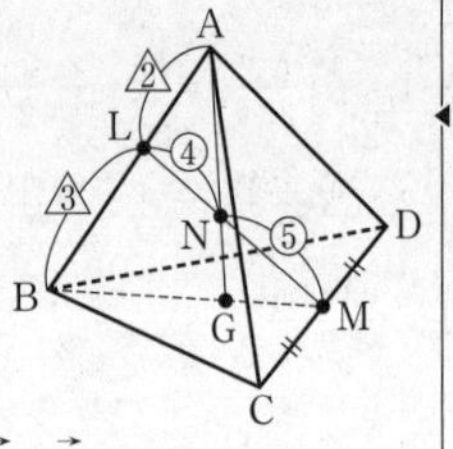

点 M は辺 CD の中点であるから

$$\overrightarrow{AM}=\frac{\overrightarrow{AC}+\overrightarrow{AD}}{2}=\frac{\vec{c}+\vec{d}}{2}$$

◀すべて始点を A とするベクトルで考え，$\vec{b}$，$\vec{c}$，$\vec{d}$ で表す。

点 N は線分 LM を 4:5 に内分するから

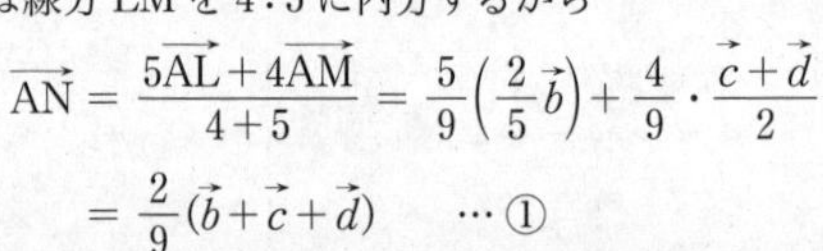

$$\overrightarrow{AN}=\frac{5\overrightarrow{AL}+4\overrightarrow{AM}}{4+5}=\frac{5}{9}\left(\frac{2}{5}\vec{b}\right)+\frac{4}{9}\cdot\frac{\vec{c}+\vec{d}}{2}$$

$$=\frac{2}{9}(\vec{b}+\vec{c}+\vec{d})\quad\cdots①$$

また，点 G は △BCD の重心であるから

$$\overrightarrow{AG}=\frac{\overrightarrow{AB}+\overrightarrow{AC}+\overrightarrow{AD}}{3}=\frac{1}{3}(\vec{b}+\vec{c}+\vec{d})\quad\cdots②$$

①，② より　　$\overrightarrow{AN}=\frac{2}{3}\overrightarrow{AG}$　　$\cdots③$

◀② より $\vec{b}+\vec{c}+\vec{d}=3\overrightarrow{AG}$
① に代入すると
$\overrightarrow{AN}=\frac{2}{9}\cdot 3\overrightarrow{AG}=\frac{2}{3}\overrightarrow{AG}$

よって，A，N，G は一直線上にある。
すなわち，線分 AG は点 N を通る。
また，③ から　　**AN:NG = 2:1**

問題 44　正四面体 OABC において，$\overrightarrow{OA}=\vec{a}$，$\overrightarrow{OB}=\vec{b}$，$\overrightarrow{OC}=\vec{c}$ とする。線分 AB を 1:2 に内分する点を L，線分 BC の中点を M，線分 OC を $t:(1-t)$ に内分する点を N とする。さらに，線分 AM と CL の交点を P とし，線分 OP と LN の交点を Q とする。ただし，$0<t<1$ である。このとき，$\overrightarrow{OP}$，$\overrightarrow{OQ}$ を t，$\vec{a}$，$\vec{b}$，$\vec{c}$ を用いて表せ。

点 L は線分 AB を 1:2 に内分する点であるから

$$\overrightarrow{OL}=\frac{2\overrightarrow{OA}+\overrightarrow{OB}}{1+2}=\frac{2}{3}\vec{a}+\frac{1}{3}\vec{b}$$

点 M は線分 BC の中点であるから

$$\overrightarrow{OM}=\frac{\overrightarrow{OB}+\overrightarrow{OC}}{2}=\frac{1}{2}\vec{b}+\frac{1}{2}\vec{c}$$

◀

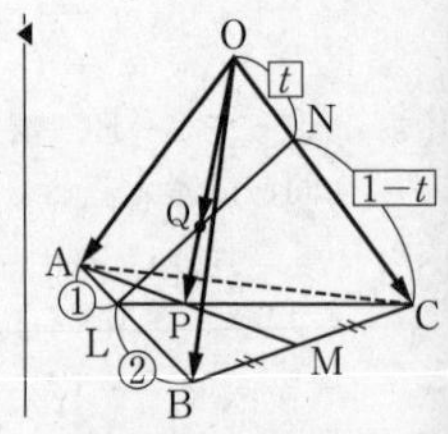

点Nは線分OCを $t:(1-t)$ に内分する点であるから

$$\overrightarrow{ON}=t\overrightarrow{OC}=t\vec{c}$$

点Pは線分AM上にあるから，$AP:PM=m:(1-m)$ とおくと

$$\overrightarrow{OP}=(1-m)\overrightarrow{OA}+m\overrightarrow{OM}$$

$$=(1-m)\vec{a}+\frac{1}{2}m\vec{b}+\frac{1}{2}m\vec{c} \quad \cdots ①$$

点Pは線分CL上にあるから，$CP:PL=n:(1-n)$ とおくと

$$\overrightarrow{OP}=(1-n)\overrightarrow{OC}+n\overrightarrow{OL}$$

$$=(1-n)\vec{c}+\frac{2}{3}n\vec{a}+\frac{1}{3}n\vec{b} \quad \cdots ②$$

$\vec{a}$, $\vec{b}$, $\vec{c}$ は，いずれも $\vec{0}$ でなく，また同一平面上にないから，①，② より

◀係数を比較するときは必ず1次独立であることを述べる。

$$1-m=\frac{2}{3}n \cdots ③, \qquad \frac{1}{2}m=\frac{1}{3}n \cdots ④, \qquad \frac{1}{2}m=1-n \cdots ⑤$$

④，⑤ より　$m=\frac{1}{2}$，$n=\frac{3}{4}$

これは ③ を満たすから

$$\overrightarrow{\mathbf{OP}}=\frac{1}{2}\vec{\boldsymbol{a}}+\frac{1}{4}\vec{\boldsymbol{b}}+\frac{1}{4}\vec{\boldsymbol{c}}$$

◀① に $m=\frac{1}{2}$ または ② に $n=\frac{3}{4}$ を代入する。

次に，点Qは線分OP上にあるから，$\overrightarrow{OQ}=p\overrightarrow{OP}$ とおくと

$$\overrightarrow{OQ}=p\left(\frac{1}{2}\vec{a}+\frac{1}{4}\vec{b}+\frac{1}{4}\vec{c}\right)$$

$$=\frac{1}{2}p\vec{a}+\frac{1}{4}p\vec{b}+\frac{1}{4}p\vec{c} \quad \cdots ⑥$$

また，点Qは線分LN上にあるから，$LQ:QN=q:(1-q)$ とおくと

$$\overrightarrow{OQ}=(1-q)\overrightarrow{OL}+q\overrightarrow{ON}$$

$$=(1-q)\left(\frac{2}{3}\vec{a}+\frac{1}{3}\vec{b}\right)+qt\vec{c}$$

$$=\frac{2}{3}(1-q)\vec{a}+\frac{1}{3}(1-q)\vec{b}+qt\vec{c} \quad \cdots ⑦$$

$\vec{a}$, $\vec{b}$, $\vec{c}$ は，いずれも $\vec{0}$ でなく，また同一平面上にないから，⑥，⑦ より

$$\frac{1}{2}p=\frac{2}{3}(1-q) \quad \cdots ⑧, \qquad \frac{1}{4}p=\frac{1}{3}(1-q) \quad \cdots ⑨,$$

$$\frac{1}{4}p=qt \quad \cdots ⑩$$

◀⑧ より $\frac{1}{4}p=\frac{1}{3}(1-q)$ となり，⑧，⑨ は同じ式である。

⑨，⑩ より　$1-q=3qt$

$(1+3t)q=1$

よって　$q=\frac{1}{1+3t}$

◀$0<t<1$ より $1<1+3t<4$

⑩ に代入して　$p=\frac{4t}{1+3t}$

したがって　$\overrightarrow{\mathbf{OQ}}=\frac{\boldsymbol{t}}{\mathbf{1+3}\boldsymbol{t}}(\mathbf{2}\vec{\boldsymbol{a}}+\vec{\boldsymbol{b}}+\vec{\boldsymbol{c}})$

◀⑥ に $p=\frac{4t}{1+3t}$ を代入する。

問題 45　4点 A(1, 1, 1), B(2, 3, 2), C(−1, −2, −3), D($m+6$, 1, $m+10$) が同一平面上にあるとき，m の値を求めよ。

$\overrightarrow{AB}=(1,\ 2,\ 1)$，$\overrightarrow{AC}=(-2,\ -3,\ -4)$，$\overrightarrow{AD}=(m+5,\ 0,\ m+9)$

$\overrightarrow{AB}\neq\vec{0}$，$\overrightarrow{AC}\neq\vec{0}$ であり，$\overrightarrow{AB}$ と $\overrightarrow{AC}$ は平行でない。

よって，4点 A, B, C, D が同一平面上にあるとき，$\overrightarrow{AD}=s\overrightarrow{AB}+t\overrightarrow{AC}$ となる実数 s，t があるから

$$(m+5,\ 0,\ m+9)=s(1,\ 2,\ 1)+t(-2,\ -3,\ -4)$$
$$=(s-2t,\ 2s-3t,\ s-4t)$$

成分を比較すると $\begin{cases} m+5=s-2t & \cdots ① \\ 0=2s-3t & \cdots ② \\ m+9=s-4t & \cdots ③ \end{cases}$

①～③ を解くと　$s=-3$，$t=-2$，$m=-4$

したがって　$\boldsymbol{m=-4}$

◀ $\overrightarrow{AB}$ と $\overrightarrow{AC}$ は1次独立であるから，この平面上の任意のベクトルを1次結合 $s\overrightarrow{AB}+t\overrightarrow{AC}$ で表すことができる。

◀ ③−① より　$4=-2t$
$t=-2$ を ② に代入して
$s=-3$

問題 46　平行六面体 ABCD−EFGH において，辺 CD を 2:1 に内分する点を P，辺 FG を 1:2 に内分する点を Q とし，直線 CE と平面 APQ との交点を R とする。$\overrightarrow{AB}=\vec{a}$，$\overrightarrow{AD}=\vec{b}$，$\overrightarrow{AE}=\vec{c}$ として，$\overrightarrow{AR}$ を $\vec{a}$，$\vec{b}$，$\vec{c}$ で表せ。

点 P は辺 CD を 2:1 に内分する点であるから

$$\overrightarrow{AP}=\frac{\overrightarrow{AC}+2\overrightarrow{AD}}{2+1}$$

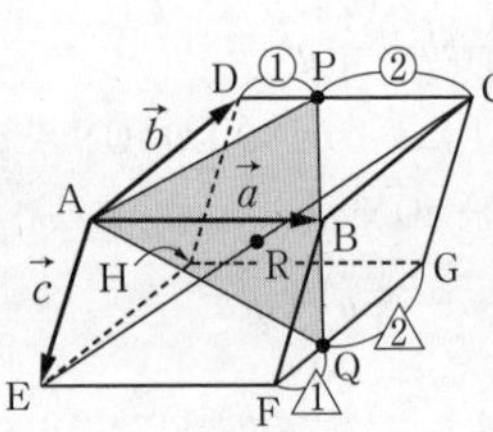

$\overrightarrow{AC}=\overrightarrow{AB}+\overrightarrow{BC}=\vec{a}+\vec{b}$ より

$$\overrightarrow{AP}=\frac{(\vec{a}+\vec{b})+2\vec{b}}{3}$$
$$=\frac{1}{3}\vec{a}+\vec{b}$$

◀ $\overrightarrow{AP}=\overrightarrow{AD}+\overrightarrow{DP}$
$=\vec{b}+\frac{1}{3}\overrightarrow{AB}$
$=\vec{b}+\frac{1}{3}\vec{a}$
としてもよい。

点 Q は辺 FG を 1:2 に内分する点であるから

$$\overrightarrow{AQ}=\frac{2\overrightarrow{AF}+\overrightarrow{AG}}{1+2}$$
$$=\frac{2(\overrightarrow{AB}+\overrightarrow{BF})+(\overrightarrow{AB}+\overrightarrow{BC}+\overrightarrow{CG})}{3}$$
$$=\frac{2(\vec{a}+\vec{c})+(\vec{a}+\vec{b}+\vec{c})}{3}=\vec{a}+\frac{1}{3}\vec{b}+\vec{c}$$

◀ $\overrightarrow{AQ}=\overrightarrow{AB}+\overrightarrow{BF}+\overrightarrow{FQ}$
$=\vec{a}+\vec{c}+\frac{1}{3}\overrightarrow{FG}$
$=\vec{a}+\vec{c}+\frac{1}{3}\vec{b}$
としてもよい。

点 R は平面 APQ 上にあるから，$\overrightarrow{AR}=s\overrightarrow{AP}+t\overrightarrow{AQ}$ となる実数 s，t がある。よって

◀ $\overrightarrow{AP}$ と $\overrightarrow{AQ}$ は1次独立

$$\overrightarrow{AR}=s\left(\frac{1}{3}\vec{a}+\vec{b}\right)+t\left(\vec{a}+\frac{1}{3}\vec{b}+\vec{c}\right)$$
$$=\left(\frac{1}{3}s+t\right)\vec{a}+\left(s+\frac{1}{3}t\right)\vec{b}+t\vec{c}\quad\cdots ①$$

また，点 R は直線 CE 上にあるから，$\overrightarrow{CR}=k\overrightarrow{CE}$ となる k がある。

よって　$\overrightarrow{AR}-\overrightarrow{AC}=k(\overrightarrow{AE}-\overrightarrow{AC})$

$\overrightarrow{AR}=(1-k)\overrightarrow{AC}+k\overrightarrow{AE}$

$$= (1-k)(\vec{a}+\vec{b})+k\vec{c}$$
$$= (1-k)\vec{a}+(1-k)\vec{b}+k\vec{c} \quad \cdots ②$$

$\vec{a}$, $\vec{b}$, $\vec{c}$ は，いずれも $\vec{0}$ でなく，同一平面上にないから，①，② より

$$\frac{1}{3}s+t=1-k \cdots ③,\quad s+\frac{1}{3}t=1-k \cdots ④,\quad t=k \cdots ⑤$$

これを解くと　$s=\frac{3}{7}$，$t=\frac{3}{7}$，$k=\frac{3}{7}$

したがって　$\boldsymbol{\overrightarrow{AR}=\frac{4}{7}\vec{a}+\frac{4}{7}\vec{b}+\frac{3}{7}\vec{c}}$

◀ $\overrightarrow{AB}$, $\overrightarrow{AD}$, $\overrightarrow{AE}$ は同一平面上にない。

◀ $\vec{a}$, $\vec{b}$, $\vec{c}$ が1次独立のとき
$l\vec{a}+m\vec{b}+n\vec{c}=l'\vec{a}+m'\vec{b}+n'\vec{c}$
$\Longleftrightarrow$
$l=l'$, $m=m'$, $n=n'$

問題 47　4点O(0, 0, 0)，A(−1, −1, 3)，B(1, 0, 4)，C(0, 1, 4) がある。△ABC の面積および四面体 OABC の体積を求めよ。

$\overrightarrow{AB}=(2,\ 1,\ 1)$，$\overrightarrow{AC}=(1,\ 2,\ 1)$ より

$$|\overrightarrow{AB}|^2=2^2+1^2+1^2=6$$
$$|\overrightarrow{AC}|^2=1^2+2^2+1^2=6$$
$$\overrightarrow{AB}\cdot\overrightarrow{AC}=2\times1+1\times2+1\times1=5$$

よって　$\triangle ABC=\frac{1}{2}\sqrt{6\times6-5^2}=\boldsymbol{\frac{\sqrt{11}}{2}}$

◀ $\triangle ABC=\frac{1}{2}\sqrt{|\overrightarrow{AB}|^2|\overrightarrow{AC}|^2-(\overrightarrow{AB}\cdot\overrightarrow{AC})^2}$

点Oから平面 ABC に垂線 OH を下ろすと

$$\overrightarrow{OH}=\overrightarrow{OA}+\overrightarrow{AH} \quad \cdots ①$$

◀ 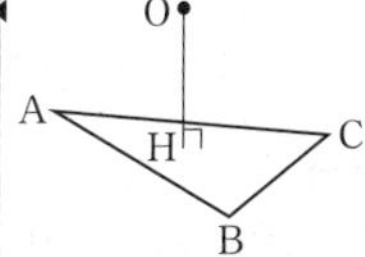

$\overrightarrow{AH}$ は平面 ABC 上のベクトルであるから，
$\overrightarrow{AH}=s\overrightarrow{AB}+t\overrightarrow{AC}$（$s$，$t$ は実数）とおける。

① より　$\overrightarrow{OH}=\overrightarrow{OA}+s\overrightarrow{AB}+t\overrightarrow{AC} \quad \cdots ②$

ここで，$\overrightarrow{OH}\perp$ 平面 ABC より，$\overrightarrow{OH}\perp\overrightarrow{AB}$，$\overrightarrow{OH}\perp\overrightarrow{AC}$，すなわち，
$\overrightarrow{OH}\cdot\overrightarrow{AB}=0$，$\overrightarrow{OH}\cdot\overrightarrow{AC}=0$ となる。

◀ $\overrightarrow{AB}\neq\vec{0}$，$\overrightarrow{AC}\neq\vec{0}$ で，$\overrightarrow{AB}\not\parallel\overrightarrow{AC}$ のとき
$\begin{cases}\overrightarrow{OH}\perp\overrightarrow{AB}\\ \overrightarrow{OH}\perp\overrightarrow{AC}\end{cases}$
$\Longleftrightarrow \overrightarrow{OH}\perp$ 平面 ABC

② より

$$\overrightarrow{OH}\cdot\overrightarrow{AB}=(\overrightarrow{OA}+s\overrightarrow{AB}+t\overrightarrow{AC})\cdot\overrightarrow{AB}$$
$$=\overrightarrow{OA}\cdot\overrightarrow{AB}+s|\overrightarrow{AB}|^2+t\overrightarrow{AC}\cdot\overrightarrow{AB}$$

$\overrightarrow{OA}\cdot\overrightarrow{AB}=-1\times2+(-1)\times1+3\times1=0$ であるから

◀ A(−1, −1, 3) より
$\overrightarrow{OA}=(-1,\ -1,\ 3)$

$$\overrightarrow{OH}\cdot\overrightarrow{AB}=6s+5t=0 \quad \cdots ③$$

◀ $|\overrightarrow{AB}|^2=6$
$\overrightarrow{AB}\cdot\overrightarrow{AC}=5$

$$\overrightarrow{OH}\cdot\overrightarrow{AC}=(\overrightarrow{OA}+s\overrightarrow{AB}+t\overrightarrow{AC})\cdot\overrightarrow{AC}$$
$$=\overrightarrow{OA}\cdot\overrightarrow{AC}+s\overrightarrow{AB}\cdot\overrightarrow{AC}+t|\overrightarrow{AC}|^2$$

$\overrightarrow{OA}\cdot\overrightarrow{AC}=-1\times1+(-1)\times2+3\times1=0$ であるから

$$\overrightarrow{OH}\cdot\overrightarrow{AC}=5s+6t=0 \quad \cdots ④$$

③，④ より　$s=t=0$

よって　$\overrightarrow{OH}=\overrightarrow{OA}=(-1,\ -1,\ 3)$

$$OH=|\overrightarrow{OH}|=\sqrt{(-1)^2+(-1)^2+3^2}=\sqrt{11}$$

◀ $|\overrightarrow{OA}|$ は，四面体 OABC の △ABC を底面としたときの高さになる。

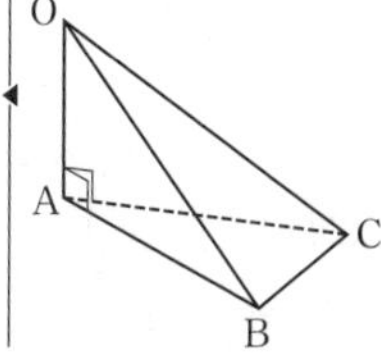

ゆえに，四面体 OABC の体積は

$$\frac{1}{3}\cdot\triangle ABC\cdot OH=\frac{1}{3}\cdot\frac{\sqrt{11}}{2}\cdot\sqrt{11}=\boldsymbol{\frac{11}{6}}$$

問題 48 4点 O(0, 0, 0), A(1, 2, 1), B(2, 0, 0), C(−2, 1, 3) を頂点とする四面体において，点Cから平面OABに下ろした垂線をCHとする。

(1) △OABの面積を求めよ。　　(2) 点Hの座標を求めよ。

(3) 四面体OABCの体積を求めよ。

(1) $\overrightarrow{OA}=(1,\ 2,\ 1)$, $\overrightarrow{OB}=(2,\ 0,\ 0)$ より

$|\overrightarrow{OA}|^2=1^2+2^2+1^2=6$, $|\overrightarrow{OB}|^2=2^2+0^2+0^2=4$

$\overrightarrow{OA}\cdot\overrightarrow{OB}=1\times2+2\times0+1\times0=2$

よって　$\triangle OAB=\dfrac{1}{2}\sqrt{6\cdot4-2^2}=\sqrt{5}$

◀ $\triangle OAB=\dfrac{1}{2}\sqrt{|\overrightarrow{OA}|^2|\overrightarrow{OB}|^2-(\overrightarrow{OA}\cdot\overrightarrow{OB})^2}$

(2) 点Hは平面OAB上にあるから，$\overrightarrow{OH}=s\overrightarrow{OA}+t\overrightarrow{OB}$ (s, t は実数) とおける。

これより　$\overrightarrow{OH}=s(1,\ 2,\ 1)+t(2,\ 0,\ 0)=(s+2t,\ 2s,\ s)$

◀ $\overrightarrow{OA}=(1,\ 2,\ 1)$
$\overrightarrow{OB}=(2,\ 0,\ 0)$

$\overrightarrow{CH}$ は平面OABに垂直であるから

$\overrightarrow{CH}\perp\overrightarrow{OA}$　かつ　$\overrightarrow{CH}\perp\overrightarrow{OB}$

よって　$\overrightarrow{CH}\cdot\overrightarrow{OA}=0$　…①　　$\overrightarrow{CH}\cdot\overrightarrow{OB}=0$　…②

$\overrightarrow{CH}=\overrightarrow{OH}-\overrightarrow{OC}=(s+2t,\ 2s,\ s)-(-2,\ 1,\ 3)$

$=(s+2t+2,\ 2s-1,\ s-3)$

であるから

① より　$(s+2t+2)+2(2s-1)+(s-3)=0$

② より　$2(s+2t+2)=0$

これを解くと　$s=1$, $t=-\dfrac{3}{2}$

◀ $6s+2t-3=0$
$s+2t+2=0$
の連立方程式を解く。

ゆえに　$\overrightarrow{OH}=(-2,\ 2,\ 1)$

したがって　**H(−2, 2, 1)**

(3) (2)より，$\overrightarrow{CH}$ は平面OABに垂直であるから，CHは△OABを底面としたときの四面体OABCの高さになる。

$\overrightarrow{CH}=\overrightarrow{OH}-\overrightarrow{OC}=(0,\ 1,\ -2)$ より

$CH=|\overrightarrow{CH}|=|\overrightarrow{OH}-\overrightarrow{OC}|=\sqrt{0^2+1^2+(-2)^2}=\sqrt{5}$

よって，四面体OABCの体積は

$\dfrac{1}{3}\cdot\triangle OAB\cdot CH=\dfrac{1}{3}\cdot\sqrt{5}\cdot\sqrt{5}=\boldsymbol{\dfrac{5}{3}}$

問題 49 四面体ABCDにおいて，次のことを証明せよ。

(1) AB ⊥ CD, AC ⊥ BD ならば AD ⊥ BC

(2) AB ⊥ CD ならば $AC^2+BD^2=AD^2+BC^2$

$\overrightarrow{AB}=\vec{b}$, $\overrightarrow{AC}=\vec{c}$, $\overrightarrow{AD}=\vec{d}$ とおく。

(1) AB ⊥ CD であるから　$\overrightarrow{AB}\cdot\overrightarrow{CD}=0$

$\vec{b}\cdot(\vec{d}-\vec{c})=0$　　よって　$\vec{b}\cdot\vec{d}=\vec{b}\cdot\vec{c}$　…①

また，AC ⊥ BD であるから $\overrightarrow{AC}\cdot\overrightarrow{BD}=0$

$\vec{c}\cdot(\vec{d}-\vec{b})=0$　　よって　$\vec{c}\cdot\vec{d}=\vec{b}\cdot\vec{c}$　…②

①, ② より　$\vec{b}\cdot\vec{d}=\vec{c}\cdot\vec{d}$

このとき

$$\overrightarrow{AD}\cdot\overrightarrow{BC}=\vec{d}\cdot(\vec{c}-\vec{b})=\vec{c}\cdot\vec{d}-\vec{b}\cdot\vec{d}=0$$

◀ $\vec{b}\cdot\vec{d}=\vec{c}\cdot\vec{d}$ より $\vec{c}\cdot\vec{d}-\vec{b}\cdot\vec{d}=0$

$\overrightarrow{AD}\neq\vec{0}$, $\overrightarrow{BC}\neq\vec{0}$ であるから　$\overrightarrow{AD}\perp\overrightarrow{BC}$

したがって　AD ⊥ BC

(2) AB ⊥ CD であるから　$\vec{b}\cdot\vec{d}=\vec{b}\cdot\vec{c}$

◀ (1) の ① 式

このとき

$$\begin{aligned}&AC^2+BD^2-(AD^2+BC^2)\\&=|\overrightarrow{AC}|^2+|\overrightarrow{BD}|^2-(|\overrightarrow{AD}|^2+|\overrightarrow{BC}|^2)\\&=|\vec{c}|^2+|\vec{d}-\vec{b}|^2-(|\vec{d}|^2+|\vec{c}-\vec{b}|^2)\\&=|\vec{c}|^2+|\vec{d}|^2-2\vec{d}\cdot\vec{b}+|\vec{b}|^2-(|\vec{d}|^2+|\vec{c}|^2-2\vec{c}\cdot\vec{b}+|\vec{b}|^2)\\&=2(\vec{b}\cdot\vec{c}-\vec{b}\cdot\vec{d})=0\end{aligned}$$

したがって　$AC^2+BD^2=AD^2+BC^2$

問題 50 OA = 2, OB = 3, OC = 4, ∠AOB = ∠BOC = ∠COA = 60° である四面体 OABC の内部に点 P があり，等式 $3\overrightarrow{PO}+3\overrightarrow{PA}+2\overrightarrow{PB}+\overrightarrow{PC}=\vec{0}$ が成り立っている。

(1) 直線 OP と底面 ABC の交点を Q，直線 AQ と辺 BC の交点を R とするとき，BR : RC，AQ : QR，OP : PQ を求めよ。

(2) 4 つの四面体 PABC，POBC，POCA，POAB の体積比を求めよ。

(3) 線分 OQ の長さを求めよ。

(1) $3\overrightarrow{PO}+3\overrightarrow{PA}+2\overrightarrow{PB}+\overrightarrow{PC}=\vec{0}$ より

◀ 始点を O とするベクトルに直し，$\overrightarrow{OP}$ を表す。

$$-3\overrightarrow{OP}+3(\overrightarrow{OA}-\overrightarrow{OP})+2(\overrightarrow{OB}-\overrightarrow{OP})+(\overrightarrow{OC}-\overrightarrow{OP})=\vec{0}$$

$$9\overrightarrow{OP}=3\overrightarrow{OA}+2\overrightarrow{OB}+\overrightarrow{OC}$$

よって

$$\begin{aligned}\overrightarrow{OP}&=\frac{3\overrightarrow{OA}+2\overrightarrow{OB}+\overrightarrow{OC}}{9}\\&=\frac{1}{9}\left(3\overrightarrow{OA}+3\cdot\frac{2\overrightarrow{OB}+\overrightarrow{OC}}{3}\right)\\&=\frac{1}{3}\left(\overrightarrow{OA}+\frac{2\overrightarrow{OB}+\overrightarrow{OC}}{3}\right)\\&=\frac{2}{3}\cdot\frac{\overrightarrow{OA}+\dfrac{2\overrightarrow{OB}+\overrightarrow{OC}}{3}}{2}\end{aligned}$$

O
②
①
P
C
A
Q
②
△1
R
△1
1
B

3 点 O，P，Q は一直線上にあり，点 Q は AR 上，点 R は BC 上にあるから

$$\overrightarrow{OR}=\frac{2\overrightarrow{OB}+\overrightarrow{OC}}{3},\ \overrightarrow{OQ}=\frac{\overrightarrow{OA}+\overrightarrow{OR}}{2},\ \overrightarrow{OP}=\frac{2}{3}\overrightarrow{OQ}$$

したがって

BR : RC = 1 : 2，AQ : QR = 1 : 1，OP : PQ = 2 : 1

(2) 四面体 OABC の体積を V とすると

$$(\text{四面体 PABC})=\frac{1}{3}(\text{四面体 OABC})=\frac{V}{3}$$

$$\begin{aligned}(\text{四面体 POBC})&=\frac{2}{3}(\text{四面体 QOBC})\\&=\frac{2}{3}\cdot\frac{1}{2}(\text{四面体 OABC})=\frac{V}{3}\end{aligned}$$

$$(\text{四面体 POCA})=\frac{2}{3}(\text{四面体 QOCA})$$
$$=\frac{2}{3}\cdot\frac{1}{2}(\text{四面体 ROCA})$$
$$=\frac{2}{3}\cdot\frac{1}{2}\cdot\frac{2}{3}(\text{四面体 OABC})=\frac{2}{9}V$$
$$(\text{四面体 POAB})=\frac{2}{3}(\text{四面体 QOAB})$$
$$=\frac{2}{3}\cdot\frac{1}{2}(\text{四面体 ROAB})$$
$$=\frac{2}{3}\cdot\frac{1}{2}\cdot\frac{1}{3}(\text{四面体 OABC})=\frac{V}{9}$$

◀ (四面体 POAB) $=V-\left(\frac{V}{3}+\frac{V}{3}+\frac{2}{9}V\right)=\frac{V}{9}$ としてもよい。

したがって，求める体積比は
$$\frac{V}{3}:\frac{V}{3}:\frac{2}{9}V:\frac{1}{9}V=\mathbf{3:3:2:1}$$

(3) $|\overrightarrow{OA}|=2,\ |\overrightarrow{OB}|=3,\ |\overrightarrow{OC}|=4$ より
$$\overrightarrow{OA}\cdot\overrightarrow{OB}=2\times3\times\cos60^\circ=3$$
$$\overrightarrow{OB}\cdot\overrightarrow{OC}=3\times4\times\cos60^\circ=6$$
$$\overrightarrow{OC}\cdot\overrightarrow{OA}=4\times2\times\cos60^\circ=4$$
より
$$|\overrightarrow{OQ}|^2=\left|\frac{3}{2}\overrightarrow{OP}\right|^2=\left|\frac{3\overrightarrow{OA}+2\overrightarrow{OB}+\overrightarrow{OC}}{6}\right|^2$$
$$=\frac{1}{36}(9|\overrightarrow{OA}|^2+4|\overrightarrow{OB}|^2+|\overrightarrow{OC}|^2+12\overrightarrow{OA}\cdot\overrightarrow{OB}+4\overrightarrow{OB}\cdot\overrightarrow{OC}+6\overrightarrow{OC}\cdot\overrightarrow{OA})$$
$$=\frac{1}{36}(9\times2^2+4\times3^2+4^2+12\times3+4\times6+6\times4)$$
$$=\frac{43}{9}$$

◀ $(a+b+c)^2=a^2+b^2+c^2+2ab+2bc+2ca$

$|\overrightarrow{OQ}|>0$ より，$|\overrightarrow{OQ}|=\frac{\sqrt{43}}{3}$ であるから
$$\mathbf{OQ}=\frac{\sqrt{43}}{3}$$

問題 51 2点 A(3, 4, 2)，B(4, 3, 2) を通る直線 l 上に点 P を，2点 C(2, −3, 4)，D(1, −2, 3) を通る直線 m 上に点 Q をとる。線分 PQ の長さが最小となるような 2点 P，Q の座標を求めよ。

$\overrightarrow{AB}=(1,\ -1,\ 0)$，$\overrightarrow{CD}=(-1,\ 1,\ -1)$
点 P は直線 l 上の点であるから
$$\overrightarrow{OP}=\overrightarrow{OA}+s\overrightarrow{AB}=(3+s,\ 4-s,\ 2)\quad\cdots①$$
点 Q は直線 m 上の点であるから
$$\overrightarrow{OQ}=\overrightarrow{OC}+t\overrightarrow{CD}=(2-t,\ -3+t,\ 4-t)\quad\cdots②$$
とおける。よって
$$\overrightarrow{PQ}=\overrightarrow{OQ}-\overrightarrow{OP}=(-s-t-1,\ s+t-7,\ -t+2)$$
$$|\overrightarrow{PQ}|^2=(-s-t-1)^2+(s+t-7)^2+(-t+2)^2$$

$= 2s^2 + 3t^2 + 4st - 12s - 16t + 54$
$= 2s^2 + 4(t-3)s + 3t^2 - 16t + 54$
$= 2\{s+(t-3)\}^2 - 2(t-3)^2 + 3t^2 - 16t + 54$
$= 2(s+t-3)^2 + t^2 - 4t + 36$
$= 2(s+t-3)^2 + (t-2)^2 + 32$

◀ 2次の文字の係数が小さい文字について先に平方完成を行うとよい。

したがって，PQ は $s+t-3=0,\ t-2=0$
すなわち $s=1,\ t=2$ のとき，最小値となる。

◀ $|\overrightarrow{PQ}| \geqq 0$

①，② より，線分 PQ の長さが最小となる 2 点 P，Q の座標は

P(4, 3, 2)，Q(0, −1, 2)

〔別解〕（解答 7 行目まで同じ）

PQ の長さが最小となるとき　　AB ⊥ PQ かつ CD ⊥ PQ

すなわち　　$\overrightarrow{AB}\cdot\overrightarrow{PQ}=0$ …③，$\overrightarrow{CD}\cdot\overrightarrow{PQ}=0$ …④

③ より　　$1\cdot(-s-t-1)+(-1)\cdot(s+t-7)+0\cdot(-t+2)=0$

整理すると　　$s+t-3=0$　　…⑤

④ より　　$(-1)\cdot(-s-t-1)+1\cdot(s+t-7)+(-1)\cdot(-t+2)=0$

整理すると　　$2s+3t-8=0$　　…⑥

⑤，⑥ を解くと　　$s=1,\ t=2$

（以降同様）

問題 52　点 (−5, 1, 4) を通り，3 つの座標平面に同時に接する球の方程式を求めよ。

求める球の半径を r とすると，3 つの座標平面に接するから，球の中心の座標は $(-r,\ r,\ r)$ と表される。

◀ 点 (−5, 1, 4) の x 座標が負であるから，中心の x 座標も負となる。

よって，球の方程式は

$$(x+r)^2+(y-r)^2+(z-r)^2=r^2$$

これが，点 (−5, 1, 4) を通るから

$$(-5+r)^2+(1-r)^2+(4-r)^2=r^2$$

整理すると　　$2r^2-20r+42=0$

$$r^2-10r+21=0$$

$(r-3)(r-7)=0$ より　　$r=3,\ 7$

したがって，求める球の方程式は

$$\boldsymbol{(x+3)^2+(y-3)^2+(z-3)^2=9}$$
$$\boldsymbol{(x+7)^2+(y-7)^2+(z-7)^2=49}$$

問題 53　原点 O から平面 $\alpha : x+2y-2z+18=0$ に下ろした垂線を OH とする。
(1)　点 H の座標を求めよ。
(2)　平面 α に関して，点 O と対称な点 P の座標を求めよ。

(1)　平面 α の法線ベクトルの 1 つを $\vec{n}$ とすると　　$\vec{n}=(1,\ 2,\ -2)$

H$(x,\ y,\ z)$ とおくと，直線 OH は $\vec{n}$ に平行であるから，$\overrightarrow{OH}=t\vec{n}$（$t$ は実数）とおける。

◀ $\vec{a} \parallel \vec{b} \Longleftrightarrow \vec{a}=t\vec{b}$（$t$ は実数）

$$\overrightarrow{OH}=t(1,\ 2,\ -2)$$
$$=(t,\ 2t,\ -2t)$$

よって　　H$(t,\ 2t,\ -2t)$

点 H は平面 α 上にあるから　　$t+2\cdot 2t-2\cdot(-2t)+18=0$

◀ $x+2y-2z+18=0$ に $x=t,\ y=2t,\ z=-2t$ を代入。

1章 4 空間におけるベクトル

$9t+18=0$ より　　$t=-2$

よって　　$\mathbf{H(-2,\ -4,\ 4)}$

(2) $\overrightarrow{OP}=2\overrightarrow{OH}$

$=2(-2,\ -4,\ 4)$

$=(-4,\ -8,\ 8)$

よって，点Pの座標は　　$\mathbf{P(-4,\ -8,\ 8)}$

p.108 定期テスト攻略 ▶4

1 $\vec{a}=\left(-1,\ \frac{1}{5},\ \frac{4}{5}\right)$, $\vec{b}=\left(-1,\ \frac{8}{5},\ -\frac{3}{5}\right)$ とする。

(1) $\vec{c}=\vec{a}-2\vec{b}$, $\vec{d}=2\vec{a}+\vec{b}$ のとき，$\vec{c}$, $\vec{d}$ を成分で表せ。

(2) $|\vec{c}|$, $|\vec{d}|$ を求めよ。

(3) $\vec{c}\cdot\vec{d}$ を求めよ。

(4) $\vec{c}$ と $\vec{d}$ のなす角 θ ($0°\leqq\theta\leqq180°$) を求めよ。

(1) $\vec{c}=\left(-1,\ \frac{1}{5},\ \frac{4}{5}\right)-2\left(-1,\ \frac{8}{5},\ -\frac{3}{5}\right)=\mathbf{(1,\ -3,\ 2)}$

$\vec{d}=2\left(-1,\ \frac{1}{5},\ \frac{4}{5}\right)+\left(-1,\ \frac{8}{5},\ -\frac{3}{5}\right)=\mathbf{(-3,\ 2,\ 1)}$

(2) $|\vec{c}|=\sqrt{1^2+(-3)^2+2^2}=\mathbf{\sqrt{14}}$

$|\vec{d}|=\sqrt{(-3)^2+2^2+1^2}=\mathbf{\sqrt{14}}$

(3) $\vec{c}\cdot\vec{d}=1\times(-3)+(-3)\times2+2\times1=\mathbf{-7}$

(4) $\cos\theta=\dfrac{\vec{c}\cdot\vec{d}}{|\vec{c}||\vec{d}|}=\dfrac{-7}{\sqrt{14}\sqrt{14}}=-\dfrac{1}{2}$

$0°\leqq\theta\leqq180°$ より　　$\boldsymbol{\theta=120°}$

2 $\vec{a}=(6,\ -3,\ 2)$ について

(1) $\vec{a}$ と $\vec{b}=(3,\ y,\ z)$ が平行のとき，$\vec{b}$ を求めよ。

(2) $\vec{a}$ と $\vec{c}=(x,\ 2,\ 7)$ が垂直のとき，$\vec{c}$ を求めよ。

(1) $\vec{a}\parallel\vec{b}$ より　　$\vec{a}=k\vec{b}$

よって　　$(6,\ -3,\ 2)=k(3,\ y,\ z)$

成分を比較して

$$\begin{cases}6=3k & \cdots①\\ -3=ky & \cdots②\\ 2=kz & \cdots③\end{cases}$$

①, ②, ③ より

$k=2,\ y=-\dfrac{3}{2},\ z=1$

ゆえに　　$\vec{b}=\left(\mathbf{3,\ -\frac{3}{2},\ 1}\right)$

(2) $\vec{a}\perp\vec{c}$ より，$\vec{a}\cdot\vec{c}=0$

よって　　$6x+(-3)\times 2+2\times 7=0$

ゆえに　　$x=-\dfrac{4}{3}$

したがって　　$\vec{c}=\left(-\dfrac{4}{3},\ 2,\ 7\right)$

3 2つのベクトル $\vec{a}=(1,\ 2,\ 3)$, $\vec{b}=(2,\ 0,\ -1)$ がある。実数 t に対し $\vec{c}=\vec{a}+t\vec{b}$ とする。

(1) $\vec{b}$ と $\vec{c}$ が直交するような実数 t の値を求めよ。

(2) $|\vec{c}|$ の最小値，およびそのときの実数 t の値を求めよ。

(1) $\vec{c}=(1,\ 2,\ 3)+t(2,\ 0,\ -1)=(2t+1,\ 2,\ -t+3)$

$\vec{b}\perp\vec{c}$ より　　$\vec{b}\cdot\vec{c}=0$

◀ $\vec{c}$ は $\vec{0}$ にはならない。

$2\times(2t+1)+0\times 2+(-1)\times(-t+3)=0$

よって　　$5t-1=0$

したがって　　$t=\dfrac{1}{5}$

〔別解〕 $\vec{b}\perp\vec{c}$ より　　$\vec{b}\cdot\vec{c}=0$

$\vec{c}=\vec{a}+t\vec{b}$ であるから　　$\vec{b}\cdot(\vec{a}+t\vec{b})=0$

よって　　$\vec{a}\cdot\vec{b}+t|\vec{b}|^2=0$　　…①

$\vec{a}=(1,\ 2,\ 3)$, $\vec{b}=(2,\ 0,\ -1)$ より

$\vec{a}\cdot\vec{b}=1\times 2+2\times 0+3\times(-1)=-1$

$|\vec{b}|^2=2^2+0^2+(-1)^2=5$

① に代入すると $-1+5t=0$ となり　　$t=\dfrac{1}{5}$

(2) $\vec{c}=(2t+1,\ 2,\ -t+3)$ であるから

$|\vec{c}|^2=(2t+1)^2+2^2+(-t+3)^2=5t^2-2t+14$

$=5\left(t-\dfrac{1}{5}\right)^2+\dfrac{69}{5}$

◀

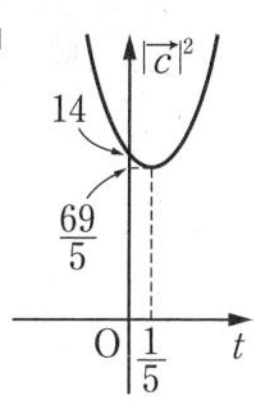

よって，$|\vec{c}|^2$ は $t=\dfrac{1}{5}$ のとき最小値 $\dfrac{69}{5}$ をとる。

このとき，$|\vec{c}|$ も最小となるから　$t=\dfrac{1}{5}$ **のとき　最小値** $\dfrac{\sqrt{345}}{5}$

4 直方体 OADB−CEGF において，辺 DG を 2:1 に外分する点を H とし，直線 OH と平面 ABC の交点を P とする。

(1) $\overrightarrow{OP}$ を $\overrightarrow{OA}$, $\overrightarrow{OB}$, $\overrightarrow{OC}$ を用いて表せ。

(2) OP:OH を求めよ。

(1) $\overrightarrow{OP}=k\overrightarrow{OH}$ とする。

$\overrightarrow{DH}=2\overrightarrow{OC}$ より $\overrightarrow{OH}=\overrightarrow{OA}+\overrightarrow{OB}+2\overrightarrow{OC}$

であるから　$\overrightarrow{OP}=k\overrightarrow{OA}+k\overrightarrow{OB}+2k\overrightarrow{OC}$

点 P は，平面 ABC 上にあるから

$k+k+2k=1$

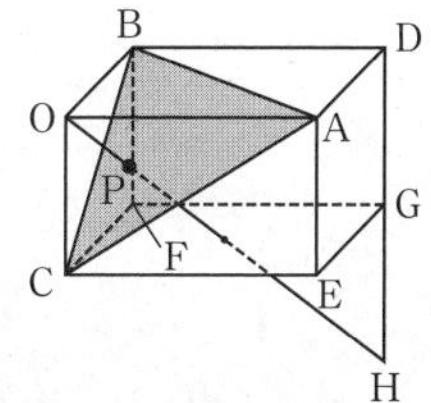

◀ $\overrightarrow{OP}=l\overrightarrow{OA}+m\overrightarrow{OB}+n\overrightarrow{OC}$
点 P が平面 ABC 上にある $\Longleftrightarrow l+m+n=1$

よって　　$k=\dfrac{1}{4}$

したがって　　$\overrightarrow{\mathbf{OP}}=\dfrac{1}{4}\overrightarrow{\mathbf{OA}}+\dfrac{1}{4}\overrightarrow{\mathbf{OB}}+\dfrac{1}{2}\overrightarrow{\mathbf{OC}}$

(2)　$\overrightarrow{\mathrm{OP}}=\dfrac{1}{4}\overrightarrow{\mathrm{OH}}$ より　　$\mathbf{OP:OH=1:4}$

5　次の球の方程式を求めよ。
(1)　点 A$(-1,\ 2,\ -3)$ を中心とし，点 B$(-2,\ 4,\ 2)$ を通る球
(2)　2 点 A$(-4,\ -2,\ 1)$，B$(2,\ 0,\ 5)$ を直径の両端とする球
(3)　点 A$(1,\ -2,\ 4)$ を中心とし，z 軸に接する球

(1)　球の半径を r とすると　　$r=\mathrm{AB}$

◀点 B は球面上の点であるから，半径は AB

よって

$$r=\mathrm{AB}=\sqrt{\{-2-(-1)\}^2+(4-2)^2+\{2-(-3)\}^2}=\sqrt{30}$$

ゆえに，求める球の方程式は

$$\boldsymbol{(x+1)^2+(y-2)^2+(z+3)^2=30}$$

(2)　球の中心は線分 AB の中点となるから

$$\left(\frac{-4+2}{2},\ \frac{-2+0}{2},\ \frac{1+5}{2}\right)\ \text{すなわち}\ (-1,\ -1,\ 3)$$

球の半径は球の中心と点 A を結ぶ線分の長さに等しい。

よって　$\sqrt{\{(-4)-(-1)\}^2+\{(-2)-(-1)\}^2+(1-3)^2}=\sqrt{14}$

したがって，求める球の方程式は

$$\boldsymbol{(x+1)^2+(y+1)^2+(z-3)^2=14}$$

(3)　球の半径は点 A から z 軸までの距離に等しい。

点 A から z 軸までの距離は

$$\sqrt{1^2+(-2)^2}=\sqrt{5}$$

◀点 $(a,\ b,\ c)$ と z 軸との距離は $\sqrt{a^2+b^2}$

よって，求める球の方程式は，

$$\boldsymbol{(x-1)^2+(y+2)^2+(z-4)^2=5}$$

6 花子さんと太郎さんと先生は，テレビのニュースについて話をしている。

花子：テレビでニュースになっていた「ニアミス」って知ってる？
太郎：「ニアミス」とは，航空用語の一種で，空中を移動中の飛行機どうしが異常に接近する状態のことを示すんだ。ものすごい速さの飛行機が接近するんだから，かなり危険なことだよね。
花子：二機の飛行機が最も接近する状態とはどういうときなんだろう？
先生：数学的に考えてみよう。まず，二機の飛行機の航路をそれぞれ直線と仮定します。そして，それぞれの直線上に飛行機の位置を表す動点 P，Q をとります。二機の飛行機が最も接近するときというのは，この線分 PQ の長さが最も小さくなるときだといえるね。では，2 直線の間の最短距離を求める次の問題に取り組んでみよう。

問題 空間座標において，2 点 A$(3,\ 0,\ 2)$，B$(4,\ 1,\ 1)$ を通る直線と，2 点 C$(-2,\ 1,\ -3)$，D$(0,\ 0,\ 1)$ を通る直線の最短距離を求めよ。

太郎：ベクトルを使って解いてみよう。直線 AB 上を動く点を P とすると，
$\overrightarrow{AB}=(\boxed{ア},\ \boxed{イ},\ \boxed{ウエ})$ だから，実数 s を用いて
$$\overrightarrow{OP}=\overrightarrow{OA}+s\overrightarrow{AB}=(\boxed{オ}+s,\ s,\ \boxed{カ}-s)$$
と表せるよ。
花子：同じようにして，直線 CD 上を動く点を Q とすると，実数 t を用いて
$$\overrightarrow{OQ}=\overrightarrow{OD}+t\overrightarrow{CD}=(\boxed{キ}t,\ -t,\ \boxed{ク}+\boxed{ケ}t)$$
と表せるね。
太郎：あとは，$|\overrightarrow{PQ}|^2$ を求めてみよう。
花子：
$$|\overrightarrow{PQ}|^2=\boxed{コ}\left(s+t+\frac{\boxed{サ}}{\boxed{シ}}\right)^2+\boxed{スセ}\left(t-\frac{\boxed{ソ}}{\boxed{タ}}\right)^2+\frac{\boxed{チ}}{\boxed{ツ}}$$
になるね。
太郎：この式より，$s=\dfrac{\boxed{テト}}{\boxed{ナ}}$，$t=\dfrac{\boxed{ソ}}{\boxed{タ}}$ のとき，2 直線の間の最短距離の値は，$\sqrt{\dfrac{\boxed{チ}}{\boxed{ツ}}}$ となることが求められたね。
花子：この条件で，二機の飛行機がそれぞれ点 P と点 Q に同時に存在するとき，最も接近するといえるね。

$\boxed{ア}$ ～ $\boxed{ナ}$ に当てはまる数を求めよ。

$$\overrightarrow{AB}=\overrightarrow{OB}-\overrightarrow{OA}=(4,\ 1,\ 1)-(3,\ 0,\ 2)$$
$$=\mathbf{(1,\ 1,\ -1)}$$
であるから，直線 AB 上の点 P について，実数 s を用いて
$$\overrightarrow{OP}=\overrightarrow{OA}+s\overrightarrow{AB}=(3,\ 0,\ 2)+s(1,\ 1,\ -1)$$
$$=\mathbf{(3+s,\ s,\ 2-s)}$$

◀点 A を通り，方向ベクトルが $\overrightarrow{AB}$ である直線のベクトル方程式を考える。

$$\overrightarrow{CD}=\overrightarrow{OD}-\overrightarrow{OC}=(0,\ 0,\ 1)-(-2,\ 1,\ -3)$$
$$=(2,\ -1,\ 4)$$
であるから，直線 CD 上の点 Q について，実数 t を用いて
$$\overrightarrow{OQ}=\overrightarrow{OD}+t\overrightarrow{CD}=(0,\ 0,\ 1)+t(2,\ -1,\ 4)$$
$$=\mathbf{(2t,\ -t,\ 1+4t)}$$

◀点 D を通り，方向ベクトルが $\overrightarrow{CD}$ である直線のベクトル方程式を考える。

$$\overrightarrow{PQ}=\overrightarrow{OQ}-\overrightarrow{OP}$$
$$=(2t,\ -t,\ 1+4t)-(3+s,\ s,\ 2-s)$$
$$=(-s+2t-3,\ -s-t,\ s+4t-1)$$

よって

$$|\overrightarrow{PQ}|^2=(-s+2t-3)^2+(-s-t)^2+(s+4t-1)^2$$
$$=3s^2+21t^2+6st+4s-20t+10$$
$$=3s^2+2(3t+2)s+21t^2-20t+10$$
$$=3\left(s+\frac{3t+2}{3}\right)^2+18t^2-24t+\frac{26}{3}$$

◀ s について平方完成する。

$$=3\left(\boldsymbol{s+t+\frac{2}{3}}\right)^2+18\left(\boldsymbol{t-\frac{2}{3}}\right)^2+\frac{2}{3}$$

◀ t について平方完成する。

したがって，$s+t+\dfrac{2}{3}=0$，$t-\dfrac{2}{3}=0$ のとき，

すなわち，$\boldsymbol{s=-\dfrac{4}{3}}$，$t=\dfrac{2}{3}$ のとき，2 直線の間の最短距離の値は

$$|\overrightarrow{PQ}|=\sqrt{\frac{2}{3}}$$

となる。

◀ $\left(s+t+\dfrac{2}{3}\right)^2\geqq 0$，$\left(t-\dfrac{2}{3}\right)^2\geqq 0$ であるから 2 つの（ ）内の式がともに 0 になるとき，$|\overrightarrow{PQ}|^2$ は最小値をとる。

2章 平面上の曲線

5 2次曲線

p.115 Quick Check 5

① 〔1〕 (1) $y^2 = 4 \cdot 3x$ であるから
焦点 $(3,\ 0)$，準線 $\boldsymbol{x = -3}$
概形は **下の図**。

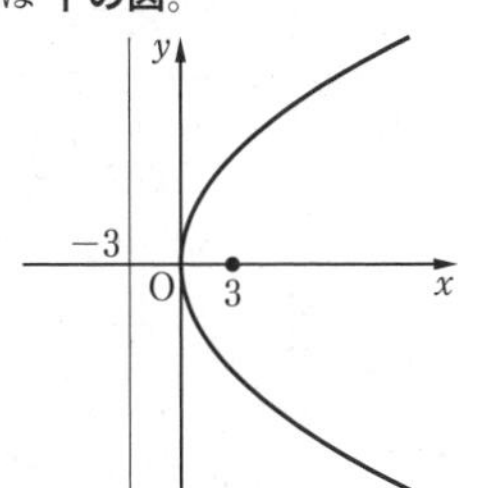

(2) $x^2 = 4 \cdot 1 \cdot y$ であるから
焦点 $(0,\ 1)$，準線 $\boldsymbol{y = -1}$
概形は **下の図**。

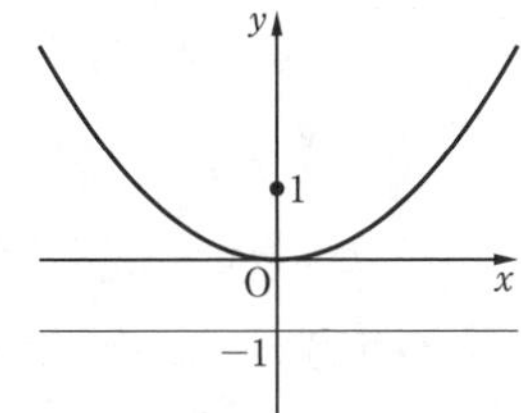

(3) $y^2 = 4 \cdot \dfrac{1}{4}x$ であるから

焦点 $\left(\dfrac{1}{4},\ 0\right)$，準線 $\boldsymbol{x = -\dfrac{1}{4}}$

概形は **下の図**。

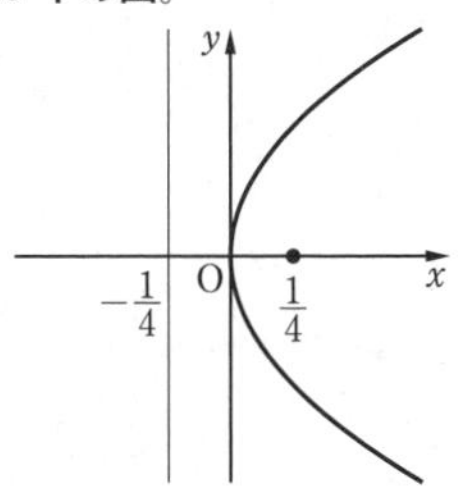

〔2〕 (1) $y^2 = 4 \cdot 1 \cdot x$ より
$\boldsymbol{y^2 = 4x}$
(2) $x^2 = 4 \cdot (-2)y$ より
$\boldsymbol{x^2 = -8y}$

② 〔1〕 (1) 頂点
$\boldsymbol{(5,\ 0),\ (-5,\ 0),\ (0,\ 3),\ (0,\ -3)}$
$\sqrt{25-9} = 4$ より
焦点 $\boldsymbol{(4,\ 0),\ (-4,\ 0)}$
長軸の長さ **10**，短軸の長さ **6**
概形は **下の図**。

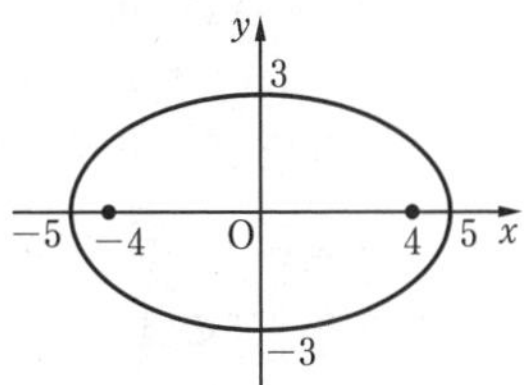

(2) 頂点
$\boldsymbol{(1,\ 0),\ (-1,\ 0),\ (0,\ 2),\ (0,\ -2)}$
$\sqrt{4-1} = \sqrt{3}$ より
焦点 $\boldsymbol{(0,\ \sqrt{3}),\ (0,\ -\sqrt{3})}$
長軸の長さ **4**，短軸の長さ **2**
概形は **下の図**。

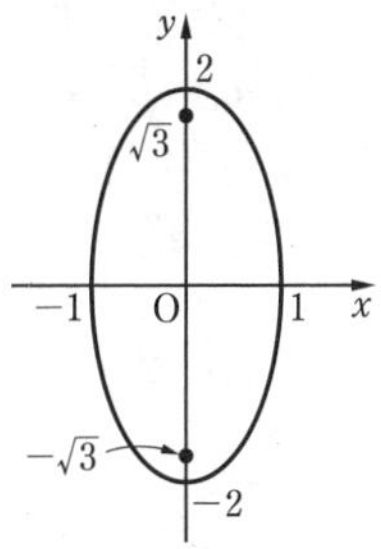

〔2〕 (1) 中心が原点で，焦点が y 軸上にあるから，求める方程式は
$\dfrac{x^2}{a^2} + \dfrac{y^2}{b^2} = 1$ $(b > a > 0)$ とおける。
頂点の座標が $(2,\ 0)$，$(-2,\ 0)$ であるから　$a = 2$
また，頂点の座標が $(0,\ 3)$，$(0,\ -3)$ であるから　$b = 3$
したがって　$\boldsymbol{\dfrac{x^2}{4} + \dfrac{y^2}{9} = 1}$

(2)　中心が原点で，焦点が x 軸上にあるから，求める方程式は

$\dfrac{x^2}{a^2}+\dfrac{y^2}{b^2}=1$ $(a>b>0)$ とおける。

長軸の長さが 10 であるから

$2a=10$ より　　$a=5$　　…①

$(\pm4,\ 0)$ が焦点であるから

$\sqrt{a^2-b^2}=4$

① を代入すると　　$b=3$

したがって　　$\boldsymbol{\dfrac{x^2}{25}+\dfrac{y^2}{9}=1}$

3〔1〕 (1)　頂点 $(3,\ 0)$, $(-3,\ 0)$

$\sqrt{9+16}=5$ より

焦点 $(5,\ 0)$, $(-5,\ 0)$

漸近線 $\boldsymbol{y=\dfrac{4}{3}x,\ y=-\dfrac{4}{3}x}$

概形は **下の図**。

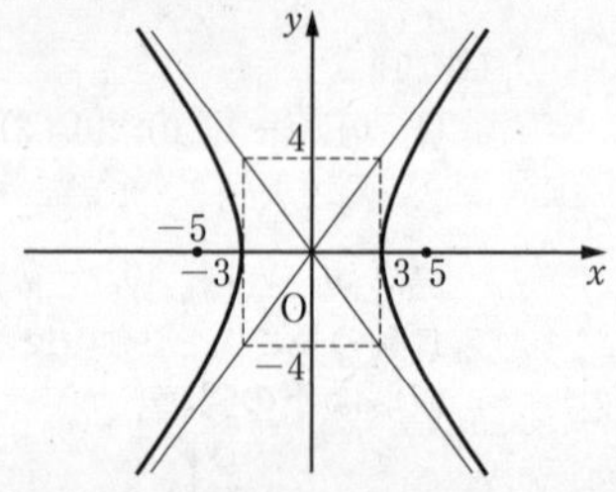

(2)　頂点 $(0,\ 1)$, $(0,\ -1)$

$\sqrt{1+1}=\sqrt{2}$ より

焦点 $(0,\ \sqrt{2})$, $(0,\ -\sqrt{2})$

漸近線 $\boldsymbol{y=x,\ y=-x}$

概形は **下の図**。

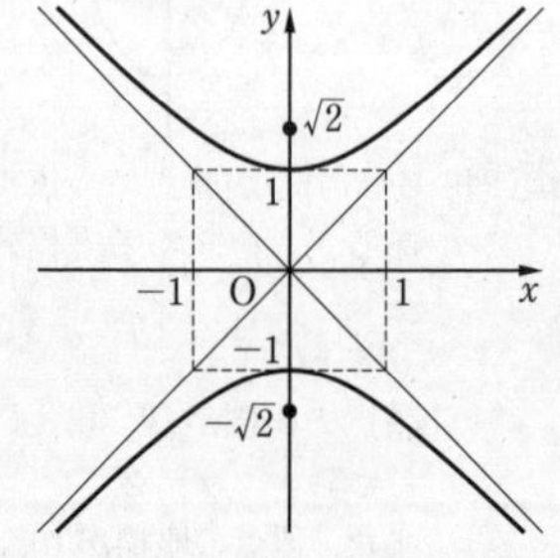

〔2〕 (1)　中心が原点で，焦点が x 軸上にあるから，求める方程式は

$\dfrac{x^2}{a^2}-\dfrac{y^2}{b^2}=1$ $(a>0,\ b>0)$

とおける。

$(\pm2,\ 0)$ が頂点であるから

$a=2$　　…①

$(\pm3,\ 0)$ が焦点であるから

$\sqrt{a^2+b^2}=3$

① を代入すると　　$b=\sqrt{5}$

したがって　　$\boldsymbol{\dfrac{x^2}{4}-\dfrac{y^2}{5}=1}$

(2)　中心が原点で，焦点が y 軸上にあるから，求める方程式は

$\dfrac{x^2}{a^2}-\dfrac{y^2}{b^2}=-1$ $(a>0,\ b>0)$

とおける。

$(0,\ \pm2)$ が焦点であるから

$\sqrt{a^2+b^2}=2$

$a^2+b^2=4$　　…①

漸近線の傾きが ±1 であるから

$\dfrac{b}{a}=1$ より　　$b=a$　　…②

①, ② より　　$a=\sqrt{2}$, $b=\sqrt{2}$

したがって　　$\boldsymbol{\dfrac{x^2}{2}-\dfrac{y^2}{2}=-1}$

4 (1)　$\boldsymbol{(y+3)^2=4(x-2)}$

(2)　$\boldsymbol{(x-2)^2+\dfrac{(y+3)^2}{4}=1}$

(3)　$\boldsymbol{\dfrac{(x-2)^2}{4}-\dfrac{(y+3)^2}{9}=1}$

練習 54 点 F(−2, 0) からの距離と直線 $x=2$ からの距離が等しい点 P の軌跡を求めよ。

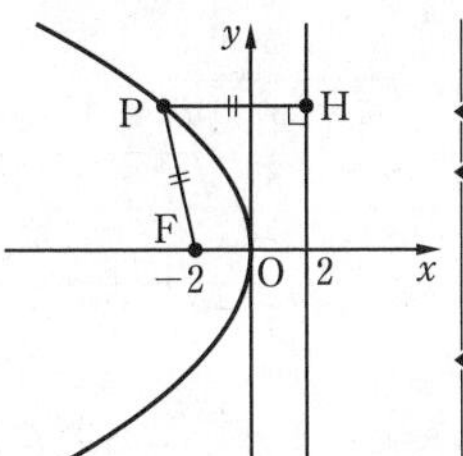

P(x, y), F(−2, 0) とすると

$$PF=\sqrt{(x+2)^2+y^2}$$

◀ 2 点間の距離の公式

点 P から直線 $x=2$ へ垂線 PH を下ろすと，H(2, y) であるから

◀ 点と直線との距離とは，点から直線に下ろした垂線の長さである。

$$PH=|x-2|$$

PF = PH より　$PF^2=PH^2$

◀ $PH^2=|x-2|^2=(x-2)^2$

よって　$(x+2)^2+y^2=(x-2)^2$

これを整理して，求める軌跡は

◀ $x^2+4x+4+y^2=x^2-4x+4$

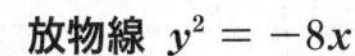

放物線 $y^2=-8x$

〔別解〕 定直線と直線上にない定点からの距離が等しいから，点 P の軌跡は点 (−2, 0) を焦点とし，直線 $x=2$ を準線とする放物線である。

頂点は原点 O，軸は x 軸であるから，この放物線の方程式は

◀ 放物線の頂点は，焦点 F から準線に下ろした垂線 FG の中点，軸は直線 FG である。

$$y^2=4\cdot(-2)\cdot x$$

すなわち，求める軌跡は　放物線 $y^2=-8x$

練習 55 〔1〕 次の放物線の焦点の座標，準線の方程式を求め，その概形をかけ。

(1) $y^2=-x$　　(2) $x^2=\frac{1}{2}y$

〔2〕 次の条件を満たす放物線の方程式を求めよ。

(1) 焦点 $(0, \sqrt{2})$，準線 $y=-\sqrt{2}$　　(2) 焦点 (−2, 0)，準線 $x=2$

〔1〕 (1) $y^2=4\cdot\left(-\frac{1}{4}\right)x$ より

◀ $y^2=4px$ の形に変形する。このとき
焦点 $(p, 0)$
準線 $x=-p$

焦点 $\left(-\frac{1}{4}, 0\right)$

準線 $x=\frac{1}{4}$

概形は **右の図**。

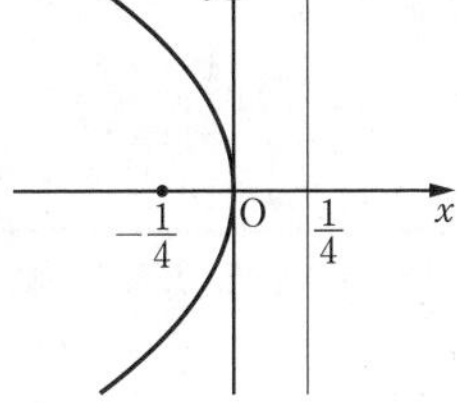

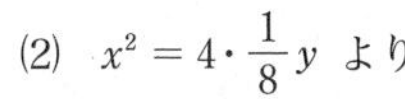

(2) $x^2=4\cdot\frac{1}{8}y$ より

◀ $x^2=4py$ の形に変形する。このとき
焦点 $(0, p)$
準線 $y=-p$

焦点 $\left(0, \frac{1}{8}\right)$

準線 $y=-\frac{1}{8}$

概形は **右の図**。

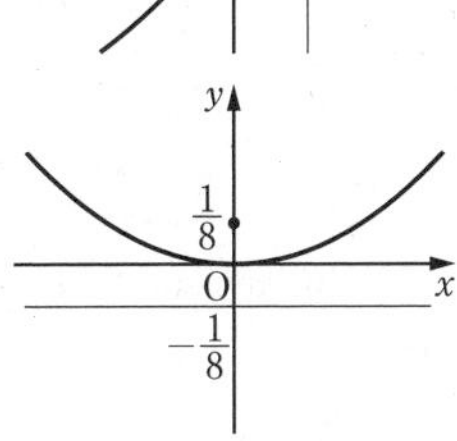

〔2〕 (1) 焦点 $(0, \sqrt{2})$，準線 $y=-\sqrt{2}$ であるから，求める放物線の方程式は　$x^2=4\cdot\sqrt{2}y$　すなわち　$\boldsymbol{x^2=4\sqrt{2}y}$

◀ 頂点が原点で焦点が y 軸上にあるから　$x^2=4py$

(2) 焦点 (−2, 0)，準線 $x=2$ であるから，求める放物線の方程式は　$y^2=4\cdot(-2)x$　すなわち　$\boldsymbol{y^2=-8x}$

◀ 頂点が原点で焦点が x 軸上にあるから　$y^2=4px$

練習 56 2 点 F(0, 2), F′(0, −2) からの距離の和が 8 である点 P の軌跡を求めよ。

点Pの座標を$(x,\ y)$とおくと

$$\mathrm{PF}=\sqrt{x^2+(y-2)^2},\ \mathrm{PF}'=\sqrt{x^2+(y+2)^2}$$

◀ 2点間の距離の公式

$\mathrm{PF}+\mathrm{PF}'=8$ より

$$\sqrt{x^2+(y-2)^2}+\sqrt{x^2+(y+2)^2}=8$$

これより　$\sqrt{x^2+(y+2)^2}=8-\sqrt{x^2+(y-2)^2}$

◀ $\sqrt{A}+\sqrt{B}=k$ の形のままで両辺を2乗すると計算がとても複雑になる。
$\sqrt{A}=k-\sqrt{B}$
としてから2乗する方が簡単である。

両辺を2乗すると

$$x^2+(y+2)^2=64-16\sqrt{x^2+(y-2)^2}+x^2+(y-2)^2$$

$$y-8=-2\sqrt{x^2+(y-2)^2}$$

さらに，両辺を2乗して整理すると　$4x^2+3y^2=48$

よって　$\dfrac{x^2}{12}+\dfrac{y^2}{16}=1$

したがって，求める軌跡は　**楕円 $\dfrac{x^2}{12}+\dfrac{y^2}{16}=1$**

〔別解〕

2定点F，F′からの距離の和が一定であるから，点Pの軌跡は2点F，F′を焦点とする楕円である。

◀ 楕円の定義

求める楕円の方程式を $\dfrac{x^2}{a^2}+\dfrac{y^2}{b^2}=1$ $(b>a>0)$ とおくと，

◀ 中心は原点，焦点はy軸上にあるから，$b>a$ である。

$\mathrm{PF}+\mathrm{PF}'=8$ であるから　$2b=8$

◀ $\mathrm{PF}+\mathrm{PF}'=2b$

よって　$b=4$　…①

焦点がF$(0,\ 2)$，F′$(0,\ -2)$であるから

$$\sqrt{b^2-a^2}=2\quad すなわち\quad b^2-a^2=4$$

◀ 焦点がy軸上にある楕円 $\dfrac{x^2}{a^2}+\dfrac{y^2}{b^2}=1$ の焦点の座標は $(0,\ \pm\sqrt{b^2-a^2})$

①を代入すると，$4^2-a^2=4$ より　$a=2\sqrt{3}$

これは，$b>a>0$ を満たす。

◀ $a>0$

よって，求める軌跡は　楕円 $\dfrac{x^2}{12}+\dfrac{y^2}{16}=1$

練習 57　次の楕円の頂点と焦点の座標，長軸と短軸の長さを求め，その概形をかけ。

(1) $\dfrac{x^2}{5}+y^2=1$　　(2) $3x^2+2y^2=6$

---

(1) 楕円 $\dfrac{x^2}{5}+y^2=1$ の頂点は

$(\sqrt{5},\ 0)$，$(-\sqrt{5},\ 0)$，$(0,\ 1)$，$(0,\ -1)$

また，$\sqrt{5-1}=2$ より

焦点は　$(2,\ 0)$，$(-2,\ 0)$

長軸の長さは　$2\times\sqrt{5}=2\sqrt{5}$

短軸の長さは　$2\times1=2$

概形は **右の図**。

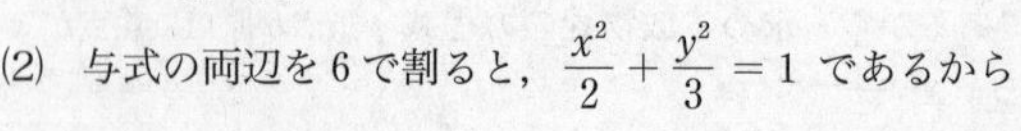

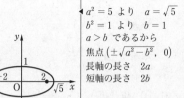

◀ $a^2=5$ より　$a=\sqrt{5}$
$b^2=1$ より　$b=1$
$a>b$ であるから
焦点 $(\pm\sqrt{a^2-b^2},\ 0)$
長軸の長さ　$2a$
短軸の長さ　$2b$

(2) 与式の両辺を6で割ると，$\dfrac{x^2}{2}+\dfrac{y^2}{3}=1$ であるから

◀ 右辺を1にする。

この楕円の頂点は　$(\sqrt{2},\ 0)$，$(-\sqrt{2},\ 0)$，$(0,\ \sqrt{3})$，$(0,\ -\sqrt{3})$

また，$\sqrt{3-2}=1$ より

焦点は　$(0,\ 1)$，$(0,\ -1)$

$a^2=2$ より　$a=\sqrt{2}$
$b^2=3$ より　$b=\sqrt{3}$
$a<b$ であるから
焦点 $(0,\ \pm\sqrt{b^2-a^2})$
長軸の長さ　$2b$
短軸の長さ　$2a$

長軸の長さは　$2 \times \sqrt{3} = \mathbf{2\sqrt{3}}$

短軸の長さは　$2 \times \sqrt{2} = \mathbf{2\sqrt{2}}$

概形は **右の図**。

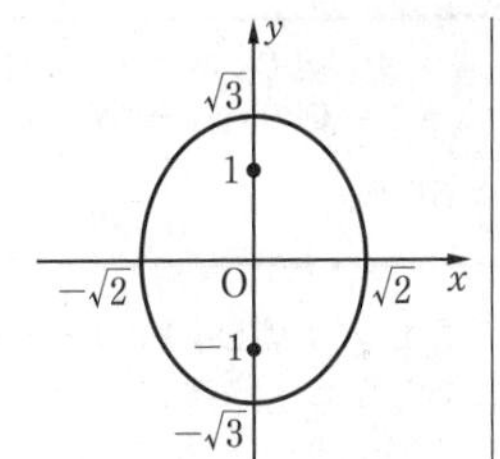

練習 58 次の条件を満たす楕円の方程式を求めよ。

(1) 2点 $(0,\ \sqrt{2})$, $(0,\ -\sqrt{2})$ を焦点とし，長軸の長さが $2\sqrt{3}$ である。

(2) 焦点が $(\sqrt{6},\ 0)$, $(-\sqrt{6},\ 0)$ で，長軸の長さが短軸の長さの2倍である。

(3) 焦点の座標が $(0,\ 3)$, $(0,\ -3)$ で，点 $(1,\ 2\sqrt{2})$ を通る。

(1) 求める楕円の中心は原点で，焦点が y 軸上にあるから，方程式を

$\dfrac{x^2}{a^2} + \dfrac{y^2}{b^2} = 1$ $(b > a > 0)$ とおく。

◀中心は原点である。また，焦点が y 軸上にあるから，$b > a$ である。

長軸の長さが $2\sqrt{3}$ であるから，$2b = 2\sqrt{3}$ より　$b = \sqrt{3}$　…①

◀$\mathrm{PF} + \mathrm{PF'} = 2b$

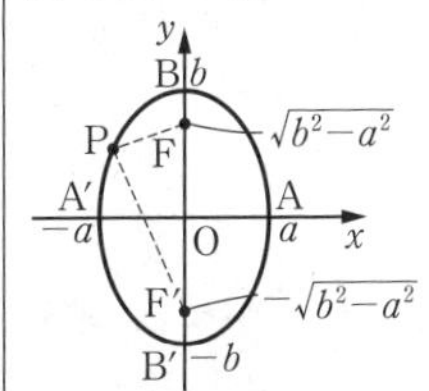

焦点が $(0,\ \pm\sqrt{2})$ であるから

$$\sqrt{b^2 - a^2} = \sqrt{2} \quad すなわち \quad b^2 - a^2 = (\sqrt{2})^2 \quad \cdots②$$

①を②に代入すると　$a = 1$

よって，求める方程式は　$\boldsymbol{x^2 + \dfrac{y^2}{3} = 1}$

(2) 求める楕円の中心は原点で，焦点が x 軸上にあるから，方程式を

$\dfrac{x^2}{a^2} + \dfrac{y^2}{b^2} = 1$ $(a > b > 0)$ とおく。

◀中心は原点である。焦点が x 軸上にあるから，$a > b$ である。

長軸の長さが短軸の長さの2倍であるから　$a = 2b$　…①

焦点が $(\pm\sqrt{6},\ 0)$ であるから

◀焦点の座標は $(\pm\sqrt{a^2 - b^2},\ 0)$

$$\sqrt{a^2 - b^2} = \sqrt{6} \quad すなわち \quad a^2 - b^2 = (\sqrt{6})^2 \quad \cdots②$$

①，②を連立して解くと　$a = 2\sqrt{2}$, $b = \sqrt{2}$

よって，求める方程式は　$\boldsymbol{\dfrac{x^2}{8} + \dfrac{y^2}{2} = 1}$

(3) 求める楕円の中心は原点で，焦点が y 軸上にあるから，方程式を

$\dfrac{x^2}{a^2} + \dfrac{y^2}{b^2} = 1$ $(b > a > 0)$ とおく。

◀中心は原点である。焦点が y 軸上にあるから，$b > a$ である。

焦点が $(0,\ \pm 3)$ であるから

$$\sqrt{b^2 - a^2} = 3 \quad すなわち \quad b^2 - a^2 = 3^2 \quad \cdots①$$

点 $(1,\ 2\sqrt{2})$ を通るから　$\dfrac{1^2}{a^2} + \dfrac{(2\sqrt{2})^2}{b^2} = 1$　…②

①，②を連立して解くと　$a = \sqrt{3}$, $b = 2\sqrt{3}$

◀a, b の値を求めずに，$a^2 = 3$, $b^2 = 12$ から方程式を求めてもよい。

よって，求める方程式は　$\boldsymbol{\dfrac{x^2}{3} + \dfrac{y^2}{12} = 1}$

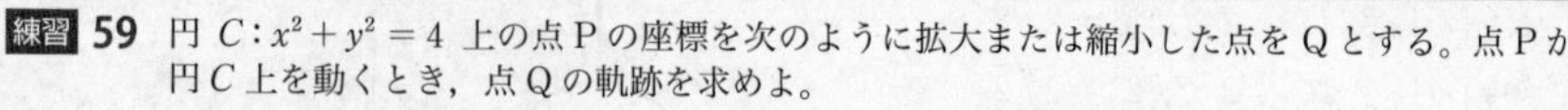

練習 59 円 $C: x^2+y^2=4$ 上の点Pの座標を次のように拡大または縮小した点をQとする。点Pが円 C 上を動くとき，点Qの軌跡を求めよ。

(1) y 座標を3倍に拡大　　(2) x 座標を $\frac{1}{2}$ 倍に縮小

点Pの座標を $(s,\ t)$，点Qの座標を $(X,\ Y)$ とおく。

◀軌跡を求める点はQ ⇨ $Q(X,\ Y)$ とおく。図形上を動く点P ⇨ $P(s,\ t)$ とおく。

点 $P(s,\ t)$ は円 C 上にあるから　$s^2+t^2=4$　…①

(1) 点Qは点Pの y 座標を3倍した点であるから

$$X=s,\ Y=3t$$

よって　$s=X,\ t=\frac{Y}{3}$

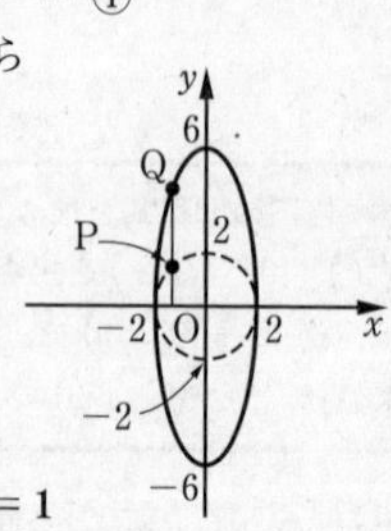

これらを①に代入すると

◀ $s,\ t$ を消去する。

$$X^2+\left(\frac{Y}{3}\right)^2=4$$

◀ $X^2+\frac{Y^2}{9}=4$ の両辺を4で割る。

したがって，求める軌跡は　**楕円** $\boldsymbol{\frac{x^2}{4}+\frac{y^2}{36}=1}$

(2) 点Qは点Pの x 座標を $\frac{1}{2}$ 倍した点であるから

$$X=\frac{1}{2}s,\ Y=t$$

よって　$s=2X,\ t=Y$

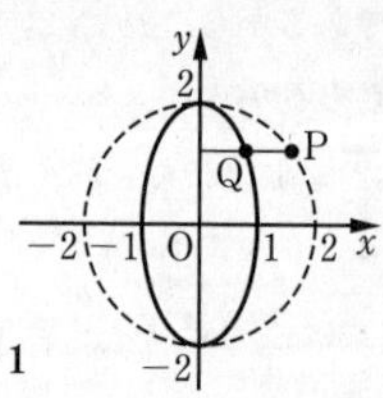

これらを①に代入すると

◀ $s,\ t$ を消去する。

$$(2X)^2+Y^2=4$$

◀ $4X^2+Y^2=4$ の両辺を4で割る。

したがって，求める軌跡は　**楕円** $\boldsymbol{x^2+\frac{y^2}{4}=1}$

練習 60 2点 $F(0,\ \sqrt{5})$，$F'(0,\ -\sqrt{5})$ からの距離の差が4である点Pの軌跡を求めよ。

点Pの座標を $(x,\ y)$ とおくと

$$PF=\sqrt{x^2+\left(y-\sqrt{5}\right)^2},\ PF'=\sqrt{x^2+\left(y+\sqrt{5}\right)^2}$$

$|PF-PF'|=4$ より，$PF-PF'=\pm 4$ であるから

◀ 2定点からの距離の差は $|PF-PF'|$ 絶対値に注意する。

$$\sqrt{x^2+\left(y-\sqrt{5}\right)^2}-\sqrt{x^2+\left(y+\sqrt{5}\right)^2}=\pm 4$$

これより　$\sqrt{x^2+\left(y-\sqrt{5}\right)^2}=\pm 4+\sqrt{x^2+\left(y+\sqrt{5}\right)^2}$

◀ $\sqrt{A}-\sqrt{B}=k$ の形のままで両辺を2乗すると $A-2\sqrt{AB}+B=k^2$ となり計算がとても複雑になる。$\sqrt{A}=k+\sqrt{B}$ としてから2乗する方が簡単である。

両辺を2乗すると

$$x^2+\left(y-\sqrt{5}\right)^2=16\pm 8\sqrt{x^2+\left(y+\sqrt{5}\right)^2}+x^2+\left(y+\sqrt{5}\right)^2$$

$$-\sqrt{5}\,y-4=\pm 2\sqrt{x^2+\left(y+\sqrt{5}\right)^2}$$

さらに，両辺を2乗して整理すると

$$4x^2-y^2=-4\quad \text{よって}\quad x^2-\frac{y^2}{4}=-1$$

したがって，求める軌跡は　**双曲線** $\boldsymbol{x^2-\frac{y^2}{4}=-1}$

〔別解〕 2定点F，F′からの距離の差が一定であるから，点Pの軌跡は2点F，F′を焦点とする双曲線である。焦点 $\left(0,\ \pm\sqrt{5}\right)$ は y 軸上にあるから，求める双曲線の方程式を $\frac{x^2}{a^2}-\frac{y^2}{b^2}=-1\ (a>0,\ b>0)$

◀双曲線の定義

とおくと，$|\mathrm{PF}-\mathrm{PF}'|=4$ であるから　　$2b=4$

よって　　$b=2$　　…①

焦点が $\mathrm{F}(0,\ \sqrt{5})$，$\mathrm{F}'(0,\ -\sqrt{5})$ であるから

$$\sqrt{a^2+b^2}=\sqrt{5}\quad すなわち\quad a^2+b^2=(\sqrt{5})^2$$

① を代入すると，$a^2+4=5$ より　　$a=1$

よって，求める軌跡は　　双曲線 $x^2-\dfrac{y^2}{4}=-1$

◀ $|\mathrm{PF}-\mathrm{PF}'|=2b$

◀ 焦点が y 軸上にある双曲線 $\dfrac{x^2}{a^2}-\dfrac{y^2}{b^2}=-1$ の焦点の座標は
$(0,\ \pm\sqrt{a^2+b^2})$

練習 61　次の双曲線の頂点と焦点の座標，漸近線の方程式を求め，その概形をかけ。
(1)　$5x^2-3y^2=15$　　　　(2)　$3x^2-4y^2=-12$

(1)　与式の両辺を 15 で割ると，

$\dfrac{x^2}{3}-\dfrac{y^2}{5}=1$ であるから

頂点は　$(\sqrt{3},\ 0)$，$(-\sqrt{3},\ 0)$

また，$\sqrt{3+5}=2\sqrt{2}$ より

焦点は　$(2\sqrt{2},\ 0)$，$(-2\sqrt{2},\ 0)$

漸近線は　$\boldsymbol{y=\pm\dfrac{\sqrt{15}}{3}x}$

概形は **右の図**。

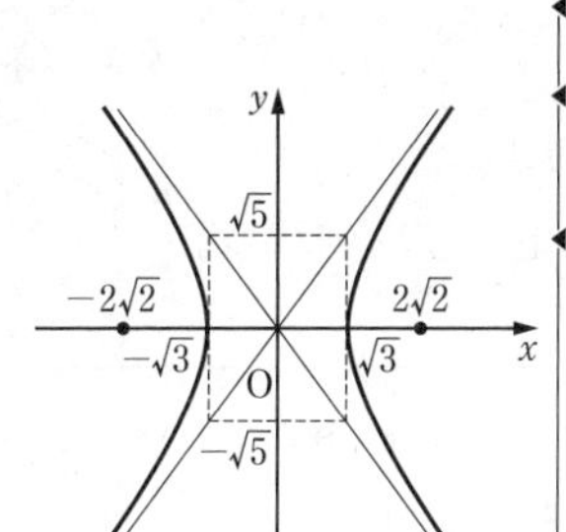

◀ 右辺を 1 にする。

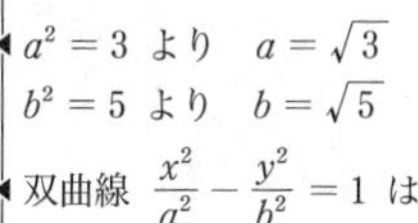

◀ $a^2=3$ より　$a=\sqrt{3}$
$b^2=5$ より　$b=\sqrt{5}$

◀ 双曲線 $\dfrac{x^2}{a^2}-\dfrac{y^2}{b^2}=1$ は
頂点　$(\pm a,\ 0)$
焦点　$(\pm\sqrt{a^2+b^2},\ 0)$

(2)　与式の両辺を 12 で割ると，

$\dfrac{x^2}{4}-\dfrac{y^2}{3}=-1$ であるから

頂点は　$(0,\ \sqrt{3})$，$(0,\ -\sqrt{3})$

また，$\sqrt{4+3}=\sqrt{7}$ より

焦点は　$(0,\ \sqrt{7})$，$(0,\ -\sqrt{7})$

漸近線は　$\boldsymbol{y=\pm\dfrac{\sqrt{3}}{2}x}$

概形は **右の図**。

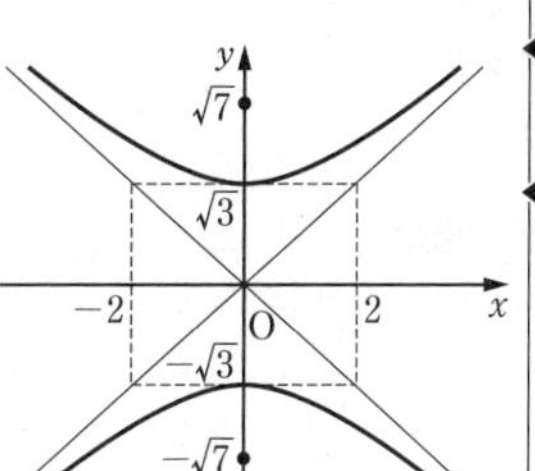

◀ 右辺を −1 にする。

◀ $a^2=4$ より　$a=2$
$b^2=3$ より　$b=\sqrt{3}$

◀ 双曲線 $\dfrac{x^2}{a^2}-\dfrac{y^2}{b^2}=-1$ は
頂点　$(0,\ \pm b)$
焦点　$(0,\ \pm\sqrt{a^2+b^2})$

練習 62　次の条件を満たす双曲線の方程式を求めよ。
(1)　2 点 $(0,\ 3)$，$(0,\ -3)$ を頂点とし，点 $(4\sqrt{3},\ 6)$ を通る。
(2)　2 点 $(\sqrt{10},\ 0)$，$(-\sqrt{10},\ 0)$ を焦点とし，2 本の漸近線の傾きがそれぞれ $\dfrac{1}{2}$，$-\dfrac{1}{2}$ である。

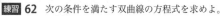

(1)　求める双曲線の中心は原点で，頂点が y 軸上にあるから，方程式を

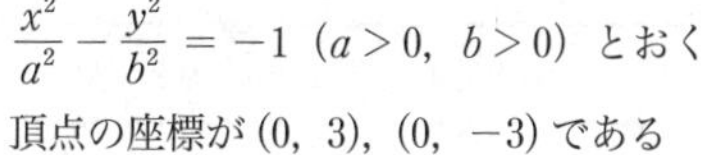

$\dfrac{x^2}{a^2}-\dfrac{y^2}{b^2}=-1$ $(a>0,\ b>0)$ とおく。

頂点の座標が $(0,\ 3)$，$(0,\ -3)$ であるから　　$b=3$

点 $(4\sqrt{3},\ 6)$ を通るから

$\dfrac{48}{a^2}-4=-1$ より　　$a=4$

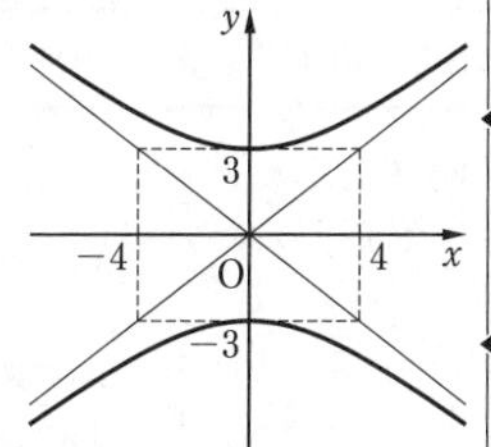

◀ 頂点が y 軸上にあるから，焦点も y 軸上にあり，右辺は −1 である。

◀ a の値を求めずに，$a^2=16$ から方程式を求めてもよい。

よって，求める双曲線の方程式は

$$\frac{\boldsymbol{x}^2}{\mathbf{16}}-\frac{\boldsymbol{y}^2}{\mathbf{9}}=-\mathbf{1}$$

◀漸近線の方程式は $y=\pm\frac{3}{4}x$

(2) 求める双曲線の中心は原点で，焦点が x 軸上にあるから，方程式を $\frac{x^2}{a^2}-\frac{y^2}{b^2}=1\ (a>0,\ b>0)$ とおく。

◀焦点が x 軸上にあるから，右辺は1である。

焦点が $(\pm\sqrt{10},\ 0)$ であるから

$\sqrt{a^2+b^2}=\sqrt{10}$ すなわち $a^2+b^2=10$ …①

◀焦点は $(\pm\sqrt{a^2+b^2},\ 0)$ より $\sqrt{a^2+b^2}=\sqrt{10}$

漸近線の傾きが $\pm\frac{1}{2}$ であるから

$\frac{b}{a}=\frac{1}{2}$ …②

◀漸近線は $y=\pm\frac{b}{a}x$ より $\frac{b}{a}=\frac{1}{2}$

①，② を連立して解くと

$a=2\sqrt{2},\ b=\sqrt{2}$

◀a，b の値を求めずに，$a^2=8,\ b^2=2$ から方程式を求めてもよい。

よって，求める方程式は

$$\frac{\boldsymbol{x}^2}{\mathbf{8}}-\frac{\boldsymbol{y}^2}{\mathbf{2}}=\mathbf{1}$$

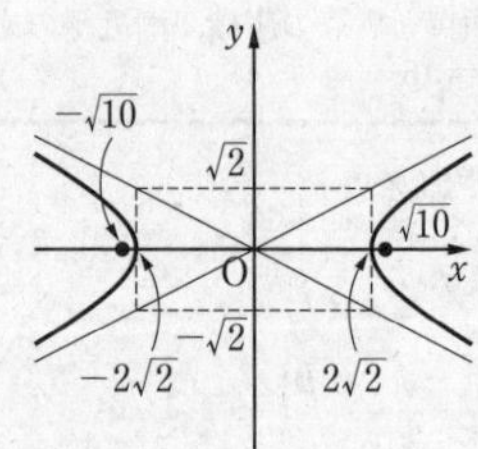

練習 63 双曲線 $x^2-\frac{y^2}{4}=-1$ 上の任意の点Pから2つの漸近線に垂線PQ，PRを下ろすと，PQ·PRは一定であることを証明せよ。

点Pの座標を $(p,\ q)$ とすると，
Pは双曲線上の点であるから

$p^2-\frac{q^2}{4}=-1$ …①

この双曲線の2つの漸近線は
$2x-y=0$ …②，$2x+y=0$ …③ である。

◀漸近線は，$y=\pm\frac{b}{a}x$ であるから，これを変形して $bx\pm ay=0$

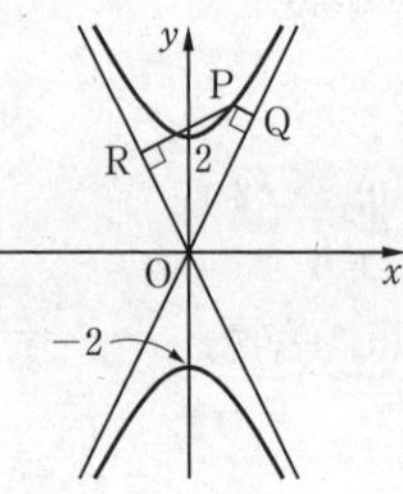

PQ，PRは点Pと直線②，③との距離に等しいから

$\mathrm{PQ}=\frac{|2p-q|}{\sqrt{5}}$，$\mathrm{PR}=\frac{|2p+q|}{\sqrt{5}}$

◀点 $(x_1,\ y_1)$ と直線 $ax+by+c=0$ との距離は $\frac{|ax_1+by_1+c|}{\sqrt{a^2+b^2}}$

よって　$\mathrm{PQ}\cdot\mathrm{PR}=\frac{|2p-q|}{\sqrt{5}}\cdot\frac{|2p+q|}{\sqrt{5}}=\frac{|4p^2-q^2|}{5}$

① より，$4p^2-q^2=-4$ であるから　$\mathrm{PQ}\cdot\mathrm{PR}=\frac{4}{5}$

◀$|4p^2-q^2|=|-4|=4$

したがって，PQ·PRは一定である。

練習 64 直線 $y=2$ に接し，円 $C_1:x^2+(y+1)^2=1$ に外接する円 C_2 の中心Pの軌跡を求めよ。

中心Pの座標を $(X,\ Y)$ とおく。
円 C_2 の半径は，点Pと直線 $y=2$ との距離に等しいから　$|Y-2|$
円 C_1 は点 $(0,\ -1)$ を中心とする半径1の円である。よって，2円 C_1，C_2 の中

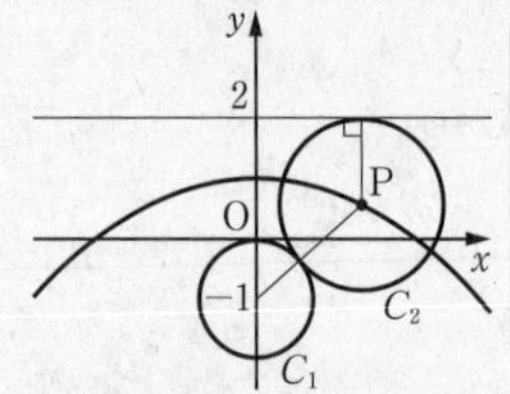

心間の距離は

$$\sqrt{X^2+(Y+1)^2}$$

2 円 C_1, C_2 は外接するから

$$\sqrt{X^2+(Y+1)^2}=1+|Y-2|$$

図より, $Y \leqq 2$ であるから　$|Y-2|=2-Y$

よって　$\sqrt{X^2+(Y+1)^2}=3-Y$

両辺を 2 乗して　$X^2+(Y+1)^2=(3-Y)^2$

これを整理して　$X^2=-8(Y-1)$

したがって, 求める軌跡は　**放物線 $x^2=-8(y-1)$**

◀ 2 円が外接するとき, 中心間の距離と半径の和は一致する。

◀ 図より, 中心 P は直線 $y=2$ より下側にある。

2章 5 2次曲線

練習 65　x 軸上の点 A と y 軸上の点 B が AB $=7$ を満たしながら動くとき, 線分 AB を 5:2 に内分する点 C の軌跡を求めよ。

点 A, B の座標をそれぞれ A$(a,\ 0)$, B$(0,\ b)$, 点 C の座標を $(X,\ Y)$ とおく。

AB $=7$ より　$\sqrt{a^2+b^2}=7$

よって　$a^2+b^2=49$　…①

また, C は線分 AB を 5:2 に内分する点であるから　$X=\frac{2}{7}a$, $Y=\frac{5}{7}b$

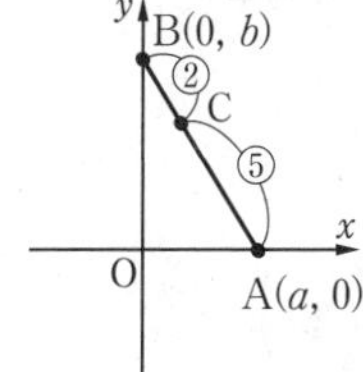

◀ $X=\frac{2\cdot a+5\cdot 0}{5+2}$
$Y=\frac{2\cdot 0+5\cdot b}{5+2}$

これらを a, b について解くと

$$a=\frac{7}{2}X,\ b=\frac{7}{5}Y$$

① に代入すると

$$\left(\frac{7}{2}X\right)^2+\left(\frac{7}{5}Y\right)^2=49$$

$$\frac{X^2}{4}+\frac{Y^2}{25}=1$$

よって, 点 C の軌跡は

楕円 $\frac{x^2}{4}+\frac{y^2}{25}=1$

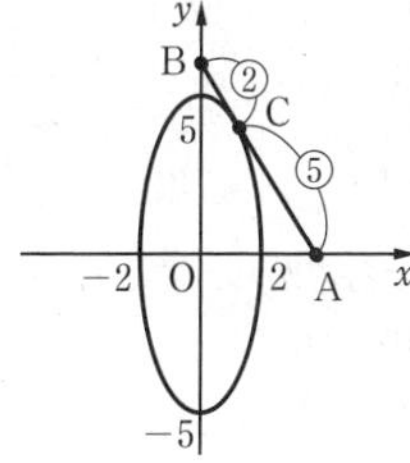

練習 66〔1〕 次の放物線の頂点, 焦点の座標および準線の方程式を求め, その概形をかけ。
(1) $y^2+2x-4=0$　　(2) $y^2=6y+2x-7$
〔2〕 次の楕円の中心, 焦点の座標を求め, その概形をかけ。
(1) $x^2+5y^2-10y=0$　　(2) $9x^2+4y^2+18x-24y+9=0$
〔3〕 次の双曲線の中心, 焦点の座標および漸近線の方程式を求め, その概形をかけ。
(1) $9x^2-4y^2+16y-52=0$　　(2) $4x^2-y^2-8x-4y+4=0$

〔1〕 (1) $y^2+2x-4=0$ を変形すると　$y^2=-2(x-2)$

これは, 原点を頂点とする放物線 $y^2=-2x$ を x 軸方向に 2 だけ平行移動したものである。

ここで, 放物線 $y^2=-2x=4\cdot\left(-\frac{1}{2}\right)x$ は

焦点 $\left(-\frac{1}{2},\ 0\right)$, 準線 $x=\frac{1}{2}$ であるから, 求める放物線の

◀ 放物線 $y^2=4px$ の焦点は $(p,\ 0)$, 準線は $x=-p$

◀ 頂点 $(0,\ 0)$ は $(2,\ 0)$ に移動する。

頂点は $(2,\ 0)$，**焦点は** $\left(\dfrac{3}{2},\ 0\right)$，

準線は $x=\dfrac{5}{2}$

概形は **右の図**。

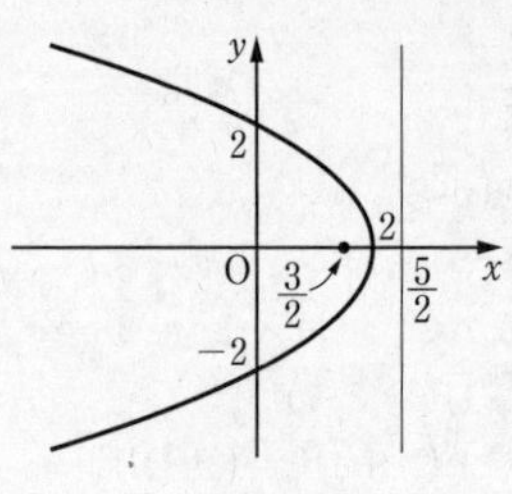

(2)　$y^2=6y+2x-7$ を変形すると　　$(y-3)^2=2(x+1)$

これは，原点を頂点とする放物線 $y^2=2x$ を x 軸方向に -1，y 軸方向に 3 だけ平行移動したものである。

ここで，放物線 $y^2=2x=4\cdot\dfrac{1}{2}x$ は

焦点 $\left(\dfrac{1}{2},\ 0\right)$，準線 $x=-\dfrac{1}{2}$ で

あるから，求める放物線の

頂点は $(-1,\ 3)$，**焦点は** $\left(-\dfrac{1}{2},\ 3\right)$，

準線は $x=-\dfrac{3}{2}$

概形は **右の図**。

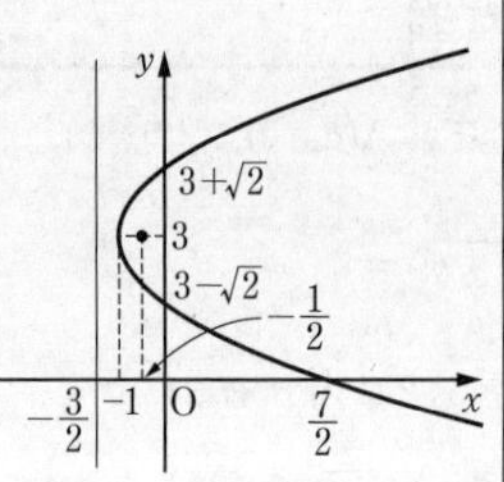

〔2〕 (1)　$x^2+5y^2-10y=0$ を変形すると，

$x^2+5(y-1)^2=5$ より　　$\dfrac{x^2}{5}+(y-1)^2=1$

◀ $x^2+5(y^2-2y)=0$
$x^2+5\{(y-1)^2-1^2\}=0$
$x^2+5(y-1)^2-5=0$

これは，原点を中心とする楕円 $\dfrac{x^2}{5}+y^2=1$ を y 軸方向に 1 だけ平行移動したものである。

ここで，楕円 $\dfrac{x^2}{5}+y^2=1$ は焦点 $(2,\ 0)$，$(-2,\ 0)$ であるから，求める楕円の **中心は** $(0,\ 1)$，

焦点は $(2,\ 1)$，$(-2,\ 1)$

概形は **右の図**。

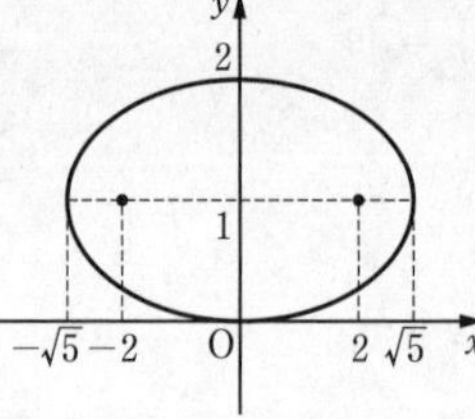

◀ 楕円
$\dfrac{x^2}{a^2}+\dfrac{y^2}{b^2}=1\ (a>b>0$
の焦点は $(\pm\sqrt{a^2-b^2},\ 0$

(2)　$9x^2+4y^2+18x-24y+9=0$ を変形すると，

$9(x+1)^2+4(y-3)^2=36$ より　　$\dfrac{(x+1)^2}{4}+\dfrac{(y-3)^2}{9}=1$

◀ $9(x^2+2x)+4(y^2-6y)=-$
$9\{(x+1)^2-1^2\}$
$+4\{(y-3)^2-3^2\}=-$
$9(x+1)^2+4(y-3)^2$
$-9-36=-$

これは原点を中心とする楕円 $\dfrac{x^2}{4}+\dfrac{y^2}{9}=1$ を x 軸方向に -1，y 軸方向に 3 だけ平行移動したものである。

ここで，楕円 $\dfrac{x^2}{4}+\dfrac{y^2}{9}=1$ は焦点 $(0,\ \sqrt{5})$，$(0,\ -\sqrt{5})$ であるから，求める楕円の **中心は** $(-1,\ 3)$，

焦点は

$(-1,\ \sqrt{5}+3)$，$(-1,\ -\sqrt{5}+3)$

概形は **右の図**。

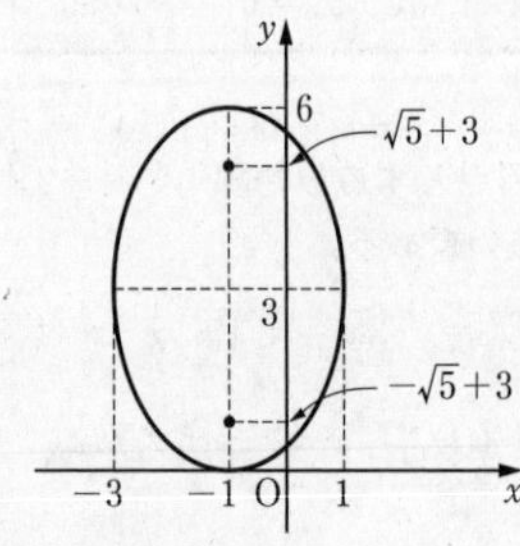

〔3〕 (1) $9x^2-4y^2+16y-52=0$ を変形すると，

$9x^2-4(y-2)^2=36$ より $\quad \dfrac{x^2}{4}-\dfrac{(y-2)^2}{9}=1$

◀ $9x^2-4(y^2-4y)=52$
$9x^2-4\{(y-2)^2-2^2\}=52$
$9x^2-4(y-2)^2+16=52$

これは，原点を中心とする双曲線 $\dfrac{x^2}{4}-\dfrac{y^2}{9}=1$ を y 軸方向に 2 だけ平行移動したものである。

ここで，双曲線 $\dfrac{x^2}{4}-\dfrac{y^2}{9}=1$ は焦点 $(\sqrt{13},\ 0)$，$(-\sqrt{13},\ 0)$ であるから，求める双曲線の **中心は** $(0,\ 2)$，

◀ 双曲線
$\dfrac{x^2}{a^2}-\dfrac{y^2}{b^2}=1$
$(a>0,\ b>0)$
の焦点は $(\pm\sqrt{a^2+b^2},\ 0)$
漸近線の方程式は
$y=\pm\dfrac{b}{a}x$

焦点は $(\sqrt{13},\ 2)$，$(-\sqrt{13},\ 2)$

漸近線は $\quad y-2=\pm\dfrac{3}{2}x$

すなわち

$$\boldsymbol{y=\frac{3}{2}x+2,\ y=-\frac{3}{2}x+2}$$

概形は **右の図**。

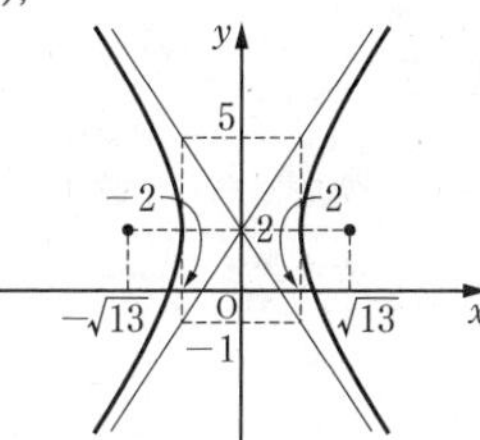

(2) $4x^2-y^2-8x-4y+4=0$ を変形すると，

$4(x-1)^2-(y+2)^2=-4$ より $\quad (x-1)^2-\dfrac{(y+2)^2}{4}=-1$

◀ $4(x^2-2x)-(y^2+4y)=-4$
$4\{(x-1)^2-1^2\}$
$-\{(y+2)^2-2^2\}=-4$
$4(x-1)^2-(y+2)^2$
$-4+4=-4$

これは原点を中心とする双曲線 $x^2-\dfrac{y^2}{4}=-1$ を x 軸方向に 1，y 軸方向に -2 だけ平行移動したものである。

ここで，双曲線 $x^2-\dfrac{y^2}{4}=-1$ は

焦点 $(0,\ \sqrt{5})$，$(0,\ -\sqrt{5})$ であるから，求める双曲線の **中心は** $(1,\ -2)$，

焦点は $(1,\ \sqrt{5}-2)$，$(1,\ -\sqrt{5}-2)$

漸近線は $\quad y+2=\pm2(x-1)$

すなわち

$$\boldsymbol{y=2x-4,\ y=-2x}$$

概形は **右の図**。

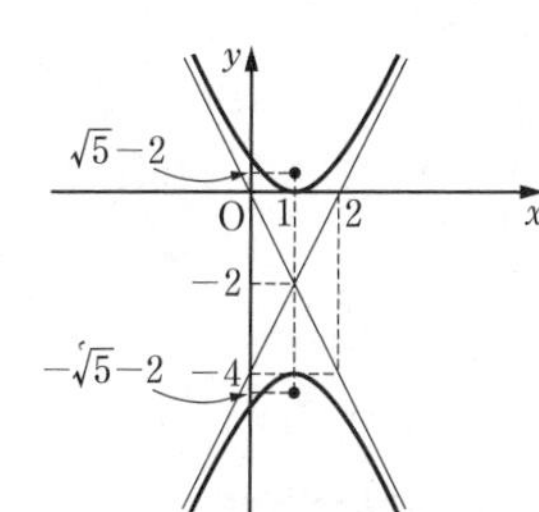

練習 67 次の 2 次曲線の方程式を求めよ。

(1) 頂点 $(1,\ 3)$，準線 $y=2$ の放物線

(2) 2 点 $(1,\ 4)$，$(1,\ 0)$ を焦点とし，点 $(3,\ 2)$ を通る楕円

(3) 2 点 $(5,\ 2)$，$(-5,\ 2)$ を焦点とし，頂点の 1 つが $(3,\ 2)$ である双曲線

(1) 求める放物線の頂点 $(1,\ 3)$ が原点と一致するように x 軸方向に -1，y 軸方向に -3 だけ平行移動した放物線の方程式を $x^2=4py$ とおくと，準線は $y=-1$ であるから $\quad p=1$

◀ 準線が y 軸に垂直であるから，“$x^2=$”の形でおける。

よって，求める放物線は $x^2=4y$ を x 軸方向に 1，y 軸方向に 3 だけ平行移動したものであるから

$$\boldsymbol{(x-1)^2=4(y-3)}$$

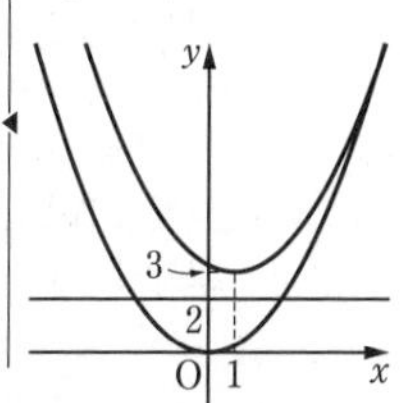

(2) 求める楕円の中心 $(1,\ 2)$ が原点と一致するように x 軸方向に -1，y 軸方向に -2 だけ平行移動した楕円の方程式を

$\dfrac{x^2}{a^2}+\dfrac{y^2}{b^2}=1\ (b>a>0)$ とおくと

曲線上の点 $(3,\ 2)$ は点 $(2,\ 0)$ となるから

$\dfrac{4}{a^2}=1$ より　　$a^2=4$　　…①

焦点は $(0,\ 2)$, $(0,\ -2)$ となるから

$\sqrt{b^2-a^2}=2$　すなわち　$b^2-a^2=4$

① を代入して　　$b^2=8$

よって，求める楕円は $\dfrac{x^2}{4}+\dfrac{y^2}{8}=1$ を x 軸方向に 1，y 軸方向に 2 だけ平行移動したものであるから

$$\frac{(x-1)^2}{4}+\frac{(y-2)^2}{8}=1$$

◀焦点は $(1-1,\ 4-2)$, $(1-1,\ 0-2)$ に移る。

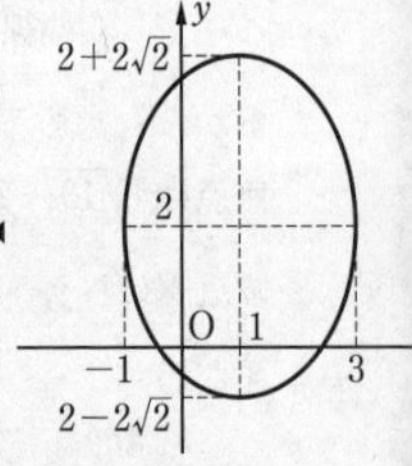

(3)　求める双曲線の中心 $(0,\ 2)$ が原点と一致するように y 軸方向に -2 だけ平行移動した双曲線の方程式を $\dfrac{x^2}{a^2}-\dfrac{y^2}{b^2}=1$ $(a>0,\ b>0)$ とおくと

頂点の 1 つが $(3,\ 0)$ となるから　　$a=3$　　…①

焦点は $(5,\ 0)$, $(-5,\ 0)$ となるから

$\sqrt{a^2+b^2}=5$　すなわち　$a^2+b^2=25$

① を代入して　　$b^2=16$

よって，求める双曲線は $\dfrac{x^2}{9}-\dfrac{y^2}{16}=1$ を y 軸方向に 2 だけ平行移動したものであるから

$$\frac{x^2}{9}-\frac{(y-2)^2}{16}=1$$

◀焦点を結ぶ線分の中点が双曲線の中心である。

◀中心は原点であり，焦点は x 軸上にあるから，右辺は 1 である。

◀焦点は $(5, 0)$, $(-5, 0)$ に移り，頂点の 1 つは $(3, 0)$ に移る。

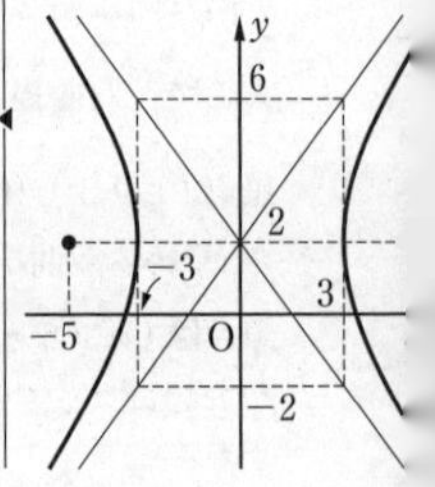

p.133 問題編 5　2次曲線

問題 54　$p \neq 0$ とする。
(1)　点 $\mathrm{F}(p,\ 0)$ からの距離と直線 $x=-p$ からの距離が等しい点 P の軌跡を求めよ。
(2)　点 $\mathrm{F}(0,\ p)$ からの距離と直線 $y=-p$ からの距離が等しい点 P の軌跡を求めよ。

(1)　点 P の座標を $(x,\ y)$ とおくと

$\mathrm{PF}=\sqrt{(x-p)^2+y^2}$

点 P から直線 $x=-p$ へ垂直 PH を下ろすと，$\mathrm{H}(-p,\ y)$ であるから

$\mathrm{PH}=|x+p|$

$\mathrm{PF}=\mathrm{PH}$ より　　$\mathrm{PF}^2=\mathrm{PH}^2$

よって　　$(x-p)^2+y^2=(x+p)^2$

これを整理すると，求める軌跡は

放物線　$y^2=4px$

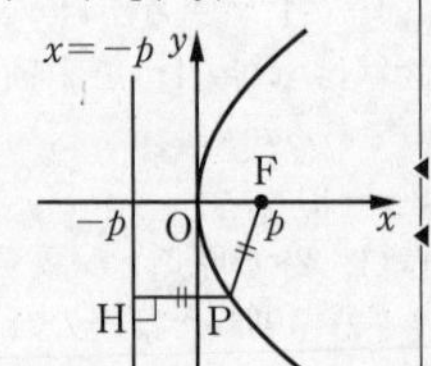

◀2 点間の距離の公式

◀点と直線の距離とは，点から直線に下ろした垂線の長さである。

◀$\mathrm{PH}=|x-(-p)|$

◀$\mathrm{PH}^2=|x+p|^2=(x+p)^2$

(2) 点Pの座標を $(x,\ y)$ とおくと

$$\mathrm{PF} = \sqrt{x^2 + (y-p)^2}$$

点Pから直線 $y = -p$ へ垂直PHを下ろすと，$\mathrm{H}(x,\ -p)$ であるから

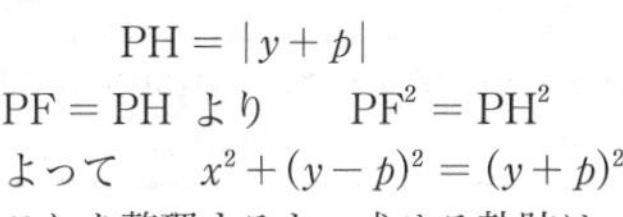

$$\mathrm{PH} = |y + p|$$

$\mathrm{PF} = \mathrm{PH}$ より　　$\mathrm{PF}^2 = \mathrm{PH}^2$

よって　　$x^2 + (y-p)^2 = (y+p)^2$

これを整理すると，求める軌跡は

　　放物線　$\boldsymbol{x^2 = 4py}$

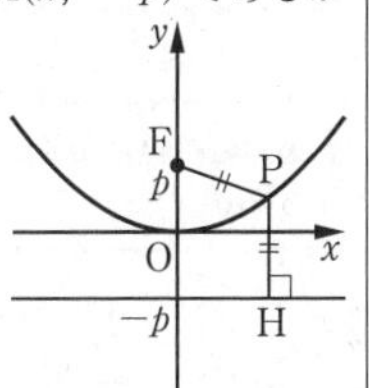

問題 55　p を正の定数とする。放物線 $y^2 = 4px$ と直線 $x = p$ との交点をA，B，放物線 $y^2 = 8px$ と直線 $x = 2p$ との交点をC，Dとする。△OABと△OCDの面積比を求めよ。

$y^2 = 4px$ において $x = p$ とすると，

$y^2 = 4p \cdot p$ より　　$y = \pm 2p$

よって　　$\triangle\mathrm{OAB} = \dfrac{1}{2} \cdot 4p \cdot p = 2p^2$

$y^2 = 8px$ において $x = 2p$ とすると，

$y^2 = 8p \cdot 2p$ より　　$y = \pm 4p$

よって　　$\triangle\mathrm{OCD} = \dfrac{1}{2} \cdot 8p \cdot 2p = 8p^2$

したがって

　　$\triangle\mathrm{OAB} : \triangle\mathrm{OCD} = 2p^2 : 8p^2 = \boldsymbol{1 : 4}$

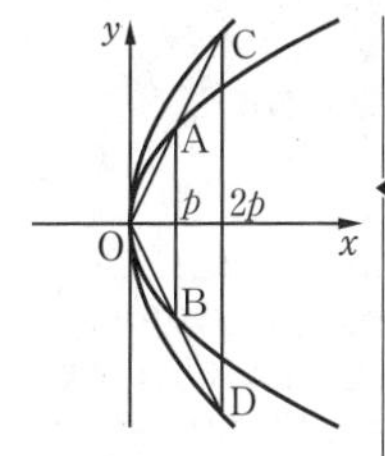

◀ $\mathrm{O}(0,\ 0)$，$\mathrm{A}(x_1,\ y_1)$，$\mathrm{B}(x_2,\ y_2)$ に対して $\triangle\mathrm{OAB} = \dfrac{1}{2}|x_1y_2 - x_2y_1|$ を用いてもよい。

問題 56　円 $C_1 : (x+3)^2 + y^2 = 64$ に内接し，点 $(3,\ 0)$ を通る円 C_2 の中心Pの軌跡を求めよ。

円 C_1 の中心を $\mathrm{A}(-3,\ 0)$，

また，点 $\mathrm{B}(3,\ 0)$，$\mathrm{P}(x,\ y)$ とおく。

2円 C_1，C_2 の中心間の距離は

$$\mathrm{AP} = \sqrt{(x+3)^2 + y^2}$$

C_1 の半径は　8

C_2 の半径は　$\mathrm{PB} = \sqrt{(x-3)^2 + y^2}$

C_1 と C_2 は内接するから

$$\sqrt{(x+3)^2 + y^2} = 8 - \sqrt{(x-3)^2 + y^2}$$

両辺を2乗して整理すると

$$3x - 16 = -4\sqrt{(x-3)^2 + y^2}$$

さらに，両辺を2乗して整理すると

$$7x^2 + 16y^2 = 112$$

両辺を112で割ると　　$\dfrac{x^2}{16} + \dfrac{y^2}{7} = 1$

よって，求める軌跡は　　**楕円**　$\boldsymbol{\dfrac{x^2}{16} + \dfrac{y^2}{7} = 1}$

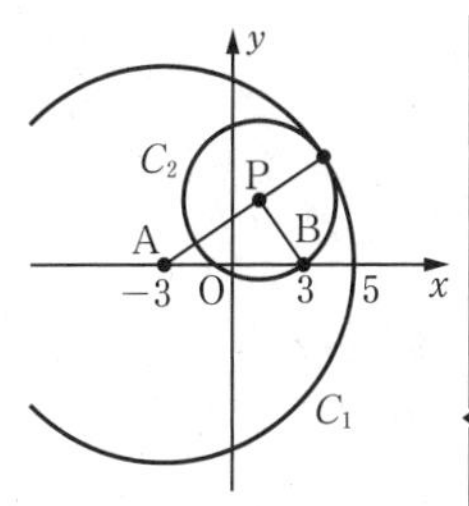

◀ 2円が内接するとき2つの円の半径を r_1，r_2，中心間の距離を d とすると
　$d = |r_1 - r_2|$

Plus One

この楕円は，2点A，Bを焦点とし，A，Bからの距離の和が8である。

問題 57 楕円 $2x^2+y^2=2a^2$ の焦点，頂点の座標，および長軸，短軸の長さを求め，その概形をかけ。ただし，$a>0$ とする。

与式の両辺を $2a^2$ で割ると $\dfrac{x^2}{a^2}+\dfrac{y^2}{2a^2}=1$ であるから

◀右辺を1にする。

この楕円の頂点は

$(\boldsymbol{a},\ \boldsymbol{0}),\ (-\boldsymbol{a},\ \boldsymbol{0}),\ (\boldsymbol{0},\ \sqrt{2}\boldsymbol{a}),\ (\boldsymbol{0},\ -\sqrt{2}\boldsymbol{a})$

また，$\sqrt{2a^2-a^2}=a$ より

◀$a>0$ のとき $\sqrt{a^2}=a$

焦点は　　$(\boldsymbol{0},\ \boldsymbol{a}),\ (\boldsymbol{0},\ -\boldsymbol{a})$

長軸の長さは　　$2\times\sqrt{2}a=\boldsymbol{2\sqrt{2}a}$

短軸の長さは　　$2\times a=\boldsymbol{2a}$

概形は **右の図**。

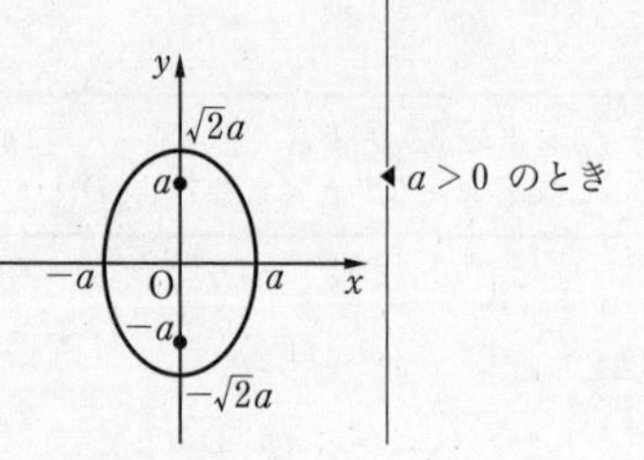

問題 58 4つの頂点がすべて座標軸上にあり，それら4つの頂点を結んでできる四角形の面積が24，周の長さが20である楕円の方程式を求めよ。さらに，この楕円の焦点の座標を求めよ。

求める楕円の方程式を $\dfrac{x^2}{a^2}+\dfrac{y^2}{b^2}=1$

$(a>0,\ b>0)$ とおくと

与えられた条件から

$2ab=24$　　…①

$4\sqrt{a^2+b^2}=20$　　…②

② より　　$a^2+b^2=25$

① より　　$a^2b^2=144$

解と係数の関係により，a^2，b^2 を解とする2次方程式の一つは

$x^2-25x+144=0$ である。

$(x-9)(x-16)=0$ より　　$x=9,\ 16$

よって　　$(a^2,\ b^2)=(9,\ 16),\ (16,\ 9)$

$a>0,\ b>0$ より　　$(a,\ b)=(3,\ 4),\ (4,\ 3)$

したがって，求める楕円の方程式は　　$\boldsymbol{\dfrac{x^2}{9}+\dfrac{y^2}{16}=1,\ \dfrac{x^2}{16}+\dfrac{y^2}{9}=1}$ ◀

また，焦点の座標は

$\dfrac{x^2}{9}+\dfrac{y^2}{16}=1$ のとき　　$(\boldsymbol{0},\ \pm\sqrt{7})$

$\dfrac{x^2}{16}+\dfrac{y^2}{9}=1$ のとき　　$(\pm\sqrt{7},\ \boldsymbol{0})$

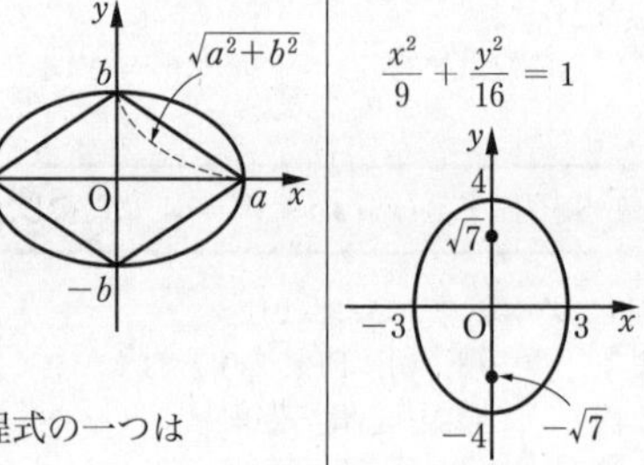

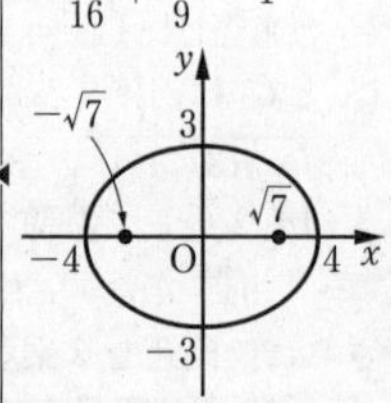

問題 59 次の2次曲線 C 上の点Pの x 座標を a 倍，y 座標を b 倍した点をQとする。点Pが曲線 C 上を動くとき，点Qの軌跡を求めよ。ただし，$a>0,\ b>0$ とする。

(1) $x^2+y^2=1$　　　(2) $y=x^2$

点Pの座標を $(s,\ t)$，点Qの座標を $(X,\ Y)$ とおく。
点Qは点Pの x 座標を a 倍，y 座標を b 倍した点であるから

$$X = as,\ Y = bt$$

よって　$s = \dfrac{X}{a},\ t = \dfrac{Y}{b}$　…①

◀軌跡を求める点はQ
⇨ $Q(X,\ Y)$ とおく。
図形上を動く点P
⇨ $P(s,\ t)$ とおく。

(1) $P(s,\ t)$ は円 $x^2 + y^2 = 1$ 上にあるから　$s^2 + t^2 = 1$　…②

①を②に代入すると　$\left(\dfrac{X}{a}\right)^2 + \left(\dfrac{Y}{b}\right)^2 = 1$

したがって，求める軌跡は　**楕円 $\boldsymbol{\dfrac{x^2}{a^2} + \dfrac{y^2}{b^2} = 1}$**

(2) $P(s,\ t)$ は放物線 $y = x^2$ 上にあるから　$t = s^2$　…③

①を③に代入すると　$\dfrac{Y}{b} = \left(\dfrac{X}{a}\right)^2$

◀ $\dfrac{Y}{b} = \dfrac{X^2}{a^2}$ の両辺に b を掛ける。

したがって，求める軌跡は　**放物線 $\boldsymbol{y = \dfrac{b}{a^2}x^2}$**

Plus One

楕円 $\dfrac{x^2}{a^2} + \dfrac{y^2}{b^2} = 1$ …① は円 $x^2 + y^2 = 1$ …② を x 軸方向に a 倍，y 軸方向に b 倍したものである。これと円②の面積が π であることから，楕円①の面積は $\boldsymbol{\pi ab}$ であることが分かる。

問題 60　円 $C_1 : (x+2)^2 + y^2 = 12$ に外接し，点 $(2,\ 0)$ を通る円 C_2 の中心Pの軌跡を求めよ。

円 C_1 の中心を $A(-2,\ 0)$，
また，点 $B(2,\ 0)$，$P(x,\ y)$ とおく。
2円 C_1，C_2 の中心間の距離は

$$AP = \sqrt{(x+2)^2 + y^2}$$

C_1 の半径は　$2\sqrt{3}$

C_2 の半径は　$BP = \sqrt{(x-2)^2 + y^2}$

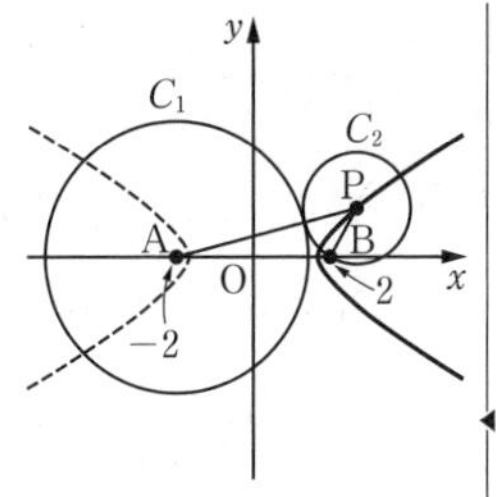

C_1 と C_2 は外接するから

$$\sqrt{(x+2)^2 + y^2} = 2\sqrt{3} + \sqrt{(x-2)^2 + y^2}$$

◀2円が外接するとき，2つの円の半径を r_1，r_2，中心間の距離を d とすると　$d = r_1 + r_2$

両辺を2乗して整理すると

$$2x - 3 = \sqrt{3}\sqrt{(x-2)^2 + y^2}$$

さらに，$2x - 3 \geqq 0$ すなわち $x \geqq \dfrac{3}{2}$ …① の条件のもとで，両辺を2乗して整理すると

$$x^2 - 3y^2 = 3 \quad \text{すなわち} \quad \frac{x^2}{3} - y^2 = 1$$

$y^2 = \dfrac{x^2}{3} - 1 \geqq 0$ より　$x \leqq -\sqrt{3},\ \sqrt{3} \leqq x$　…②

①，②より　$x \geqq \sqrt{3}$

よって，求める軌跡は　**双曲線 $\boldsymbol{\dfrac{x^2}{3} - y^2 = 1\ \ (x \geqq \sqrt{3})}$**

Plus One

この双曲線は，2 点 A，B を焦点とし，A，B からの距離の差が $2\sqrt{3}$ である双曲線の右半分である。

問題 61 双曲線 $3x^2-y^2=3$ 上の点 P から直線 $x=\dfrac{1}{2}$ までの距離は，常に P から点 A(2, 0) までの距離の $\dfrac{1}{2}$ 倍であることを示せ。

点 P の座標を $(s,\ t)$ とすると，点 P は双曲線 $3x^2-y^2=3$ 上にあるから，$3s^2-t^2=3$ より　$t^2=3s^2-3$　…①

点 P から直線 $x=\dfrac{1}{2}$ に垂線 PH を下ろすと

$$2\mathrm{PH}=2\left|s-\frac{1}{2}\right|=|2s-1|$$

また，①より

$$\mathrm{AP}=\sqrt{(s-2)^2+t^2}=\sqrt{(s-2)^2+(3s^2-3)}$$
$$=\sqrt{4s^2-4s+1}=\sqrt{(2s-1)^2}=|2s-1|$$

◀①を代入

よって，$2\mathrm{PH}=\mathrm{AP}$，すなわち，$\mathrm{PH}=\dfrac{1}{2}\mathrm{AP}$ である。

問題 62 中心が原点，主軸が x 軸または y 軸であり，2 点 $(2,\ \sqrt{2})$，$(-2\sqrt{3},\ 2)$ を通る双曲線の方程式を求めよ。

(ア) 主軸が x 軸であるとき

双曲線の中心が原点であるから，

方程式を $\dfrac{x^2}{a^2}-\dfrac{y^2}{b^2}=1$ $(a>0,\ b>0)$ とおく。

◀主軸が x 軸であるから，右辺は 1 である。

点 $(2,\ \sqrt{2})$ を通るから　$\dfrac{4}{a^2}-\dfrac{2}{b^2}=1$　…①

点 $(-2\sqrt{3},\ 2)$ を通るから　$\dfrac{12}{a^2}-\dfrac{4}{b^2}=1$　…②

①×2−②より　$-\dfrac{4}{a^2}=1$

すなわち　$a^2=-4$

これを満たす実数 a は存在しないから，不適。

(イ) 主軸が y 軸であるとき

双曲線の中心が原点であるから，

方程式を $\dfrac{x^2}{a^2}-\dfrac{y^2}{b^2}=-1$ $(a>0,\ b>0)$ とおく。

◀主軸が y 軸であるから，右辺は −1 である。

点 $(2,\ \sqrt{2})$ を通るから　$\dfrac{4}{a^2}-\dfrac{2}{b^2}=-1$　…③

点 $(-2\sqrt{3},\ 2)$ を通るから　$\dfrac{12}{a^2}-\dfrac{4}{b^2}=-1$　…④

③×2−④より　$-\dfrac{4}{a^2}=-1$

よって　　$a=2$

③ に代入すると　　$b=1$

よって，双曲線の方程式は　　$\dfrac{x^2}{4}-y^2=-1$

◀ a，b の値を求めずに，a^2，b^2 の値から方程式を求めてもよい。

(ア)，(イ) より，求める双曲線の方程式は　　$\boldsymbol{\dfrac{x^2}{4}-y^2=-1}$

〔別解〕

双曲線の中心が原点であるから，求める方程式を $Ax^2-By^2=1$ とおく。ただし，A，B は同符号である。

◀ **PlusOne** 参照。

点 $(2,\ \sqrt{2})$ を通るから　　$4A-2B=1$　　$\cdots$ ①

点 $(-2\sqrt{3},\ 2)$ を通るから　　$12A-4B=1$　　$\cdots$ ②

①，② を連立して解くと　　$A=-\dfrac{1}{4}$，$B=-1$

A，B は同符号であるから，求める双曲線の方程式は

$$-\frac{x^2}{4}+y^2=1 \quad \text{すなわち} \quad \frac{x^2}{4}-y^2=-1$$

Plus One

主軸が x 軸である双曲線 $\dfrac{x^2}{a^2}-\dfrac{y^2}{b^2}=1$ について，$\dfrac{1}{a^2}=A$，$\dfrac{1}{b^2}=B$ とおくと

$Ax^2-By^2=1$（ただし，$A>0$，$B>0$）と表すことができる。

また，主軸が y 軸である双曲線 $\dfrac{x^2}{a^2}-\dfrac{y^2}{b^2}=-1$ $\cdots$ ① について，

① の両辺に -1 を掛けると　　$\dfrac{x^2}{-a^2}-\dfrac{y^2}{-b^2}=1$

ここで，$-\dfrac{1}{a^2}=A$，$-\dfrac{1}{b^2}=B$ とおくと $Ax^2-By^2=1$（ただし，$A<0$，$B<0$）と表すことができる。

したがって，原点が中心であり，主軸が x 軸または y 軸である双曲線の方程式は

$Ax^2-By^2=1$　（ただし，A，B は同符号）

と表すことができる。

問題 63　双曲線 $\dfrac{x^2}{a^2}-\dfrac{y^2}{b^2}=1$ $(a>0,\ b>0)$ 上の任意の点 P を通り，漸近線と平行な 2 つの直線が漸近線と交わる点を Q，R とする。原点 O からの距離 OQ，OR の積は一定値をとることを証明せよ。

点 P の座標を $(p,\ q)$ とすると，

P は双曲線上の点であるから

$$\frac{p^2}{a^2}-\frac{q^2}{b^2}=1 \qquad \cdots ①$$

2 つの漸近線の方程式は

$y=\dfrac{b}{a}x$ $\cdots$ ②，$y=-\dfrac{b}{a}x$ $\cdots$ ③

であるから，点 P を通り，漸近線 ②，③

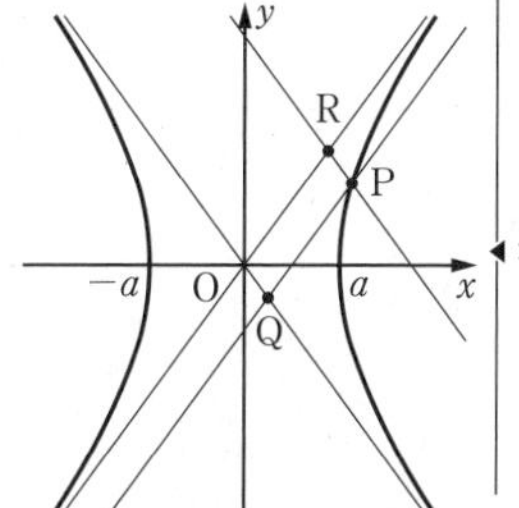

◀ 漸近線は　$y=\pm\dfrac{b}{a}x$

と平行な直線の方程式は

$$y=\frac{b}{a}(x-p)+q \ \cdots ④,\quad y=-\frac{b}{a}(x-p)+q \ \cdots ⑤$$

③と④，②と⑤をそれぞれ連立して，交点Q，Rの座標を求めると

$$\mathrm{Q}\left(\frac{bp-aq}{2b},\ -\frac{bp-aq}{2a}\right),\ \mathrm{R}\left(\frac{bp+aq}{2b},\ \frac{bp+aq}{2a}\right)$$

よって

$$\mathrm{OQ}\cdot\mathrm{OR}=\sqrt{\left(\frac{bp-aq}{2b}\right)^2+\left(-\frac{bp-aq}{2a}\right)^2}\sqrt{\left(\frac{bp+aq}{2b}\right)^2+\left(\frac{bp+aq}{2a}\right)^2}$$

$$=|bp-aq|\sqrt{\frac{a^2+b^2}{4a^2b^2}}\cdot|bp+aq|\sqrt{\frac{a^2+b^2}{4a^2b^2}}$$

$$=|b^2p^2-a^2q^2|\frac{a^2+b^2}{4a^2b^2}$$

①より，$b^2p^2-a^2q^2=a^2b^2$ であるから

$$\mathrm{OQ}\cdot\mathrm{OR}=a^2b^2\cdot\frac{a^2+b^2}{4a^2b^2}=\frac{a^2+b^2}{4}$$

したがって，OQ・ORは一定値 $\frac{a^2+b^2}{4}$ をとる。

問題 64 直線 $x=-2$ に接し，円 $C_1:(x-1)^2+y^2=1$ と内接する円 C_2 の中心Pの軌跡を求めよ。

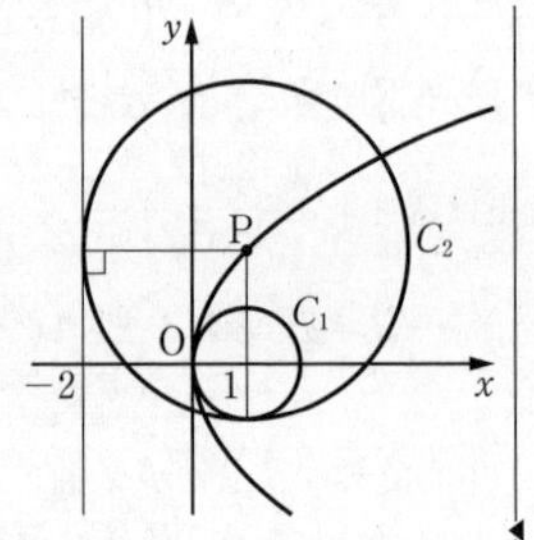

中心Pの座標を $(X,\ Y)$ とおく。

円 C_2 の半径は，点Pと直線 $x=-2$ との距離に等しいから　$|X+2|$

円 C_1 は点 $(1,\ 0)$ を中心とする半径1の円である。

よって，2円 C_1，C_2 の中心間の距離は

$$\sqrt{(X-1)^2+Y^2}$$

2円 C_1，C_2 は内接するから

$$\sqrt{(X-1)^2+Y^2}=||X+2|-1|$$

◀ 2円が内接するとき，中心間の距離と半径の差の絶対値が一致する。

図より，$X \geqq -2$ であるから

$$|X+2|=X+2$$

よって　$\sqrt{(X-1)^2+Y^2}=|X+1|$

両辺を2乗して　$(X-1)^2+Y^2=(X+1)^2$

◀ $|X+1|^2=(X+1)^2$

これを整理して　$Y^2=4X$

したがって，求める軌跡は　**放物線 $y^2=4x$**

問題 65 x 軸および y 軸上にそれぞれ点P，Qをとる。2点P，Qが $\mathrm{PQ}=2a\ (a>0)$ を満たしながら動くとき，線分PQを3:1に外分する点Rの軌跡を求めよ。

点P，Qの座標をそれぞれ $\mathrm{P}(p,\ 0)$，$\mathrm{Q}(0,\ q)$，点Rの座標を $(X,\ Y)$ とおく。

◀ 軌跡を求める点R ⇨ $\mathrm{R}(X,\ Y)$ とおく。図形上を動く点P，Q ⇨ $\mathrm{P}(p,\ 0)$，$\mathrm{Q}(0,\ q)$ とおく。

$\mathrm{PQ}=2a$ より　$\sqrt{p^2+q^2}=2a$

よって　$p^2+q^2=4a^2 \quad \cdots ①$

また，Rは線分PQを3:1に外分する点であ

るから　$X=-\dfrac{p}{2}$, $Y=\dfrac{3}{2}q$

> $\mathrm{R}\left(\dfrac{-1\cdot p+3\cdot 0}{3-1}, \dfrac{-1\cdot 0+3\cdot q}{3-1}\right)$ より　$\mathrm{R}\left(-\dfrac{p}{2}, \dfrac{3}{2}q\right)$ よって $\begin{cases} X=-\dfrac{p}{2} \\ Y=\dfrac{3}{2}q \end{cases}$

p, q について解くと　$p=-2X$, $q=\dfrac{2}{3}Y$

① に代入すると

$$(-2X)^2+\left(\frac{2}{3}Y\right)^2=4a^2$$

$$\frac{X^2}{a^2}+\frac{Y^2}{9a^2}=1$$

> 両辺を $4a^2$ で割り，右辺を 1 にする。

よって，点 R の軌跡は

楕円 $\boldsymbol{\dfrac{x^2}{a^2}+\dfrac{y^2}{9a^2}=1}$

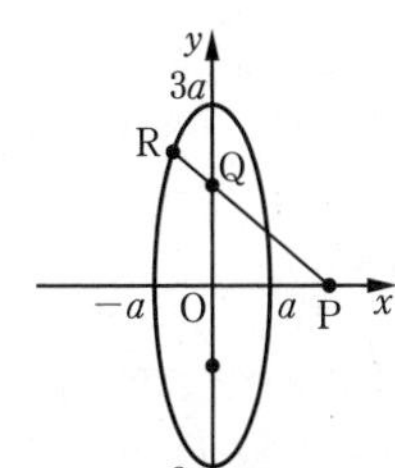

問題 66　曲線 $11x^2-24xy+4y^2=20$ を C とする。直線 $y=3x$ に関して，曲線 C と対称な曲線 C' の方程式を求めよ。

C 上の点を $\mathrm{P}(a, b)$，直線 $y=3x$ に関して P と対称な点を $\mathrm{Q}(X, Y)$ とし，Q の軌跡を求める。

P は C 上にあるから　$11a^2-24ab+4b^2=20$　…①

2 点 P，Q は直線 $y=3x$ に関して対称であることより，線分 PQ の中点 $\left(\dfrac{a+X}{2}, \dfrac{b+Y}{2}\right)$ は直線 $y=3x$ 上にあるから

> P，Q が直線 $y=3x$ に関して対称
> $\iff$ 直線 $y=3x$ は線分 PQ の垂直二等分線
> $\iff$ (ア) 線分 PQ の中点が直線 $y=3x$ 上
> (イ) 直線 PQ ⊥ 直線 $y=3x$

$$\frac{b+Y}{2}=3\cdot\frac{a+X}{2}$$

よって　$3a-b=-3X+Y$　…②

また，直線 PQ と直線 $y=3x$ は直交するから

$$\frac{Y-b}{X-a}\cdot 3=-1$$

よって　$a+3b=X+3Y$　…③

②，③ を連立して，a，b について解くと

$$a=\frac{-4X+3Y}{5},\ b=\frac{3X+4Y}{5}$$

これらを ① に代入して整理すると　$4X^2-Y^2=4$

したがって，曲線 C' の方程式は　$\boldsymbol{x^2-\dfrac{y^2}{4}=1}$

> 双曲線である。

問題 67　次の条件を満たす 2 次曲線の方程式を求めよ。

(1)　直線 $y=1$ を軸とし，2 点 $(-1, 3)$，$(2, -3)$ を通る放物線

(2)　軸が座標軸と平行で，3 点 $(2, 1)$，$(2, 5)$，$(5, -1)$ を通る放物線

(3)　2 直線 $y=x+3$，$y=-x-1$ を漸近線とし，点 $\left(1, 1+\sqrt{7}\right)$ を通る双曲線

(1)　直線 $y=1$ を軸とするから，求める放物線の方程式は $(y-1)^2=4p(x-a)$ とおける。

> 放物線 $y^2=4px$ を頂点が $(a, 1)$ となるように平行移動する。

これが 2 点 $(-1, 3)$，$(2, -3)$ を通るから

$$4p(-1-a)=4,\ 4p(2-a)=16$$

これを解くと　$p=1$, $a=-2$

よって，求める方程式は

$$(\boldsymbol{y}-\mathbf{1})^2=\mathbf{4}(\boldsymbol{x}+\mathbf{2})$$

(2)　2 点 $(2,\ 1)$，$(2,\ 5)$ は y 軸に平行に並ぶから，軸は直線 $y=3$ であり，求める方程式は $(y-3)^2=4p(x-a)$ とおける。
これが $(2,\ 1)$，$(5,\ -1)$ を通るから

$$4p(2-a)=4,\ 4p(5-a)=16$$

これを解くと　　$p=1,\ a=1$
よって，求める方程式は

$$(\boldsymbol{y}-\mathbf{3})^2=\mathbf{4}(\boldsymbol{x}-\mathbf{1})$$

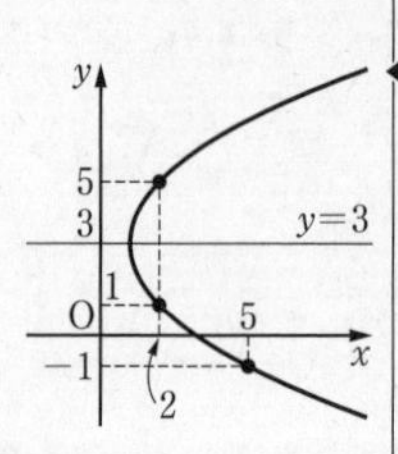

◀放物線の軸が座標軸に平行であるから，軸は $x=k$ または $y=k$ の形で表される。

(3)　双曲線の中心は 2 本の漸近線の交点 $(-2,\ 1)$ である。
また，2 本の漸近線が直交するから，求める方程式は

$$\frac{(x+2)^2}{a^2}-\frac{(y-1)^2}{a^2}=1\quad(a>0)$$

とおける。
これが点 $\left(1,\ 1+\sqrt{7}\right)$ を通るから

$$\frac{3^2}{a^2}-\frac{\left(\sqrt{7}\right)^2}{a^2}=1$$

これより　　$a^2=2$
よって，求める方程式は

$$\frac{(\boldsymbol{x}+\mathbf{2})^2}{\mathbf{2}}-\frac{(\boldsymbol{y}-\mathbf{1})^2}{\mathbf{2}}=\mathbf{1}$$

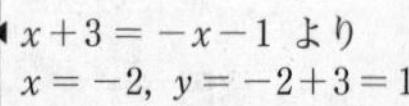
◀$x+3=-x-1$ より
$x=-2,\ y=-2+3=1$

◀$1+\sqrt{7}<1+3$ より，主軸は x 軸に平行である。
また，
双曲線 $\dfrac{x^2}{a^2}-\dfrac{y^2}{b^2}=1$
$(a>0,\ b>0)$ の漸近線が $y=\pm x$ であるときは $a=b$ と考えればよい。

p.135 定期テスト攻略 ▶5

1
(1)　放物線 $y^2=-12x$ の焦点の座標，準線の方程式を求め，その概形をかけ。
(2)　焦点が点 $\left(0,\ \dfrac{5}{4}\right)$，準線が $y=-\dfrac{5}{4}$ である放物線の方程式を求めよ。

(1)　$y^2=4\cdot(-3)x$ より
焦点　　$(-3,\ 0)$
準線　　$x=3$
概形は右の図

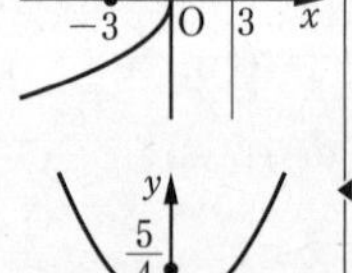

◀$y^2=4px$ の形に変形する。
このとき
焦点 $(p,0)$，準線 $x=-p$

(2)　焦点 $\left(0,\ \dfrac{5}{4}\right)$，準線 $y=-\dfrac{5}{4}$ であるから，

求める放物線の方程式は　　$x^2=4\cdot\dfrac{5}{4}y$

すなわち　　$\boldsymbol{x^2=5y}$

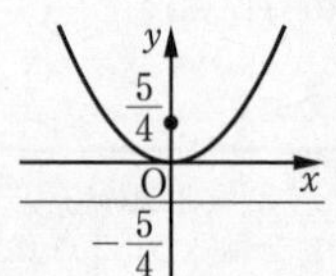

◀頂点が原点にあり，焦点が y 軸上にあるから
$x^2=4py$

2
(1)　楕円 $4x^2+y^2=12$ の焦点の座標，長軸と短軸の長さを求め，その概形をかけ。
(2)　焦点が点 $(2,\ 0)$，$(-2,\ 0)$ で，点 $\left(\sqrt{3},\ 1\right)$ を通る楕円の方程式を求めよ。

(1)　与式の両辺を 12 で割ると，$\dfrac{x^2}{3}+\dfrac{y^2}{12}=1$ であるから

この楕円の頂点は　　$\left(\sqrt{3},\ 0\right)$，$\left(-\sqrt{3},\ 0\right)$，$\left(0,\ 2\sqrt{3}\right)$，$\left(0,\ -2\sqrt{3}\right)$

◀右辺を 1 にする。

また，$\sqrt{12-3}=3$ より

焦点は　$(0,\ 3),\ (0,\ -3)$

長軸の長さは　$2\times2\sqrt{3}=4\sqrt{3}$

短軸の長さは　$2\times\sqrt{3}=2\sqrt{3}$

概形は右の図

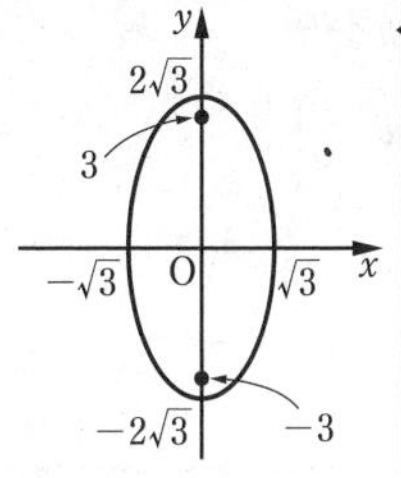

◀ $a^2=3$ より　$a=\sqrt{3}$
$b^2=12$ より　$b=2\sqrt{3}$
$b>a$ であるから
焦点 $(0,\ \pm\sqrt{b^2-a^2})$
長軸の長さ　$2b$
短軸の長さ　$2a$

(2)　求める楕円の中心は原点で，焦点が x 軸上にあるから，方程式を

$\dfrac{x^2}{a}+\dfrac{y^2}{b}=1$　$(a>b>0)$ とおく。

焦点が $(\pm2,\ 0)$ であるから

$\sqrt{a^2-b^2}=2$　すなわち　$a^2-b^2=2^2$　…①

点 $(\sqrt{3},\ 1)$ を通るから

$\dfrac{(\sqrt{3})^2}{a^2}+\dfrac{1^2}{b^2}=1$　…②

①，② を連立して解くと

$a=\sqrt{6},\ b=\sqrt{2}$

したがって，求める楕円の方程式は

$$\boldsymbol{\frac{x^2}{6}+\frac{y^2}{2}=1}$$

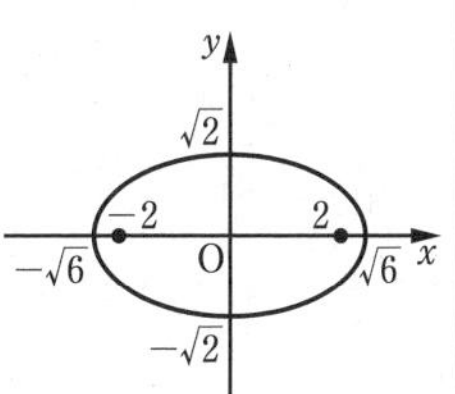

◀ 中心（2 つの焦点を結んだ線分の中点）は原点である。
また，焦点が x 軸上にあるから，$a>b$ である。

3　(1)　双曲線 $5x^2-7y^2=-35$ の頂点と焦点の座標，漸近線の方程式を求め，その概形をかけ。

(2)　焦点が点 $(\sqrt{6},\ 0)$，$(-\sqrt{6},\ 0)$ で，2 本の漸近線の傾きが $\dfrac{1}{\sqrt{3}}$，$-\dfrac{1}{\sqrt{3}}$ である双曲線の方程式を求めよ。

(1)　与式の両辺を 35 で割ると，

$\dfrac{x^2}{7}-\dfrac{y^2}{5}=-1$ であるから

頂点は　$(0,\ \sqrt{5}),\ (0,\ -\sqrt{5})$

また，$\sqrt{7+5}=2\sqrt{3}$ より

焦点は　$(0,\ 2\sqrt{3}),\ (0,\ -2\sqrt{3})$

漸近線は　$\boldsymbol{y=\pm\dfrac{\sqrt{35}}{7}x}$

概形は右の図

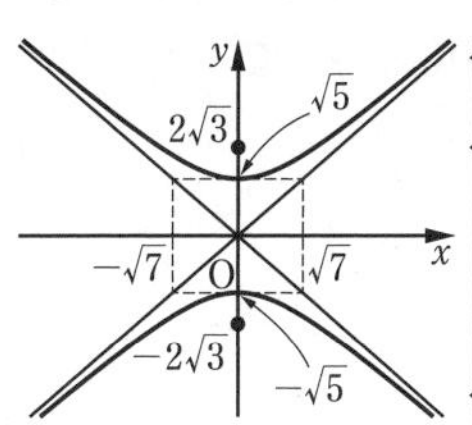

◀ 右辺を -1 にする。

◀ $a^2=7$ より　$a=\sqrt{7}$
$b^2=5$ より　$b=\sqrt{5}$

◀ 双曲線 $\dfrac{x^2}{a^2}-\dfrac{y^2}{b^2}=-1$ は
頂点　$(0,\ \pm b)$
焦点　$(0,\ \pm\sqrt{a^2+b^2})$

(2)　求める双曲線の中心は原点で，焦点が x 軸上にあるから，方程式を

$\dfrac{x^2}{a^2}-\dfrac{y^2}{b^2}=1$　$(a>0,\ b>0)$ とおく。

焦点が $(\pm\sqrt{6},\ 0)$ であるから

$\sqrt{a^2+b^2}=\sqrt{6}$　すなわち　$a^2+b^2=6$　…①

漸近線の傾きが $\pm\dfrac{1}{\sqrt{3}}$ であるから

$\dfrac{b}{a}=\dfrac{1}{\sqrt{3}}$　…②

◀ 焦点が x 軸上にあるから右辺は 1 である。

◀ 漸近線の方程式は
$y=\pm\dfrac{b}{a}x$

①，② を連立して解くと

$$a=\frac{3\sqrt{2}}{2},\ b=\frac{\sqrt{6}}{2}$$

したがって　$\boldsymbol{\frac{2x^2}{9}-\frac{2y^2}{3}=1}$

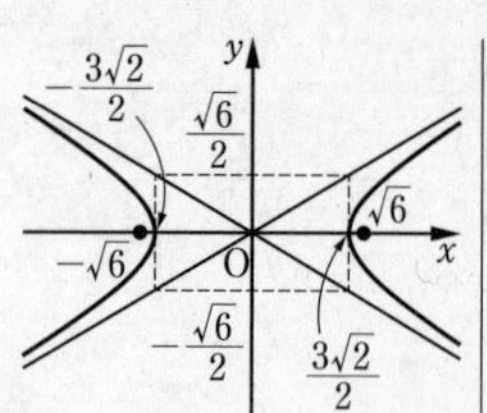

4　2 直線 $l_1 : y-kx=0$，$l_2 : x+2ky=1$ の交点を P とする。k が $0<k<1$ の範囲で変化するとき，P の軌跡を図示せよ。

l_1 と l_2 の交点 P を $(X,\ Y)$ とおくと

$Y-kX=0$　$\cdots$①

$X+2kY=1$　$\cdots$②

①，② より k を消去すると　$X^2+2Y^2=X$　◀ ①×$2Y$＋②×X

$$\left(X-\frac{1}{2}\right)^2+2Y^2=\frac{1}{4}$$

よって　$4\left(X-\frac{1}{2}\right)^2+8Y^2=1$

①，② より Y を消去すると　$(1+2k^2)X=1$　◀ ②－①×$2k$

よって　$X=\frac{1}{2k^2+1}$　$\cdots$③

$0<k<1$ より，$1<2k^2+1<3$ であるから，③ より　◀ $0<k<1$ のときの X の範囲を求める。

$$\frac{1}{3}<X<1$$

また，① より $Y=kX$ であるから

$0<Y<X$

したがって，求める軌跡は **右の図の実線部分**。

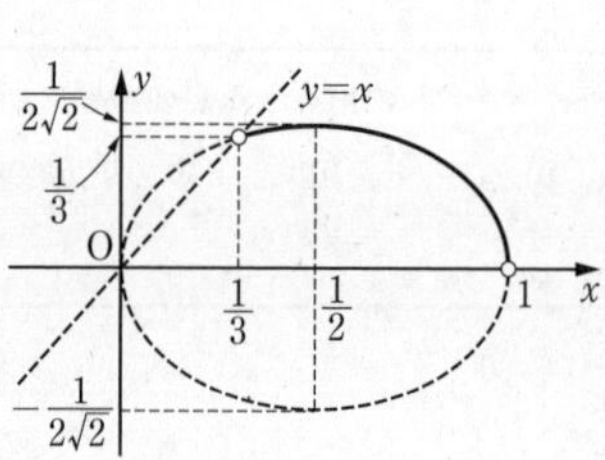

◀ 楕円

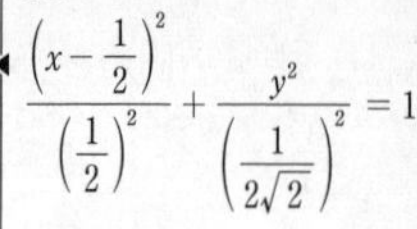
$$\frac{\left(x-\frac{1}{2}\right)^2}{\left(\frac{1}{2}\right)^2}+\frac{y^2}{\left(\frac{1}{2\sqrt{2}}\right)^2}=1$$

の $\frac{1}{3}<x<1,\ y>0$ の部分である。

5　次の方程式で表される 2 次曲線が，放物線のときは焦点の座標と準線の方程式，楕円や双曲線のときは焦点の座標を求め，その概形をかけ。

(1)　$4x^2+9y^2-8x+36y+4=0$

(2)　$x^2-6x-4y+1=0$

(3)　$5x^2-4y^2+20x-8y-4=0$

(1)　$4x^2+9y^2-8x+36y+4=0$ を変形すると　◀ $4(x^2-2x)+9(y^2+4y)=-4$

$$4(x-1)^2+9(y+2)^2=36$$

$$\frac{(x-1)^2}{9}+\frac{(y+2)^2}{4}=1$$

これは，楕円 $\frac{x^2}{9}+\frac{y^2}{4}=1$ を x 軸方向に 1，y 軸方向に -2 だけ平行移動したものである。　◀ 与えられた楕円の中心は $(1,\ -2)$

楕円 $\dfrac{x^2}{9}+\dfrac{y^2}{4}=1$ の焦点は

$(\sqrt{5},\ 0),\ (-\sqrt{5},\ 0)$

よって，求める楕円の焦点の座標は

$(\sqrt{5}+1,\ -2),\ (-\sqrt{5}+1,\ -2)$

概形は **右の図**。

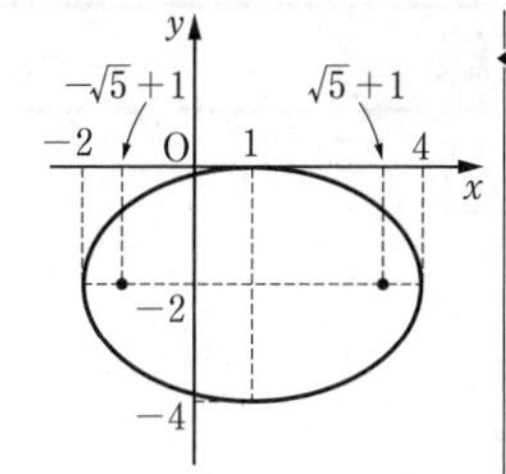

◀ 楕円 $\dfrac{x^2}{a^2}+\dfrac{y^2}{b^2}=1$ $(a>b>0)$ の焦点は $(\pm\sqrt{a^2-b^2},\ 0)$

(2) $x^2-6x-4y+1=0$ を変形すると

$(x-3)^2-4(y+2)=0$

$(x-3)^2=4(y+2)$

これは，放物線 $x^2=4y$ を x 軸方向に 3，y 軸方向に -2 だけ平行移動したものである。

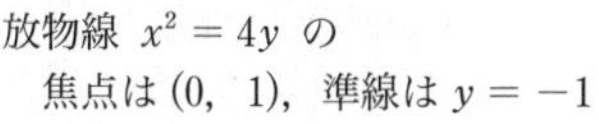

放物線 $x^2=4y$ の

焦点は $(0,\ 1)$，準線は $y=-1$

よって，求める放物線の

焦点は $(3,\ -1)$，**準線は** $y=-3$

概形は **右の図**。

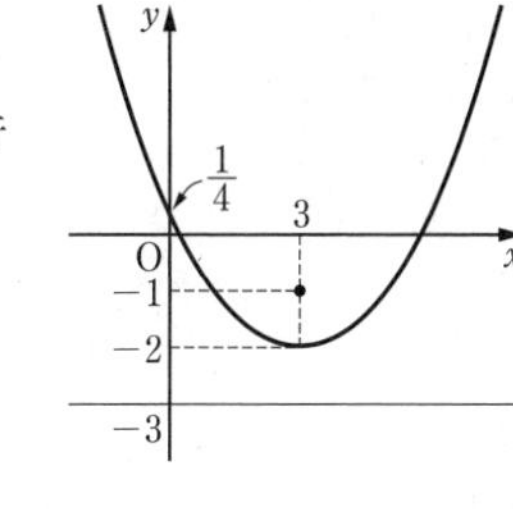

◀ 放物線 $x^2=4py$ の焦点は $(0,\ p)$ 準線は $y=-p$

(3) $5x^2-4y^2+20x-8y-4=0$ を変形すると

$5(x+2)^2-4(y+1)^2=20$

$\dfrac{(x+2)^2}{4}-\dfrac{(y+1)^2}{5}=1$

◀ $5(x^2+4x)-4(y^2+2y)=4$

これは，双曲線 $\dfrac{x^2}{4}-\dfrac{y^2}{5}=1$ を

x 軸方向に -2，y 軸方向に -1 だけ平行移動したものである。

◀ 与えられた双曲線の中心は $(-2,\ -1)$

双曲線 $\dfrac{x^2}{4}-\dfrac{y^2}{5}=1$ の焦点は

$(3,\ 0),\ (-3,\ 0)$

よって，求める双曲線の焦点の座標は

$(1,\ -1),\ (-5,\ -1)$

概形は **右の図**。

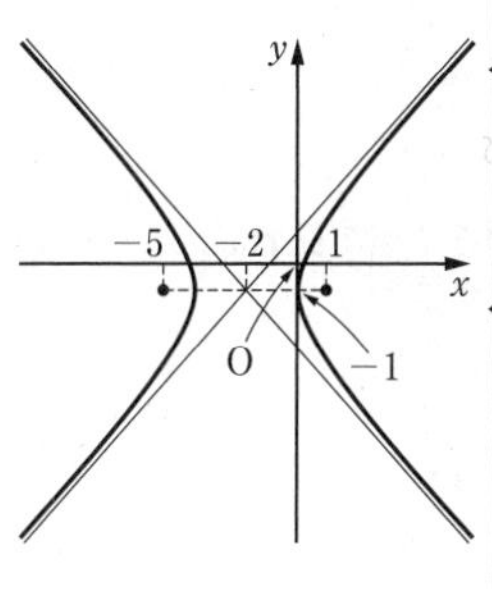

◀ 双曲線 $\dfrac{x^2}{a^2}-\dfrac{y^2}{b^2}=1$ の焦点は $(\pm\sqrt{a^2+b^2},\ 0)$

6　2次曲線と直線

p.137 Quick Check 6

①〔1〕(1)　2つの式を連立すると

$(-x+3)^2=-3x$

$x^2-3x+9=0$

判別式を D とすると

$D=(-3)^2-4\cdot1\cdot9=-27<0$

よって，**共有点をもたない。**

(2)　2つの式を連立すると

$\dfrac{x^2}{6}+\dfrac{(-x+3)^2}{3}=1$

$x^2+2(-x+3)^2=6$

$x^2-4x+4=0$

判別式を D とすると

$\dfrac{D}{4}=(-2)^2-1\cdot4=0$

よって，**接する。**

(3)　2つの式を連立すると

$x^2-\dfrac{(-x+3)^2}{4}=1$

$3x^2+6x-13=0$

判別式を D とすると

$\dfrac{D}{4}=3^2-3\cdot(-13)=48>0$

よって，**異なる2点で交わる。**

〔2〕(1)　2つの式を連立すると

$(x-3)^2=4x$

$x^2-10x+9=0$

$(x-1)(x-9)=0$

よって　　$x=1,\ 9$

$x=1$ のとき　$y=-2$

$x=9$ のとき　$y=6$

ゆえに，共有点は $(1,\ -2)$，$(9,\ 6)$

(2)　2つの式を連立すると

$x^2+\dfrac{(x-2)^2}{3}=1$

$4x^2-4x+1=0$

$(2x-1)^2=0$

よって　　$x=\dfrac{1}{2}$

$x=\dfrac{1}{2}$ のとき　　$y=-\dfrac{3}{2}$

ゆえに，共有点は $\left(\dfrac{1}{2},\ -\dfrac{3}{2}\right)$

(3)　2つの式を連立すると

$4^2-4y^2=4$

$y^2=3$

よって　　$y=\pm\sqrt{3}$

ゆえに，共有点は

$(4,\ \sqrt{3})$，$(4,\ -\sqrt{3})$

〔3〕①，② を連立すると

$\dfrac{x^2}{2}+(mx-2)^2=1$

$(2m^2+1)x^2-8mx+6=0$　…③

楕円 ① と直線 ② の共有点の x 座標は 2次方程式 ③ の実数解であるから，共有点の個数と ③ の実数解の個数は一致する。

2次方程式 ③ の判別式を D とすると

$\dfrac{D}{4}=(-4m)^2-6(2m^2+1)$

$=4m^2-6$

接するから　　$4m^2-6=0$

これを解くと　　$m=\pm\dfrac{\sqrt{6}}{2}$

$m=\dfrac{\sqrt{6}}{2}$ **のとき**，③ は

$4x^2-4\sqrt{6}\,x+6=0$

これを解くと　　$x=\dfrac{\sqrt{6}}{2}$

② に代入すると　　**接点** $\left(\dfrac{\sqrt{6}}{2},\ -\dfrac{1}{2}\right)$

$m=-\dfrac{\sqrt{6}}{2}$ **のとき**，③ は

$4x^2+4\sqrt{6}\,x+6=0$

これを解くと　　$x=-\dfrac{\sqrt{6}}{2}$

② に代入すると　**接点** $\left(-\dfrac{\sqrt{6}}{2},\ -\dfrac{1}{2}\right)$

② (1)　$4y=4(x+2)$ より　　$\boldsymbol{y=x+2}$

(2)　$\dfrac{x}{3}+\dfrac{2y}{6}=1$ より　　$\boldsymbol{x+y=3}$

(3)　$\dfrac{4x}{4}-\sqrt{3}\,y=1$ より　$\boldsymbol{x-\sqrt{3}\,y=}$

練習 68 放物線 $y^2 = x$ と直線 $y = kx + k$ の共有点の個数は，定数 k の値によってどのように変わるかを調べよ。

2 式を連立して y を消去すると　$(kx+k)^2 = x$

よって　$k^2x^2 + (2k^2-1)x + k^2 = 0$　…①

◀この方程式の実数解の個数が共有点の個数である。

(ア) $k = 0$ のとき

①は 1 次方程式となり，実数解を 1 つもつから共有点は　1 個

◀$k=0$ のとき①は 2 次方程式ではないから，判別式は使えない。

(イ) $k \neq 0$ のとき

放物線と直線の共有点の個数と 2 次方程式①の実数解の個数は一致するから，方程式①の判別式を D とすると

$$D = (2k^2-1)^2 - 4k^4 = -4k^2 + 1 = -4\left(k+\frac{1}{2}\right)\left(k-\frac{1}{2}\right)$$

(i) $D > 0$ のとき

$\left(k+\frac{1}{2}\right)\left(k-\frac{1}{2}\right) < 0$ より

$-\frac{1}{2} < k < 0,\ 0 < k < \frac{1}{2}$

このとき，共有点は 2 個。

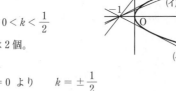

◀共有点の個数は
$D > 0$ のとき　2 個
$D = 0$ のとき　1 個
$D < 0$ のとき　0 個

(ii) $D = 0$ のとき

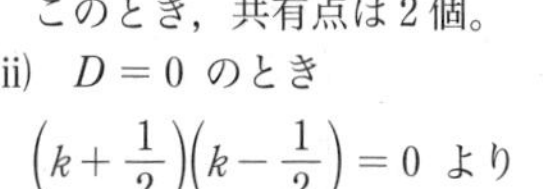

$\left(k+\frac{1}{2}\right)\left(k-\frac{1}{2}\right) = 0$ より　$k = \pm\frac{1}{2}$

このとき，共有点は 1 個。

(iii) $D < 0$ のとき

$\left(k+\frac{1}{2}\right)\left(k-\frac{1}{2}\right) > 0$ より　$k < -\frac{1}{2},\ \frac{1}{2} < k$

このとき，共有点はなし。

(ア)，(イ) より，共有点の個数は

$-\frac{1}{2} < k < 0,\ 0 < k < \frac{1}{2}$ のとき　2 個

$k = 0,\ \pm\frac{1}{2}$ のとき　1 個

$k < -\frac{1}{2},\ \frac{1}{2} < k$ のとき　0 個

◀$k = 0$ のときは，1 点で接するのではなく交わることに注意する。

練習 69 直線 $y = x - 1$ …① が楕円 $9x^2 + 4y^2 = 36$ …② によって切り取られる弦の中点の座標および弦の長さを求めよ。

①，②を連立すると

$9x^2 + 4(x-1)^2 = 36$

$13x^2 - 8x - 32 = 0$

これは異なる 2 つの実数解をもつから，それを $\alpha,\ \beta\ (\alpha < \beta)$ とおくと，

解と係数の関係により

$\alpha + \beta = \frac{8}{13}$ …③，$\alpha\beta = -\frac{32}{13}$ …④

このとき，弦の両端の座標は $(\alpha,\ \alpha-1)$，$(\beta,\ \beta-1)$ とおける。

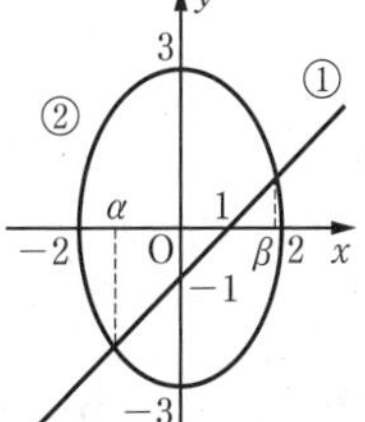

◀実際に解を求めると，$x = \frac{4 \pm 12\sqrt{3}}{13}$ となり，計算が複雑になるから，$\alpha,\ \beta$ とおく。

◀$\alpha,\ \beta$ は弦の両端の x 座標である。弦の両端が直線①上にあるから，その y 座標はそれぞれ $\alpha - 1,\ \beta - 1$

よって，弦の中点の座標は　$\left(\dfrac{\alpha+\beta}{2},\ \dfrac{\alpha+\beta}{2}-1\right)$

③ を代入して　$\left(\dfrac{\mathbf{4}}{\mathbf{13}},\ -\dfrac{\mathbf{9}}{\mathbf{13}}\right)$

また，弦の長さは ③，④ より

$$\sqrt{(\alpha-\beta)^2+\{(\alpha-1)-(\beta-1)\}^2}$$
$$=\sqrt{2(\alpha-\beta)^2}$$
$$=\sqrt{2\{(\alpha+\beta)^2-4\alpha\beta\}}$$
$$=\sqrt{2\left\{\left(\frac{8}{13}\right)^2-4\cdot\left(-\frac{32}{13}\right)\right\}}=\frac{\mathbf{24\sqrt{6}}}{\mathbf{13}}$$

◀ $\alpha=\dfrac{4-12\sqrt{3}}{13}$，$\beta=\dfrac{4+12\sqrt{3}}{13}$ より $|\alpha-\beta|=\dfrac{24\sqrt{3}}{13}$
$\sqrt{2(\alpha-\beta)^2}=\sqrt{2}\,|\alpha-\beta|=\dfrac{24\sqrt{6}}{13}$ としてもよい。

練習 70　放物線 $y^2=2x$ …① と直線 $x-my-3=0$ …② が異なる 2 点 A，B で交わるとき，線分 AB の中点の軌跡の方程式を求めよ。

①，② を連立して　$y^2=2(my+3)$

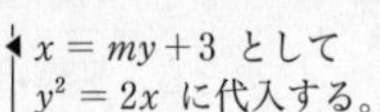

◀ $x=my+3$ として $y^2=2x$ に代入する。

これを整理して　$y^2-2my-6=0$　…③

③ の判別式を D とすると，$\dfrac{D}{4}=m^2+6>0$ となり，直線と放物線は異なる 2 点で交わる。

③ の実数解を α，β とすると，解と係数の関係により

◀ α，β は，交点 A，B の y 座標をそれぞれ表す。

$$\alpha+\beta=2m\quad\cdots④$$

また，A$(m\alpha+3,\ \alpha)$，B$(m\beta+3,\ \beta)$ であるから，AB の中点を M$(X,\ Y)$ とすると

◀ 2 点 A，B が直線 $x-my-3=0$ 上にあることを用いて，x 座標を α，β で表す。

$$X=m\cdot\frac{\alpha+\beta}{2}+3,\quad Y=\frac{\alpha+\beta}{2}$$

④ を代入すると

$$X=m^2+3,\quad Y=m$$

m を消去すると　$X=Y^2+3$

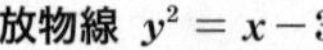

よって　$Y^2=X-3$

したがって，求める軌跡の方程式は

放物線 $y^2=x-3$

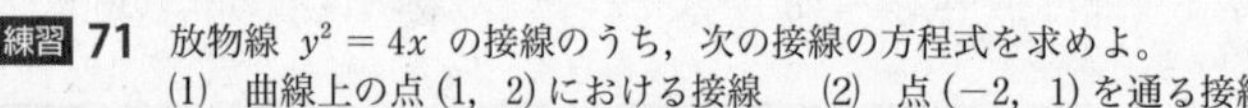

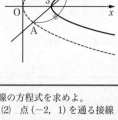

練習 71　放物線 $y^2=4x$ の接線のうち，次の接線の方程式を求めよ。
(1)　曲線上の点 (1，2) における接線　(2)　点 $(-2,\ 1)$ を通る接線

(1)　求める接線の方程式は　$2y=2\cdot1\cdot(x+1)$

◀ 放物線 $y^2=4px$ 上の点 $(x_1,\ y_1)$ における接線の方程式は $y_1y=2p(x+x_1)$

よって　$\boldsymbol{y=x+1}$

(2)　接点を $(x_1,\ y_1)$ とおくと，接線の方程式は　$y_1y=2(x+x_1)$　…①

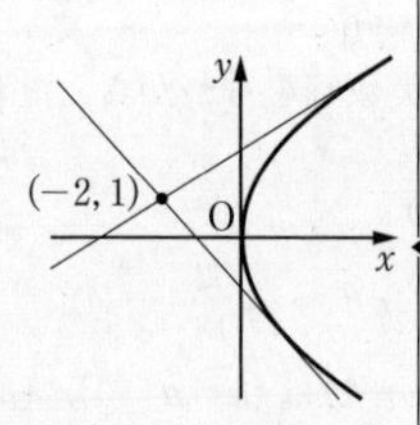

これが $(-2,\ 1)$ を通るから

◀ ① に $x=-2$，$y=1$ を代入する。

$$y_1=2(-2+x_1)\quad\cdots②$$

また，$(x_1,\ y_1)$ は放物線上の点であるから

$$y_1{}^2=4x_1\quad\cdots③$$

②，③ を連立して　$x_1{}^2-5x_1+4=0$

よって　$x_1 = 1,\ 4$

$x_1 = 1$ のとき　$y_1 = -2$

$x_1 = 4$ のとき　$y_1 = 4$

したがって，求める接線の方程式は，① に代入して

$$\boldsymbol{x + y + 1 = 0,\ x - 2y + 4 = 0}$$

練習 72　双曲線 $2x^2 - 3y^2 + 4x + 12y - 16 = 0$ 上の点 $\mathrm{A}(2,\ 0)$ における接線の方程式を求めよ。

$2x^2 - 3y^2 + 4x + 12y - 16 = 0$ を変形すると，

◀ $2(x^2+2x) - 3(y^2-4y) = 16$

$2(x+1)^2 - 3(y-2)^2 = 6$ より　$\dfrac{(x+1)^2}{3} - \dfrac{(y-2)^2}{2} = 1$　…①

双曲線 ① を x 軸方向に 1，y 軸方向に -2 だけ平行移動すると双曲線 $\dfrac{x^2}{3} - \dfrac{y^2}{2} = 1$ …② となる。

また，点 $\mathrm{A}(2,\ 0)$ を同様に平行移動すると，点 $\mathrm{B}(3,\ -2)$ に移る。

ここで，双曲線 ② 上の点 $\mathrm{B}(3,\ -2)$ における接線の方程式は

◀ 双曲線 $\dfrac{x^2}{a^2} - \dfrac{y^2}{b^2} = 1$ 上の点 $(x_1,\ y_1)$ における接線の方程式は $\dfrac{x_1 x}{a^2} - \dfrac{y_1 y}{b^2} = 1$

$\dfrac{3 \cdot x}{3} - \dfrac{(-2)\cdot y}{2} = 1$ より　$x + y = 1$

これを x 軸方向に -1，y 軸方向に 2 だけ平行移動すると求める接線の方程式となる。

よって　$(x+1) + (y-2) = 1$

◀ 逆の平行移動をすると，もとにもどる。

したがって，求める接線の方程式は

$$\boldsymbol{x + y - 2 = 0}$$

Plus One

双曲線 $\dfrac{(x-p)^2}{a^2} - \dfrac{(y-q)^2}{b^2} = 1$ 上の点 $(x_1,\ y_1)$ における接線の方程式は

$$\boldsymbol{\frac{(x_1-p)(x-p)}{a^2} - \frac{(y_1-q)(y-q)}{b^2} = 1}$$

となる。

練習 73　点 $\mathrm{P}(0,\ 1)$ から放物線 $y^2 - 4x + 4 = 0$ に引いた 2 本の接線は直交することを示せ。

点 $\mathrm{P}(0,\ 1)$ を通る直線 $x = 0$ は放物線 $y^2 = 4x - 4$ の接線とはならないから，点 P を通る接線の傾きを m とおくと，その方程式は　$y = mx + 1$

◀ $\mathrm{P}(0,\ 1)$ を通り，傾き m の直線である。

これと $y^2 - 4x + 4 = 0$ を連立して

$(mx+1)^2 - 4x + 4 = 0$

$m^2x^2 + 2(m-2)x + 5 = 0$　…①

$m = 0$ のときは直線 $y = 1$ となり，接線とはならないから　$m \neq 0$

よって，2 次方程式 ① の判別式を D とすると，放物線と直線が接するとき　$D = 0$

$\dfrac{D}{4} = (m-2)^2 - 5m^2 = 0$

整理して　$m^2 + m - 1 = 0$

この方程式は異なる2つの実数解をもち，
それらを m_1，m_2 とすると，m_1，m_2 は
2本の接線の傾きを表す。
ここで，解と係数の関係により

$$m_1m_2=-1$$

したがって，2本の接線は直交する。

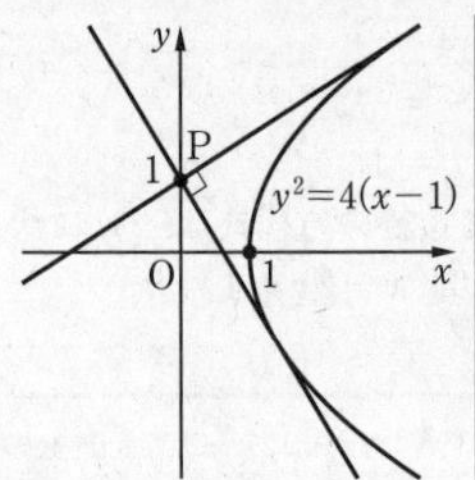

練習 74 点 F(2, 0) からの距離と直線 $l: x=-1$ からの距離の比が次のようになる点Pの軌跡を求めよ。
(1) 1:1　　(2) 1:2　　(3) 2:1

点Pの座標を (x, y) とし，点Pから l へ下ろした垂線を PH とする。

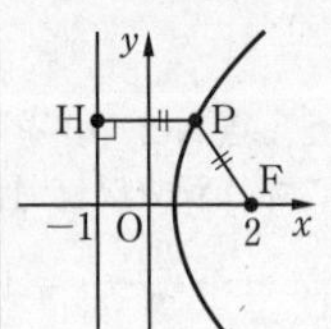

(1) PF:PH = 1:1 より　　PH = PF

$$|x+1|=\sqrt{(x-2)^2+y^2}$$

両辺を2乗して整理すると　　$y^2=6x-3$

よって，求める軌跡は　　**放物線** $\boldsymbol{y^2=6\left(x-\frac{1}{2}\right)}$

◀焦点 (2, 0)
準線 $x=-1$

(2) PF:PH = 1:2 より　　PH = 2PF

$$|x+1|=2\sqrt{(x-2)^2+y^2}$$

両辺を2乗して整理すると　　$3x^2-18x+15+4y^2=0$

よって，求める軌跡は　　**楕円** $\boldsymbol{\frac{(x-3)^2}{4}+\frac{y^2}{3}=1}$

◀$3(x-3)^2+4y^2=12$
両辺を12で割って標準形に直す。

(3) PF:PH = 2:1 より　　2PH = PF

$$2|x+1|=\sqrt{(x-2)^2+y^2}$$

両辺を2乗して整理すると　　$3x^2+12x-y^2=0$

よって，求める軌跡は　　**双曲線** $\boldsymbol{\frac{(x+2)^2}{4}-\frac{y^2}{12}=1}$

◀$3(x+2)^2-y^2=12$
両辺を12で割って標準形に直す。

p.146

問題編 6　2次曲線と直線

問題 68 直線 $y=m(x+3)$ と次の曲線の共有点の個数を調べよ。
(1) 放物線 $y^2=x$　　(2) 楕円 $x^2+4y^2=4$
(3) 双曲線 $x^2-y^2=-1$

(1) $y=m(x+3)$ と $y^2=x$ を連立すると

$$m^2x^2+(6m^2-1)x+9m^2=0 \quad \cdots ①$$

(ア) $m=0$ のとき
①は1次方程式 $x=0$ となり，実数解を1つもつから，共有点は1個。

◀$m=0$ のときは，2次方程式ではないから，判別式は使えない。

(イ) $m \neq 0$ のとき，①の判別式を D とすると

$$D=(6m^2-1)^2-36m^4=-12m^2+1$$
$$=-(2\sqrt{3}m+1)(2\sqrt{3}m-1)$$

(i) $D>0$ とすると，$(2\sqrt{3}m+1)(2\sqrt{3}m-1)<0$ となり

$$-\frac{\sqrt{3}}{6} < m < \frac{\sqrt{3}}{6}$$

$m \fallingdotseq 0$ より　$-\dfrac{\sqrt{3}}{6} < m < 0,\ 0 < m < \dfrac{\sqrt{3}}{6}$

◀ $m \fallingdotseq 0$ に注意すること。

このとき，共有点は 2 個

(ii)　$D = 0$ とすると，$(2\sqrt{3}m+1)(2\sqrt{3}m-1) = 0$ となり

$$m = -\frac{\sqrt{3}}{6},\ \frac{\sqrt{3}}{6}$$

このとき，共有点は 1 個

(iii)　$D < 0$ とすると，$(2\sqrt{3}m+1)(2\sqrt{3}m-1) > 0$ となり

$$m < -\frac{\sqrt{3}}{6},\ \frac{\sqrt{3}}{6} < m$$

このとき，共有点はなし

(ア)，(イ) より，共有点の個数は

$$\begin{cases} -\dfrac{\sqrt{3}}{6} < m < 0,\ 0 < m < \dfrac{\sqrt{3}}{6} \text{ のとき} & 2 \text{ 個} \\ m = -\dfrac{\sqrt{3}}{6},\ 0,\ \dfrac{\sqrt{3}}{6} \text{ のとき} & 1 \text{ 個} \\ m < -\dfrac{\sqrt{3}}{6},\ \dfrac{\sqrt{3}}{6} < m \text{ のとき} & 0 \text{ 個} \end{cases}$$

◀
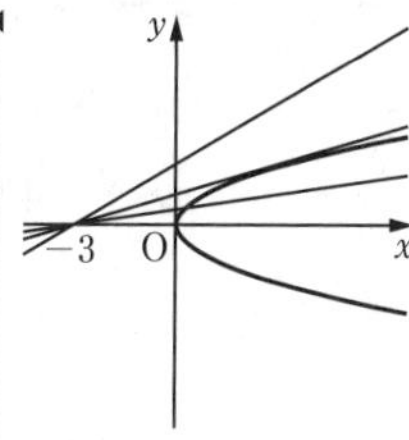

(2)　$y = m(x+3)$ と $x^2 + 4y^2 = 4$ を連立すると

$$(4m^2+1)x^2 + 24m^2x + 4(9m^2-1) = 0 \quad \cdots ①$$

$4m^2 + 1 \fallingdotseq 0$ であるから，① の判別式を D とすると

◀ (1) の場合と異なり，(2) では x^2 の係数が 0 となることはない。

$$\frac{D}{4} = 144m^4 - 4(4m^2+1)(9m^2-1) = -20m^2 + 4$$

(ア)　$D > 0$ とすると，$(\sqrt{5}m-1)(\sqrt{5}m+1) < 0$ となり

$$-\frac{\sqrt{5}}{5} < m < \frac{\sqrt{5}}{5}$$

このとき，共有点は 2 個

(イ)　$D = 0$ とすると，$(\sqrt{5}m-1)(\sqrt{5}m+1) = 0$ となり

$$m = -\frac{\sqrt{5}}{5},\ \frac{\sqrt{5}}{5}$$

このとき，共有点は 1 個

(ウ)　$D < 0$ とすると，$(\sqrt{5}m-1)(\sqrt{5}m+1) > 0$ となり

$$m < -\frac{\sqrt{5}}{5},\ \frac{\sqrt{5}}{5} < m$$

このとき，共有点はなし

(ア)〜(ウ) より，共有点の個数は

$$\begin{cases} -\dfrac{\sqrt{5}}{5} < m < \dfrac{\sqrt{5}}{5} \text{ のとき} & 2 \text{ 個} \\ m = -\dfrac{\sqrt{5}}{5},\ \dfrac{\sqrt{5}}{5} \text{ のとき} & 1 \text{ 個} \\ m < -\dfrac{\sqrt{5}}{5},\ \dfrac{\sqrt{5}}{5} < m \text{ のとき} & 0 \text{ 個} \end{cases}$$

◀
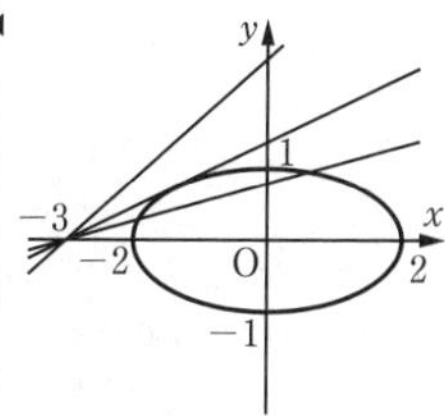

(3)　$y=m(x+3)$ と $x^2-y^2=-1$ を連立すると

$$(m^2-1)x^2+6m^2x+9m^2-1=0 \quad \cdots ①$$

(ア)　$m^2=1$ のとき，すなわち，　$m=\pm 1$ のとき

①は1次方程式 $6x+8=0$ となり，実数解を1つもつから，共有点は1個。

◀ $m=\pm 1$ のとき，直線はこの双曲線の漸近線と平行である。

(イ)　$m^2 \neq 1$ のとき，すなわち，　$m \neq \pm 1$ のとき

①の判別式を D とすると

$$\frac{D}{4}=9m^4-(m^2-1)(9m^2-1)=10m^2-1$$

$$=(\sqrt{10}m+1)(\sqrt{10}m-1)$$

(i)　$D>0$ とすると，$(\sqrt{10}m+1)(\sqrt{10}m-1)>0$ となり

$$m<-\frac{\sqrt{10}}{10},\ \frac{\sqrt{10}}{10}<m$$

$m \neq \pm 1$ より

$$m<-1,\ -1<m<-\frac{\sqrt{10}}{10},\ \frac{\sqrt{10}}{10}<m<1,\ 1<m$$

このとき，共有点は2個

(ii)　$D=0$ とすると，$(\sqrt{10}m+1)(\sqrt{10}m-1)=0$ となり

$$m=-\frac{\sqrt{10}}{10},\ \frac{\sqrt{10}}{10}$$

このとき，共有点は1個

(iii)　$D<0$ とすると，$(\sqrt{10}m+1)(\sqrt{10}m-1)<0$ となり

$$-\frac{\sqrt{10}}{10}<m<\frac{\sqrt{10}}{10}$$

このとき，共有点はなし

(ア)，(イ)より，共有点の個数は

$$\begin{cases} m<-1,\ -1<m<-\dfrac{\sqrt{10}}{10},\ \dfrac{\sqrt{10}}{10}<m<1,\ 1<m \text{ のとき2個} \\ m=-1,\ -\dfrac{\sqrt{10}}{10},\ \dfrac{\sqrt{10}}{10},\ 1 \text{ のとき1個} \\ -\dfrac{\sqrt{10}}{10}<m<\dfrac{\sqrt{10}}{10} \text{ のとき0個} \end{cases}$$

◀

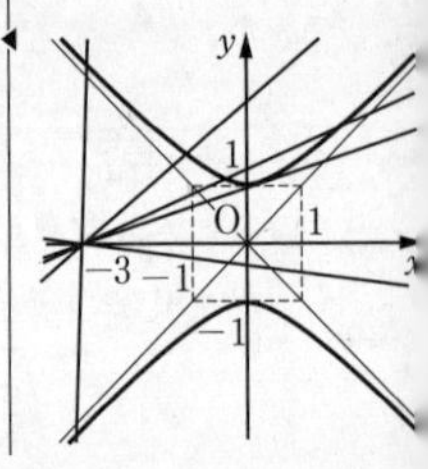

問題 69　直線 $l: 2x-y-5=0$ と双曲線 $C: x^2-y^2=1$ の交点をA，Bとするとき，線分ABの中点の座標および線分ABの長さを求めよ。

l と C の方程式を連立すると

$$x^2-(2x-5)^2=1$$

整理すると

$$3x^2-20x+26=0$$

これは異なる2つの実数解をもつから，それを α，β $(\alpha<\beta)$ とおくと，解と係数の関係により

◀ $\dfrac{D}{4}=100-78>0$

$$\alpha+\beta=\frac{20}{3},\ \alpha\beta=\frac{26}{3}$$

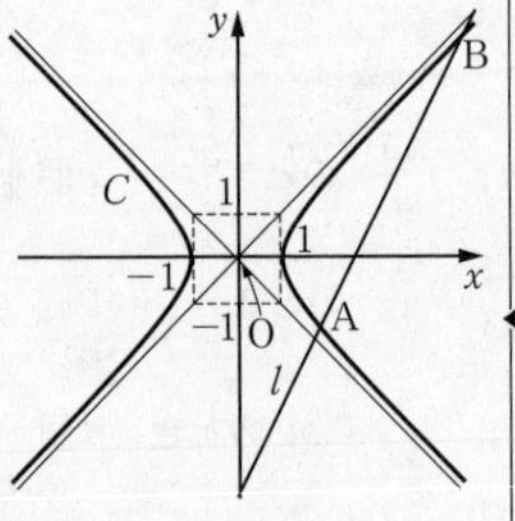

このとき，A$(\alpha,\ 2\alpha-5)$，B$(\beta,\ 2\beta-5)$
とおくと，線分ABの中点の座標は

$$\left(\frac{\alpha+\beta}{2},\ 2\cdot\frac{\alpha+\beta}{2}-5\right)\quad すなわち\quad \left(\frac{10}{3},\ \frac{5}{3}\right)$$

また，線分ABの長さは

$$\begin{aligned}AB&=\sqrt{(\alpha-\beta)^2+\{(2\alpha-5)-(2\beta-5)\}^2}\\&=\sqrt{5(\alpha-\beta)^2}\\&=\sqrt{5\{(\alpha+\beta)^2-4\alpha\beta\}}\\&=\sqrt{5\left\{\left(\frac{20}{3}\right)^2-4\cdot\frac{26}{3}\right\}}=\frac{2\sqrt{110}}{3}\end{aligned}$$

◀ 2点間の距離の公式

◀ $(\alpha-\beta)^2=(\alpha+\beta)^2-4\alpha\beta$

問題 70 楕円 $9x^2+4y^2=36$ …① と直線 $y=2x+k$ …② が異なる2点A，Bで交わるとき，線分ABの中点Pの軌跡の方程式を求めよ。

①，② を連立して

$$9x^2+4(2x+k)^2=36$$

$$25x^2+16kx+4k^2-36=0 \quad \cdots ③$$

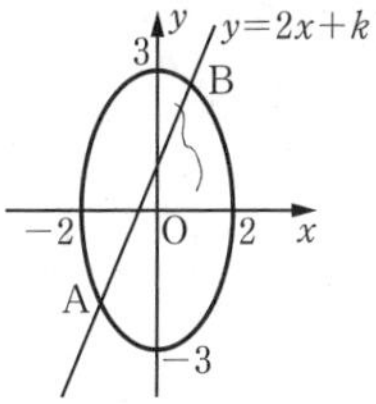

◀ $y=2x+k$ を $9x^2+4y^2=36$ に代入する。

楕円と直線が異なる2点で交わるとき，③は異なる2つの実数解をもつから，③の判別式を D とすると　$D>0$

$$\frac{D}{4}=64k^2-25(4k^2-36)$$

$$=-36k^2+900=-36(k+5)(k-5)>0$$

これを解いて　$-5<k<5$　…④

③の2つの実数解を α，β とすると，解と係数の関係により

$$\alpha+\beta=-\frac{16}{25}k \quad \cdots ⑤$$

また，A$(\alpha,\ 2\alpha+k)$，B$(\beta,\ 2\beta+k)$ であり，Pは線分ABの中点であるから，P$(X,\ Y)$ とすると

◀ A，Bは直線 $y=2x+k$ 上にあることから，y 座標を求める。

$$X=\frac{\alpha+\beta}{2},\ Y=2\cdot\frac{\alpha+\beta}{2}+k$$

⑤を代入すると　$X=-\dfrac{8}{25}k,\ Y=\dfrac{9}{25}k$

k を消去して　$Y=-\dfrac{9}{8}X$

ただし，④より $-\dfrac{8}{5}<X<\dfrac{8}{5}$ であるから，求める軌跡の方程式は

◀ $k=-\dfrac{25}{8}X$ と④より $-5<-\dfrac{25}{8}X<5$

$$\boldsymbol{y=-\frac{9}{8}x\ \left(-\frac{8}{5}<x<\frac{8}{5}\right)}$$

問題 71 点 $(3,\ 1)$ を通り，次の曲線に接する直線の方程式を求めよ。

(1) $y^2=-x$　　(2) $\dfrac{x^2}{9}+\dfrac{y^2}{4}=1$　　(3) $\dfrac{x^2}{9}-\dfrac{y^2}{4}=1$

(1) 接点を $(x_1,\ y_1)$ とすると，接線の方程式は

$$y_1 y = -\frac{1}{2}(x + x_1) \quad \cdots①$$

これが $(3,\ 1)$ を通るから

$$y_1 = -\frac{1}{2}(3 + x_1) \quad \cdots②$$

また，$(x_1,\ y_1)$ は放物線上の点であるから

$$y_1{}^2 = -x_1 \quad \cdots③$$

②，③ を連立して　$x_1{}^2 + 10x_1 + 9 = 0$

よって　$x_1 = -1,\ -9$

$x_1 = -1$ のとき $y_1 = -1$，$x_1 = -9$ のとき $y_1 = 3$

したがって，求める接線の方程式は，① に代入して

$$\boldsymbol{x - 2y - 1 = 0,\ x + 6y - 9 = 0}$$

◀放物線 $y^2 = 4px$ 上の点 $(x_1,\ y_1)$ における接線の方程式は
$y_1 y = 2p(x + x_1)$

◀$(x_1 + 1)(x_1 + 9) = 0$

(2) 接点を $(x_1,\ y_1)$ とすると，接線の方程式は

$$\frac{x_1 x}{9} + \frac{y_1 y}{4} = 1 \quad \cdots①$$

これが $(3,\ 1)$ を通るから，$\dfrac{x_1}{3} + \dfrac{y_1}{4} = 1$ より

$$4x_1 + 3y_1 = 12 \quad \cdots②$$

また，$(x_1,\ y_1)$ は楕円上の点であるから，$\dfrac{x_1{}^2}{9} + \dfrac{y_1{}^2}{4} = 1$ より

$$4x_1{}^2 + 9y_1{}^2 = 36 \quad \cdots③$$

②，③ を連立して　$5x_1{}^2 - 24x_1 + 27 = 0$

よって　$x_1 = 3,\ \dfrac{9}{5}$

$x_1 = 3$ のとき $y_1 = 0$，$x_1 = \dfrac{9}{5}$ のとき $y_1 = \dfrac{8}{5}$

したがって，求める接線の方程式は，① に代入して

$$\boldsymbol{x = 3,\ x + 2y - 5 = 0}$$

◀楕円 $\dfrac{x^2}{a^2} + \dfrac{y^2}{b^2} = 1$ 上の点 $(x_1,\ y_1)$ における接線の方程式は
$\dfrac{x_1 x}{a^2} + \dfrac{y_1 y}{b^2} = 1$

◀② より $3y_1 = -4x_1 + 12$
これを ③ に代入する。

◀$(x_1 - 3)(5x_1 - 9) = 0$

(3) 接点を $(x_1,\ y_1)$ とすると，接線の方程式は

$$\frac{x_1 x}{9} - \frac{y_1 y}{4} = 1 \quad \cdots①$$

これが $(3,\ 1)$ を通るから，$\dfrac{x_1}{3} - \dfrac{y_1}{4} = 1$ より

$$4x_1 - 3y_1 = 12 \quad \cdots②$$

また，$(x_1,\ y_1)$ は双曲線上の点であるから，$\dfrac{x_1{}^2}{9} - \dfrac{y_1{}^2}{4} = 1$ より

$$4x_1{}^2 - 9y_1{}^2 = 36 \quad \cdots③$$

②，③ を連立して　$x_1{}^2 - 8x_1 + 15 = 0$

よって　$x_1 = 3,\ 5$

$x_1 = 3$ のとき $y_1 = 0$，$x_1 = 5$ のとき $y_1 = \dfrac{8}{3}$

したがって，求める接線の方程式は，① に代入して

$$\boldsymbol{x = 3,\ 5x - 6y - 9 = 0}$$

◀双曲線 $\dfrac{x^2}{a^2} - \dfrac{y^2}{b^2} = 1$ 上の点 $(x_1,\ y_1)$ における接線の方程式は
$\dfrac{x_1 x}{a^2} - \dfrac{y_1 y}{b^2} = 1$

◀② より　$3y_1 = 4x_1 - 12$
これを ③ に代入して整理する。

◀$(x_1 - 3)(x_1 - 5) = 0$

問題 72 放物線 $y^2 + 2y - 2x + 5 = 0$ 上の点 A$(10,\ 3)$ における接線の方程式を求めよ。

$y^2+2y-2x+5=0$ を変形すると

$$(y+1)^2=2(x-2) \quad \cdots ①$$

放物線 ① を x 軸方向に -2，y 軸方向に 1 だけ平行移動すると放物線 $y^2=2x$ … ② となる。

また，点 A(10, 3) を同様に平行移動すると，点 B(8, 4) に移る。

ここで，放物線 ② 上の点 B(8, 4) における接線の方程式は

$$4y=x+8$$

これを x 軸方向に 2，y 軸方向に -1 だけ平行移動すると，求める接線の方程式となる。

よって　$4(y+1)=(x-2)+8$

したがって，求める接線の方程式は

$$\boldsymbol{x-4y+2=0}$$

◀ $y^2=2x$ 上の点 (x_1, y_1) における接線の方程式は $y_1y=x+x_1$

◀ 逆の平行移動をすると，もとにもどる。

Plus One

放物線 $(y-\alpha)^2=4p(x-\beta)$ 上の点 (x_1, y_1) における接線の方程式は

$$\boldsymbol{(y_1-\alpha)(y-\alpha)=2p\{(x-\beta)+(x_1-\beta)\}}$$

となる。

問題 73　放物線 $y^2=4px$ に準線上の 1 点から 2 本の接線を引く。このとき，2 つの接点を結んだ直線は，焦点を通ることを示せ。

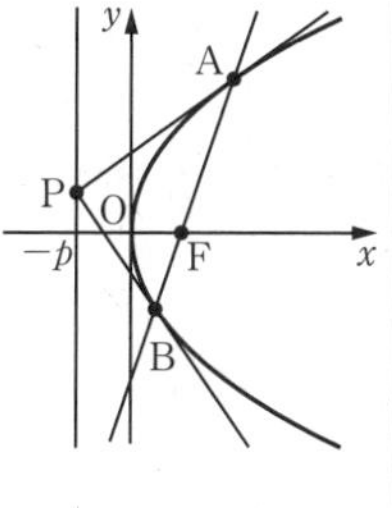

放物線 $y^2=4px$ の焦点は F$(p, 0)$，準線は $x=-p$ である。

準線上の点を P$(-p, t)$ とおき，点 P から引いた 2 本の接線の接点を A(x_1, y_1)，B(x_2, y_2) とすると，2 本の接線の方程式は

$$y_1y=2p(x+x_1),\ y_2y=2p(x+x_2)$$

これらが，P$(-p, t)$ を通るから

$$y_1t=2p(-p+x_1) \quad \cdots ①$$

$$y_2t=2p(-p+x_2) \quad \cdots ②$$

①，② より，A(x_1, y_1)，B(x_2, y_2) を通る直線は

$$yt=2p(-p+x)$$

となる。ここで，$x=p$，$y=0$ は，任意の t に対してこの式を満たす。

よって，2 つの接点を通る直線は，焦点 F$(p, 0)$ を通る。

◀ A(x_1, y_1)，B(x_2, y_2) に対して $y_1=ax_1+b$，$y_2=ax_2+b$ が成り立つとき，A，B を通る直線は，$y=ax+b$ となる。

問題 74　点 F(0, -2) からの距離と直線 l：$y=6$ からの距離の比が次のようになる点 P の軌跡を求めよ。

(1)　1：1　　(2)　1：3　　(3)　3：1

点 P の座標を (x, y) とし，点 P から直線 l へ下ろした垂線を PH とする。

(1)　PF：PH＝1：1 より　　PH＝PF

$$|6-y|=\sqrt{x^2+(y+2)^2}$$

両辺を 2 乗して整理すると　　$x^2+16y-32=0$

よって，求める軌跡は

◀ 離心率から (1) は放物線，(2) は楕円，(3) は双曲線であることが分かる。

放物線 $x^2 = -16(y-2)$

◀ 焦点 $(0,\ -2)$
準線 $y = 6$

(2) $\mathrm{PF}:\mathrm{PH} = 1:3$ より　　$\mathrm{PH} = 3\mathrm{PF}$

$$|6-y| = 3\sqrt{x^2+(y+2)^2}$$

両辺を2乗して整理すると　　$9x^2+8(y+3)^2 = 72$

よって，求める軌跡は

楕円 $\displaystyle \frac{x^2}{8}+\frac{(y+3)^2}{9} = 1$

(3) $\mathrm{PF}:\mathrm{PH} = 3:1$ より　　$3\mathrm{PH} = \mathrm{PF}$

$$3|6-y| = \sqrt{x^2+(y+2)^2}$$

両辺を2乗して整理すると　　$x^2-8(y-7)^2 = -72$

よって，求める軌跡は

双曲線 $\displaystyle \frac{x^2}{72}-\frac{(y-7)^2}{9} = -1$

p.147 定期テスト攻略 ▶ 6

1 放物線 $y = \dfrac{3}{4}x^2$ と楕円 $x^2+\dfrac{y^2}{4} = 1$ の共通接線を求めよ。

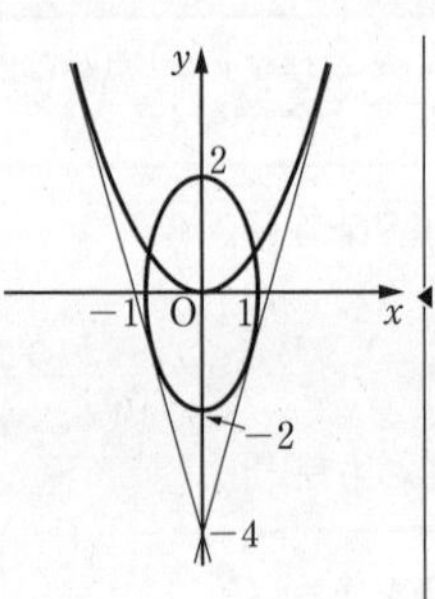

共通接線は，y 軸に平行でないから，
$y = mx+n$ …① とおく。
①と放物線が接するから，2式を連立した方程式 $3x^2-4mx-4n = 0$ が重解をもつ。
よって，判別式 $D_1 = 0$ となる。

◀ ここでは2つの判別式を使うので，区別のために D_1，D_2 を用いる。

$\dfrac{D_1}{4} = 4m^2+12n = 4(m^2+3n)$ となるから

$$m^2+3n = 0 \quad \cdots②$$

①と楕円の式を連立して

$$(m^2+4)x^2+2mnx+n^2-4 = 0$$

判別式 $D_2 = 0$ となる。

$$\frac{D_2}{4} = m^2n^2-(m^2+4)(n^2-4) = 4(m^2-n^2+4)$$

となるから　　$m^2-n^2 = -4$　　…③

②，③を解いて　　$m = \pm 2\sqrt{3}$，$n = -4$

◀ ②−③より
$(n+4)(n-1) = 0$
$n = -4,\ 1$ であるが
$n = 1$ のとき，$m^2 < 0$
となり，不適。

したがって，求める共通接線の方程式は

$$\boldsymbol{y = 2\sqrt{3}\,x-4,\ y = -2\sqrt{3}\,x-4}$$

2 直線 $l : y = x+k$ と楕円 $C : x^2+4y^2 = 4$ が異なる2点A，Bで交わっている。
(1) 定数 k の値の範囲を求めよ。
(2) 原点をOとするとき，△OABの面積の最大値を求めよ。

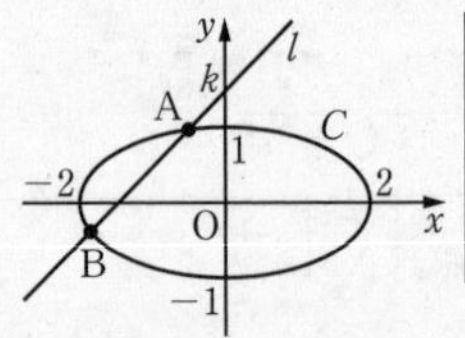

(1) 2式を連立して y を消去すると

$$x^2+4(x+k)^2 = 4$$

$$5x^2+8kx+4(k^2-1) = 0 \quad \cdots①$$

直線 l と楕円 C が異なる2点で交わるから，2次方程式①の判別式を D とす

ると　$\dfrac{D}{4}=(4k)^2-5\cdot 4(k^2-1)$

$=-4(k+\sqrt{5})(k-\sqrt{5})>0$

よって　$(k+\sqrt{5})(k-\sqrt{5})<0$

したがって　$\boldsymbol{-\sqrt{5}<k<\sqrt{5}}$

(2) 2次方程式の2解は，直線 l と楕円 C の交点の x 座標であり，これらを α，β とおくと，解と係数の関係により

$$\alpha+\beta=-\frac{8k}{5},\quad \alpha\beta=\frac{4(k^2-1)}{5}$$

このとき，A$(\alpha,\ \alpha+k)$，B$(\beta,\ \beta+k)$ であるから，△OAB の面積は

$$\triangle\mathrm{OAB}=\frac{1}{2}|\alpha(\beta+k)-\beta(\alpha+k)|$$

$$=\frac{1}{2}|k(\alpha-\beta)|=\frac{1}{2}|k|\sqrt{(\alpha+\beta)^2-4\alpha\beta}$$

$$=\frac{1}{2}|k|\sqrt{\left(-\frac{8k}{5}\right)^2-4\cdot\frac{4(k^2-1)}{5}}$$

$$=\frac{1}{2}|k|\sqrt{\frac{16}{25}(-k^2+5)}=\frac{2}{5}\sqrt{-k^4+5k^2}$$

$$=\frac{2}{5}\sqrt{-\left(k^2-\frac{5}{2}\right)^2+\frac{25}{4}}$$

$-\sqrt{5}<k<\sqrt{5}$ より，△OAB の面積を最大にするのは

$k^2=\dfrac{5}{2}$，すなわち，$k=\pm\dfrac{\sqrt{10}}{2}$ のときであり，

最大値は　$\dfrac{2}{5}\cdot\sqrt{\dfrac{25}{4}}=\boldsymbol{1}$

◀ O$(0,\ 0)$，A$(x_1,\ y_1)$，B$(x_2,\ y_2)$ のとき，△OAB の面積 S は
$S=\dfrac{1}{2}|x_1y_2-x_2y_1|$

◀ k^2 の2次関数とみる。

◀ △OAB の面積を最大にするときの k の値が，$-\sqrt{5}<k<\sqrt{5}$ の範囲に含まれていることを確認する。

3　(1) 曲線 $x^2-y^2=1$ と直線 $y=kx+2$ が相異なる2点で交わるような実数 k の範囲を求めよ。
(2) 曲線 $x^2-y^2=1$ と直線 $y=kx+2$ が相異なる2点 P，Q で交わるとき，P と Q の中点を R とする。
(i) R の座標 $(X,\ Y)$ を k の式で表せ。
(ii) k が変化するとき，R はある2次曲線 C の一部分を動く。C を表す方程式を求めよ。

(1) $x^2-y^2=1$ …①，$y=kx+2$ …②
とおく。①，② を連立すると

$x^2-(kx+2)^2=1$

$(1-k^2)x^2-4kx-5=0$　…③

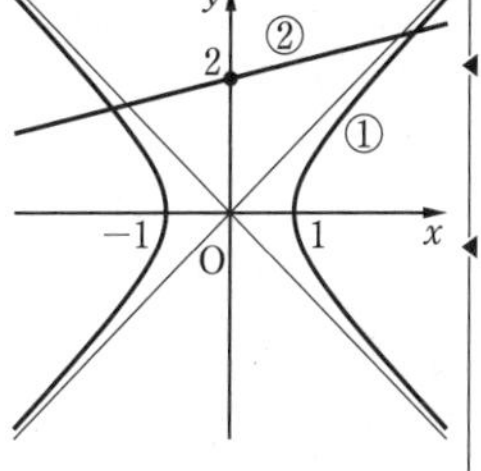

◀ ② を ① に代入する。

(ア) $1-k^2=0$ すなわち $k=\pm1$ のとき
③ は1次方程式であるから異なる2つの実数解をもつことはない。
よって　$k\neq\pm1$

◀ ③ の最高次数の項の係数が0かどうかで場合分けする。

(イ) $k\neq\pm1$ のとき
双曲線 ① と直線 ② が異なる2点で交わるとき，2次方程式 ③ は異なる2つの実数解をもつから，③ の判別式を D とすると　$D>0$

よって　$\dfrac{D}{4}=(-2k)^2-(1-k^2)(-5)=-k^2+5>0$

$k^2-5<0$ より　$-\sqrt{5}<k<\sqrt{5}$

(ア), (イ) より，求める k の値の範囲は

$$-\sqrt{5}<\boldsymbol{k}<-1,\ -1<\boldsymbol{k}<1,\ 1<\boldsymbol{k}<\sqrt{5}$$

(2) (i) ③ の実数解を α，β とおくと，解と係数の関係により

$$\alpha+\beta=\frac{4k}{1-k^2} \quad \cdots ④$$

ここで，$\mathrm{P}(\alpha,\ k\alpha+2)$，$\mathrm{Q}(\beta,\ k\beta+2)$ であるから，線分 PQ の中点 $\mathrm{R}(X,\ Y)$ について

$$X=\frac{\alpha+\beta}{2},\ Y=k\cdot\frac{\alpha+\beta}{2}+2$$

④ を代入すると $\quad \boldsymbol{X=\frac{2k}{1-k^2},\ Y=\frac{2}{1-k^2}}$

(ii) (i) より $X=kY$ であり，$Y\neq 0$ より $\quad k=\dfrac{X}{Y}$

よって $\quad Y=\dfrac{2}{1-\left(\dfrac{X}{Y}\right)^2}$ すなわち $Y\left\{1-\left(\dfrac{X}{Y}\right)^2\right\}=2$

$Y^2-X^2=2Y$ より $\quad X^2-(Y-1)^2=-1$

したがって，曲線 C の方程式は $\quad \boldsymbol{x^2-(y-1)^2=-1}$

◀ 2次方程式 $ax^2+bx+c=0$ の2つの解を α，β とすると $\alpha+\beta=-\dfrac{b}{a}$

◀ $Y=\dfrac{2k^2}{1-k^2}+2=\dfrac{2k^2}{1-k^2}+\dfrac{2-2k^2}{1-k^2}=\dfrac{2}{1-k^2}$

Plus One

(2)(ii) の問題文で「R はある2次曲線 C の一部分を動く。C を表す方程式を求めよ」と問われているので，例題 70 のように (1) の k の値の範囲から，x や y のとり得る値の範囲を求める必要はない。

もし，x，y のとり得る値の範囲が必要であれば

$-\sqrt{5}<k<\sqrt{5}$，$k\neq\pm 1$ であり，$Y=\dfrac{2}{1-k^2}$ より

$$Y<-\frac{1}{2},\ 2\leqq Y$$

よって，曲線 C は $x^2-(y-1)^2=-1\ \left(y<-\dfrac{1}{2},\ 2\leqq y\right)$

であり，右の図のようになる。

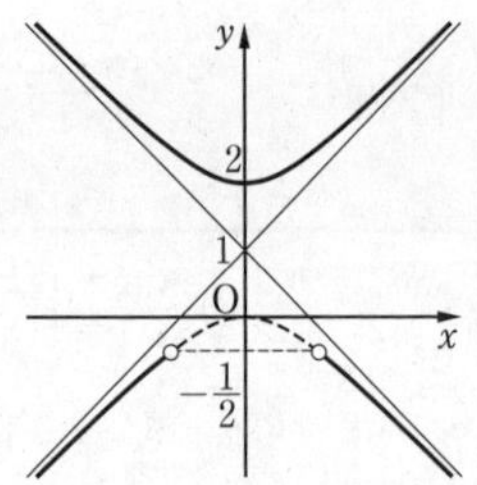

4 次の曲線の接線のうち，与えられた点を通るものをそれぞれ求めよ。

(1) 曲線 $y^2=2x$，点 $(0,\ -5)$

(2) 曲線 $3x^2+y^2=12$，点 $(8,\ 4)$

(3) 曲線 $2x^2-y^2=16$，点 $(-1,\ 2)$

(1) 接点を $(x_1,\ y_1)$ とおくと，

接線の方程式は $\quad y_1y=2\cdot\dfrac{1}{2}(x+x_1) \quad \cdots ①$

これが $(0,\ -5)$ を通るから

$$-5y_1=x_1 \quad \cdots ②$$

また，$(x_1,\ y_1)$ は放物線上の点であるから

$$y_1{}^2=2x_1 \quad \cdots ③$$

②，③ を連立して解くと $\quad y_1{}^2+10y=0$

よって $\quad y_1=0,\ -10$

$y_1=0$ のとき　　$x_1=0$,

$y_1=-10$ のとき　　$x_1=50$

したがって，求める接線の方程式は，① に代入して

$$\boldsymbol{x=0,\ x+10y+50=0}$$

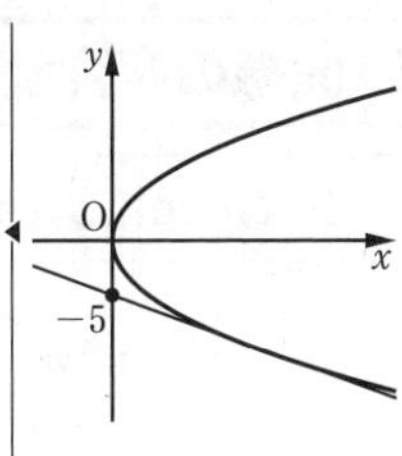

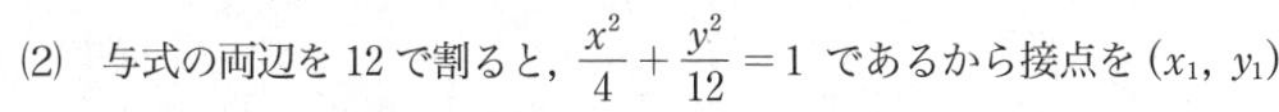

(2)　与式の両辺を 12 で割ると，$\dfrac{x^2}{4}+\dfrac{y^2}{12}=1$ であるから接点を $(x_1,\ y_1)$ とすると，接線の方程式は

$$\frac{x_1x}{4}+\frac{y_1y}{12}=1 \quad \cdots ①$$

これが $(8,\ 4)$ を通るから，$2x_1+\dfrac{y_1}{3}=1$ より

$$6x_1+y_1=3 \quad \cdots ②$$

また，$(x_1,\ y_1)$ は楕円上の点であるから，$\dfrac{x_1{}^2}{4}+\dfrac{y_1{}^2}{12}=1$ より

$$3x_1{}^2+y_1{}^2=12 \quad \cdots ③$$

②，③ を連立して解くと　　$x_1=-\dfrac{1}{13},\ 1$

$x_1=-\dfrac{1}{13}$ のとき　　$y_1=\dfrac{45}{13}$,

$x_1=1$ のとき　　$y_1=-3$

したがって，求める接線の方程式は，① に代入して

$$\boldsymbol{-x+15y=52,\ x-y=4}$$

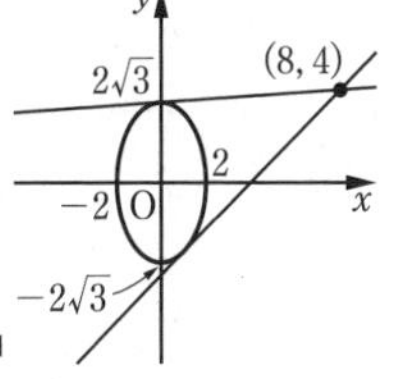

(3)　与式の両辺を 16 で割ると，$\dfrac{x^2}{8}-\dfrac{y^2}{16}=1$ であるから接点を $(x_1,\ y_1)$ とすると，接線の方程式は

$$\frac{x_1x}{8}-\frac{y_1y}{16}=1 \quad \cdots ①$$

これが $(-1,\ 2)$ を通るから，$-\dfrac{x_1}{8}-\dfrac{y_1}{8}=1$ より

$$x_1+y_1=-8 \quad \cdots ②$$

また，$(x_1,\ y_1)$ は双曲線上の点であるから，$\dfrac{x_1{}^2}{8}-\dfrac{y_1{}^2}{16}=1$ より

$$2x_1{}^2-y_1{}^2=16 \quad \cdots ③$$

②，③ を連立して解くと　　$x_1=-4,\ 20$

$x_1=-4$ のとき　　$y_1=-4$,

$x_1=20$ のとき　　$y_1=-28$

したがって，求める接線の方程式は，① に代入して

$$\boldsymbol{2x-y=-4,\ 10x+7y=4}$$

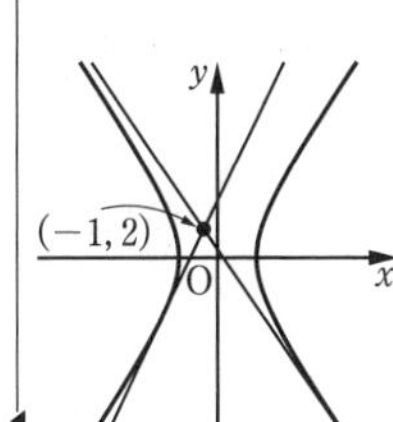

7　曲線の媒介変数表示

p.149　Quick Check 7

① (1)　$t=x+1$ を $y=3-2t$ に代入して

$y=3-2(x+1)$

よって　　$\boldsymbol{y=-2x+1}$

(2)　$\cos\theta=\dfrac{x}{3}$，$\sin\theta=\dfrac{y}{3}$

これを $\sin^2\theta+\cos^2\theta=1$ に代入して整理すると　　$\boldsymbol{x^2+y^2=9}$

(3)　$\cos\theta=\dfrac{x}{4}$，$\sin\theta=\dfrac{y}{3}$

これを $\sin^2\theta+\cos^2\theta=1$ に代入して整理すると　　$\boldsymbol{\dfrac{x^2}{16}+\dfrac{y^2}{9}=1}$

(4)　$\dfrac{1}{\cos\theta}=x$，$\tan\theta=y$ を

$1+\tan^2\theta=\dfrac{1}{\cos^2\theta}$ に代入して整理すると　　$\boldsymbol{x^2-y^2=1}$

② (1)　$\boldsymbol{(0,\ 0)}$　　(2)　$\boldsymbol{(\pi-2,\ 2)}$

(3)　$\boldsymbol{(2\pi,\ 4)}$　　(4)　$\boldsymbol{(3\pi+2,\ 2)}$

(5)　$\boldsymbol{(4\pi,\ 0)}$

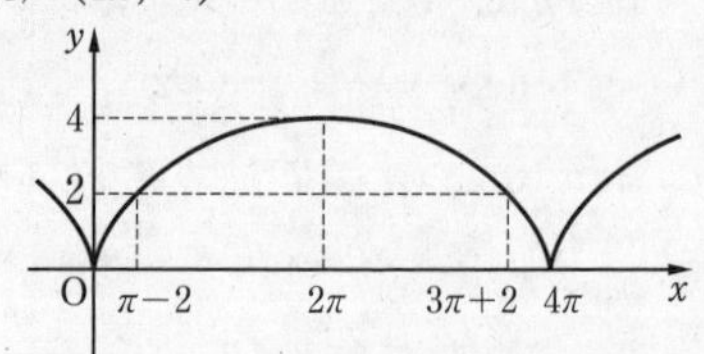

練習 75　次の媒介変数表示が表す曲線の概形をかけ。

(1)　$\begin{cases}x=5+3t\\y=2-4t\end{cases}$　　(2)　$\begin{cases}x=t-1\\y=t^2-3t\end{cases}$　　(3)　$\begin{cases}x=-\sqrt{t}+2\\y=t-3\end{cases}$

---

(1)　$x=5+3t$ より　　$t=\dfrac{x-5}{3}$

これを $y=2-4t$ に代入して

$y=2-4\cdot\dfrac{x-5}{3}$

よって，直線 $y=-\dfrac{4}{3}x+\dfrac{26}{3}$ となり，

概形は **右の図**。

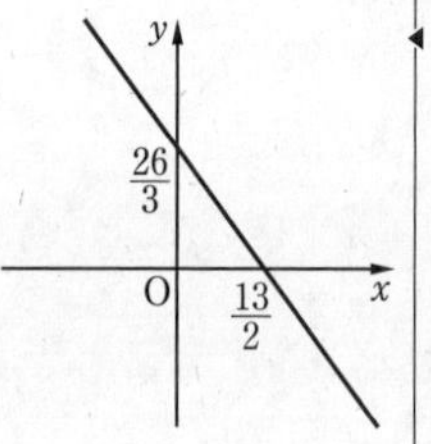

◀ $x=5+3t$　…①
$y=2-4t$　…②
①×4＋②×3 より
$4x+3y=26$
よって
$y=-\dfrac{4}{3}x+\dfrac{26}{3}$
としてもよい。

(2)　$x=t-1$ より　　$t=x+1$

これを $y=t^2-3t$ に代入して

$y=(x+1)^2-3(x+1)$

よって，放物線 $y=x^2-x-2$ となり，

概形は **右の図**。

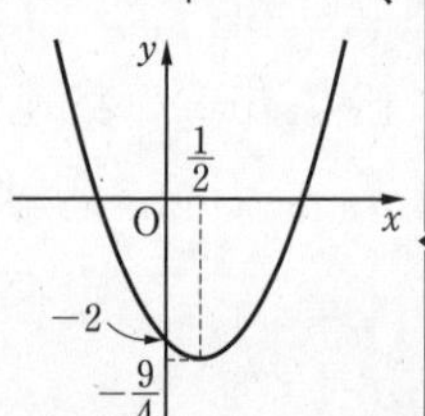

◀ $y=\left(x-\dfrac{1}{2}\right)^2-\dfrac{9}{4}$

(3)　$x=-\sqrt{t}+2$ より

$\sqrt{t}=-x+2$　　…①

両辺を 2 乗して　　$t=(-x+2)^2$

これを $y=t-3$ に代入して

$y=(-x+2)^2-3$

ここで，$\sqrt{t}\geqq 0$ であるから，① より

$-x+2\geqq 0$　すなわち　$x\leqq 2$

よって，放物線 $y=(x-2)^2-3$ の $x\leqq 2$ の部分となり，概形は **右の図**。

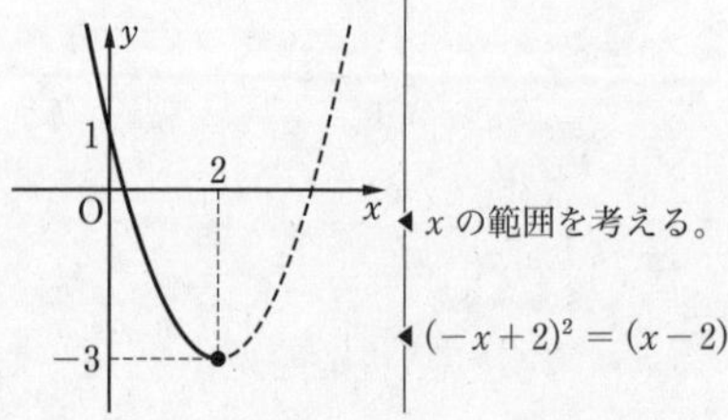

◀ x の範囲を考える。

◀ $(-x+2)^2=(x-2)^2$

練習 76 次の媒介変数表示が表す曲線の概形をかけ。

(1) $\begin{cases} x = 2 - \cos\theta \\ y = 1 + \sin\theta \end{cases}$　(2) $\begin{cases} x = \dfrac{2}{\cos\theta} - 1 \\ y = 3\tan\theta - 2 \end{cases}$　(3) $\begin{cases} x = 1 - \sin\theta \\ y = -\cos 2\theta - 2\sin\theta \end{cases}$

(1) $x = 2 - \cos\theta$ より　　$\cos\theta = 2 - x$

$y = 1 + \sin\theta$ より　　$\sin\theta = y - 1$

これらを $\sin^2\theta + \cos^2\theta = 1$ に代入して

$$(y-1)^2 + (2-x)^2 = 1$$

よって，円 $(x-2)^2 + (y-1)^2 = 1$ となり，概形は **右の図**。

◀ $(2-x)^2 = (x-2)^2$

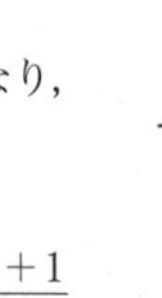

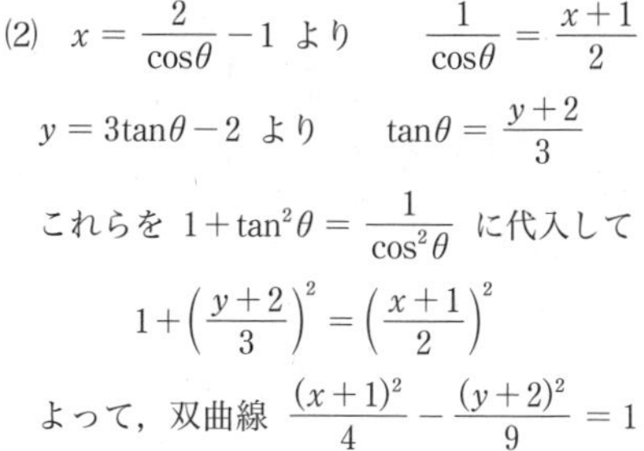

(2) $x = \dfrac{2}{\cos\theta} - 1$ より　　$\dfrac{1}{\cos\theta} = \dfrac{x+1}{2}$

$y = 3\tan\theta - 2$ より　　$\tan\theta = \dfrac{y+2}{3}$

これらを $1 + \tan^2\theta = \dfrac{1}{\cos^2\theta}$ に代入して

$$1 + \left(\frac{y+2}{3}\right)^2 = \left(\frac{x+1}{2}\right)^2$$

よって，双曲線 $\dfrac{(x+1)^2}{4} - \dfrac{(y+2)^2}{9} = 1$

となり，概形は **右の図**。

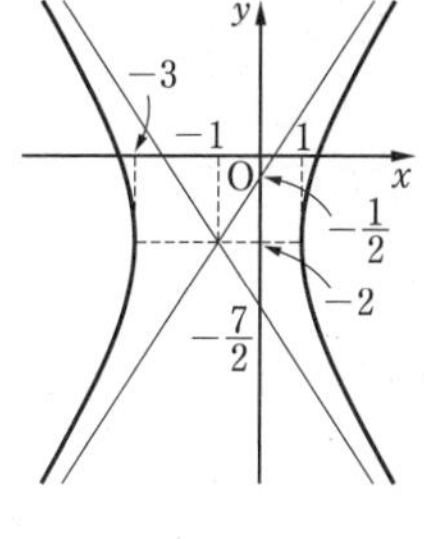

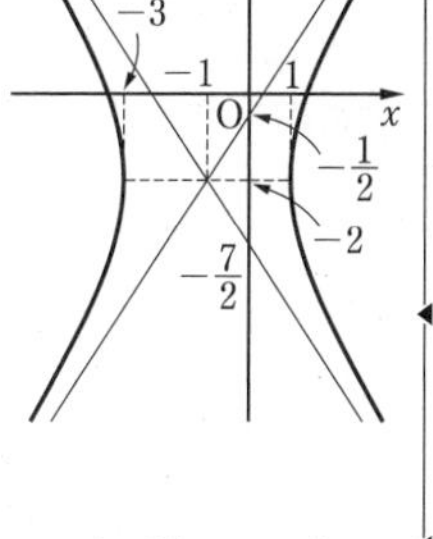

双曲線 $\dfrac{x^2}{4} - \dfrac{y^2}{9} = 1$ を x 軸方向に -1，y 軸方向に -2 だけ平行移動したものである。

漸近線は

$y + 2 = \dfrac{3}{2}(x+1)$

すなわち　$y = \dfrac{3}{2}x - \dfrac{1}{2}$

◀ $y + 2 = -\dfrac{3}{2}(x+1)$

すなわち

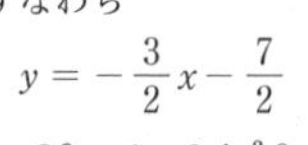

$y = -\dfrac{3}{2}x - \dfrac{7}{2}$

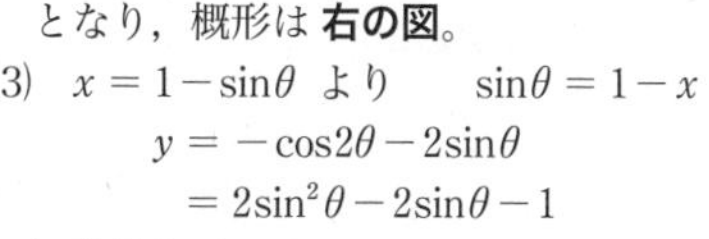

(3) $x = 1 - \sin\theta$ より　　$\sin\theta = 1 - x$

$$y = -\cos 2\theta - 2\sin\theta$$
$$= 2\sin^2\theta - 2\sin\theta - 1$$

◀ $\cos 2\theta = 1 - 2\sin^2\theta$

に代入して

$$y = 2(1-x)^2 - 2(1-x) - 1$$
$$= 2x^2 - 2x - 1$$

◀ $y = 2\left(x - \dfrac{1}{2}\right)^2 - \dfrac{3}{2}$

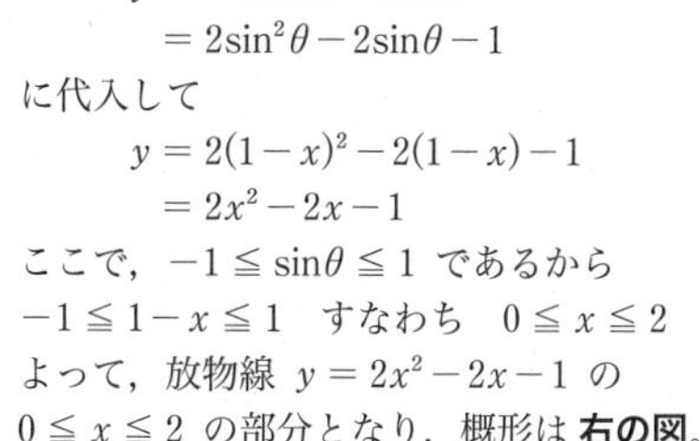

ここで，$-1 \leqq \sin\theta \leqq 1$ であるから

$-1 \leqq 1 - x \leqq 1$　すなわち　$0 \leqq x \leqq 2$

よって，放物線 $y = 2x^2 - 2x - 1$ の $0 \leqq x \leqq 2$ の部分となり，概形は **右の図**。

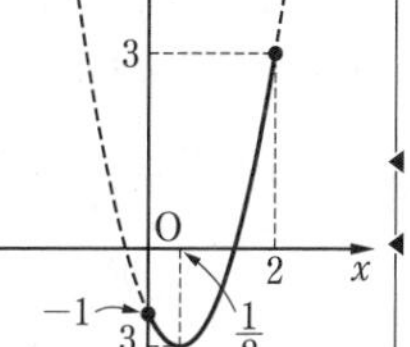

◀ 隠れた条件

$-1 \leqq \sin\theta \leqq 1$ から x のとり得る値の範囲を考える。

練習 77 次の媒介変数表示が表す曲線の概形をかけ。

(1) $\begin{cases} x = \sin\theta - \cos\theta \\ y = \sin\theta\cos\theta \end{cases}$ $(0 \leqq \theta \leqq \pi)$　(2) $\begin{cases} x = t + \dfrac{1}{t} \\ y = 2\left(t^2 + \dfrac{1}{t^2}\right) \end{cases}$ $(t > 0)$

(1) $x^2 = (\sin\theta - \cos\theta)^2 = 1 - 2\sin\theta\cos\theta$

◀ $(\sin\theta \pm \cos\theta)^2$
$= 1 \pm 2\sin\theta\cos\theta$
はよく用いる変形である。

よって　　$\sin\theta\cos\theta = -\dfrac{1}{2}x^2 + \dfrac{1}{2}$

ゆえに　　$y = -\dfrac{1}{2}x^2 + \dfrac{1}{2}$

ここで　　$x = \sin\theta - \cos\theta = \sqrt{2}\sin\left(\theta - \dfrac{\pi}{4}\right)$

$0 \leqq \theta \leqq \pi$ より　　$-1 \leqq x \leqq \sqrt{2}$

$-\dfrac{\pi}{4} \leqq \theta - \dfrac{\pi}{4} \leqq \dfrac{3}{4}\pi$

より

$-\dfrac{1}{\sqrt{2}} \leqq \sin\left(\theta - \dfrac{\pi}{4}\right) \leqq 1$

◀ $-1 \leqq \sqrt{2}\sin\left(\theta - \dfrac{\pi}{4}\right) \leqq \sqrt{2}$

したがって，放物線 $y=-\frac{1}{2}x^2+\frac{1}{2}$

の $-1 \leqq x \leqq \sqrt{2}$ の部分であり，

概形は **右の図**。

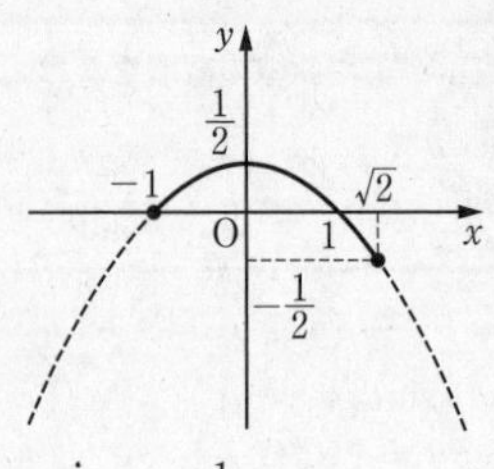

(2) $x^2=\left(t+\frac{1}{t}\right)^2=t^2+\frac{1}{t^2}+2$ であるから　$t^2+\frac{1}{t^2}=x^2-2$

$y=2\left(t^2+\frac{1}{t^2}\right)$ に代入すると

$$y=2x^2-4$$

$t>0$ であるから，相加平均と相乗平均の関係により

$$x=t+\frac{1}{t} \geqq 2\sqrt{t\cdot\frac{1}{t}}=2$$

よって，放物線 $y=2x^2-4$ の $x \geqq 2$ の部分であり，概形は **右の図**。

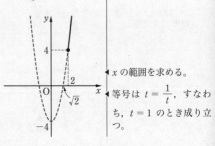

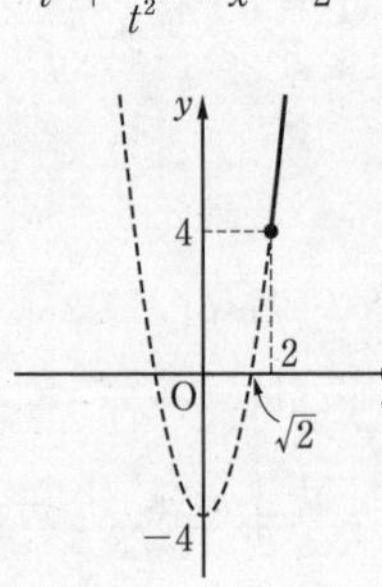

◀ x の範囲を求める。

◀ 等号は $t=\frac{1}{t}$，すなわち，$t=1$ のとき成り立つ。

練習 78 t を媒介変数とするとき，次の式が表す図形の概形をかけ。

(1) $x=\frac{3(1-t^2)}{1+t^2}$，$y=\frac{8t}{1+t^2}$　　(2) $x=\frac{2(1+t^2)}{1-t^2}$，$y=\frac{4t}{1-t^2}$

(1) $x=\frac{3(1-t^2)}{1+t^2}$ より　$x(1+t^2)=3(1-t^2)$

$$(x+3)t^2=3-x$$

$x=-3$ のとき，この式は成り立たないから　$x \neq -3$

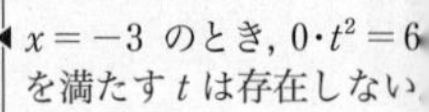
◀ $x=-3$ のとき，$0\cdot t^2=6$ を満たす t は存在しない。

よって　$t^2=\frac{3-x}{x+3}$　…①

$y=\frac{8t}{1+t^2}$ より　$y(1+t^2)=8t$

① を代入して $y\left(1+\frac{3-x}{x+3}\right)=8t$ より　$3y=4t(x+3)$

◀ $y\cdot\frac{6}{x+3}=8t$ より $6y=8t(x+3)$

両辺を 2 乗して　$9y^2=16t^2(x+3)^2$

再び ① を代入して

$$9y^2=16\cdot\frac{3-x}{x+3}(x+3)^2$$

$$9y^2=16(3-x)(3+x)$$

$$9y^2=144-16x^2$$

よって　$\frac{x^2}{9}+\frac{y^2}{16}=1$　$(x \neq -3)$

したがって，楕円 $\frac{x^2}{9}+\frac{y^2}{16}=1$ から点 $(-3,\ 0)$ を除いた図形であり，概形は **右の図**。

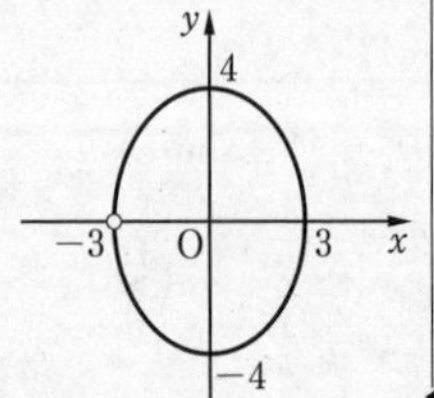

◀ $x=-3$ のとき　$y=0$

〔別解〕

$x=\frac{3(1-t^2)}{1+t^2}$ より　$\frac{x}{3}=\frac{1-t^2}{1+t^2}$

$y=\dfrac{8t}{1+t^2}$ より　　$\dfrac{y}{4}=\dfrac{2t}{1+t^2}$

これらの両辺を 2 乗して，辺々を加えると

$$\left(\frac{x}{3}\right)^2+\left(\frac{y}{4}\right)^2=\left(\frac{1-t^2}{1+t^2}\right)^2+\left(\frac{2t}{1+t^2}\right)^2=\frac{(1+t^2)^2}{(1+t^2)^2}=1$$

よって　　$\dfrac{x^2}{9}+\dfrac{y^2}{16}=1$

また　　$x=\dfrac{3(1-t^2)}{1+t^2}=\dfrac{-3(1+t^2)+6}{1+t^2}=-3+\dfrac{6}{1+t^2}\neq -3$

◀ t は実数より

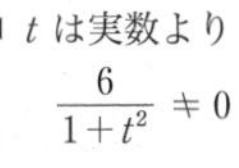

$\dfrac{6}{1+t^2}\neq 0$

したがって，求める図形は，楕円 $\dfrac{x^2}{9}+\dfrac{y^2}{16}=1$

ただし，点 $(-3,\ 0)$ は除く。

(2)　$x=\dfrac{2(1+t^2)}{1-t^2}$ より　　$x(1-t^2)=2(1+t^2)$

$$(x+2)t^2=x-2$$

$x=-2$ のとき，この式は成り立たないから　　$x\neq -2$

◀ $x=-2$ のとき，$0\cdot t^2=-4$ を満たす t は存在しない。

よって　　$t^2=\dfrac{x-2}{x+2}$　　…①

$y=\dfrac{4t}{1-t^2}$ より　　$y(1-t^2)=4t$

① を代入して $y\left(1-\dfrac{x-2}{x+2}\right)=4t$ より　　$y=t(x+2)$

◀ $y\left(\dfrac{x+2-x+2}{x+2}\right)=4t$

$y\cdot\dfrac{4}{x+2}=4t$

$4y=4t(x+2)$

両辺を 2 乗して　　$y^2=t^2(x+2)^2$

再び ① を代入して

$$y^2=\frac{x-2}{x+2}\cdot(x+2)^2$$

$$y^2=(x-2)(x+2)$$

$$y^2=x^2-4$$

よって　　$\dfrac{x^2}{4}-\dfrac{y^2}{4}=1$　$(x\neq -2)$

したがって，双曲線 $\dfrac{x^2}{4}-\dfrac{y^2}{4}=1$ から点 $(-2,\ 0)$ を除いた図形であり，概形は **右の図**。

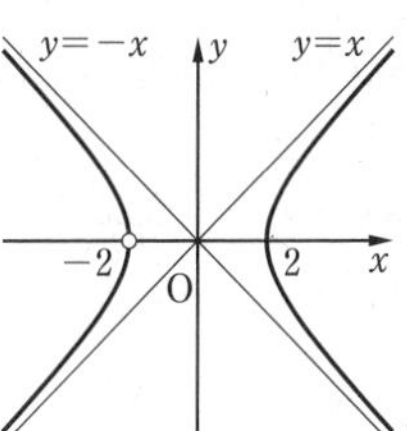

◀ $x=-2$ のとき　$y=0$

〔別解〕

$x=\dfrac{2(1+t^2)}{1-t^2}$ より　　$\dfrac{x}{2}=\dfrac{1+t^2}{1-t^2}$

$y=\dfrac{4t}{1-t^2}$ より　　$\dfrac{y}{2}=\dfrac{2t}{1-t^2}$

これらの両辺を 2 乗して，辺々を引くと

$$\left(\frac{x}{2}\right)^2-\left(\frac{y}{2}\right)^2=\left(\frac{1+t^2}{1-t^2}\right)^2-\left(\frac{2t}{1-t^2}\right)^2=\frac{(1-t^2)^2}{(1-t^2)^2}=1$$

よって　　$\dfrac{x^2}{4}-\dfrac{y^2}{4}=1$

また　　$x=\dfrac{2(1+t^2)}{1-t^2}=\dfrac{-2(1-t^2)+4}{1-t^2}=-2+\dfrac{4}{1-t^2}\neq -2$

◀ t は実数であり

$\dfrac{4}{1-t^2}\neq 0$

したがって，求める図形は，双曲線 $\dfrac{x^2}{4}-\dfrac{y^2}{4}=1$

ただし，点 $(-2,\ 0)$ は除く。

練習 79 楕円 $2x^2+3y^2=6$ に内接し，各辺が両座標軸に平行である長方形の面積の最大値を求めよ。

$2x^2+3y^2=6$ より

$$\frac{x^2}{3}+\frac{y^2}{2}=1$$

第 1 象限にある長方形の頂点の座標を

$$\mathrm{P}(\sqrt{3}\cos\theta,\ \sqrt{2}\sin\theta)\quad\left(0<\theta<\frac{\pi}{2}\right)$$

とおく。

◀楕円上にある。

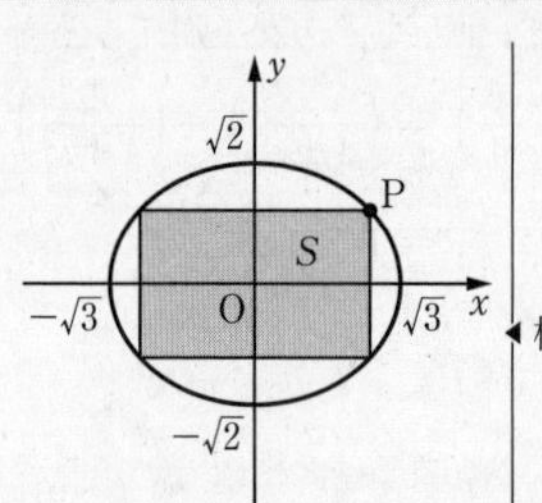

内接する長方形の面積を S とすると

$$S=4\cdot\sqrt{3}\cos\theta\cdot\sqrt{2}\sin\theta=2\sqrt{6}\sin2\theta$$

◀S は第 1 象限の部分の長方形の 4 倍である。
また
$2\sin\theta\cos\theta=\sin2\theta$

$0<\theta<\dfrac{\pi}{2}$ であるから　　$0<2\theta<\pi$

よって　　$0<\sin2\theta\leqq1$

$0<2\sqrt{6}\sin2\theta\leqq2\sqrt{6}$

すなわち　　$0<S\leqq2\sqrt{6}$

したがって，S の最大値は　　**$2\sqrt{6}$**

◀このとき，$\sin2\theta=1$ より　$\theta=\dfrac{\pi}{4}$

練習 80 $3x^2+4y^2=12$ のとき，$2x^2-xy+2y^2$ の最大値およびそのときの x，y の値を求めよ。

$3x^2+4y^2=12$ より　　$\dfrac{x^2}{4}+\dfrac{y^2}{3}=1$　　…①

◀点 $(x,\ y)$ は楕円 $\dfrac{x^2}{4}+\dfrac{y^2}{3}=1$ 上の点である。

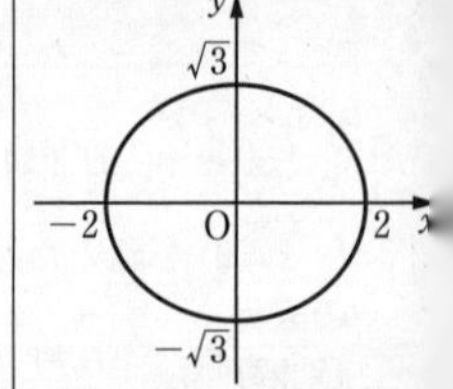

よって，点 $(x,\ y)$ は楕円①上の点であり，θ を媒介変数として

$x=2\cos\theta$，$y=\sqrt{3}\sin\theta$ $(0\leqq\theta<2\pi)$ と表されるから

$$\begin{aligned}&2x^2-xy+2y^2\\&=8\cos^2\theta-2\sqrt{3}\sin\theta\cos\theta+6\sin^2\theta\\&=8\cdot\frac{1+\cos2\theta}{2}-\sqrt{3}\sin2\theta+6\cdot\frac{1-\cos2\theta}{2}\\&=-\sqrt{3}\sin2\theta+\cos2\theta+7\\&=2\sin\left(2\theta+\frac{5}{6}\pi\right)+7\end{aligned}$$

ここで，$0\leqq\theta<2\pi$ より　　$\dfrac{5}{6}\pi\leqq2\theta+\dfrac{5}{6}\pi<\dfrac{29}{6}\pi$

よって，$2\theta+\dfrac{5}{6}\pi=\dfrac{5}{2}\pi,\ \dfrac{9}{2}\pi$，すなわち，$\theta=\dfrac{5}{6}\pi,\ \dfrac{11}{6}\pi$ のとき最大値 9 をとる。

$\theta=\dfrac{5}{6}\pi$ のとき

$$x=2\cos\frac{5}{6}\pi=-\sqrt{3},\ \ y=\sqrt{3}\sin\frac{5}{6}\pi=\frac{\sqrt{3}}{2}$$

$\theta=\dfrac{11}{6}\pi$ のとき

$$x=2\cos\frac{11}{6}\pi=\sqrt{3},\ \ y=\sqrt{3}\sin\frac{11}{6}\pi=-\frac{\sqrt{3}}{2}$$

したがって，$2x^2-xy+2y^2$ は

$(x,\ y)=\left(-\sqrt{3},\ \dfrac{\sqrt{3}}{2}\right),\ \left(\sqrt{3},\ -\dfrac{\sqrt{3}}{2}\right)$ **のとき　最大値 9**

練習 81　例題 81 において，$a=3$，$\theta=\dfrac{\pi}{3}$ のとき，点 P の座標を求めよ。

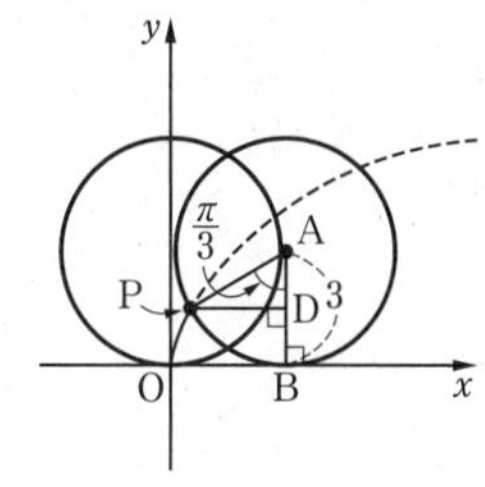

$\text{OB}=\overset{\frown}{\text{PB}}=3\times\dfrac{\pi}{3}=\pi$

BA ＝ 3 であるから　　A$(\pi,\ 3)$　　…①

点 P の座標を $(x,\ y)$ とおくと

$$\text{PD}=3\sin\frac{\pi}{3}=\frac{3\sqrt{3}}{2},$$

$$\text{AD}=3\cos\frac{\pi}{3}=\frac{3}{2}$$

① より

$$\overrightarrow{\text{OP}}=(x,\ y)=\overrightarrow{\text{OA}}+\overrightarrow{\text{AP}}$$

$$=(\pi,\ 3)+\left(-\frac{3\sqrt{3}}{2},\ -\frac{3}{2}\right)=\left(\pi-\frac{3\sqrt{3}}{2},\ \frac{3}{2}\right)$$

よって，点 P の座標は　$\left(\boldsymbol{\pi-\dfrac{3\sqrt{3}}{2},\ \dfrac{3}{2}}\right)$

練習 82　例題 82 において，円 C の半径を 4 としたとき，点 P の軌跡を媒介変数 θ を用いて表せ。

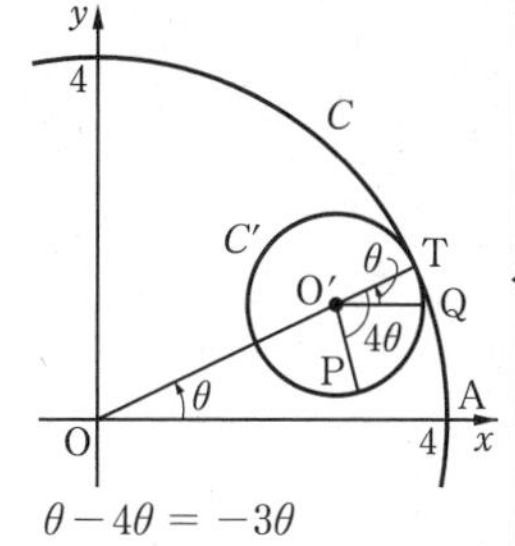

右の図のように，円 C と円 C' の接点を T，円 C' の中心を O′，OO′ が x 軸の正の方向となす角を θ とする。

$\overset{\frown}{\text{TP}}=\overset{\frown}{\text{TA}}$ であるから

　　$1\cdot\angle\text{PO}'\text{T}=4\cdot\theta$

よって　　$\angle\text{PO}'\text{T}=4\theta$

◀ 半径 r，中心角 θ の扇形の弧の長さを l とすると $l=r\theta$

点 O′ から x 軸に平行に引いた直線と円 C' の交点を Q とすると，円 C' において O′Q を始線としたとき，動径 O′P の表す角は　$\theta-4\theta=-3\theta$

よって　　$\overrightarrow{\text{O}'\text{P}}=(1\cdot\cos(-3\theta),\ 1\cdot\sin(-3\theta))$

　　　　　$=(\cos3\theta,\ -\sin3\theta)$

◀ O′P ＝ 1

　　　　$\overrightarrow{\text{OO}'}=(3\cos\theta,\ 3\sin\theta)$

◀ OO′ ＝ OT − O′T ＝ 4 − 1 ＝ 3

ゆえに　　$\overrightarrow{\text{OP}}=\overrightarrow{\text{OO}'}+\overrightarrow{\text{O}'\text{P}}$

　　　$=(3\cos\theta,\ 3\sin\theta)+(\cos3\theta,\ -\sin3\theta)$

　　　$=(3\cos\theta+\cos3\theta,\ 3\sin\theta-\sin3\theta)$

したがって，点 P の軌跡は

$$\begin{cases}\boldsymbol{x=3\cos\theta+\cos3\theta}\\ \boldsymbol{y=3\sin\theta-\sin3\theta}\end{cases}$$

p.160 問題編 7 曲線の媒介変数表示

問題 75 次の媒介変数表示が表す曲線の概形をかけ。

(1) $\begin{cases} x = t^4 - 2t^2 \\ y = -t^2 + 2 \end{cases}$　　(2) $\begin{cases} x = \sqrt{t-1} \\ y = \sqrt{t} \end{cases}$

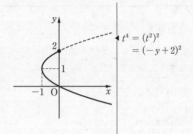

(1) $y = -t^2 + 2$ より　$t^2 = -y + 2$

これを $x = t^4 - 2t^2$ に代入すると

$$x = (-y+2)^2 - 2(-y+2)$$
$$= y^2 - 2y = (y-1)^2 - 1$$

◀ $t^4 = (t^2)^2 = (-y+2)^2$

ここで，$t^2 \geqq 0$ であるから

$-y + 2 \geqq 0$　すなわち　$y \leqq 2$

よって，放物線 $x = (y-1)^2 - 1$ の $y \leqq 2$ の部分となり，概形は **右の図**。

(2) $x = \sqrt{t-1}$ …① より，両辺を 2 乗して

$$x^2 = t - 1$$

すなわち　$t = x^2 + 1$　…②

$y = \sqrt{t}$ …③ の両辺を 2 乗して　$y^2 = t$

これに ② を代入して　$y^2 = x^2 + 1$

① より $\sqrt{t-1} \geqq 0$ であるから　$x \geqq 0$

③ より $\sqrt{t} \geqq 0$ であるから　$y \geqq 0$

◀ x の範囲，y の範囲を考える。

よって，双曲線 $x^2 - y^2 = -1$ の $x \geqq 0$，$y \geqq 0$ の部分となり，概形は **右の図**。

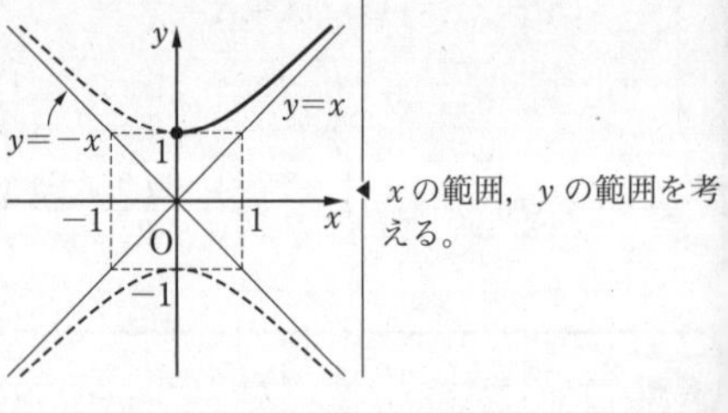

問題 76 媒介変数表示 $\begin{cases} x = \dfrac{1}{2\sin\theta} \\ y = \dfrac{1}{\tan\theta} \end{cases}$ が表す曲線の概形をかけ。

$x = \dfrac{1}{2\sin\theta}$，$y = \dfrac{1}{\tan\theta}$ より　$x \neq 0$，$y \neq 0$

$x = \dfrac{1}{2\sin\theta}$ より　$\dfrac{1}{\sin\theta} = 2x$

また，$1 + \tan^2\theta = \dfrac{1}{\cos^2\theta}$ より　$\dfrac{1}{\tan^2\theta} + 1 = \dfrac{1}{\sin^2\theta}$

◀ 両辺を $\tan^2\theta$ で割る。

◀ 右辺 $= \dfrac{1}{\cos^2\theta} \div \tan^2\theta = \dfrac{1}{\cos^2\theta} \times \dfrac{\cos^2\theta}{\sin^2\theta} = \dfrac{1}{\sin^2\theta}$

ここに，$\dfrac{1}{\sin\theta} = 2x$，$\dfrac{1}{\tan\theta} = y$ を代入すると

$$y^2 + 1 = 4x^2 \quad すなわち \quad 4x^2 - y^2 = 1$$

よって，双曲線 $\dfrac{x^2}{\frac{1}{4}} - y^2 = 1$ $(y \neq 0)$ となり，概形は **右の図**。

◀ $4x^2 = \dfrac{1}{\frac{1}{4}}x^2$

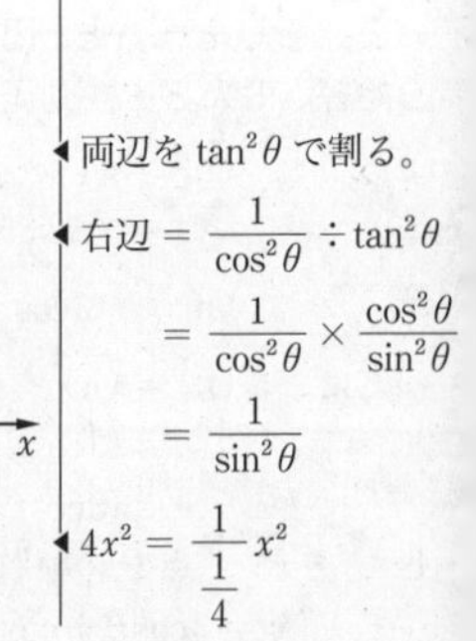

問題 77 x，y が $x = \sin\theta + \cos\theta + 1$，$y = \sin 3\theta - \cos 3\theta$ と表されるとき，x，y の関係式を求めよ。

三角関数の 3 倍角の公式により

$$\begin{aligned} y &= \sin3\theta - \cos3\theta \\ &= (3\sin\theta - 4\sin^3\theta) - (4\cos^3\theta - 3\cos\theta) \\ &= -4(\sin^3\theta + \cos^3\theta) + 3(\sin\theta + \cos\theta) \\ &= -4(\sin\theta + \cos\theta)(1 - \sin\theta\cos\theta) + 3(\sin\theta + \cos\theta) \end{aligned}$$

◀ $\sin^3\theta + \cos^3\theta = (\sin\theta + \cos\theta)(\sin^2\theta - \sin\theta\cos\theta + \cos^2\theta)$

$x = \sin\theta + \cos\theta + 1$ より　$\sin\theta + \cos\theta = x - 1$

また，$(x-1)^2 = 1 + 2\sin\theta\cos\theta$ より　$\sin\theta\cos\theta = \dfrac{1}{2}(x^2 - 2x)$

よって　$y = -4(x-1)\left\{1 - \dfrac{1}{2}(x^2 - 2x)\right\} + 3(x-1)$

$\qquad = (x-1)(2x^2 - 4x - 1)$

また，$x = \sin\theta + \cos\theta + 1$ より　$x = \sqrt{2}\sin\left(\theta + \dfrac{\pi}{4}\right) + 1$

◀ $-1 \leqq \sin\left(\theta + \dfrac{\pi}{4}\right) \leqq 1$ より $-\sqrt{2} + 1 \leqq \sqrt{2}\sin\left(\theta + \dfrac{\pi}{4}\right) + 1 \leqq \sqrt{2} + 1$

ゆえに，x の定義域は　$1 - \sqrt{2} \leqq x \leqq 1 + \sqrt{2}$

したがって

$$\boldsymbol{y = (x-1)(2x^2 - 4x - 1) \quad (1 - \sqrt{2} \leqq x \leqq 1 + \sqrt{2})}$$

問題 78　t を媒介変数とし，$x = \dfrac{6}{1+t^2}$，$y = \dfrac{(1-t)^2}{1+t^2}$ とするとき

(1) $x-3$，$y-1$ を t を用いて表せ。

(2) t を消去し，x と y の関係式を求めよ。また，この式で表される図形の概形をかけ。

(1) $x - 3 = \dfrac{6}{1+t^2} - 3 = \dfrac{6 - 3(1+t^2)}{1+t^2} = \boldsymbol{\dfrac{3(1-t^2)}{1+t^2}}$

$y - 1 = \dfrac{(1-t)^2}{1+t^2} - 1 = \dfrac{(1-t)^2 - (1+t^2)}{1+t^2} = \boldsymbol{-\dfrac{2t}{1+t^2}}$

(2) $x - 3 = \dfrac{3(1-t^2)}{1+t^2}$ より　$(x-3)(1+t^2) = 3(1-t^2)$

$t^2x = 6 - x$

$x = 0$ のとき，この式は成り立たないから　$x \neq 0$

◀ $x = 0$ のとき，$0 \cdot t^2 = 6$ を満たす t は存在しない。

よって　$t^2 = \dfrac{6-x}{x}$　…①

$y - 1 = -\dfrac{2t}{1+t^2}$ より　$(y-1)(1+t^2) = -2t$

① を代入して

$(y-1)\left(1 + \dfrac{6-x}{x}\right) = -2t$ より　$3(y-1) = -tx$

◀ $(y-1)\left(\dfrac{x+6-x}{x}\right) = -2t$

$6(y-1) = -2tx$

両辺を 2 乗して　$9(y-1)^2 = t^2x^2$

再び ① を代入して

$$9(y-1)^2 = \frac{6-x}{x} \cdot x^2$$

$$9(y-1)^2 = x(6-x)$$

$$9(y-1)^2 = -(x-3)^2 + 9$$

よって

$$\boldsymbol{\frac{(x-3)^2}{9} + (y-1)^2 = 1 \quad (x \neq 0)}$$

2章 7 曲線の媒介変数表示

概形は **右の図**。

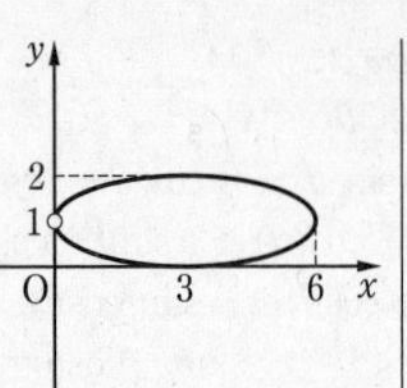

〔別解〕

$x-3=\dfrac{3(1-t^2)}{1+t^2}$ より

$$\frac{x-3}{3}=\frac{1-t^2}{1+t^2}$$

これと $y-1=-\dfrac{2t}{1+t^2}$ の両辺をそれぞれ2乗して加えると

$$\left(\frac{x-3}{3}\right)^2+(y-1)^2=\left(\frac{1-t^2}{1+t^2}\right)^2+\left(-\frac{2t}{1+t^2}\right)^2=\frac{(1+t^2)^2}{(1+t^2)^2}=1$$

よって　$\dfrac{(x-3)^2}{9}+(y-1)^2=1$

また　$x-3=\dfrac{3(1-t^2)}{1+t^2}=\dfrac{-3(1+t^2)+6}{1+t^2}=-3+\dfrac{6}{1+t^2}\neq-3$

◀ t は実数であるから $\dfrac{6}{1+t^2}\neq0$

したがって，求める図形は，楕円 $\dfrac{(x-3)^2}{9}+(y-1)^2=1$

ただし，点 $(0,\ 1)$ は除く。

問題 79　双曲線 $xy=1$ に楕円 $b^2x^2+a^2y^2=a^2b^2$ が接しているとき，ab の値を求めよ。さらに，座標軸に平行な辺をもち，この楕円に内接する長方形の面積の最大値を求めよ。ただし，$a>0$，$b>0$ とする。

$xy=1$ …①，$b^2x^2+a^2y^2=a^2b^2$ …② とおく。

① より，$y=\dfrac{1}{x}$ であり，② に代入すると

$$b^2x^2+\frac{a^2}{x^2}=a^2b^2$$

$$b^2x^4-a^2b^2x^2+a^2=0$$

$x^2=t\ (t>0)$ とおくと　$b^2t^2-a^2b^2t+a^2=0$　…③

①，② が接するとき，t の方程式 ③ が正の重解をもつ。

③ の判別式を D とすると，$D=0$ となるから

$$a^4b^4-4a^2b^2=0$$

$$a^2b^2(a^2b^2-4)=0$$

$a>0,\ b>0$ より　$a^2b^2=4$　すなわち　$ab=2$

このとき，重解を α とおくと，解と係数の関係により

$2\alpha=a^2>0$ となり，正の重解をもつ。

◀ $2\alpha=-\dfrac{-a^2b^2}{b^2}=a^2$

したがって　$\boldsymbol{ab=2}$

次に，② より　$\dfrac{x^2}{a^2}+\dfrac{y^2}{b^2}=1$

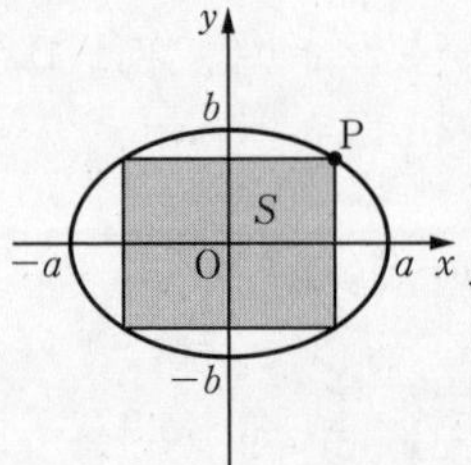

第1象限にある長方形の頂点の座標を

$$\mathrm{P}(a\cos\theta,\ b\sin\theta)\ \left(0<\theta<\frac{\pi}{2}\right)$$

とおく。

◀ P は楕円上にある。

内接する長方形の面積を S とすると

$$S=4\cdot a\cos\theta\cdot b\sin\theta=4ab\sin\theta\cos\theta$$

◀ S は第1象限の部分の長方形の4倍である。
また，2倍角の公式により
$2\sin\theta\cos\theta=\sin2\theta$

$ab=2$ であるから

$$S=8\sin\theta\cos\theta=4\sin2\theta$$

$0<\theta<\dfrac{\pi}{2}$ であるから　$0<2\theta<\pi$

よって　$0<\sin 2\theta \leqq 1$

$0<4\sin 2\theta \leqq 4$

すなわち　$0<S\leqq 4$

したがって，S の最大値は　4

◀このとき，$\sin 2\theta=1$ より　$\theta=\dfrac{\pi}{4}$

問題 80　楕円 $C: x^2+\dfrac{y^2}{4}=1$ 上にあり，直線 $l: 2x+y-4=0$ との距離が最小となる点を P とするとき，点 P と直線 l の距離および点 P の座標を求めよ。

楕円 C 上の点を $\mathrm{A}(\cos\theta,\ 2\sin\theta)$ $(0\leqq\theta<2\pi)$ とおく。

点 A と直線 l の距離を d とすると

$$d=\frac{|2\cos\theta+2\sin\theta-4|}{\sqrt{2^2+1^2}}=\frac{|2(\sin\theta+\cos\theta)-4|}{\sqrt{5}}$$

$$=\frac{1}{\sqrt{5}}\left|2\sqrt{2}\sin\left(\theta+\frac{\pi}{4}\right)-4\right|$$

◀点 $(x_1,\ y_1)$ と直線 $ax+by+c=0$ の距離 d

$$d=\frac{|ax_1+by_1+c|}{\sqrt{a^2+b^2}}$$

$\sin\left(\theta+\dfrac{\pi}{4}\right)\leqq 1$ より　$2\sqrt{2}\sin\left(\theta+\dfrac{\pi}{4}\right)-4<0$

◀$\sin\left(\theta+\dfrac{\pi}{4}\right)\leqq 1$ より絶対値記号を外せる。

よって　$d=\dfrac{1}{\sqrt{5}}\left\{4-2\sqrt{2}\sin\left(\theta+\dfrac{\pi}{4}\right)\right\}$

ここで，$0\leqq\theta<2\pi$ より　$\dfrac{\pi}{4}\leqq\theta+\dfrac{\pi}{4}<\dfrac{9}{4}\pi$

よって，$\theta+\dfrac{\pi}{4}=\dfrac{\pi}{2}$ すなわち

$\theta=\dfrac{\pi}{4}$ のとき d は最小値

$\dfrac{1}{\sqrt{5}}(4-2\sqrt{2})=\dfrac{4\sqrt{5}-2\sqrt{10}}{5}$ をとる。

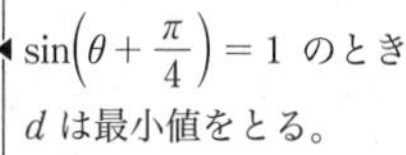
◀$\sin\left(\theta+\dfrac{\pi}{4}\right)=1$ のとき d は最小値をとる。

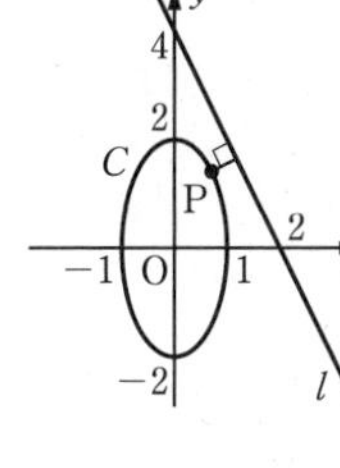

このときの点 A が点 P であり，その座標は

$$x=\cos\frac{\pi}{4}=\frac{\sqrt{2}}{2},\quad y=2\sin\frac{\pi}{4}=\sqrt{2}$$

よって，点 P と直線 l の距離は　$\dfrac{\mathbf{4\sqrt{5}-2\sqrt{10}}}{\mathbf{5}}$

点 P の座標は　$\left(\dfrac{\sqrt{2}}{2},\ \sqrt{2}\right)$

問題 81　半径が a である円板上に点 P があり，中心が $(0,\ a)$，点 P が $\left(0,\ \dfrac{a}{2}\right)$ の位置にある。この位置から，円板が x 軸に接しながら，すべることなく x 軸の正の方向に角 θ だけ回転したとき，点 P の座標を θ で表せ。

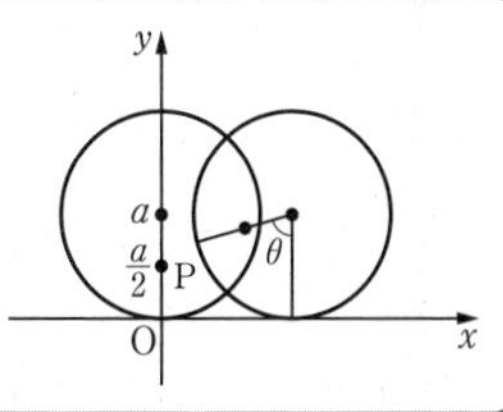

円板が角 θ だけ回転したとき，円板の中心 C から x 軸に垂線 CB を下ろし，さらに，点 P から BC に垂線 PD を下ろす。
また，半直線 CP と円との交点を Q とする。

このとき　　$\mathrm{OB} = \overset{\frown}{\mathrm{QB}} = a\theta$　　…①

$\mathrm{BC} = a$ であるから　　$\mathrm{C}(a\theta,\ a)$

点 P の座標を $(x,\ y)$ とおくと

$\overrightarrow{\mathrm{CP}} = \left(-\dfrac{a}{2}\sin\theta,\ -\dfrac{a}{2}\cos\theta\right)$ であるから，①より

$$\begin{aligned}\overrightarrow{\mathrm{OP}} = (x,\ y) &= \overrightarrow{\mathrm{OC}} + \overrightarrow{\mathrm{CP}}\\ &= (a\theta,\ a) + \left(-\frac{a}{2}\sin\theta,\ -\frac{a}{2}\cos\theta\right)\\ &= \left(a\theta - \frac{a}{2}\sin\theta,\ a - \frac{a}{2}\cos\theta\right)\end{aligned}$$

よって，点 P の座標は　　$\boldsymbol{\left(a\left(\theta - \dfrac{1}{2}\sin\theta\right),\ a\left(1 - \dfrac{1}{2}\cos\theta\right)\right)}$

問題 82　原点を中心とする半径 2 の円 C に半径 1 の円 C' が外接し，すべることなく回転する。円 C' 上の点 P がはじめ点 A(2，0) にあったとするとき，点 P の軌跡の媒介変数表示を求めよ。

右の図のように，円 C と円 C' の接点を T，円 C' の中心を O′，線分 OO′ が x 軸の正の方向となす角を θ とする。

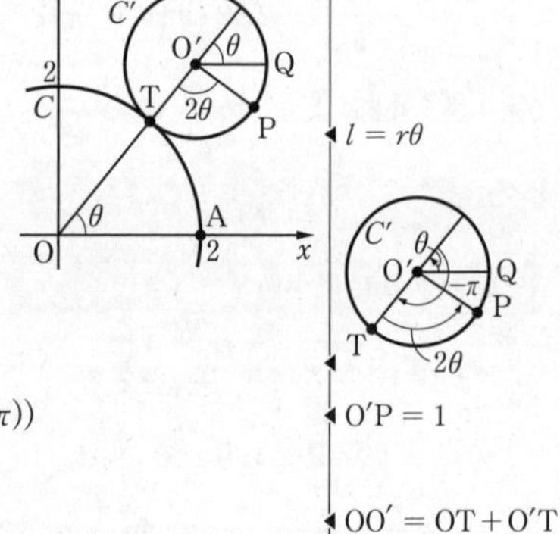

$\overset{\frown}{\mathrm{TP}} = \overset{\frown}{\mathrm{TA}}$ であるから　$1 \cdot \angle\mathrm{TO'P} = 2 \cdot \theta$　　◀ $l = r\theta$

よって　　$\angle\mathrm{TO'P} = 2\theta$

点 O′ から x 軸に平行に引いた直線と円 C' の交点を Q とすると，円 C' において O′Q を始線としたとき，動径 O′P の表す角は

$$\theta - \pi + 2\theta = 3\theta - \pi$$

よって　　$\overrightarrow{\mathrm{O'P}} = (1 \cdot \cos(3\theta - \pi),\ 1 \cdot \sin(3\theta - \pi))$　　◀ $\mathrm{O'P} = 1$

$$= (-\cos 3\theta,\ -\sin 3\theta)$$

$\overrightarrow{\mathrm{OO'}} = (3\cos\theta,\ 3\sin\theta)$　　◀ $\mathrm{OO'} = \mathrm{OT} + \mathrm{O'T} = 2 + 1 = 3$

ゆえに　　$$\begin{aligned}\overrightarrow{\mathrm{OP}} &= \overrightarrow{\mathrm{OO'}} + \overrightarrow{\mathrm{O'P}}\\ &= (3\cos\theta,\ 3\sin\theta) + (-\cos 3\theta,\ -\sin 3\theta)\\ &= (3\cos\theta - \cos 3\theta,\ 3\sin\theta - \sin 3\theta)\end{aligned}$$

したがって，点 P の軌跡の媒介変数表示は

$$\boldsymbol{\begin{cases} x = 3\cos\theta - \cos 3\theta \\ y = 3\sin\theta - \sin 3\theta \end{cases}}$$

◀ 外サイクロイド

1 次の媒介変数表示が表す曲線の概形をかけ。

(1) $\begin{cases} x = 1 + |t| \\ y = 3 + |t| \end{cases}$

(2) $\begin{cases} x = 2 + \sin\theta \\ y = 4\cos^2 \dfrac{\theta}{2} \end{cases} \quad (0 \leqq \theta < 2\pi)$

(3) $\begin{cases} x = \dfrac{t}{1+t^2} \\ 1 - y = \dfrac{1+t^4}{1+2t^2+t^4} \end{cases}$

(1) $x = 1 + |t|$ より $|t| = x - 1$ …①

$y = 3 + |t|$ より $|t| = y - 3$ …②

①，② より $y = x + 2$

ここで，$|t| \geqq 0$ より

$x = 1 + |t| \geqq 1$

よって，求める軌跡は

直線 $y = x + 2$ の $x \geqq 1$ の部分。

グラフは **右の図**。

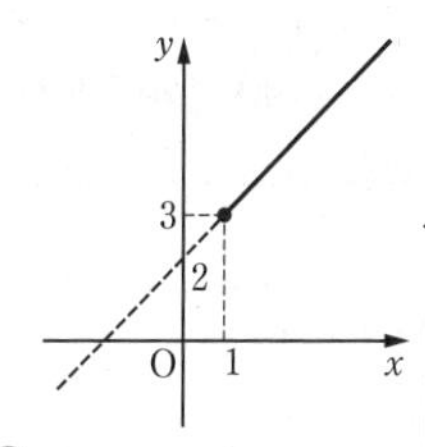

◀ x の変域に注意する。

(2) $x = 2 + \sin\theta$ より $\sin\theta = x - 2$ …①

$y = 4\cos^2 \dfrac{\theta}{2} = 4 \cdot \dfrac{1+\cos\theta}{2}$ より $\cos\theta = \dfrac{1}{2}y - 1$ …②

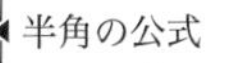

◀ 半角の公式
$\cos^2 \dfrac{\theta}{2} = \dfrac{1+\cos\theta}{2}$

①，② を $\sin^2\theta + \cos^2\theta = 1$ に代入して

$$(x-2)^2 + \left(\frac{1}{2}y - 1\right)^2 = 1$$

$$(x-2)^2 + \frac{(y-2)^2}{4} = 1$$

◀ x が $\sin\theta$ の式であるから，y を $\cos\theta$ の式で表して，θ を消去する。

よって，求める軌跡は

楕円 $(x-2)^2 + \dfrac{(y-2)^2}{4} = 1$

グラフは **右の図**。

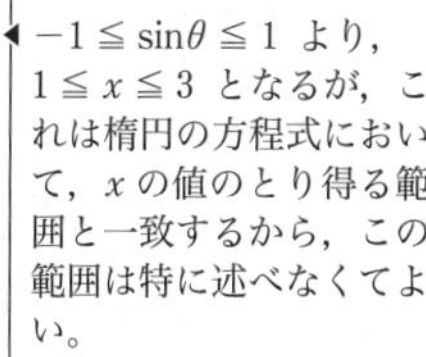

◀ $-1 \leqq \sin\theta \leqq 1$ より，$1 \leqq x \leqq 3$ となるが，これは楕円の方程式において，x の値のとり得る範囲と一致するから，この範囲は特に述べなくてよい。

(3) $1 - y = \dfrac{1+t^4}{1+2t^2+t^4}$ より

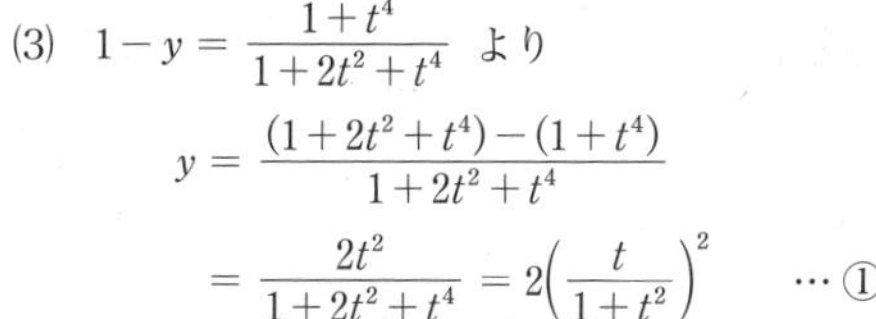

$$y = \frac{(1+2t^2+t^4) - (1+t^4)}{1+2t^2+t^4}$$

$$= \frac{2t^2}{1+2t^2+t^4} = 2\left(\frac{t}{1+t^2}\right)^2 \quad \cdots ①$$

$x = \dfrac{t}{1+t^2}$ を ① に代入すると $y = 2x^2$

ここで，$x = \dfrac{t}{1+t^2}$ より $xt^2 - t + x = 0$

◀ x の変域に注意する。

$x = 0$ のとき $t = 0$

$x \neq 0$ のとき，t は実数であるから，判別式 $D = 1 - 4x^2 \geqq 0$ より

$$-\frac{1}{2} \leqq x \leqq \frac{1}{2}$$

よって，求める軌跡は

放物線 $y=2x^2$ の $-\frac{1}{2} \leqq x \leqq \frac{1}{2}$ の部分。

グラフは **右の図**。

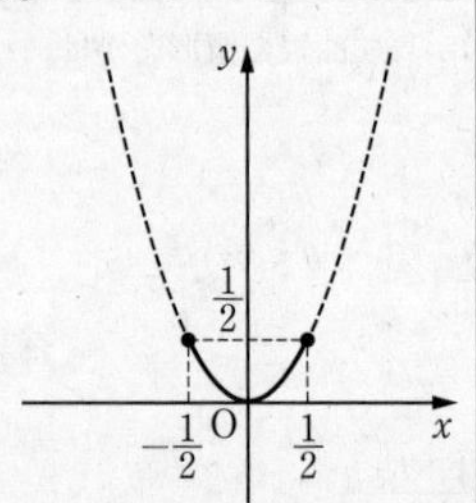

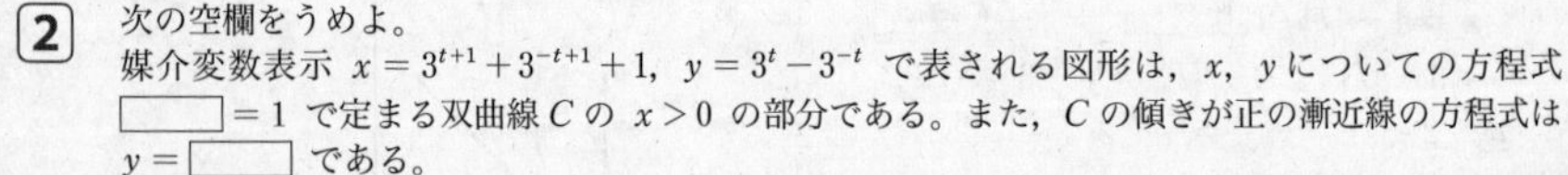

2 次の空欄をうめよ。
媒介変数表示 $x=3^{t+1}+3^{-t+1}+1$，$y=3^t-3^{-t}$ で表される図形は，x，y についての方程式 $\boxed{}=1$ で定まる双曲線 C の $x>0$ の部分である。また，C の傾きが正の漸近線の方程式は $y=\boxed{}$ である。

$3^t=a$ とおくと　　$a>0$

$3^{t+1}=3^t \cdot 3^1=3a$，$3^{-t+1}=3^{-t} \cdot 3^1=\frac{3}{a}$ であるから

$$x=3a+\frac{3}{a}+1=3\left(a+\frac{1}{a}\right)+1 \quad \cdots ①,\quad y=a-\frac{1}{a} \quad \cdots ②$$

① より　　$a+\frac{1}{a}=\frac{1}{3}x-\frac{1}{3}$　　$\cdots$③

②＋③ より　　$2a=\frac{1}{3}x+y-\frac{1}{3}$　　$\cdots$④

③－② より　　$\frac{2}{a}=\frac{1}{3}x-y-\frac{1}{3}$　　$\cdots$⑤

④，⑤ の辺々を掛けると　$4=\left(\frac{1}{3}x-\frac{1}{3}\right)^2-y^2$

$$\frac{(x-1)^2}{9}-y^2=4 \quad すなわち \quad \frac{(x-1)^2}{36}-\frac{y^2}{4}=1$$

ここで $a>0$ であるから，④ より

$$\frac{1}{3}x+y-\frac{1}{3}>0 \quad すなわち \quad y>-\frac{1}{3}x+\frac{1}{3}$$

したがって，求める図形は双曲線

C: $\boldsymbol{\frac{(x-1)^2}{36}-\frac{y^2}{4}=1}$ の $x>0$ の部分。

また，双曲線 C の漸近線のうち，傾きが

正の漸近線は　　$y=\frac{1}{3}(x-1)$

すなわち　$\boldsymbol{y=\frac{1}{3}x-\frac{1}{3}}$

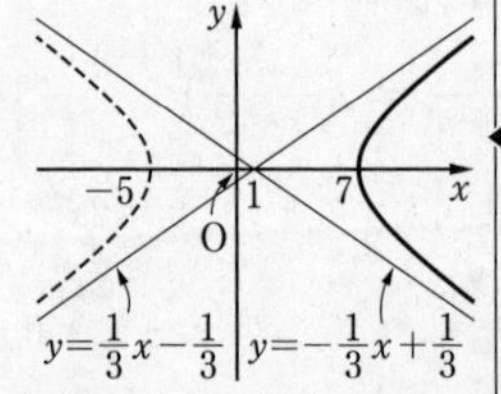

◀ $a \neq 0$ より $\frac{1}{3}x+y-\frac{1}{3}=0$ と $\frac{1}{3}x-y-\frac{1}{3}=0$ が漸近線となると考えてもよい。

3 楕円 C: $\frac{(x-1)^2}{4}+y^2=1$ 上の点 $\mathrm{P}(x,\ y)$ について，$x+2y^2$ の値の最大値と最小値を求めよ。

楕円 C 上の点Pは，媒介変数 θ によって

$$\begin{cases} x = 2\cos\theta + 1 \\ y = \sin\theta \end{cases} \quad (0 \leqq \theta < 2\pi)$$

と表される。

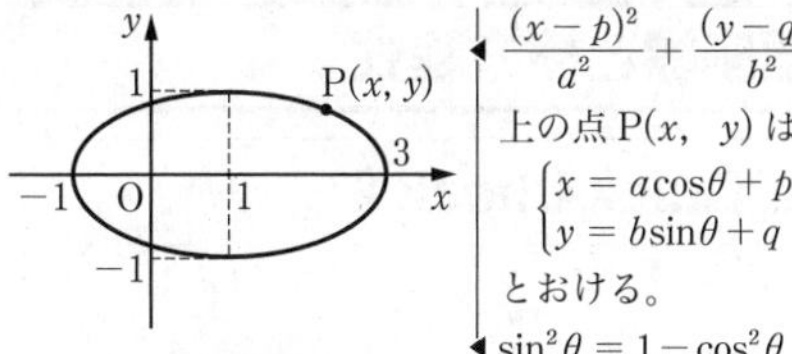

◀ $\dfrac{(x-p)^2}{a^2} + \dfrac{(y-q)^2}{b^2} = 1$ 上の点 $\mathrm{P}(x,\ y)$ は $\begin{cases} x = a\cos\theta + p \\ y = b\sin\theta + q \end{cases}$ とおける。

$$x + 2y^2 = 2\cos\theta + 1 + 2\sin^2\theta$$
$$= -2\cos^2\theta + 2\cos\theta + 3$$

◀ $\sin^2\theta = 1 - \cos^2\theta$

ここで，$z = x + 2y^2$，$\cos\theta = t$ とおくと，$-1 \leqq t \leqq 1$ であり

$$z = x + 2y^2 = -2t^2 + 2t + 3$$
$$= -2\left(t - \frac{1}{2}\right)^2 + \frac{7}{2}$$

よって，$x + 2y^2$ は右の図より

最大値 $\dfrac{7}{2}$，最小値 -1

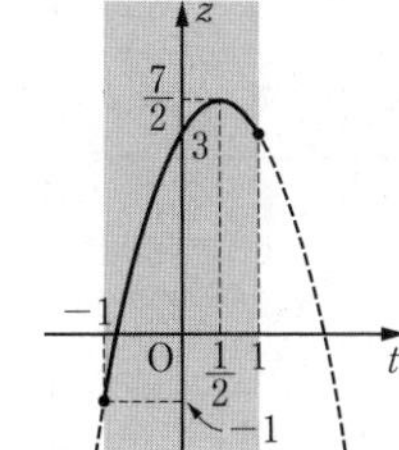
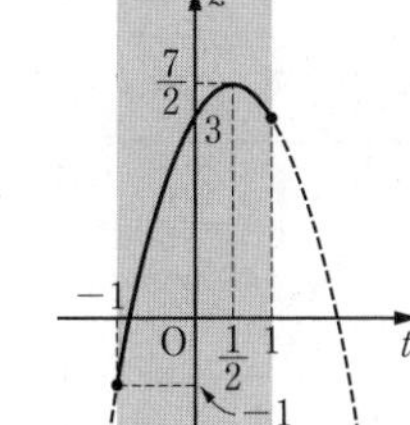

4 半径 a の円 C が，原点Oを中心とする半径1の定円 C_0 に右の図のように接しながらすべらずに回転する。最初 C の中心Qが点 $\mathrm{Q_0}(1+a,\ 0)$ にあり，Pが点 $\mathrm{A}(1,\ 0)$ にあるとする。C が動いたときのPの座標を a と $\angle \mathrm{Q_0OQ} = \theta$ で表せ。

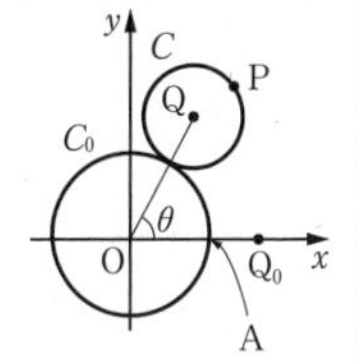

2円の接点をRとすると，$\overset{\frown}{\mathrm{RP}} = \overset{\frown}{\mathrm{RA}}$ より

$$a \cdot \angle \mathrm{RQP} = 1 \cdot \theta$$

◀ $l = r\theta$

よって　　$\angle \mathrm{RQP} = \dfrac{\theta}{a}$

点Qより x 軸に平行に引いた直線と円 C との交点をSとすると

$$\angle \mathrm{SQP} = \theta - \pi + \frac{\theta}{a} = \frac{a+1}{a}\theta - \pi$$

よって

$$\overrightarrow{\mathrm{QP}} = \left(a\cos\left(\frac{a+1}{a}\theta - \pi\right),\ a\sin\left(\frac{a+1}{a}\theta - \pi\right)\right)$$
$$= \left(-a\cos\frac{a+1}{a}\theta,\ -a\sin\frac{a+1}{a}\theta\right)$$

◀ $\mathrm{QP} = a$

$\overrightarrow{\mathrm{OQ}} = ((1+a)\cos\theta,\ (1+a)\sin\theta)$　であるから

◀ $\mathrm{OQ} = \mathrm{OR} + \mathrm{RQ} = 1 + a$

$$\overrightarrow{\mathrm{OP}} = \overrightarrow{\mathrm{OQ}} + \overrightarrow{\mathrm{QP}}$$
$$= ((1+a)\cos\theta,\ (1+a)\sin\theta) + \left(-a\cos\frac{a+1}{a}\theta,\ -a\sin\frac{a+1}{a}\theta\right)$$
$$= \left((1+a)\cos\theta - a\cos\frac{a+1}{a}\theta,\ (1+a)\sin\theta - a\sin\frac{a+1}{a}\theta\right)$$

したがって，点Pの座標は

$$\mathbf{P}\left(\boldsymbol{(1+a)\cos\theta - a\cos\frac{a+1}{a}\theta,\ (1+a)\sin\theta - a\sin\frac{a+1}{a}\theta}\right)$$

◀ 外サイクロイド

8 極座標と極方程式

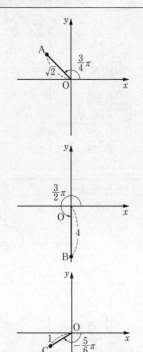

p.163 Quick Check 8

① 〔1〕

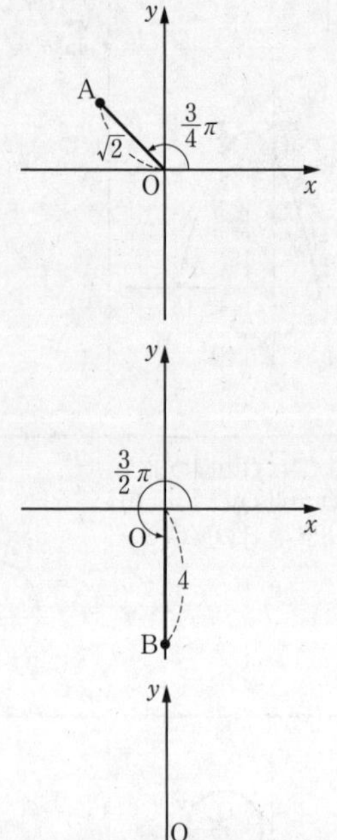

〔2〕 (1) $x=4\cos\frac{2}{3}\pi=-2$

$y=4\sin\frac{2}{3}\pi=2\sqrt{3}$

よって　$(-2,\ 2\sqrt{3})$

(2) $x=3\cos\pi=-3,\ y=3\sin\pi=0$

よって　$(-3,\ 0)$

〔3〕 極座標を $(r,\ \theta)$ とすると

(1) $r=\sqrt{1^2+1^2}=\sqrt{2}$

$\cos\theta=\frac{1}{\sqrt{2}},\ \sin\theta=\frac{1}{\sqrt{2}}$

$0\leqq\theta<2\pi$ であるから　$\theta=\frac{\pi}{4}$

よって　$\left(\sqrt{2},\ \frac{\pi}{4}\right)$

(2) $r=\sqrt{0^2+(-1)^2}=1$

$\cos\theta=\frac{0}{1}=0$

$\sin\theta=\frac{-1}{1}=-1$

$0\leqq\theta<2\pi$ であるから　$\theta=\frac{3}{2}\pi$

よって　$\left(1,\ \frac{3}{2}\pi\right)$

② (1) $\theta=\frac{\pi}{3}$

r は任意で，$\theta=\frac{\pi}{3}$ であるから，極を通り始線と $\frac{\pi}{3}$ の角をなす直線となり，**下の図**。

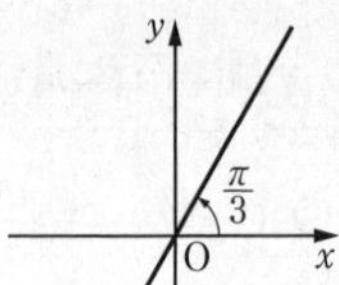

(2) $r=2$

極が中心，半径 2 の円となり，**下の図**。

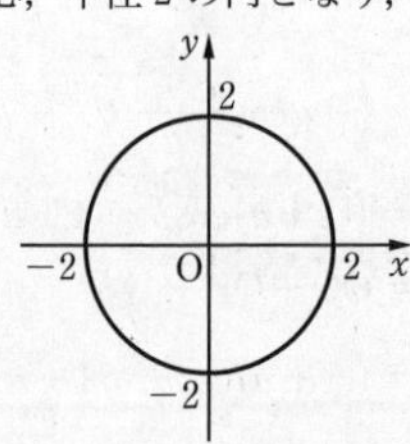

練習 83 〔1〕 次の極座標で表された点の直交座標を求めよ。

(1) $\left(3,\ \dfrac{5}{3}\pi\right)$　　(2) $\left(5,\ \dfrac{3}{2}\pi\right)$

〔2〕 次の直交座標で表された点の極座標 $(r,\ \theta)$ を求めよ。ただし，$0 \leqq \theta < 2\pi$ とする。

(1) $(-\sqrt{2},\ \sqrt{2})$　　(2) $(0,\ 3)$

〔1〕 (1) $r=3,\ \theta=\dfrac{5}{3}\pi$ より

$$x = 3\cos\frac{5}{3}\pi = \frac{3}{2}$$

$$y = 3\sin\frac{5}{3}\pi = -\frac{3\sqrt{3}}{2}$$

よって，求める直交座標は $\left(\boldsymbol{\dfrac{3}{2},\ -\dfrac{3\sqrt{3}}{2}}\right)$

◀ $x = r\cos\theta$　$y = r\sin\theta$

(2) $r=5,\ \theta=\dfrac{3}{2}\pi$ より

$$x = 5\cos\frac{3}{2}\pi = 0$$

$$y = 5\sin\frac{3}{2}\pi = -5$$

◀ $x = r\cos\theta$　$y = r\sin\theta$

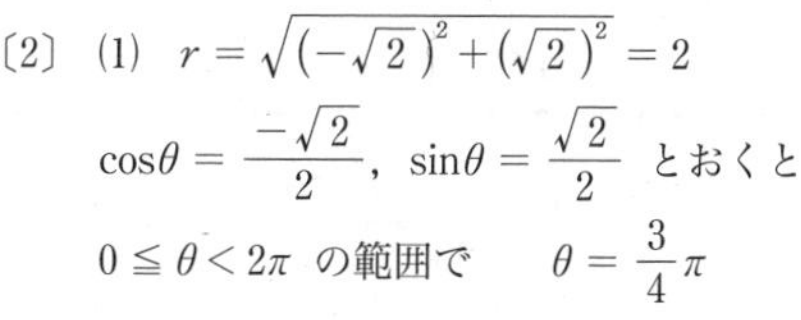

よって，求める直交座標は $\boldsymbol{(0,\ -5)}$

〔2〕 (1) $r = \sqrt{(-\sqrt{2})^2 + (\sqrt{2})^2} = 2$

$\cos\theta = \dfrac{-\sqrt{2}}{2},\ \sin\theta = \dfrac{\sqrt{2}}{2}$ とおくと

$0 \leqq \theta < 2\pi$ の範囲で　$\theta = \dfrac{3}{4}\pi$

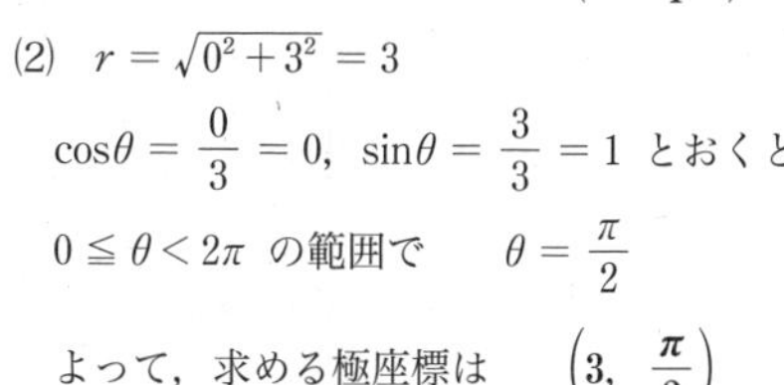

よって，求める極座標は $\left(\boldsymbol{2,\ \dfrac{3}{4}\pi}\right)$

(2) $r = \sqrt{0^2 + 3^2} = 3$

$\cos\theta = \dfrac{0}{3} = 0,\ \sin\theta = \dfrac{3}{3} = 1$ とおくと

$0 \leqq \theta < 2\pi$ の範囲で　$\theta = \dfrac{\pi}{2}$

よって，求める極座標は $\left(\boldsymbol{3,\ \dfrac{\pi}{2}}\right)$

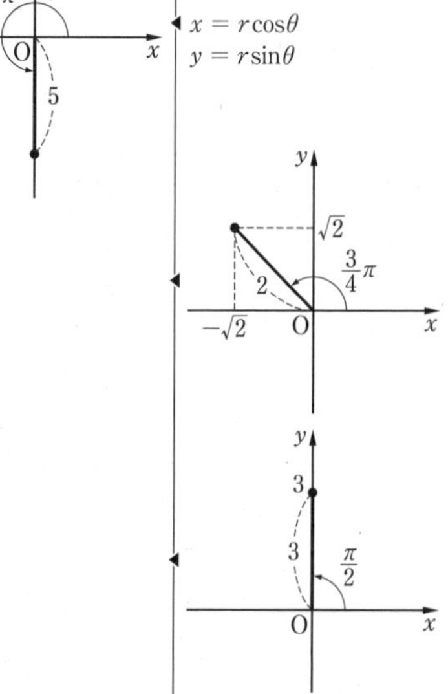

練習 84 極を O，3 点 A，B，C の極座標が $A\left(7,\ \dfrac{13}{12}\pi\right)$，$B\left(5,\ \dfrac{5}{12}\pi\right)$，$C\left(12,\ \dfrac{3}{4}\pi\right)$ であるとき

(1) 線分 AB の長さを求めよ。

(2) △OAB，△ABC の面積をそれぞれ求めよ。

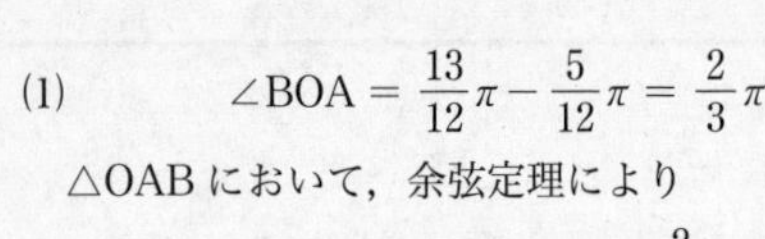

(1) $\angle\mathrm{BOA} = \frac{13}{12}\pi - \frac{5}{12}\pi = \frac{2}{3}\pi$

△OAB において，余弦定理により

$$\mathrm{AB}^2 = 7^2 + 5^2 - 2\cdot7\cdot5\cos\frac{2}{3}\pi$$

$$= 109$$

◀ $\mathrm{AB}^2 = \mathrm{OA}^2 + \mathrm{OB}^2 - 2\mathrm{OA}\cdot\mathrm{OB}\cdot\cos\angle\mathrm{BOA}$

AB > 0 より　**$\mathrm{AB} = \sqrt{109}$**

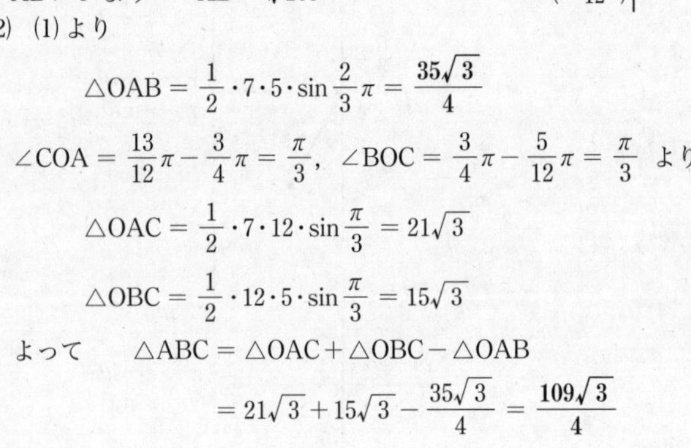

(2) (1) より

$$\triangle\mathrm{OAB} = \frac{1}{2}\cdot7\cdot5\cdot\sin\frac{2}{3}\pi = \frac{35\sqrt{3}}{4}$$

◀ $\triangle\mathrm{OAB} = \frac{1}{2}\mathrm{OA}\cdot\mathrm{OB}\cdot\sin\angle\mathrm{BOA}$

$\angle\mathrm{COA} = \frac{13}{12}\pi - \frac{3}{4}\pi = \frac{\pi}{3}$，$\angle\mathrm{BOC} = \frac{3}{4}\pi - \frac{5}{12}\pi = \frac{\pi}{3}$ より

$$\triangle\mathrm{OAC} = \frac{1}{2}\cdot7\cdot12\cdot\sin\frac{\pi}{3} = 21\sqrt{3}$$

$$\triangle\mathrm{OBC} = \frac{1}{2}\cdot12\cdot5\cdot\sin\frac{\pi}{3} = 15\sqrt{3}$$

よって　$\triangle\mathrm{ABC} = \triangle\mathrm{OAC} + \triangle\mathrm{OBC} - \triangle\mathrm{OAB}$

$$= 21\sqrt{3} + 15\sqrt{3} - \frac{35\sqrt{3}}{4} = \mathbf{\frac{109\sqrt{3}}{4}}$$

練習 85 次の方程式を極方程式で表せ。
(1) $x + y = 2$　(2) $x^2 = 4y$　(3) $(x-1)^2 + y^2 = 1$

(1) $x = r\cos\theta$，$y = r\sin\theta$ を代入して

$$r\cos\theta + r\sin\theta = 2$$

$$\sqrt{2}\,r\left(\frac{1}{\sqrt{2}}\sin\theta + \frac{1}{\sqrt{2}}\cos\theta\right) = 2$$

$$\sqrt{2}\,r\sin\left(\theta + \frac{\pi}{4}\right) = 2$$

よって　**$r\sin\left(\theta + \frac{\pi}{4}\right) = \sqrt{2}$**

◀ $r = \frac{2}{\cos\theta + \sin\theta}$，$r = \frac{\sqrt{2}}{\sin\left(\theta + \frac{\pi}{4}\right)}$ と答えてもよい。

(2) $x = r\cos\theta$，$y = r\sin\theta$ を代入して

$$(r\cos\theta)^2 = 4r\sin\theta$$

$$r^2\cos^2\theta = 4r\sin\theta$$

$$r^2\cos^2\theta - 4r\sin\theta = 0$$

$$r(r\cos^2\theta - 4\sin\theta) = 0$$

よって　$r = 0$　または　$r\cos^2\theta - 4\sin\theta = 0$

$r = 0$ は極を表し，これは $r\cos^2\theta - 4\sin\theta = 0$ に含まれるから

◀ $\theta = 0$，π のとき $r = 0$

$r\cos^2\theta - 4\sin\theta = 0$

(3) $x = r\cos\theta$，$y = r\sin\theta$ を代入して

$$(r\cos\theta - 1)^2 + (r\sin\theta)^2 = 1$$

$$r^2\cos^2\theta - 2r\cos\theta + 1 + r^2\sin^2\theta = 1$$

$$r^2(\cos^2\theta + \sin^2\theta) - 2r\cos\theta = 0$$

$$r^2 - 2r\cos\theta = 0$$

$$r(r - 2\cos\theta) = 0$$

よって　$r = 0$　または　$r = 2\cos\theta$

$r = 0$ は極 O を表し，これは $r = 2\cos\theta$ に含まれるから

◀ $\theta = \frac{\pi}{2}$ のとき $r = 0$

$$r = 2\cos\theta$$

◀中心 (1, 0) で極 O を通る円である。

練習 86 次の極方程式を直交座標の方程式で表せ。

(1) $r\sin\left(\theta - \dfrac{\pi}{3}\right) = 2$　　(2) $r^2\cos 2\theta = 1$

(1) $r\sin\left(\theta - \dfrac{\pi}{3}\right) = 2$ より

$$r\left(\sin\theta\cos\frac{\pi}{3} - \cos\theta\sin\frac{\pi}{3}\right) = 2$$

$$\frac{1}{2}r\sin\theta - \frac{\sqrt{3}}{2}r\cos\theta = 2$$

$$r\sin\theta - \sqrt{3}\,r\cos\theta = 4$$

$r\sin\theta = y$, $r\cos\theta = x$ を代入して

$$y - \sqrt{3}\,x = 4$$

よって　$\boldsymbol{\sqrt{3}\,x - y = -4}$

◀加法定理
$\sin(\alpha - \beta) = \sin\alpha\cos\beta - \cos\alpha\sin\beta$
を用いて展開する。

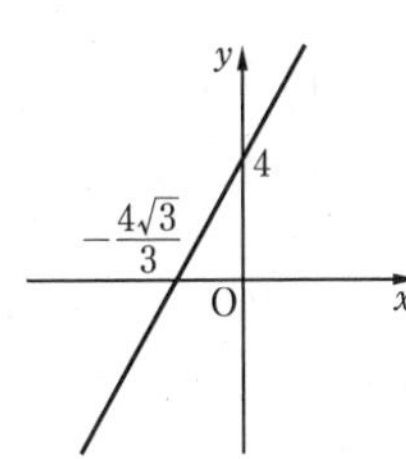
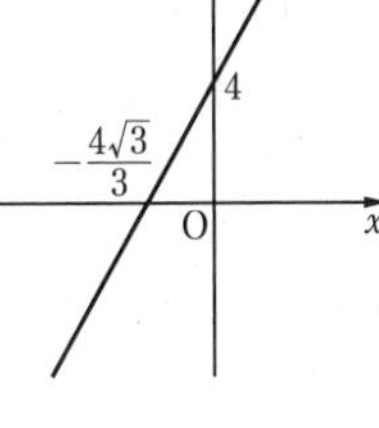

(2) $r^2\cos 2\theta = 1$ より

$$r^2(\cos^2\theta - \sin^2\theta) = 1$$

$$(r\cos\theta)^2 - (r\sin\theta)^2 = 1$$

$r\cos\theta = x$, $r\sin\theta = y$ を代入して

$$\boldsymbol{x^2 - y^2 = 1}$$

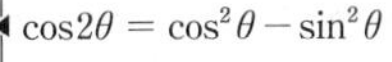
◀$\cos 2\theta = \cos^2\theta - \sin^2\theta$

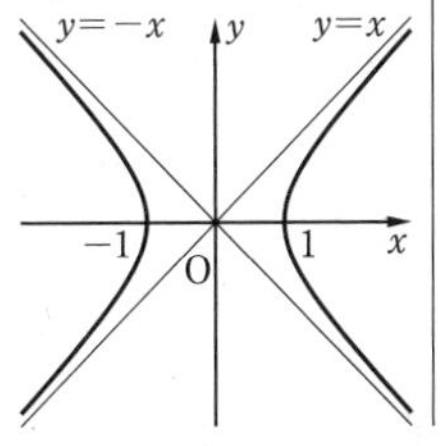

練習 87 極 O を原点，始線を x 軸の正の向きにとる。このとき，次の極方程式を求めよ。

(1) 極座標が $\left(2,\ \dfrac{\pi}{6}\right)$ である点 H を通り，OH に垂直な直線 l

(2) 極座標が $(3,\ 0)$ である点 A を通り，x 軸に垂直な直線 m

(3) 極座標が $\left(2,\ \dfrac{3}{2}\pi\right)$ である点 B を通り，y 軸に垂直な直線 n

(1) 直線 l 上の点 P の極座標を $(r,\ \theta)$ とすると，△OPH において

$$\mathrm{OP}\cos\angle\mathrm{POH} = \mathrm{OH}$$

よって　$\boldsymbol{r\cos\left(\theta - \dfrac{\pi}{6}\right) = 2}$

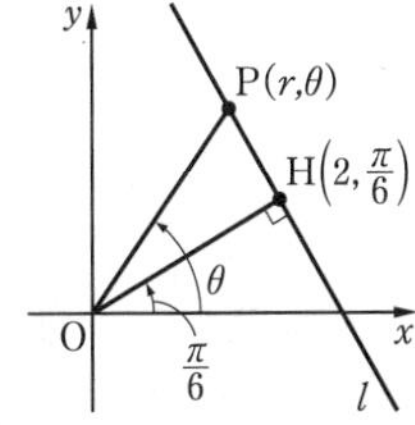

◀△OPH は，$\angle\mathrm{OHP} = \dfrac{\pi}{2}$ の直角三角形である。

◀$\angle\mathrm{POH} = \left|\theta - \dfrac{\pi}{6}\right|$ であり
$\cos\left|\theta - \dfrac{\pi}{6}\right| = \cos\left(\theta - \dfrac{\pi}{6}\right)$

〔別解〕

直交座標で考えると，$\mathrm{H}(\sqrt{3},\ 1)$ で直線 OH の傾きは　$\dfrac{1}{\sqrt{3}}$

直線 l は OH に直交し，点 H を通るから

$$y - 1 = -\sqrt{3}(x - \sqrt{3})　すなわち　\sqrt{3}\,x + y = 4$$

$x = r\cos\theta$, $y = r\sin\theta$ を代入すると

◀極 O を原点，始線を x 軸の正の向きにとり，直交座標系を考える。

$r(\sqrt{3}\cos\theta+\sin\theta)=4$ より　　$r\sin\left(\theta+\dfrac{\pi}{3}\right)=2$

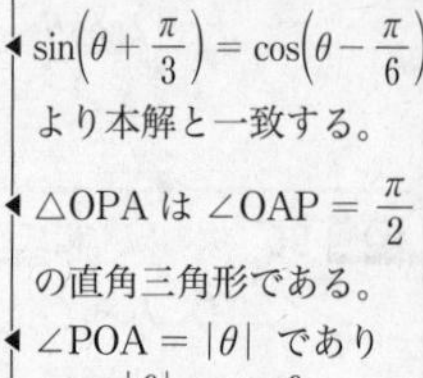

◀ $\sin\left(\theta+\dfrac{\pi}{3}\right)=\cos\left(\theta-\dfrac{\pi}{6}\right)$ より本解と一致する。

◀ △OPA は $\angle\mathrm{OAP}=\dfrac{\pi}{2}$ の直角三角形である。

◀ $\angle\mathrm{POA}=|\theta|$ であり $\cos|\theta|=\cos\theta$

(2) 直線 m 上の点 P の極座標を $(r,\ \theta)$ とすると，△OPA において

$\mathrm{OP}\cos\angle\mathrm{POA}=\mathrm{OA}$

よって　　$\boldsymbol{r\cos\theta=3}$

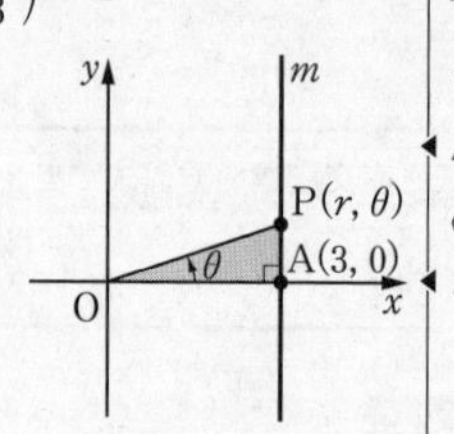

〔別解〕

直交座標で考えると　　$x=3$

$x=r\cos\theta$ を代入すると　　$r\cos\theta=3$

(3) 直線 n 上の点 P の極座標を $(r,\ \theta)$ とすると，△OPB において

$\mathrm{OP}\cos\angle\mathrm{POB}=\mathrm{OB}$

よって　　$r\cos\left(\dfrac{3}{2}\pi-\theta\right)=2$

したがって　　$\boldsymbol{r\sin\theta=-2}$

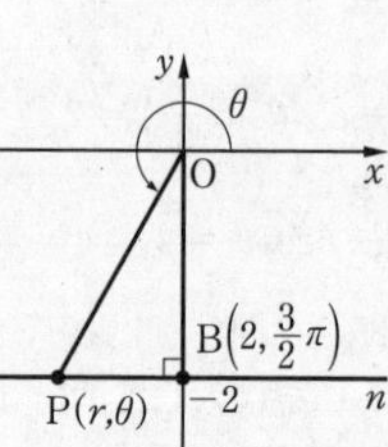

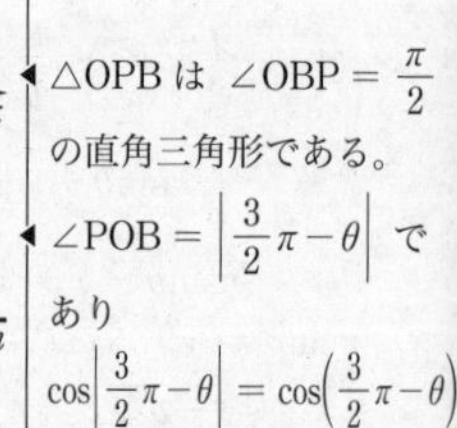

◀ △OPB は $\angle\mathrm{OBP}=\dfrac{\pi}{2}$ の直角三角形である。

◀ $\angle\mathrm{POB}=\left|\dfrac{3}{2}\pi-\theta\right|$ であり

$\cos\left|\dfrac{3}{2}\pi-\theta\right|=\cos\left(\dfrac{3}{2}\pi-\theta\right)=-\sin\theta$

〔別解〕

直交座標で考えると　　$y=-2$

$y=r\sin\theta$ を代入すると　　$r\sin\theta=-2$

練習 88　極座標が $\left(6,\ \dfrac{\pi}{6}\right)$ である点 C を中心とする次の円の極方程式を求めよ。

(1) 極 O を通る円　　　(2) 半径 3 の円

(1) 円の直径 OA を考えると，点 A の極座標は　$\mathrm{A}\left(12,\ \dfrac{\pi}{6}\right)$

円上の点 P の極座標を $(r,\ \theta)$ とすると．

$\mathrm{OP}=\mathrm{OA}\cos\angle\mathrm{AOP}$

よって，$r=12\cos\left(\dfrac{\pi}{6}-\theta\right)$ より

$$\boldsymbol{r=12\cos\left(\theta-\frac{\pi}{6}\right)}$$

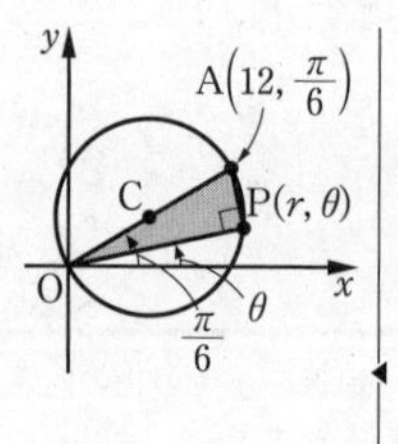

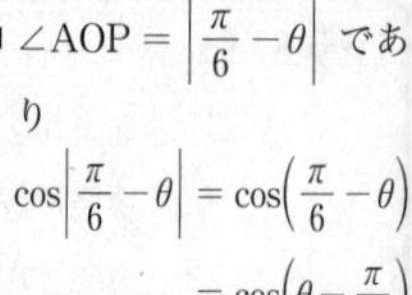

◀ $\angle\mathrm{AOP}=\left|\dfrac{\pi}{6}-\theta\right|$ であり

$\cos\left|\dfrac{\pi}{6}-\theta\right|=\cos\left(\dfrac{\pi}{6}-\theta\right)=\cos\left(\theta-\dfrac{\pi}{6}\right)$

(2) 円上の点 P の極座標を $(r,\ \theta)$ とすると，△OCP において，余弦定理により

$\mathrm{CP}^2=\mathrm{OC}^2+\mathrm{OP}^2-2\mathrm{OC}\cdot\mathrm{OP}\cos\angle\mathrm{POC}$

$3^2=6^2+r^2-2\cdot6\cdot r\cos\left(\theta-\dfrac{\pi}{6}\right)$

よって　　$\boldsymbol{r^2-12r\cos\left(\theta-\dfrac{\pi}{6}\right)+27=0}$

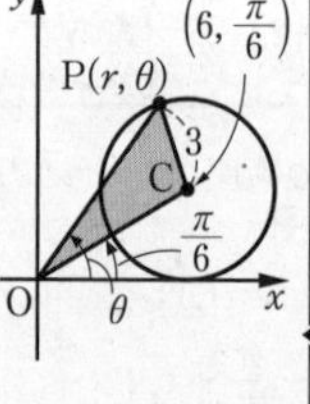

◀ $\angle\mathrm{POC}=\left|\theta-\dfrac{\pi}{6}\right|$ であり

$\cos\left|\theta-\dfrac{\pi}{6}\right|=\cos\left(\theta-\dfrac{\pi}{6}\right)$

練習 89　次の極方程式は，極 O を焦点とする 2 次曲線を表すことを示せ。

(1) $r=\dfrac{1}{2+\sqrt{3}\cos\theta}$　　　(2) $r=\dfrac{\sqrt{3}}{1-\sqrt{3}\cos\theta}$

(1) $r=\dfrac{1}{2+\sqrt{3}\cos\theta}$ …① より　$2r+\sqrt{3}\,r\cos\theta=1$

$r=\sqrt{x^2+y^2}$，$r\cos\theta=x$ を代入すると

$2\sqrt{x^2+y^2}+\sqrt{3}\,x=1$ より　$2\sqrt{x^2+y^2}=1-\sqrt{3}\,x$

両辺を 2 乗して　$4(x^2+y^2)=\left(1-\sqrt{3}\,x\right)^2$

整理すると　$x^2+2\sqrt{3}\,x+4y^2=1$

$$\frac{\left(x+\sqrt{3}\,\right)^2}{4}+y^2=1$$

y
$-2-\sqrt{3}$
1
$2-\sqrt{3}$
$-\sqrt{3}$
O
x
-1

これは $\left(-\sqrt{3},\ 0\right)$ を中心とする楕円を表す。

この楕円の焦点の座標は $\left(\pm\sqrt{4-1}-\sqrt{3},0\right)$

より $(0,\ 0)$ と $\left(-2\sqrt{3},\ 0\right)$ となる。

以上より，極方程式 ① は極 O を焦点の 1 つとする楕円を表す。

◀直交座標で考える。

◀楕円 $\dfrac{x^2}{a^2}+\dfrac{y^2}{b^2}=1\ (a>b>0)$ の焦点 $\left(\pm\sqrt{a^2-b^2},\ 0\right)$ を x 軸方向に $-\sqrt{3}$ だけ平行移動する。

(2) $r=\dfrac{\sqrt{3}}{1-\sqrt{3}\cos\theta}$ …② より　$r-\sqrt{3}\,r\cos\theta=\sqrt{3}$

$r=\sqrt{x^2+y^2}$，$r\cos\theta=x$ を代入すると

$\sqrt{x^2+y^2}-\sqrt{3}\,x=\sqrt{3}$ より　$\sqrt{x^2+y^2}=\sqrt{3}\,x+\sqrt{3}$

両辺を 2 乗して　$x^2+y^2=3(x+1)^2$

整理すると　$2x^2-y^2+6x+3=0$

$$2\left(x+\frac{3}{2}\right)^2-y^2=\frac{3}{2}$$

$$\frac{\left(x+\dfrac{3}{2}\right)^2}{\dfrac{3}{4}}-\frac{y^2}{\dfrac{3}{2}}=1$$

y
$\dfrac{3\sqrt{2}}{2}$
$\sqrt{3}$
$\dfrac{-3-\sqrt{3}}{2}$
$\dfrac{-3+\sqrt{3}}{2}$
O
x
$-\dfrac{3}{2}$
$-\sqrt{3}$
$-\dfrac{3\sqrt{2}}{2}$

これは $\left(-\dfrac{3}{2},\ 0\right)$ を中心とする双曲線を表す。

この双曲線の焦点は $\left(\pm\sqrt{\dfrac{3}{4}+\dfrac{3}{2}}-\dfrac{3}{2},\ 0\right)$ より

$(0,\ 0)$ と $(-3,\ 0)$ となる。

以上より，極方程式 ② は極 O を焦点の 1 つとする双曲線を表す。

◀双曲線 $\dfrac{4}{3}x^2-\dfrac{2}{3}y^2=1$ の焦点 $\left(\pm\sqrt{\dfrac{3}{4}+\dfrac{3}{2}},\ 0\right)$ を x 軸方向に $-\dfrac{3}{2}$ だけ平行移動する。

チャレンジ〈3〉 次の極方程式で表される 2 次曲線の離心率を答えよ。

(1) $r=\dfrac{2}{1-\cos\theta}$　　(2) $r=\dfrac{4}{2-3\cos\theta}$

(1) $r=\dfrac{2}{1-\cos\theta}=\dfrac{1\cdot 2}{1-1\cdot\cos\theta}$

であるから，この 2 次曲線の離心率は　**1**

(2) $r=\dfrac{4}{2-3\cos\theta}=\dfrac{2}{1-\dfrac{3}{2}\cos\theta}=\dfrac{\dfrac{3}{2}\cdot\dfrac{4}{3}}{1-\dfrac{3}{2}\cos\theta}$

であるから，この 2 次曲線の離心率は　$\boldsymbol{\dfrac{3}{2}}$

練習 90 双曲線 $C: x^2-y^2=1$ とする。焦点 $\mathrm{F}(\sqrt{2},\ 0)$ を極，x 軸の正の部分を始線とする極座標において，双曲線 C の極方程式を求めよ。また，F を通る直線と C の $x \geqq 1$ の部分との2つの交点を A，B とするとき，$\dfrac{1}{\mathrm{FA}}+\dfrac{1}{\mathrm{FB}}$ は一定の値をとることを証明せよ。

双曲線 C 上の点 $\mathrm{P}(x,\ y)$ の極座標を $(r,\ \theta)$ $(r \geqq 0)$ とおくと

$$\begin{cases} x=\sqrt{2}+r\cos\theta \\ y=r\sin\theta \end{cases}$$

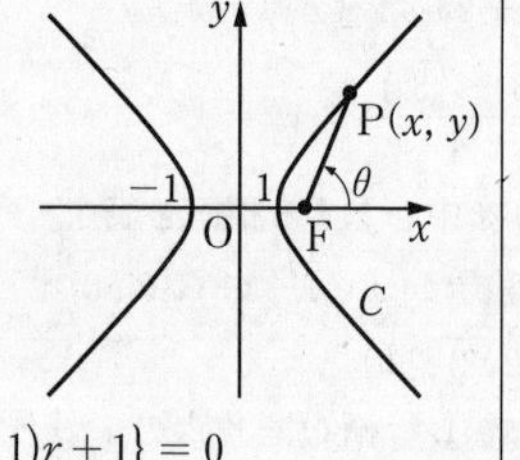

$x^2-y^2=1$ に代入すると

$$(\sqrt{2}+r\cos\theta)^2-(r\sin\theta)^2=1$$

$$2+2\sqrt{2}\,r\cos\theta+r^2\cos^2\theta-r^2\sin^2\theta=1$$

$$(2\cos^2\theta-1)r^2+2\sqrt{2}\,r\cos\theta+1=0$$

よって $\{(\sqrt{2}\cos\theta+1)r+1\}\{(\sqrt{2}\cos\theta-1)r+1\}=0$

したがって，求める極方程式は

$$\boldsymbol{r=\frac{1}{1-\sqrt{2}\cos\theta}} \quad \textbf{または} \quad \boldsymbol{r=-\frac{1}{1+\sqrt{2}\cos\theta}}$$

◀どちらでも同じ双曲線を表す。

A，B の極座標をそれぞれ $(r_1,\ \theta_1)$，$(r_2,\ \theta_2)$ とおくと

$$r_1=\frac{1}{1-\sqrt{2}\cos\theta_1},\ r_2=\frac{1}{1-\sqrt{2}\cos\theta_2}$$

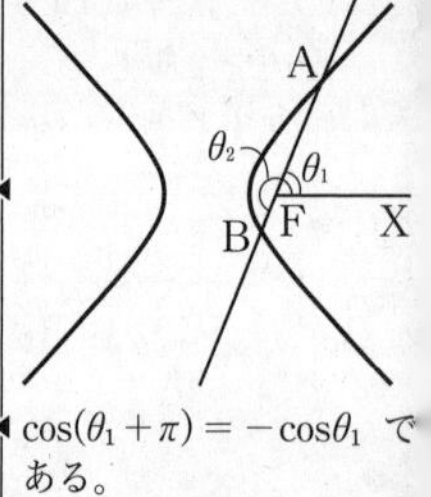

ここで，$\theta_2=\theta_1+\pi$ であるから ◀

$$\frac{1}{\mathrm{FA}}+\frac{1}{\mathrm{FB}}=\frac{1}{r_1}+\frac{1}{r_2}=1-\sqrt{2}\cos\theta_1+1-\sqrt{2}\cos\theta_2$$

$$=2-\sqrt{2}\cos\theta_1-\sqrt{2}\cos(\theta_1+\pi)$$

$$=2$$

◀$\cos(\theta_1+\pi)=-\cos\theta_1$ である。

したがって，$\dfrac{1}{\mathrm{FA}}+\dfrac{1}{\mathrm{FB}}$ は一定である。

$r=-\dfrac{1}{1+\sqrt{2}\cos\theta}$ のときも，同様にして示すことができる。

練習 91 極方程式が $r=4(1+\cos\theta)$ で表される曲線について

(1) この曲線は始線に関して対称であることを示せ。

(2) この曲線の概形をかけ。

(1) この曲線上の点で偏角が θ，$-\theta$ となる点をそれぞれ P，Q とすると

$$\mathrm{OP}=4(1+\cos\theta)$$

$$\mathrm{OQ}=4\{1+\cos(-\theta)\}=4(1+\cos\theta)$$

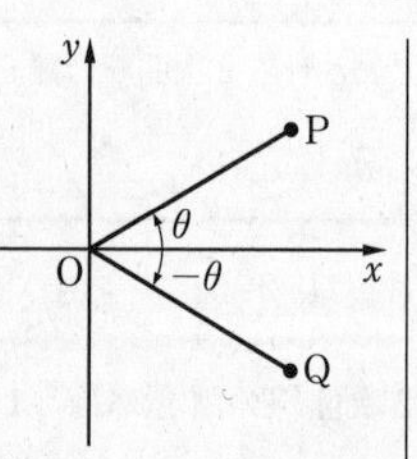

よって $\mathrm{OP}=\mathrm{OQ}$

ゆえに，点 P と点 Q は始線に関して対称である。

したがって，この曲線は始線に関して対称である。

(2) θ に適当な値を代入して，それに対応する r の値を求めると，次の表のようになる。

θ	0	$\frac{\pi}{6}$	$\frac{\pi}{4}$	$\frac{\pi}{3}$	$\frac{\pi}{2}$	$\frac{2}{3}\pi$	$\frac{3}{4}\pi$	$\frac{5}{6}\pi$	π
r	8	$4+2\sqrt{3}$	$4+2\sqrt{2}$	6	4	2	$4-2\sqrt{2}$	$4-2\sqrt{3}$	0

これらの点をとり，グラフの対称性から曲線の概形は **右の図**。

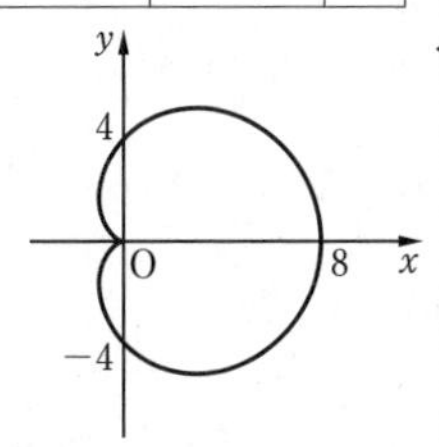

◀カージオイド（心臓形）$r=a(1+\cos\theta)$ である。

p.175

問題編 8　極座標と極方程式

問題 83　極座標 $\left(-2,\ \frac{\pi}{6}\right)$ で表された点Pを図示せよ。また，その直交座標を求めよ。

$(-r,\ \theta)$ は $(r,\ \theta+\pi)$ と同じ点を表すから，

点Pの極座標は $\left(2,\ \frac{\pi}{6}+\pi\right)$ すなわち $\left(2,\ \frac{7}{6}\pi\right)$

$$x=2\cos\frac{7}{6}\pi=-\sqrt{3}$$

$$y=2\sin\frac{7}{6}\pi=-1$$

よって，求める直交座標は　$\boldsymbol{(-\sqrt{3},\ -1)}$

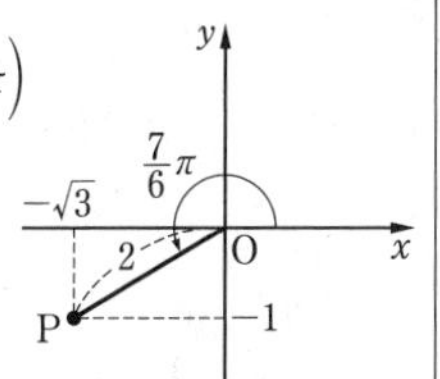

◀

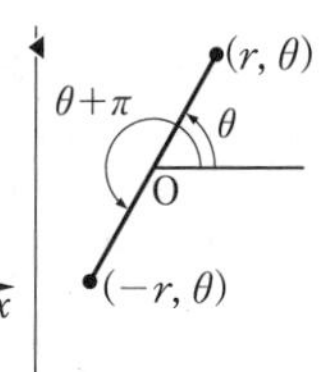

問題 84　極をO，2点A，Bの極座標をそれぞれ $\mathrm{A}\left(6,\ \frac{5}{6}\pi\right)$，$\mathrm{B}\left(r,\ \frac{\pi}{6}\right)$ $(r>0)$ とする。$\mathrm{AB}=2\sqrt{13}$ であるとき，点Bの極座標，△OABの面積を求めよ。

$$\angle\mathrm{BOA}=\frac{5}{6}\pi-\frac{\pi}{6}=\frac{2}{3}\pi$$

△OABにおいて，余弦定理により

$$\mathrm{AB}^2=6^2+r^2-2\cdot6\cdot r\cos\frac{2}{3}\pi$$
$$=r^2+6r+36$$

◀$\mathrm{AB}^2=\mathrm{OA}^2+\mathrm{OB}^2-2\mathrm{OA}\cdot\mathrm{OB}\cdot\cos\angle\mathrm{BOA}$

$\mathrm{AB}=2\sqrt{13}$ より　$r^2+6r+36=(2\sqrt{13})^2$

$$r^2+6r-16=0$$
$$(r-2)(r+8)=0$$

$r>0$ より　$r=2$

よって，Bの極座標は　$\boldsymbol{\left(2,\ \frac{\pi}{6}\right)}$

$$\triangle\mathrm{OAB}=\frac{1}{2}\cdot6\cdot2\cdot\sin\frac{2}{3}\pi=\boldsymbol{3\sqrt{3}}$$

◀$\triangle\mathrm{OAB}=\frac{1}{2}\mathrm{OA}\cdot\mathrm{OB}\cdot\sin\angle\mathrm{BOA}$

問題 85 次の方程式を極方程式で表せ。

(1) $2x-y=k$　(2) $y^2=4px$　(3) $(x-a)^2+(y-a)^2=2a^2$

(1) $x=r\cos\theta$, $y=r\sin\theta$ を代入して

$2r\cos\theta-r\sin\theta=k$

$\sqrt{5}\,r\left(-\frac{1}{\sqrt{5}}\sin\theta+\frac{2}{\sqrt{5}}\cos\theta\right)=k$

◀ $r(2\cos\theta-\sin\theta)=k$ と答えてもよい。

$\sqrt{5}\,r\sin(\theta+\alpha)=k$　ただし $\cos\alpha=-\frac{1}{\sqrt{5}}$, $\sin\alpha=\frac{2}{\sqrt{5}}$

よって　$\boldsymbol{r\sin(\theta+\alpha)=\frac{k}{\sqrt{5}}}$

ただし $\boldsymbol{\cos\alpha=-\frac{1}{\sqrt{5}}}$, $\boldsymbol{\sin\alpha=\frac{2}{\sqrt{5}}}$

(2) $x=r\cos\theta$, $y=r\sin\theta$ を代入して

$(r\sin\theta)^2=4pr\cos\theta$

$r(r\sin^2\theta-4p\cos\theta)=0$

よって　$r=0$　または　$r\sin^2\theta-4p\cos\theta=0$

$r=0$ は極 O を表し，これは $r\sin^2\theta-4p\cos\theta=0$ に含まれるから

◀ $\theta=\frac{\pi}{2}$ のとき $r=0$

$\boldsymbol{r\sin^2\theta-4p\cos\theta=0}$

$r=\frac{4p\cos\theta}{\sin^2\theta}$ と答えてもよい。

(3) $x=r\cos\theta$, $y=r\sin\theta$ を代入して

$(r\cos\theta-a)^2+(r\sin\theta-a)^2=2a^2$

$r^2\cos^2\theta-2ra\cos\theta+r^2\sin^2\theta-2ra\sin\theta=0$

$r^2(\cos^2\theta+\sin^2\theta)-2ra(\cos\theta+\sin\theta)=0$

$r^2-2ra(\cos\theta+\sin\theta)=0$

$r\{r-2a(\sin\theta+\cos\theta)\}=0$

$r\left\{r-2\sqrt{2}\,a\sin\left(\theta+\frac{\pi}{4}\right)\right\}=0$

よって　$r=0$　または　$r=2\sqrt{2}\,a\sin\left(\theta+\frac{\pi}{4}\right)$

$r=0$ は極 O を表し，これは $r=2\sqrt{2}\,a\sin\left(\theta+\frac{\pi}{4}\right)$ に含まれるから

◀ $\theta=\frac{3}{4}\pi$ のとき $r=0$

$\boldsymbol{r=2\sqrt{2}\,a\sin\left(\theta+\frac{\pi}{4}\right)}$

問題 86 次の極方程式を直交座標の方程式で表せ。

(1) $r=\frac{\cos\theta}{\sin^2\theta}$　(2) $r=\frac{\sqrt{2}}{1-\sqrt{2}\cos\theta}$

(1) $r=\frac{\cos\theta}{\sin^2\theta}$ の両辺に $r\sin^2\theta$ を掛けて

◀ $r\sin\theta$, $r\cos\theta$ の形をつくるために両辺に $r\sin^2$ を掛ける。

$r^2\sin^2\theta=r\cos\theta$

$(r\sin\theta)^2=r\cos\theta$

$r\cos\theta=x$, $r\sin\theta=y$ を代入して

$\boldsymbol{y^2=x}$

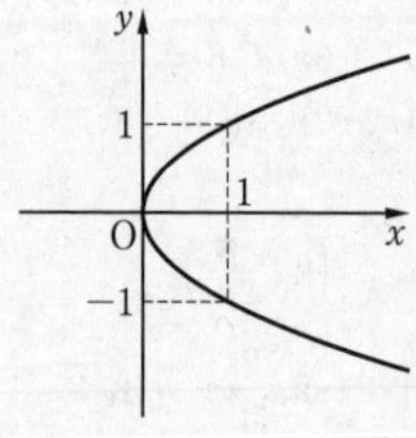

(2) $r=\dfrac{\sqrt{2}}{1-\sqrt{2}\cos\theta}$ より

$$r(1-\sqrt{2}\cos\theta)=\sqrt{2}$$

$$r-\sqrt{2}\,r\cos\theta=\sqrt{2}$$

$$r=\sqrt{2}\,(r\cos\theta+1)$$

両辺を 2 乗して

$$r^2=2(r\cos\theta+1)^2$$

$r^2=x^2+y^2$, $r\cos\theta=x$ を代入して

$$x^2+y^2=2(x+1)^2$$

$$x^2+4x+2-y^2=0$$

$$(x+2)^2-y^2=2$$

よって $\boldsymbol{\dfrac{(x+2)^2}{2}-\dfrac{y^2}{2}=1}$

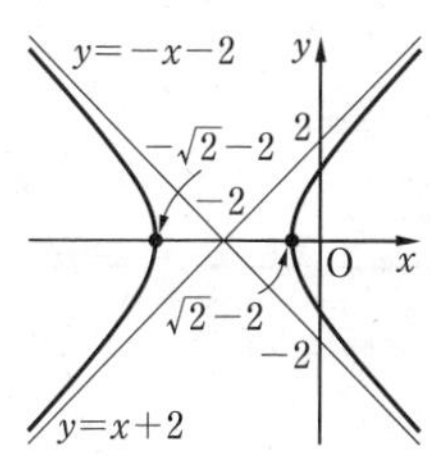

問題 87 極座標で表された 2 点 $\mathrm{A}\left(2,\ \dfrac{\pi}{3}\right)$, $\mathrm{B}\left(4,\ \dfrac{2}{3}\pi\right)$ を通る直線の極方程式を求めよ。

極座標で $\mathrm{A}\left(2,\ \dfrac{\pi}{3}\right)$, $\mathrm{B}\left(4,\ \dfrac{2}{3}\pi\right)$ で表される点は，直交座標で考えると，$\mathrm{A}(1,\ \sqrt{3})$, $\mathrm{B}(-2,\ 2\sqrt{3})$ となる。

◀ $\mathrm{A}\left(2\cos\dfrac{\pi}{3},\ 2\sin\dfrac{\pi}{3}\right)$, $\mathrm{B}\left(4\cos\dfrac{2}{3}\pi,\ 4\sin\dfrac{2}{3}\pi\right)$

この 2 点を通る直線の方程式は

$$y-\sqrt{3}=\frac{2\sqrt{3}-\sqrt{3}}{-2-1}(x-1)$$

よって $x+\sqrt{3}\,y-4=0$

$x=r\cos\theta$, $y=r\sin\theta$ を代入すると $r\cos\theta+\sqrt{3}\,r\sin\theta-4=0$

$2r\left(\dfrac{1}{2}\cos\theta+\dfrac{\sqrt{3}}{2}\sin\theta\right)=4$ より $2r\sin\left(\theta+\dfrac{\pi}{6}\right)=4$

◀ $\sqrt{3}\sin\theta+\cos\theta=2\sin\left(\theta+\dfrac{\pi}{6}\right)$

したがって $\boldsymbol{r\sin\left(\theta+\dfrac{\pi}{6}\right)=2}$

◀ $r=\dfrac{4}{\cos\theta+\sqrt{3}\sin\theta}$, $r=\dfrac{2}{\sin\left(\theta+\dfrac{\pi}{6}\right)}$ と答えてもよい。

〔別解〕

$\mathrm{OA}=2$, $\mathrm{OB}=4$, $\angle\mathrm{AOB}=\dfrac{2}{3}\pi-\dfrac{\pi}{3}=\dfrac{\pi}{3}$ より，$\triangle\mathrm{OAB}$ は $\angle\mathrm{OAB}=\dfrac{\pi}{2}$ の直角三角形である。よって，$\mathrm{OA}\perp\mathrm{AB}$ であるから，$\triangle\mathrm{OAP}$ は $\angle\mathrm{OAP}=\dfrac{\pi}{2}$ の直角三角形である。

直線 AB 上の点 P の極座標を $(r,\ \theta)$ とすると，$\triangle\mathrm{OAP}$ において

$$\angle\mathrm{POA}=\left|\frac{\pi}{3}-\theta\right|$$

$$\mathrm{OP}\cos\angle\mathrm{POA}=\mathrm{OA}$$

よって $r\cos\left|\dfrac{\pi}{3}-\theta\right|=2$

◀ $\cos(-\theta)=\cos\theta$ より $\cos\left|\dfrac{\pi}{3}-\theta\right|=\cos\left(\dfrac{\pi}{3}-\theta\right)=\cos\left(\theta-\dfrac{\pi}{3}\right)$

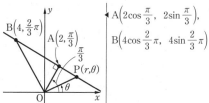

すなわち $r\cos\left(\theta-\dfrac{\pi}{3}\right)=2$

問題 88 中心の極座標が $\mathrm{C}(c,\ \alpha)$，半径が a である円の極方程式を求めよ。

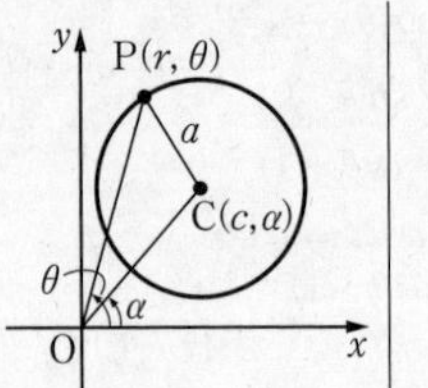

円上の任意の点を $\mathrm{P}(r,\ \theta)$ とすると，△OCP において，余弦定理により

$$\mathrm{CP}^2=\mathrm{OP}^2+\mathrm{OC}^2-2\mathrm{OP}\cdot\mathrm{OC}\cos\angle\mathrm{COP}$$

$$a^2=r^2+c^2-2\cdot r\cdot c\cos(\theta-\alpha)$$

よって

$$\boldsymbol{r^2-2cr\cos(\theta-\alpha)+c^2-a^2=0}$$

問題 89 e を $0<e<1$ を満たす定数，a を正の定数とする。極方程式 $r=\dfrac{a(1-e^2)}{1+e\cos\theta}$ はどのような図形を表すか。

$r=\dfrac{a(1-e^2)}{1+e\cos\theta}$ より　　$r+er\cos\theta=a(1-e^2)$

$r=\sqrt{x^2+y^2}$，$r\cos\theta=x$ を代入して

$\sqrt{x^2+y^2}+ex=a(1-e^2)$ より　　$\sqrt{x^2+y^2}=a(1-e^2)-ex$

両辺を 2 乗して　　$x^2+y^2=\{a(1-e^2)-ex\}^2$

整理すると　　$(1-e^2)x^2+2ae(1-e^2)x-a^2(1-e^2)^2+y^2=0$

$$(1-e^2)(x+ae)^2+y^2=a^2(1-e^2)$$

$0<e<1$ より $a^2(1-e^2)>0$ であるから

$$\frac{(x+ae)^2}{a^2}+\frac{y^2}{a^2(1-e^2)}=1$$

よって，$r=\dfrac{a(1-e^2)}{1+e\cos\theta}$ は

楕円 $\boldsymbol{\dfrac{(x+ae)^2}{a^2}+\dfrac{y^2}{a^2(1-e^2)}=1}$ を表す。

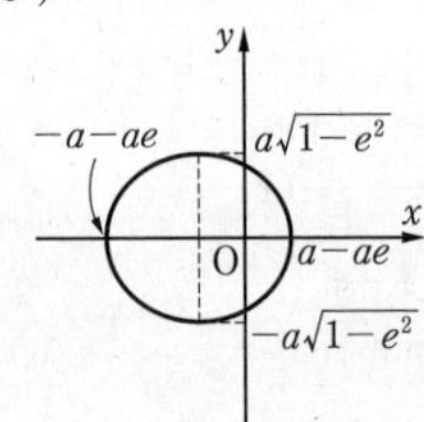

◀ 例題 89 (2) は $a=2$，$e=\dfrac{1}{2}$ の場合であり，練習 89 (1) は $a=2$，$e=\dfrac{\sqrt{3}}{2}$ の場合である。

問題 90 楕円 $\dfrac{x^2}{a^2}+\dfrac{y^2}{b^2}=1$ $(a>b>0)$ の焦点を $\mathrm{F}(ae,\ 0)$ とする。F を通る 2 つの弦 PQ，RS が直交するとき，$\dfrac{1}{\mathrm{PF}\cdot\mathrm{QF}}+\dfrac{1}{\mathrm{RF}\cdot\mathrm{SF}}$ の値を求めよ。ただし，e は離心率とする。

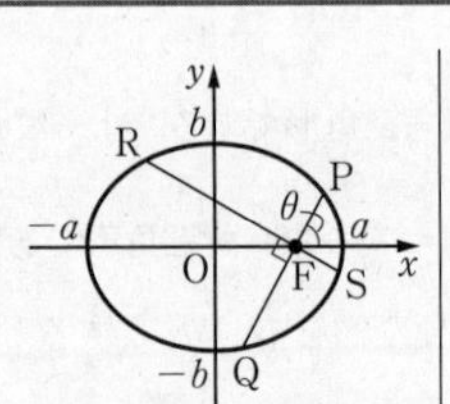

焦点 $\mathrm{F}(ae,\ 0)$ を極，x 軸の正の方向を始線とする極座標を考えて，この楕円上の点 $(x,\ y)$ の極座標を $(r,\ \theta)$ $(r\geqq 0)$ とおくと

$$\begin{cases}x=ae+r\cos\theta\\ y=r\sin\theta\end{cases}\quad\cdots①$$

また，$a^2-b^2=a^2e^2$ より

$$b^2=a^2(1-e^2)\quad\cdots②$$

①，② を楕円の式に代入すると

$$\frac{(ae+r\cos\theta)^2}{a^2}+\frac{(r\sin\theta)^2}{a^2(1-e^2)}=1$$

これを整理すると

$$(1-e^2\cos^2\theta)r^2+2ae(1-e^2)r\cos\theta-a^2(1-e^2)^2=0$$

$$\{(1+e\cos\theta)r-a(1-e^2)\}\{(1-e\cos\theta)r+a(1-e^2)\}=0$$

$0<e<1$, $-1\leqq\cos\theta\leqq 1$ より，$1-e^2\cos^2\theta\neq 0$ であり，

◀楕円の離心率は $0<e<1$ 焦点の x 座標が ae であることからも $0<e<1$ が分かる。

$r\geqq 0$ より $\quad r=\dfrac{a(1-e^2)}{1+e\cos\theta}$

◀$a>0$, $1-e^2>0$

◀$-\dfrac{a(1-e^2)}{1-e\cos\theta}<0$ である。

2点P，Qの極座標を $\mathrm{P}(r_1,\ \theta_1)$，$\mathrm{Q}(r_2,\ \theta_2)$ とすると，Fが極であるから

$$\mathrm{PF}=r_1,\ \mathrm{QF}=r_2$$

P，Q，Fが同一直線上にあることから $\quad \theta_2=\theta_1+\pi$

さらに，P，Qが楕円上にあることから

$$r_1=\frac{a(1-e^2)}{1+e\cos\theta_1},\ r_2=\frac{a(1-e^2)}{1+e\cos\theta_2}=\frac{a(1-e^2)}{1-e\cos\theta_1}$$

◀$\cos\theta_2=\cos(\theta_1+\pi)=-\cos\theta_1$

2点R，Sの極座標を $\mathrm{R}(r_3,\ \theta_3)$，$\mathrm{S}(r_4,\ \theta_4)$ とすると

$$\mathrm{RF}=r_3,\ \mathrm{SF}=r_4$$

また，直線PQと直線RSは垂直であるから

$$\theta_3=\theta_1+\frac{\pi}{2},\ \theta_4=\theta_3+\pi=\theta_1+\frac{3}{2}\pi$$

よって $\quad r_3=\dfrac{a(1-e^2)}{1+e\cos\theta_3}=\dfrac{a(1-e^2)}{1-e\sin\theta_1}$

$\quad r_4=\dfrac{a(1-e^2)}{1+e\cos\theta_4}=\dfrac{a(1-e^2)}{1+e\sin\theta_1}$

◀$\cos\theta_3=\cos\left(\theta_1+\dfrac{\pi}{2}\right)=-\sin\theta_1$

$\cos\theta_4=\cos\left(\theta_1+\dfrac{3}{2}\pi\right)=\sin\theta_1$

このとき

$$\mathrm{PF}\cdot\mathrm{QF}=r_1\cdot r_2=\frac{a(1-e^2)}{1+e\cos\theta_1}\cdot\frac{a(1-e^2)}{1-e\cos\theta_1}=\frac{a^2(1-e^2)^2}{1-e^2\cos^2\theta_1}$$

同様にして $\quad \mathrm{RF}\cdot\mathrm{SF}=r_3\cdot r_4=\dfrac{a^2(1-e^2)^2}{1-e^2\sin^2\theta_1}$

◀$\dfrac{a(1-e^2)}{1-e\sin\theta_1}\cdot\dfrac{a(1-e^2)}{1+e\sin\theta_1}=\dfrac{a^2(1-e^2)^2}{1-e^2\sin^2\theta_1}$

したがって

$$\frac{1}{\mathrm{PF}\cdot\mathrm{QF}}+\frac{1}{\mathrm{RF}\cdot\mathrm{SF}}=\frac{1-e^2\cos^2\theta_1}{a^2(1-e^2)^2}+\frac{1-e^2\sin^2\theta_1}{a^2(1-e^2)^2}=\boldsymbol{\frac{2-e^2}{a^2(1-e^2)^2}}$$

問題 91 極方程式が $r^2=\cos 2\theta$ で表される曲線について

(1) この曲線は始線および極に関して対称であることを示せ。

(2) この曲線の概形をかけ。

(1) この曲線上の点で偏角が θ，$-\theta$，$\theta+\pi$ となる点をそれぞれP，P_1，P_2 とすると

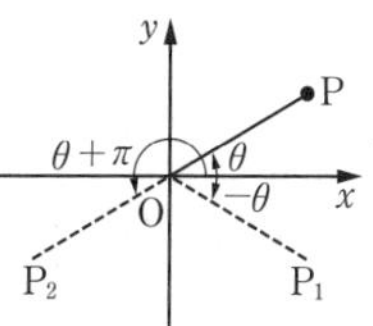

$$\mathrm{OP}^2=\cos 2\theta$$
$$\mathrm{OP_1}^2=\cos 2(-\theta)=\cos 2\theta$$
$$\mathrm{OP_2}^2=\cos 2(\theta+\pi)=\cos 2\theta$$

◀$\mathrm{P}(r,\ \theta)$ が曲線上の点であるとすると $r^2=\cos 2\theta$ よって $\mathrm{OP}^2=r^2=\cos 2\theta$

となるから $\quad \mathrm{OP}=\mathrm{OP}_1=\mathrm{OP}_2$

$\mathrm{OP}=\mathrm{OP}_1$ より，点Pと点 P_1 は始線に関して対称

$\mathrm{OP}=\mathrm{OP}_2$ より，点Pと点 P_2 は極に関して対称

よって，この曲線は始線および極に関して対称である。

◀曲線上の任意の点Pに対して，始線および極に関して対称な点 P_1，P_2 が曲線上にある。

(2) θ に適当な値を代入して，それに対応する r の値を求めると，次の表のようになる。

θ	0	$\frac{\pi}{12}$	$\frac{\pi}{8}$	$\frac{\pi}{6}$	$\frac{\pi}{4}$
r^2	1	$\frac{\sqrt{3}}{2}$	$\frac{\sqrt{2}}{2}$	$\frac{1}{2}$	0
r	1	$\frac{\sqrt[4]{12}}{2}$	$\frac{\sqrt[4]{8}}{2}$	$\frac{\sqrt{2}}{2}$	0

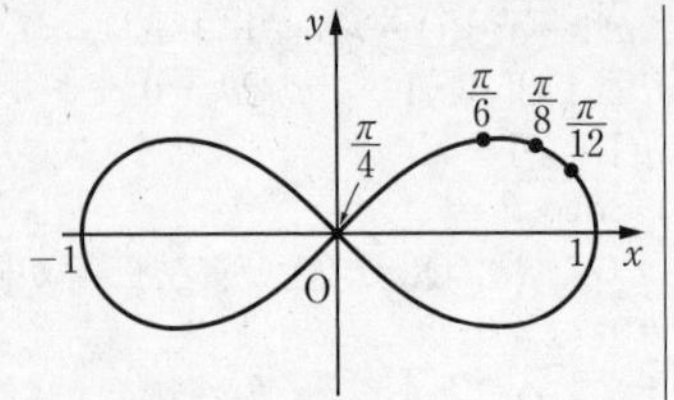

これらの点をとると，グラフの対称性から，曲線の概形は **右上の図** のようになる。

◀ この曲線をレムニスケートという。一般には，$r^2 = a^2\cos 2\theta$ と表される。

p.177 定期テスト攻略 ▶ 8

1 次の方程式を極方程式で表せ。

(1) $x-\sqrt{3}\,y=2\sqrt{3}$　　(2) $(x+3)^2+\left(y-\sqrt{3}\right)^2=12$

(1) $x=r\cos\theta$，$y=r\sin\theta$ を代入して

$$r\cos\theta-\sqrt{3}\,r\sin\theta=2\sqrt{3}$$
$$r(\cos\theta-\sqrt{3}\sin\theta)=2\sqrt{3}$$
$$2r\sin\left(\theta+\frac{5}{6}\pi\right)=2\sqrt{3}$$

◀ 三角関数の合成

よって　$\boldsymbol{r\sin\left(\theta+\frac{5}{6}\pi\right)=\sqrt{3}}$

◀ $r(\cos\theta-\sqrt{3}\sin\theta)=2\sqrt{3}$，$r=\dfrac{2\sqrt{3}}{\cos\theta-\sqrt{3}\sin\theta}$，$r=\dfrac{\sqrt{3}}{\sin\left(\theta+\frac{5}{6}\pi\right)}$ など と答えてもよい。

(2) $x=r\cos\theta$，$y=r\sin\theta$ を代入して

$$(r\cos\theta+3)^2+\left(r\sin\theta-\sqrt{3}\right)^2=12$$
$$r^2+6r\cos\theta-2\sqrt{3}\,r\sin\theta=0$$
$$r=2\sqrt{3}\sin\theta-6\cos\theta$$
$$=4\sqrt{3}\left(\frac{1}{2}\sin\theta-\frac{\sqrt{3}}{2}\cos\theta\right)$$
$$=\boldsymbol{4\sqrt{3}\sin\left(\theta-\frac{\pi}{3}\right)}$$

2 次の極方程式を直交座標の方程式で表せ。

(1) $r\cos\left(\theta+\frac{\pi}{3}\right)=2$

(2) $r\cos 2\theta=\cos\theta$

(1) $r\left(\cos\theta\cos\frac{\pi}{3}-\sin\theta\sin\frac{\pi}{3}\right)=2$

◀ 加法定理 $\cos(\alpha+\beta)=\cos\alpha\cos\beta-\sin\alpha\sin\beta$

$$\frac{1}{2}r\cos\theta-\frac{\sqrt{3}}{2}r\sin\theta=2$$

$r\cos\theta=x$，$r\sin\theta=y$ より　$\frac{1}{2}x-\frac{\sqrt{3}}{2}y=2$

よって　$\boldsymbol{x-\sqrt{3}\,y=4}$

(2) 両辺に r を掛けて　$r^2\cos 2\theta=r\cos\theta$

$$r^2(\cos^2\theta-\sin^2\theta)=r\cos\theta$$

◀ 2倍角の公式 $\cos 2\alpha=\cos^2\alpha-\sin^2\alpha$

$$r^2\cos^2\theta - r^2\sin^2\theta = r\cos\theta$$

$r\cos\theta = x$，$r\sin\theta = y$ より　　$x^2 - y^2 = x$

$\left(x-\dfrac{1}{2}\right)^2 - y^2 = \dfrac{1}{4}$ より　　$\boldsymbol{4\left(x-\dfrac{1}{2}\right)^2 - 4y^2 = 1}$

3 (1) 極座標に関して，点 $\mathrm{A}\left(2a,\ \dfrac{5}{12}\pi\right)$ を通り，始線 OX と $\dfrac{3}{4}\pi$ の角をなす直線の極方程式を求めよ。ただし，$a>0$ とする。

(2) (1)で求めた直線と OX との交点を B とする。さらに，極 O を通り OX となす角が $\dfrac{7}{12}\pi$ である直線と直線 BA の交点を C とするとき，△OBC の面積を求めよ。

(1) 極 O から直線に垂線 OH を引くと，

点 H の偏角は $\dfrac{\pi}{4}$ であるから

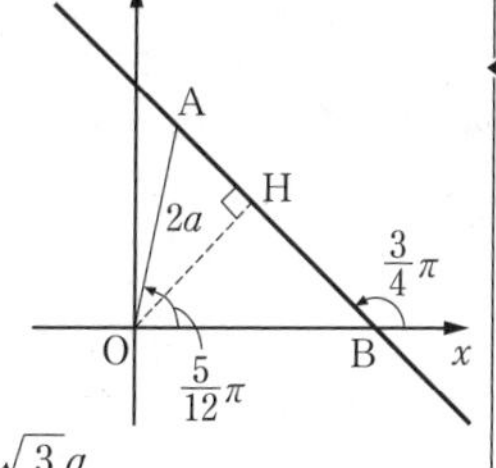

◀ △OHB で
$\angle\mathrm{HOB} = \dfrac{3}{4}\pi - \dfrac{\pi}{2} = \dfrac{\pi}{4}$

$$\mathrm{OH} = 2a\cos\frac{\pi}{6} = \sqrt{3}\,a$$

よって，点 H の極座標は　$\left(\sqrt{3}\,a,\ \dfrac{\pi}{4}\right)$

求める直線上の点を $\mathrm{Q}(r,\ \theta)$ とすると，

△OQH において　　$\cos\angle\mathrm{QOH} = \dfrac{\mathrm{OH}}{\mathrm{OQ}} = \dfrac{\sqrt{3}\,a}{r}$

ゆえに　　$\boldsymbol{r\cos\left(\theta-\dfrac{\pi}{4}\right) = \sqrt{3}\,a}$

◀ $\angle\mathrm{QOH} = \left|\theta-\dfrac{\pi}{4}\right|$ であり
$\cos\left|\theta-\dfrac{\pi}{4}\right| = \cos\left(\theta-\dfrac{\pi}{4}\right)$

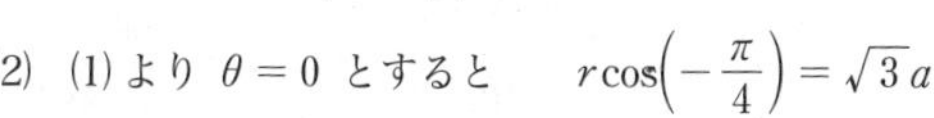

(2) (1)より $\theta = 0$ とすると　　$r\cos\left(-\dfrac{\pi}{4}\right) = \sqrt{3}\,a$

よって，$r = \sqrt{6}\,a$ より　$\mathrm{OB} = \sqrt{6}\,a$

また，$\theta = \dfrac{7}{12}\pi$ とすると

$$r\cos\left(\frac{7}{12}\pi - \frac{\pi}{4}\right) = \sqrt{3}\,a$$

$$r\cos\frac{\pi}{3} = \sqrt{3}\,a$$

$r = 2\sqrt{3}\,a$ より　　$\mathrm{OC} = 2\sqrt{3}\,a$

◀ 点 C は直線 BA 上の $\theta = \dfrac{7}{12}\pi$ のときの点である。

したがって

$$\triangle\mathrm{OBC} = \frac{1}{2}\cdot\mathrm{OB}\cdot\mathrm{OC}\sin\angle\mathrm{BOC}$$

$$= \frac{1}{2}\cdot\sqrt{6}\,a\cdot 2\sqrt{3}\,a\sin\frac{7}{12}\pi = \boldsymbol{\frac{3(\sqrt{3}+1)}{2}a^2}$$

◀ $\sin\dfrac{7}{12}\pi = \sin\left(\dfrac{\pi}{4}+\dfrac{\pi}{3}\right)$
$= \sin\dfrac{\pi}{4}\cos\dfrac{\pi}{3} + \cos\dfrac{\pi}{4}\sin\dfrac{\pi}{3}$
$= \dfrac{\sqrt{2}}{2}\cdot\dfrac{1}{2} + \dfrac{\sqrt{2}}{2}\cdot\dfrac{\sqrt{3}}{2}$

4 極座標が $\left(4,\ \dfrac{5}{4}\pi\right)$ である点を C とする。点 C を中心とする次の円の極方程式を求めよ。

(1) 極 O を通る円　　　(2) 半径 2 の円

(1)　円の直径 OA を考えると，点 A の極座標は

$$A\left(8,\ \frac{5}{4}\pi\right)$$

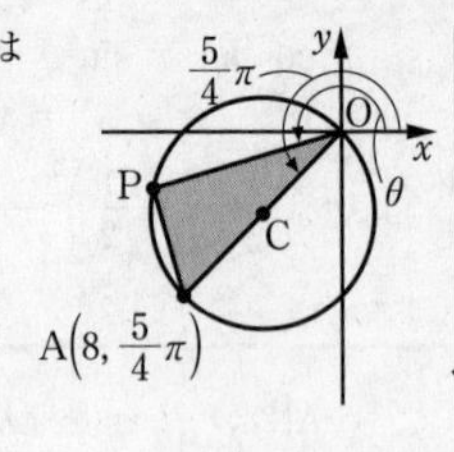

円上の点 P の極座標を $(r,\ \theta)$ とすると

$$\mathrm{OP} = \mathrm{OA}\cos\angle\mathrm{AOP}$$

よって，$r = 8\cos\left(\frac{5}{4}\pi - \theta\right)$ より

$$\boldsymbol{r = 8\cos\left(\theta - \frac{5}{4}\pi\right)}$$

◀ $\angle\mathrm{AOP} = \left|\frac{5}{4}\pi - \theta\right|$ であり

$\cos\left|\frac{5}{4}\pi - \theta\right| = \cos\left(\frac{5}{4}\pi - \theta\right)$

$= \cos\left(\theta - \frac{5}{4}\pi\right)$

(2)　円上の点 P の極座標を $(r,\ \theta)$ とすると，$\triangle$OCP において，余弦定理により

$$\mathrm{CP}^2 = \mathrm{OC}^2 + \mathrm{OP}^2 - 2\mathrm{OC}\cdot\mathrm{OP}\cos\angle\mathrm{POC}$$

$$2^2 = 4^2 + r^2 - 2\cdot 4\cdot r\cos\left(\theta - \frac{5}{4}\pi\right)$$

よって　　$\boldsymbol{r^2 - 8r\cos\left(\theta - \frac{5}{4}\pi\right) + 12 = 0}$

◀ $\angle\mathrm{POC} = \left|\theta - \frac{5}{4}\pi\right|$ であり

$\cos\left|\theta - \frac{5}{4}\pi\right| = \cos\left(\theta - \frac{5}{4}\pi\right)$

3章 複素数平面

9 複素数平面

p.184 Quick Check 9

①

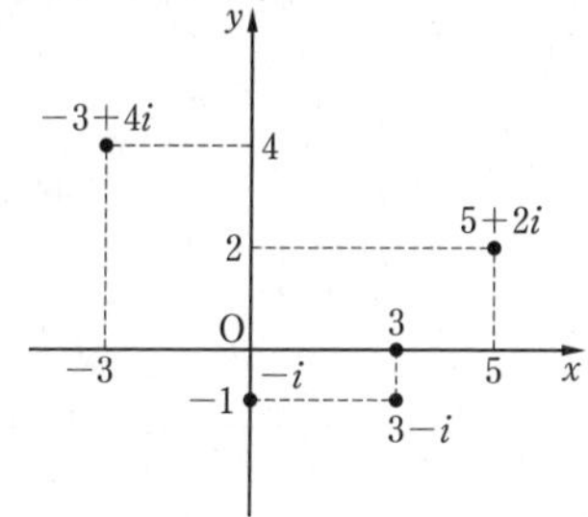

② 〔1〕 (1) $\overline{5+2i}=\boldsymbol{5-2i}$

(2) $\overline{3-i}=\boldsymbol{3+i}$

(3) $\overline{-3+4i}=\boldsymbol{-3-4i}$

(4) $\overline{3}=\overline{3+0i}=3-0i=\boldsymbol{3}$

(5) $\overline{-i}=\overline{0-i}=0+i=\boldsymbol{i}$

〔2〕 $z=x+yi$（x, y は実数）とおく。

(1) $\overline{z}=z$ より

$\overline{x+yi}=x+yi$

$x-yi=x+yi$

よって　$y=0$

したがって，$z=x$ となり，z は実数である。

(2) $\overline{z}=-z$ より

$\overline{x+yi}=-(x+yi)$

$x-yi=-x-yi$

よって　$x=0$

$z\neq 0$ であるから　$y\neq 0$

したがって，$z=yi$（$y\neq 0$）となり，z は純虚数である。

③ (1) $|5+2i|=\sqrt{5^2+2^2}=\boldsymbol{\sqrt{29}}$

(2) $|3-i|=\sqrt{3^2+(-1)^2}=\boldsymbol{\sqrt{10}}$

(3) $|-3+4i|=\sqrt{(-3)^2+4^2}=\boldsymbol{5}$

(4) $|3|=\boldsymbol{3}$

(5) $|-i|=\boldsymbol{1}$

④ (1) $(1+3i)+(3-2i)=\boldsymbol{4+i}$

(2) $(1+3i)+w=-7+4i$ より

$w=(-7+4i)-(1+3i)=\boldsymbol{-8+i}$

⑤ (1) $\sqrt{3}+i=\boldsymbol{2\left(\cos\frac{\pi}{6}+i\sin\frac{\pi}{6}\right)}$

(2) $-1+i=\boldsymbol{\sqrt{2}\left(\cos\frac{3}{4}\pi+i\sin\frac{3}{4}\pi\right)}$

(3) $3-3i=\boldsymbol{3\sqrt{2}\left(\cos\frac{7}{4}\pi+i\sin\frac{7}{4}\pi\right)}$

(4) $-4=\boldsymbol{4(\cos\pi+i\sin\pi)}$

(5) $i=\boldsymbol{\cos\frac{\pi}{2}+i\sin\frac{\pi}{2}}$

⑥ 〔1〕 $\alpha\beta=2\cdot 3\left\{\cos\left(\frac{\pi}{3}+\frac{\pi}{4}\right)+i\sin\left(\frac{\pi}{3}+\frac{\pi}{4}\right)\right\}$

$=\boldsymbol{6\left(\cos\frac{7}{12}\pi+i\sin\frac{7}{12}\pi\right)}$

$\frac{\alpha}{\beta}=\frac{2}{3}\left\{\cos\left(\frac{\pi}{3}-\frac{\pi}{4}\right)+i\sin\left(\frac{\pi}{3}-\frac{\pi}{4}\right)\right\}$

$=\boldsymbol{\frac{2}{3}\left(\cos\frac{\pi}{12}+i\sin\frac{\pi}{12}\right)}$

$\overline{\beta}=3\left\{\cos\left(-\frac{\pi}{4}\right)+i\sin\left(-\frac{\pi}{4}\right)\right\}$ より

$\alpha\overline{\beta}=2\cdot 3\left\{\cos\left(\frac{\pi}{3}-\frac{\pi}{4}\right)+i\sin\left(\frac{\pi}{3}-\frac{\pi}{4}\right)\right\}$

$=\boldsymbol{6\left(\cos\frac{\pi}{12}+i\sin\frac{\pi}{12}\right)}$

〔2〕 (1) $(2-6i)\left(\cos\frac{\pi}{2}+i\sin\frac{\pi}{2}\right)$

$=(2-6i)i=\boldsymbol{6+2i}$

(2) $(2-6i)\left(\cos\frac{2}{3}\pi+i\sin\frac{2}{3}\pi\right)$

$=(2-6i)\left(-\frac{1}{2}+\frac{\sqrt{3}}{2}i\right)$

$=\boldsymbol{(-1+3\sqrt{3})+(3+\sqrt{3})i}$

(3) $(2-6i)\left\{\cos\left(-\frac{\pi}{6}\right)+i\sin\left(-\frac{\pi}{6}\right)\right\}$

$=(2-6i)\left(\frac{\sqrt{3}}{2}-\frac{1}{2}i\right)$

$=\boldsymbol{(-3+\sqrt{3})-(1+3\sqrt{3})i}$

⑦ 〔1〕 (1) $\left(\cos\frac{5}{12}\pi+i\sin\frac{5}{12}\pi\right)^6$

$=\cos\left(\frac{5}{12}\pi\times6\right)+i\sin\left(\frac{5}{12}\pi\times6\right)$

$=\cos\frac{5}{2}\pi+i\sin\frac{5}{2}\pi=\boldsymbol{i}$

(2) $(\sqrt{3}+i)^4$

$=\left\{2\left(\cos\frac{\pi}{6}+i\sin\frac{\pi}{6}\right)\right\}^4$

$=2^4\left\{\cos\left(\frac{\pi}{6}\times4\right)+i\sin\left(\frac{\pi}{6}\times4\right)\right\}$

$=16\left(\cos\frac{2}{3}\pi+i\sin\frac{2}{3}\pi\right)$

$=\boldsymbol{-8+8\sqrt{3}i}$

〔2〕 $z^3=1$ とおくと　$z^3-1=0$

$(z-1)(z^2+z+1)=0$

よって，1の3乗根は

$1,\ \frac{-1\pm\sqrt{3}i}{2}$

これらを極形式で表すと

$1=\boldsymbol{\cos0+i\sin0}$

$\frac{-1+\sqrt{3}i}{2}=-\frac{1}{2}+\frac{\sqrt{3}}{2}i$

$=\boldsymbol{\cos\frac{2}{3}\pi+i\sin\frac{2}{3}\pi}$

$\frac{-1-\sqrt{3}i}{2}=-\frac{1}{2}-\frac{\sqrt{3}}{2}i$

$=\boldsymbol{\cos\frac{4}{3}\pi+i\sin\frac{4}{3}\pi}$

これらを図示すると，**下の図。**

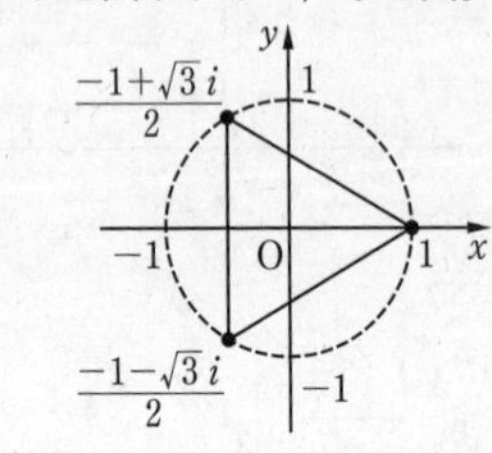

練習 92 複素数平面において，$A(-4+\sqrt{3}i)$，$B(-3+4\sqrt{3}i)$ とする。

(1) 点Aと原点に関して対称な点Cを表す複素数，および点Bと虚軸に関して対称な点Dを表す複素数をそれぞれ求めよ。

(2) 線分AC，ADの長さをそれぞれ求めよ。

(3) △ACDはどのような三角形か。

(1) 点Aと原点に関して対称な点Cを表す複素数は

$-(-4+\sqrt{3}i)=\boldsymbol{4-\sqrt{3}i}$

また，点Bと虚軸に関して対称な点Dを表す複素数は

$-\overline{(-3+4\sqrt{3}i)}=\boldsymbol{3+4\sqrt{3}i}$

(2) $\mathrm{AC}=|(4-\sqrt{3}i)-(-4+\sqrt{3}i)|=|8-2\sqrt{3}i|$

$=\sqrt{8^2+(-2\sqrt{3})^2}=\boldsymbol{2\sqrt{19}}$

$\mathrm{AD}=|(3+4\sqrt{3}i)-(-4+\sqrt{3}i)|=|7+3\sqrt{3}i|$

$=\sqrt{7^2+(3\sqrt{3})^2}=\boldsymbol{2\sqrt{19}}$

(3) $\mathrm{CD}=|(3+4\sqrt{3}i)-(4-\sqrt{3}i)|=|-1+5\sqrt{3}i|$

$=\sqrt{(-1)^2+(5\sqrt{3})^2}=2\sqrt{19}$

AC = AD = CD であるから，**△ACDは正三角形**

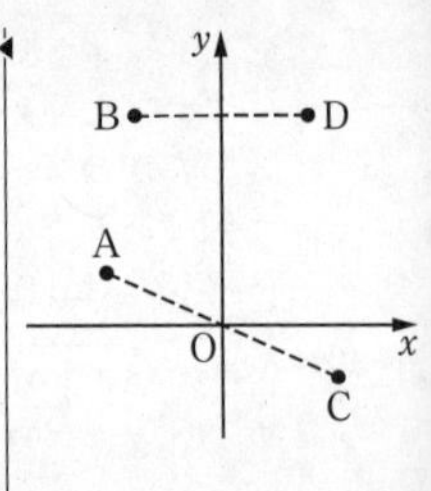

練習 93 $\alpha=3-i$，$\beta=-2+3i$，$\gamma=a+i$ について

(1) 次の複素数で表される点を，複素数平面上に図示せよ。

(ア) $\alpha+\beta$　　(イ) $2\alpha-\beta$

(2) 3点0，β，γ が一直線上にあるとき，定数 a の値を求めよ。

(1) 点 A(α) は点 (3, -1) に，点 B(β) は点 (-2, 3) に対応する。

(ア) $\alpha+\beta=(3-i)+(-2+3i)$
$=1+2i$

よって，$\alpha+\beta$ は点 (1, 2) に対応する。

したがって，$\alpha+\beta$ が表す点は，**右の図**。

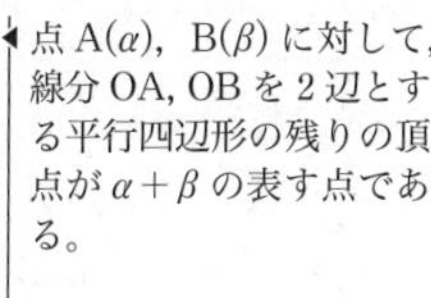

(イ) $2\alpha-\beta=2(3-i)-(-2+3i)$
$=8-5i$

よって，$2\alpha-\beta$ は点 (8, -5) に対応する。

したがって，$2\alpha-\beta$ が表す点は，**右の図**。

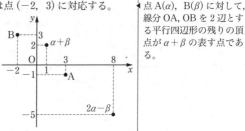

◀点 A(α)，B(β) に対して，線分 OA, OB を 2 辺とする平行四辺形の残りの頂点が $\alpha+\beta$ の表す点である。

(2) $\gamma=k\beta$ となる実数 k が存在するから

$$a+i=k(-2+3i)=-2k+3ki$$

a，k は実数より　$a=-2k$，$1=3k$

したがって　$\boldsymbol{a=-\dfrac{2}{3}}$

◀a，b，c，d が実数のとき
$a+bi=c+di$
$\iff a=c,\ b=d$

3章 9 複素数平面

練習 94 (1) $z=1+2i$ のとき，$\left|\dfrac{5}{z}+3\overline{z}\right|$ の値を求めよ。

(2) $|z|=\sqrt{2}$ のとき，$\left|3\overline{z}-\dfrac{1}{z}\right|$ の値を求めよ。

---

(1) $z=1+2i$ のとき

$$\frac{5}{z}+3\overline{z}=\frac{5}{1+2i}+3(1-2i)=\frac{5(1-2i)}{(1+2i)(1-2i)}+3(1-2i)$$
$$=(1-2i)+(3-6i)=4-8i$$

よって　$\left|\dfrac{5}{z}+3\overline{z}\right|=\sqrt{4^2+(-8)^2}=\boldsymbol{4\sqrt{5}}$

◀$z=1+2i$ のとき
$\overline{z}=1-2i$

(2) $$\left|3\overline{z}-\frac{1}{z}\right|^2=\left(3\overline{z}-\frac{1}{z}\right)\overline{\left(3\overline{z}-\frac{1}{z}\right)}=\left(3\overline{z}-\frac{1}{z}\right)\left(3z-\frac{1}{\overline{z}}\right)$$
$$=9z\overline{z}+\frac{1}{z\overline{z}}-6=9|z|^2+\frac{1}{|z|^2}-6$$
$$=9(\sqrt{2})^2+\frac{1}{(\sqrt{2})^2}-6=\frac{25}{2}$$

$\left|3\overline{z}-\dfrac{1}{z}\right|\geqq 0$ であるから　$\left|3\overline{z}-\dfrac{1}{z}\right|=\boldsymbol{\dfrac{5\sqrt{2}}{2}}$

◀複素数 z が具体的に与えられていないから，$|z|^2=z\overline{z}$ を利用する。

練習 95 α，β を複素数とするとき，次を証明せよ。

(1) $|\alpha+\beta|^2-|\alpha-\beta|^2=2(\alpha\overline{\beta}+\overline{\alpha}\beta)$

(2) $|\alpha|=1$ のとき　$|1-\overline{\alpha}\beta|=|\alpha-\beta|$

---

(1) (左辺) $=(\alpha+\beta)\overline{(\alpha+\beta)}-(\alpha-\beta)\overline{(\alpha-\beta)}$
$=(\alpha+\beta)(\overline{\alpha}+\overline{\beta})-(\alpha-\beta)(\overline{\alpha}-\overline{\beta})$
$=(\alpha\overline{\alpha}+\alpha\overline{\beta}+\overline{\alpha}\beta+\beta\overline{\beta})-(\alpha\overline{\alpha}-\alpha\overline{\beta}-\overline{\alpha}\beta+\beta\overline{\beta})$
$=2(\alpha\overline{\beta}+\overline{\alpha}\beta)=$ (右辺)

◀$|z|^2=z\overline{z}$

◀共役な複素数の性質
$\overline{\alpha+\beta}=\overline{\alpha}+\overline{\beta}$
$\overline{\alpha-\beta}=\overline{\alpha}-\overline{\beta}$

よって　$|\alpha+\beta|^2-|\alpha-\beta|^2=2(\alpha\overline{\beta}+\overline{\alpha}\beta)$

(2)　$|1-\overline{\alpha}\beta|\geqq 0$，$|\alpha-\beta|\geqq 0$ であるから，2乗して差をとると

$$\begin{aligned}&|1-\overline{\alpha}\beta|^2-|\alpha-\beta|^2\\&=(1-\overline{\alpha}\beta)\overline{(1-\overline{\alpha}\beta)}-(\alpha-\beta)\overline{(\alpha-\beta)}\\&=(1-\overline{\alpha}\beta)(1-\alpha\overline{\beta})-(\alpha-\beta)(\overline{\alpha}-\overline{\beta})\\&=1-\alpha\overline{\beta}-\overline{\alpha}\beta+\alpha\overline{\alpha}\beta\overline{\beta}-(\alpha\overline{\alpha}-\alpha\overline{\beta}-\overline{\alpha}\beta+\beta\overline{\beta})\\&=1+\alpha\overline{\alpha}\beta\overline{\beta}-\alpha\overline{\alpha}-\beta\overline{\beta}\\&=1+|\alpha|^2|\beta|^2-|\alpha|^2-|\beta|^2\end{aligned}$$

$|\alpha|=1$ であるから

$$|1-\overline{\alpha}\beta|^2-|\alpha-\beta|^2=1+|\beta|^2-1-|\beta|^2=0$$

よって　$|1-\overline{\alpha}\beta|^2=|\alpha-\beta|^2$

したがって，$|\alpha|=1$ のとき　$|1-\overline{\alpha}\beta|=|\alpha-\beta|$

◀ $|z|^2=z\overline{z}$ を用いるため，2乗して差をとる。

◀ $\overline{(\overline{z})}=z$

◀ $z\overline{z}=|z|^2$

練習 96　$z\neq\pm i$ を満たす虚数 z に対して，$w=z+\dfrac{1}{z}$ とおく。次のことを証明せよ。

(1)　$|z|=1$ ならば，w は実数である。
(2)　z が純虚数ならば，w も純虚数である。

(1)　$|z|=1$ のとき，$|z|^2=1$ であるから　$\overline{z}=\dfrac{1}{z}$

よって　$\overline{w}=\overline{z}+\overline{\left(\dfrac{1}{z}\right)}=\dfrac{1}{z}+z=w$

したがって，$|z|=1$ ならば w は実数である。

(2)　z が純虚数のとき，$\overline{z}=-z$ が成り立つから

$$\overline{w}=\overline{z}+\overline{\left(\frac{1}{z}\right)}=-z+\frac{1}{-z}=-\left(z+\frac{1}{z}\right)=-w\quad\cdots①$$

$w=0$ のとき $z+\dfrac{1}{z}=0$ より　$z^2+1=0$

よって　$z=\pm i$

ゆえに $z\neq\pm i$ のとき　$w\neq 0$　$\cdots②$

①，② より，w は純虚数である。

〔別解〕

z が純虚数であるから，$z=ai$（a は 0，±1 とは異なる実数）とおける。このとき

$$w=z+\frac{1}{z}=ai+\frac{1}{ai}=\left(a-\frac{1}{a}\right)i$$

$a-\dfrac{1}{a}$ は 0 でない実数であるから，w は純虚数である。

◀ $|z|^2=z\overline{z}=1$

◀ w が実数 $\Longleftrightarrow\overline{w}=w$

◀ w が純虚数 $\Longleftrightarrow w\neq0$，$\overline{w}=-w$

練習 97　次の複素数を極形式で表せ。ただし，偏角 θ は $0\leqq\theta<2\pi$ とする。

(1)　$2\sqrt{3}+2i$　　(2)　$\dfrac{-1-7i}{3-4i}$　　(3)　$(1+2i)(1+3i)$

(1) $|2\sqrt{3}+2i|=\sqrt{(2\sqrt{3})^2+2^2}=4$

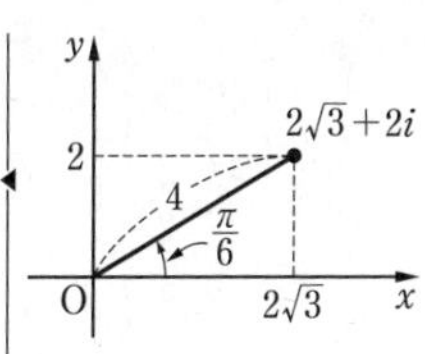

偏角 θ は $\cos\theta=\frac{2\sqrt{3}}{4}=\frac{\sqrt{3}}{2}$, $\sin\theta=\frac{2}{4}=\frac{1}{2}$ を満たす。

$0\leqq\theta<2\pi$ の範囲で　$\theta=\frac{\pi}{6}$

よって　$2\sqrt{3}+2i=4\left(\cos\frac{\pi}{6}+i\sin\frac{\pi}{6}\right)$

(2) $\frac{-1-7i}{3-4i}=\frac{(-1-7i)(3+4i)}{(3-4i)(3+4i)}=\frac{25-25i}{25}=1-i$

$|1-i|=\sqrt{1^2+(-1)^2}=\sqrt{2}$

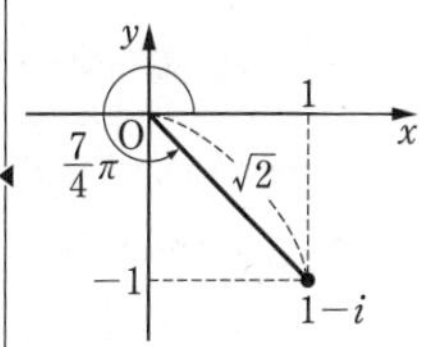

偏角 θ は $\cos\theta=\frac{1}{\sqrt{2}}$, $\sin\theta=\frac{-1}{\sqrt{2}}=-\frac{1}{\sqrt{2}}$ を満たす。

$0\leqq\theta<2\pi$ の範囲で　$\theta=\frac{7}{4}\pi$

よって　$\frac{-1-7i}{3-4i}=\sqrt{2}\left(\cos\frac{7}{4}\pi+i\sin\frac{7}{4}\pi\right)$

(3) $(1+2i)(1+3i)=-5+5i$

$|-5+5i|=\sqrt{(-5)^2+5^2}=5\sqrt{2}$

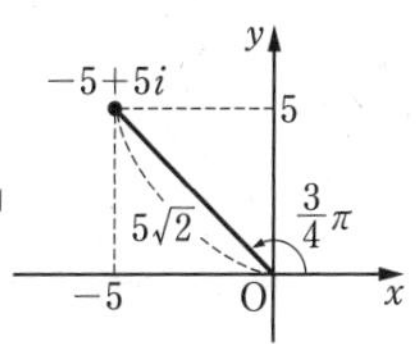

偏角 θ は $\cos\theta=\frac{-5}{5\sqrt{2}}=-\frac{1}{\sqrt{2}}$, $\sin\theta=\frac{5}{5\sqrt{2}}=\frac{1}{\sqrt{2}}$ を満たす。

$0\leqq\theta<2\pi$ の範囲で　$\theta=\frac{3}{4}\pi$

よって　$(1+2i)(1+3i)=5\sqrt{2}\left(\cos\frac{3}{4}\pi+i\sin\frac{3}{4}\pi\right)$

練習 98 次の複素数を極形式で表せ。

(1) $-\sin\alpha+i\cos\alpha$　(2) $3\sin\alpha-3i\cos\alpha$　(3) $\tan\alpha+i\ \left(0\leqq\alpha<\frac{\pi}{2}\right)$

(1) $|-\sin\alpha+i\cos\alpha|=\sqrt{(-\sin\alpha)^2+\cos^2\alpha}=1$

偏角を θ とすると

$$\cos\theta=-\sin\alpha=\cos\left(\frac{\pi}{2}+\alpha\right),\ \sin\theta=\cos\alpha=\sin\left(\frac{\pi}{2}+\alpha\right)$$

よって，偏角 θ の1つは　$\theta=\frac{\pi}{2}+\alpha$

ゆえに　$-\sin\alpha+i\cos\alpha=\cos\left(\frac{\pi}{2}+\alpha\right)+i\sin\left(\frac{\pi}{2}+\alpha\right)$

(2) $|3\sin\alpha-3i\cos\alpha|=\sqrt{(3\sin\alpha)^2+(-3\cos\alpha)^2}=3$

偏角を θ とすると

$$\cos\theta=\sin\alpha=\cos\left(\alpha-\frac{\pi}{2}\right),\ \sin\theta=-\cos\alpha=\sin\left(\alpha-\frac{\pi}{2}\right)$$

よって，偏角 θ の1つは　$\theta=\alpha-\frac{\pi}{2}$

ゆえに　$3\sin\alpha-3i\cos\alpha=3\{\sin\alpha+i(-\cos\alpha)\}$

$$=3\left\{\cos\left(\alpha-\frac{\pi}{2}\right)+i\sin\left(\alpha-\frac{\pi}{2}\right)\right\}$$

(3)　$|\tan\alpha+i|=\sqrt{\tan^2\alpha+1}=\sqrt{\dfrac{1}{\cos^2\alpha}}=\dfrac{1}{|\cos\alpha|}$

$0\leqq\alpha<\dfrac{\pi}{2}$ より $\cos\alpha>0$ であるから

$$|\tan\alpha+i|=\frac{1}{\cos\alpha}$$

偏角を θ とすると

$$\cos\theta=\sin\alpha=\cos\left(\frac{\pi}{2}-\alpha\right),\ \sin\theta=\cos\alpha=\sin\left(\frac{\pi}{2}-\alpha\right)$$

よって，偏角 θ の1つは　$\theta=\dfrac{\pi}{2}-\alpha$

ゆえに

$$\tan\alpha+i=\frac{1}{\cos\alpha}(\sin\alpha+i\cos\alpha)$$

$$=\boldsymbol{\frac{1}{\cos\alpha}\left\{\cos\left(\frac{\pi}{2}-\alpha\right)+i\sin\left(\frac{\pi}{2}-\alpha\right)\right\}}$$

練習 99　$z_1=1-i$，$z_2=3+\sqrt{3}i$ のとき，次の複素数を極形式で表せ。ただし，偏角 θ の範囲は $0\leqq\theta<2\pi$ とする。

(1)　z_1z_2　　(2)　$\dfrac{z_1}{z_2}$　　(3)　$z_1\overline{z_2}$

$$z_1=1-i=\sqrt{2}\left(\cos\frac{7}{4}\pi+i\sin\frac{7}{4}\pi\right)$$

$$z_2=3+\sqrt{3}i=2\sqrt{3}\left(\cos\frac{\pi}{6}+i\sin\frac{\pi}{6}\right)$$

(1)　$z_1z_2=\sqrt{2}\cdot2\sqrt{3}\left\{\cos\left(\dfrac{7}{4}\pi+\dfrac{\pi}{6}\right)+i\sin\left(\dfrac{7}{4}\pi+\dfrac{\pi}{6}\right)\right\}$

$$=\boldsymbol{2\sqrt{6}\left(\cos\frac{23}{12}\pi+i\sin\frac{23}{12}\pi\right)}$$

(2)　$\dfrac{z_1}{z_2}=\dfrac{\sqrt{2}}{2\sqrt{3}}\left\{\cos\left(\dfrac{7}{4}\pi-\dfrac{\pi}{6}\right)+i\sin\left(\dfrac{7}{4}\pi-\dfrac{\pi}{6}\right)\right\}$

$$=\boldsymbol{\frac{\sqrt{6}}{6}\left(\cos\frac{19}{12}\pi+i\sin\frac{19}{12}\pi\right)}$$

(3)　$\overline{z_2}=2\sqrt{3}\left\{\cos\left(-\dfrac{\pi}{6}\right)+i\sin\left(-\dfrac{\pi}{6}\right)\right\}$ であるから

$$z_1\overline{z_2}=\sqrt{2}\cdot2\sqrt{3}\left\{\cos\left(\frac{7}{4}\pi-\frac{\pi}{6}\right)+i\sin\left(\frac{7}{4}\pi-\frac{\pi}{6}\right)\right\}$$

$$=\boldsymbol{2\sqrt{6}\left(\cos\frac{19}{12}\pi+i\sin\frac{19}{12}\pi\right)}$$

練習 100　複素数平面上に点 P$(2-4i)$ がある。次の点を表す複素数を求めよ。

(1)　点Pを原点を中心に $\dfrac{\pi}{6}$ だけ回転した点Q

(2)　△OPR が正三角形となるような点R

(1) 点Qを表す複素数は

$$(2-4i)\left(\cos\frac{\pi}{6}+i\sin\frac{\pi}{6}\right)$$
$$=2(1-2i)\left(\frac{\sqrt{3}}{2}+\frac{1}{2}i\right)$$
$$=(1-2i)(\sqrt{3}+i)$$
$$=\boldsymbol{(2+\sqrt{3})+(1-2\sqrt{3})i}$$

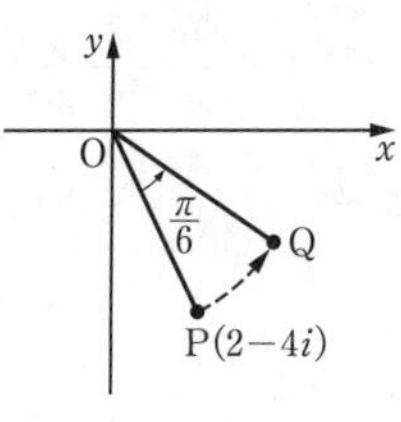

(2) 点Rは，点Pを原点を中心に $\pm\frac{\pi}{3}$ だけ回転した点であるから

◀点Rは2つ存在する。

点Rを表す複素数は

$$(2-4i)\left\{\cos\left(\pm\frac{\pi}{3}\right)+i\sin\left(\pm\frac{\pi}{3}\right)\right\}$$
$$=2(1-2i)\left(\frac{1}{2}\pm\frac{\sqrt{3}}{2}i\right)$$
$$=(1-2i)(1\pm\sqrt{3}i)$$
$$=\boldsymbol{(1\pm2\sqrt{3})+(-2\pm\sqrt{3})i}$$ **(複号同順)**

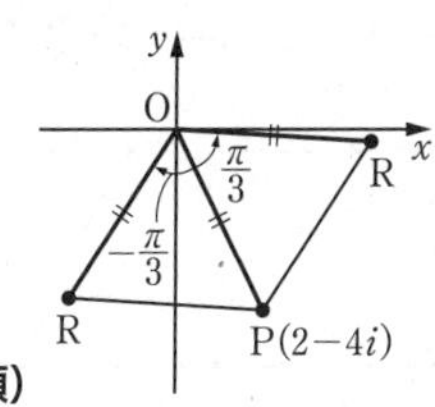

練習 101 複素数平面上に点 $A(3+2i)$ がある。

(1) 点Aを，原点を中心に $\frac{\pi}{6}$ だけ回転し，原点からの距離を2倍に拡大した点を表す複素数を求めよ。

(2) △OABが $\angle OAB=\frac{\pi}{2}$ の直角二等辺三角形となるような頂点Bを表す複素数を求めよ。

(1) 求める点を表す複素数は

$$(3+2i)\cdot2\left(\cos\frac{\pi}{6}+i\sin\frac{\pi}{6}\right)$$
$$=(3+2i)(\sqrt{3}+i)$$
$$=\boldsymbol{(-2+3\sqrt{3})+(3+2\sqrt{3})i}$$

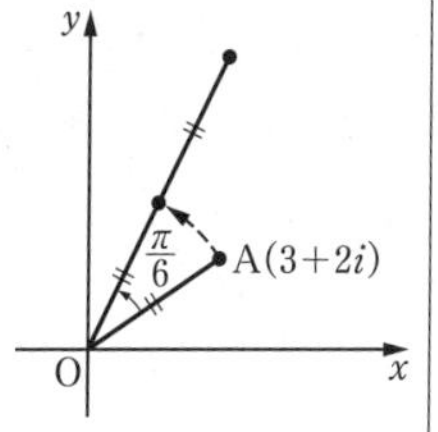

(2) 点Bは，点Aを原点を中心に $\pm\frac{\pi}{4}$ だけ回転し，原点からの距離を $\sqrt{2}$ 倍に拡大した点であるから，点Bを表す複素数は

◀点Bは2つ存在する。

$$(3+2i)\cdot\sqrt{2}\left\{\cos\left(\pm\frac{\pi}{4}\right)+i\sin\left(\pm\frac{\pi}{4}\right)\right\}$$
$$=(3+2i)(1\pm i)$$ (複号同順)

したがって，求める複素数は

$\boldsymbol{1+5i,\ 5-i}$

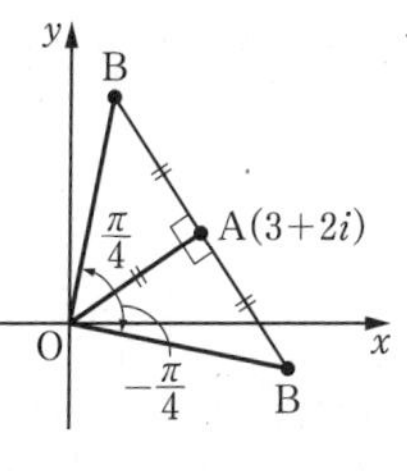

練習 102 複素数 $\alpha=2-3i$，$\beta=1-2i$ について，点 β を点 α を中心に $\frac{3}{4}\pi$ だけ回転した点を表す複素数 γ を求めよ。

3章 9 複素数平面

点 β を $-\alpha$ だけ平行移動した点を β_1 とすると

$$\beta_1=\beta-\alpha=-1+i$$

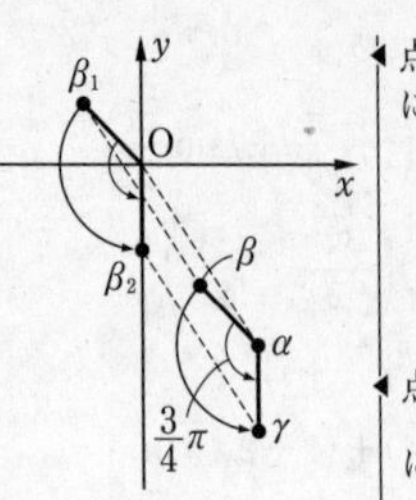

◀点 α が原点と重なるように点 β を平行移動する。

点 β_1 を原点のまわりに $\frac{3}{4}\pi$ だけ回転した点を β_2 とすると

$$\beta_2=\beta_1\left(\cos\frac{3}{4}\pi+i\sin\frac{3}{4}\pi\right)$$

$$=(-1+i)\left(-\frac{1}{\sqrt{2}}+\frac{1}{\sqrt{2}}i\right)=-\sqrt{2}\,i$$

◀点 β_1 を原点Oのまわりに $\frac{3}{4}\pi$ 回転する。

点 β_2 を α だけ平行移動した点が，求める点 γ であるから

$$\gamma=\beta_2+\alpha=-\sqrt{2}\,i+2-3i=\boldsymbol{2-(3+\sqrt{2})i}$$

◀原点が点 α と重なるように点 β_2 を平行移動する。

練習 103 次の値を計算せよ。

(1) $\left(\dfrac{-1+\sqrt{3}\,i}{2}\right)^5$　(2) $(\sqrt{3}+3i)^9$　(3) $\left(\dfrac{2}{-1-i}\right)^8$

(1) $\dfrac{-1+\sqrt{3}\,i}{2}=\cos\dfrac{2}{3}\pi+i\sin\dfrac{2}{3}\pi$ であるから

$$\left(\frac{-1+\sqrt{3}\,i}{2}\right)^5=\left(\cos\frac{2}{3}\pi+i\sin\frac{2}{3}\pi\right)^5$$

$$=\cos\frac{10}{3}\pi+i\sin\frac{10}{3}\pi$$

$$=\cos\frac{4}{3}\pi+i\sin\frac{4}{3}\pi$$

$$=\boldsymbol{-\frac{1}{2}-\frac{\sqrt{3}}{2}i}$$

◀

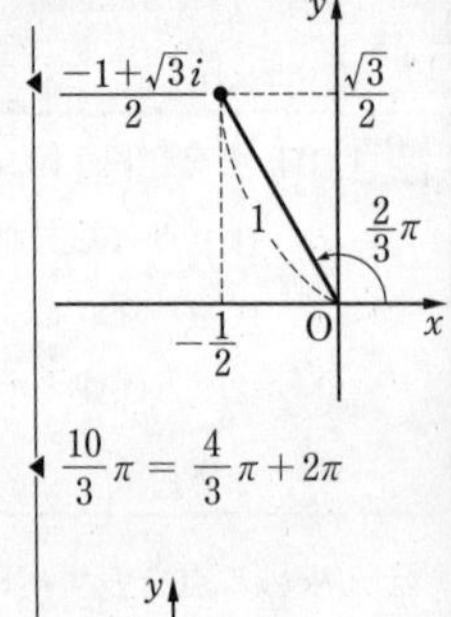

◀$\frac{10}{3}\pi=\frac{4}{3}\pi+2\pi$

(2) $\sqrt{3}+3i=2\sqrt{3}\left(\cos\dfrac{\pi}{3}+i\sin\dfrac{\pi}{3}\right)$ であるから

$$(\sqrt{3}+3i)^9=\left\{2\sqrt{3}\left(\cos\frac{\pi}{3}+i\sin\frac{\pi}{3}\right)\right\}^9$$

$$=(2\sqrt{3})^9(\cos3\pi+i\sin3\pi)$$

$$=41472\sqrt{3}\cdot(-1)=\boldsymbol{-41472\sqrt{3}}$$

◀

(3) $-1-i=\sqrt{2}\left\{\cos\left(-\dfrac{3}{4}\pi\right)+i\sin\left(-\dfrac{3}{4}\pi\right)\right\}$ であるから

$$\left(\frac{2}{-1-i}\right)^8=2^8\cdot(-1-i)^{-8}$$

$$=2^8\cdot(\sqrt{2})^{-8}\left\{\cos\left(-\frac{3}{4}\pi\right)+i\sin\left(-\frac{3}{4}\pi\right)\right\}^{-8}$$

$$=(\sqrt{2})^8(\cos6\pi+i\sin6\pi)$$

$$=16\cdot1=\boldsymbol{16}$$

◀

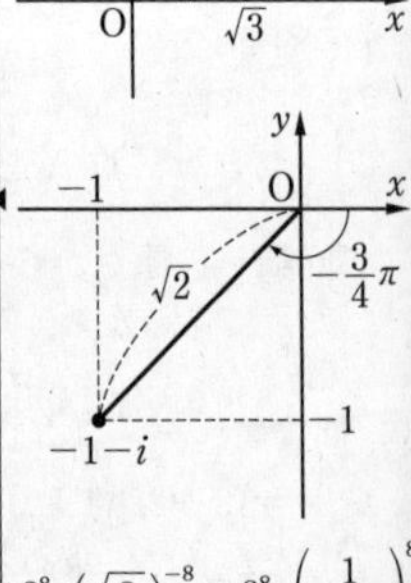

◀$2^8\cdot(\sqrt{2})^{-8}=2^8\cdot\left(\frac{1}{\sqrt{2}}\right)^8=\left(2\cdot\frac{1}{\sqrt{2}}\right)^8=(\sqrt{2})^8$

〔別解〕

$$\frac{2}{-1-i}=\frac{2}{\sqrt{2}\left\{\cos\left(-\frac{3}{4}\pi\right)+i\sin\left(-\frac{3}{4}\pi\right)\right\}}$$

$$=\sqrt{2}\left(\cos\frac{3}{4}\pi+i\sin\frac{3}{4}\pi\right)$$

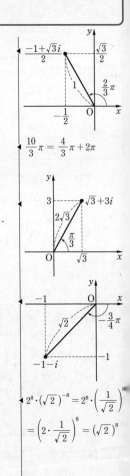

よって　$\left(\dfrac{2}{-1-i}\right)^8=\left\{\sqrt{2}\left(\cos\dfrac{3}{4}\pi+i\sin\dfrac{3}{4}\pi\right)\right\}^8$

$=(\sqrt{2})^8(\cos 6\pi+i\sin 6\pi)=16$

練習 104 次の値を計算せよ。

(1) $\left(\dfrac{1+\sqrt{3}i}{1+i}\right)^8$　(2) $\left(\dfrac{1+\sqrt{3}i}{\sqrt{3}-3i}\right)^{10}$　(3) $\left(\dfrac{-3+i}{2+i}\right)^7$

(1) $\dfrac{1+\sqrt{3}i}{1+i}=\dfrac{2\left(\cos\dfrac{\pi}{3}+i\sin\dfrac{\pi}{3}\right)}{\sqrt{2}\left(\cos\dfrac{\pi}{4}+i\sin\dfrac{\pi}{4}\right)}=\sqrt{2}\left(\cos\dfrac{\pi}{12}+i\sin\dfrac{\pi}{12}\right)$

◀分母・分子とも偏角を求めることができるから，それぞれ極形式で表す。

よって　$\left(\dfrac{1+\sqrt{3}i}{1+i}\right)^8=\left\{\sqrt{2}\left(\cos\dfrac{\pi}{12}+i\sin\dfrac{\pi}{12}\right)\right\}^8$

◀$\dfrac{\pi}{3}-\dfrac{\pi}{4}=\dfrac{\pi}{12}$

$=(\sqrt{2})^8\left(\cos\dfrac{2}{3}\pi+i\sin\dfrac{2}{3}\pi\right)$

◀$\dfrac{\pi}{12}\times 8=\dfrac{2}{3}\pi$

$=16\left(-\dfrac{1}{2}+\dfrac{\sqrt{3}}{2}i\right)$

$=\boldsymbol{-8+8\sqrt{3}i}$

(2) $\dfrac{1+\sqrt{3}i}{\sqrt{3}-3i}=\dfrac{2\left(\cos\dfrac{\pi}{3}+i\sin\dfrac{\pi}{3}\right)}{2\sqrt{3}\left\{\cos\left(-\dfrac{\pi}{3}\right)+i\sin\left(-\dfrac{\pi}{3}\right)\right\}}$

$=\dfrac{1}{\sqrt{3}}\left(\cos\dfrac{2}{3}\pi+i\sin\dfrac{2}{3}\pi\right)$

◀$\dfrac{\pi}{3}-\left(-\dfrac{\pi}{3}\right)=\dfrac{2}{3}\pi$

したがって

$\left(\dfrac{1+\sqrt{3}i}{\sqrt{3}-3i}\right)^{10}=\left\{\dfrac{1}{\sqrt{3}}\left(\cos\dfrac{2}{3}\pi+i\sin\dfrac{2}{3}\pi\right)\right\}^{10}$

$=\left(\dfrac{1}{\sqrt{3}}\right)^{10}\left(\cos\dfrac{20}{3}\pi+i\sin\dfrac{20}{3}\pi\right)$

$=\dfrac{1}{243}\left(\cos\dfrac{2}{3}\pi+i\sin\dfrac{2}{3}\pi\right)$

◀$\dfrac{20}{3}\pi=\dfrac{2}{3}\pi+6\pi$

$=\dfrac{1}{243}\left(-\dfrac{1}{2}+\dfrac{\sqrt{3}}{2}i\right)=\boldsymbol{-\dfrac{1}{486}+\dfrac{\sqrt{3}}{486}i}$

(3) $\dfrac{-3+i}{2+i}=\dfrac{(-3+i)(2-i)}{(2+i)(2-i)}=\dfrac{-5+5i}{5}=-1+i$

$=\sqrt{2}\left(\cos\dfrac{3}{4}\pi+i\sin\dfrac{3}{4}\pi\right)$

◀分母・分子の複素数の偏角を求めることができないから，$\dfrac{-3+i}{2+i}$ を $a+bi$ の形に直してから極形式に表す。

よって

$\left(\dfrac{-3+i}{2+i}\right)^7=\left\{\sqrt{2}\left(\cos\dfrac{3}{4}\pi+i\sin\dfrac{3}{4}\pi\right)\right\}^7$

$=(\sqrt{2})^7\left(\cos\dfrac{21}{4}\pi+i\sin\dfrac{21}{4}\pi\right)$

$=8\sqrt{2}\left(\cos\dfrac{5}{4}\pi+i\sin\dfrac{5}{4}\pi\right)$

◀$\dfrac{21}{4}\pi=\dfrac{5}{4}\pi+4\pi$

$=8\sqrt{2}\left(-\dfrac{1}{\sqrt{2}}-\dfrac{1}{\sqrt{2}}i\right)=\boldsymbol{-8-8i}$

練習 105 次の方程式を解け。

(1) $z^8=1$　　(2) $z^2=i$

(3) $z^3=-8$　　(4) $z^4=8(-1+\sqrt{3}i)$

$z=r(\cos\theta+i\sin\theta)$ $(r>0,\ 0\leqq\theta<2\pi)$ とおく。

(1) ド・モアブルの定理により，方程式 $z^8=1$ は

$$r^8(\cos8\theta+i\sin8\theta)=\cos0+i\sin0$$

◀ $|1|=1,\ \arg1=0$

両辺の絶対値と偏角を比較すると

$$r^8=1\ \cdots①,\quad 8\theta=0+2k\pi\ (k \text{ は整数})\ \cdots②$$

◀ $\alpha=\beta$ $\iff\begin{cases}|\alpha|=|\beta|\\ \arg\alpha=\arg\beta+2k\pi\end{cases}$ (k は整数)

$r>0$ であるから，① より　$r=1$

② より　$\theta=\dfrac{k}{4}\pi$

$0\leqq\theta<2\pi$ の範囲で考えると　$k=0,\ 1,\ 2,\ 3,\ 4,\ 5,\ 6,\ 7$

このとき，それぞれ

$$\theta=0,\ \frac{\pi}{4},\ \frac{\pi}{2},\ \frac{3}{4}\pi,\ \pi,\ \frac{5}{4}\pi,\ \frac{3}{2}\pi,\ \frac{7}{4}\pi$$

◀ θ の値は 8 個あり，この方程式は 8 個の解をもつ。

(ア) $\theta=0$ のとき　$z=\cos0+i\sin0=1$

(イ) $\theta=\dfrac{\pi}{4}$ のとき　$z=\cos\dfrac{\pi}{4}+i\sin\dfrac{\pi}{4}=\dfrac{\sqrt{2}}{2}+\dfrac{\sqrt{2}}{2}i$

(ウ) $\theta=\dfrac{\pi}{2}$ のとき　$z=\cos\dfrac{\pi}{2}+i\sin\dfrac{\pi}{2}=i$

(エ) $\theta=\dfrac{3}{4}\pi$ のとき　$z=\cos\dfrac{3}{4}\pi+i\sin\dfrac{3}{4}\pi=-\dfrac{\sqrt{2}}{2}+\dfrac{\sqrt{2}}{2}i$

(オ) $\theta=\pi$ のとき　$z=\cos\pi+i\sin\pi=-1$

(カ) $\theta=\dfrac{5}{4}\pi$ のとき　$z=\cos\dfrac{5}{4}\pi+i\sin\dfrac{5}{4}\pi=-\dfrac{\sqrt{2}}{2}-\dfrac{\sqrt{2}}{2}i$

(キ) $\theta=\dfrac{3}{2}\pi$ のとき　$z=\cos\dfrac{3}{2}\pi+i\sin\dfrac{3}{2}\pi=-i$

(ク) $\theta=\dfrac{7}{4}\pi$ のとき　$z=\cos\dfrac{7}{4}\pi+i\sin\dfrac{7}{4}\pi=\dfrac{\sqrt{2}}{2}-\dfrac{\sqrt{2}}{2}i$

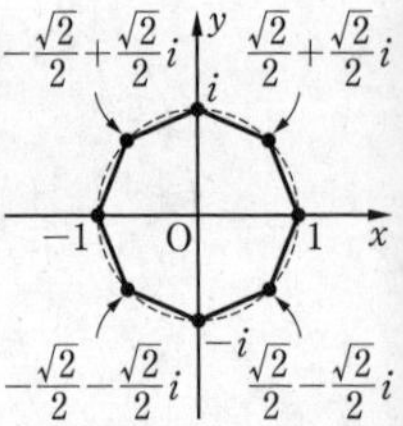

(ア)～(ク) より　$\boldsymbol{z=\pm1,\ \pm i,\ \dfrac{\sqrt{2}}{2}\pm\dfrac{\sqrt{2}}{2}i,\ -\dfrac{\sqrt{2}}{2}\pm\dfrac{\sqrt{2}}{2}i}$

◀ 8 個の解は，複素数平面上で点 1 を 1 つの頂点とする正 8 角形の頂点になっている。

(2) $i=\cos\dfrac{\pi}{2}+i\sin\dfrac{\pi}{2}$ であるから，ド・モアブルの定理により，

方程式 $z^2=i$ は

$$r^2(\cos2\theta+i\sin2\theta)=\cos\frac{\pi}{2}+i\sin\frac{\pi}{2}$$

両辺の絶対値と偏角を比較すると

$$r^2=1\ \cdots①,\quad 2\theta=\frac{\pi}{2}+2k\pi\ (k \text{ は整数})\ \cdots②$$

◀ $\alpha=\beta$ $\iff\begin{cases}|\alpha|=|\beta|\\ \arg\alpha=\arg\beta+2k\pi\end{cases}$ (k は整数)

$r>0$ であるから，① より　$r=1$

② より　$\theta=\dfrac{\pi}{4}+k\pi$

$0\leqq\theta<2\pi$ の範囲で考えると　$k=0,\ 1$

◀ $0\leqq\theta<2\pi$ の範囲で考えると，k の値は 2 つあり方程式の解は 2 個ある。

(ア) $k=0$ のとき，$\theta=\dfrac{\pi}{4}$ となり

$$z=\cos\frac{\pi}{4}+i\sin\frac{\pi}{4}=\frac{\sqrt{2}}{2}+\frac{\sqrt{2}}{2}i$$

(イ) $k=1$ のとき，$\theta=\dfrac{5}{4}\pi$ となり

$$z=\cos\frac{5}{4}\pi+i\sin\frac{5}{4}\pi=-\frac{\sqrt{2}}{2}-\frac{\sqrt{2}}{2}i$$

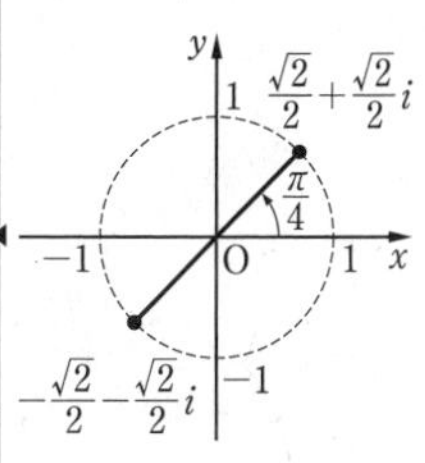

(ア)，(イ) より　　$\boldsymbol{z=\pm\left(\dfrac{\sqrt{2}}{2}+\dfrac{\sqrt{2}}{2}i\right)}$

(3)　$-8=8(-1+0\cdot i)=8(\cos\pi+i\sin\pi)$ であるから，ド・モアブルの定理により，方程式 $z^3=-8$ は

$$r^3(\cos3\theta+i\sin3\theta)=8(\cos\pi+i\sin\pi)$$

両辺の絶対値と偏角を比較すると

$$r^3=8\ \cdots①,\quad 3\theta=\pi+2k\pi\ (k\text{ は整数})\ \cdots②$$

$r>0$ であるから，① より　　$r=2$

② より　　$\theta=\dfrac{\pi}{3}+\dfrac{2}{3}k\pi$

$0\leqq\theta<2\pi$ の範囲で考えると　　$k=0,\ 1,\ 2$

◀解は 3 個ある。

(ア) $k=0$ のとき，$\theta=\dfrac{\pi}{3}$ となり

$$z=2\left(\cos\frac{\pi}{3}+i\sin\frac{\pi}{3}\right)=1+\sqrt{3}i$$

(イ) $k=1$ のとき，$\theta=\pi$ となり

$$z=2(\cos\pi+i\sin\pi)=-2$$

(ウ) $k=2$ のとき，$\theta=\dfrac{5}{3}\pi$ となり

$$z=2\left(\cos\frac{5}{3}\pi+i\sin\frac{5}{3}\pi\right)=1-\sqrt{3}i$$

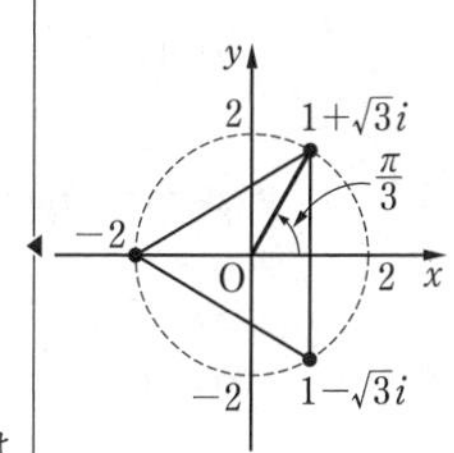

(ア)～(ウ) より　　$\boldsymbol{z=-2,\ 1\pm\sqrt{3}i}$

(4)　$8(-1+\sqrt{3}i)=16\left(-\dfrac{1}{2}+\dfrac{\sqrt{3}}{2}i\right)=16\left(\cos\dfrac{2}{3}\pi+i\sin\dfrac{2}{3}\pi\right)$

であるから，ド・モアブルの定理により，方程式 $z^4=8(-1+\sqrt{3}i)$ は

$$r^4(\cos4\theta+i\sin4\theta)=16\left(\cos\frac{2}{3}\pi+i\sin\frac{2}{3}\pi\right)$$

両辺の絶対値と偏角を比較すると

$$r^4=16\ \cdots①,\quad 4\theta=\frac{2}{3}\pi+2k\pi\ (k\text{ は整数})\ \cdots②$$

$r>0$ であるから，① より　　$r=2$

② より　　$\theta=\dfrac{\pi}{6}+\dfrac{k}{2}\pi$

$0\leqq\theta<2\pi$ の範囲で考えると　　$k=0,\ 1,\ 2,\ 3$

◀解は 4 個ある。

(ア) $k=0$ のとき，$\theta=\dfrac{\pi}{6}$ となり

$$z=2\left(\cos\frac{\pi}{6}+i\sin\frac{\pi}{6}\right)=\sqrt{3}+i$$

(イ) $k=1$ のとき，$\theta=\dfrac{2}{3}\pi$ となり

$$z=2\left(\cos\frac{2}{3}\pi+i\sin\frac{2}{3}\pi\right)=-1+\sqrt{3}\,i$$

(ウ) $k=2$ のとき，$\theta=\dfrac{7}{6}\pi$ となり

$$z=2\left(\cos\frac{7}{6}\pi+i\sin\frac{7}{6}\pi\right)=-\sqrt{3}-i$$

(エ) $k=3$ のとき，$\theta=\dfrac{5}{3}\pi$ となり

$$z=2\left(\cos\frac{5}{3}\pi+i\sin\frac{5}{3}\pi\right)=1-\sqrt{3}\,i$$

(ア)〜(エ) より　　$\boldsymbol{z=\pm(\sqrt{3}+i),\ \pm(1-\sqrt{3}\,i)}$

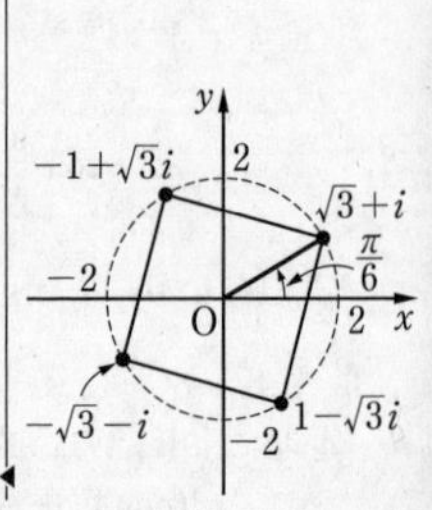

練習 106 複素数 z が $z+\dfrac{1}{z}=\sqrt{2}$ を満たすとき，$w=z^{100}+\dfrac{1}{z^{100}}$ の値を求めよ。

$z+\dfrac{1}{z}=\sqrt{2}$ の両辺に z を掛けて　　$z^2+1=\sqrt{2}\,z$

よって　$z^2-\sqrt{2}\,z+1=0$ となるから

◀ 2次方程式の解の公式を用いて z の値を求める。

$$z=\frac{\sqrt{2}\pm\sqrt{2}\,i}{2}=\cos\left(\pm\frac{\pi}{4}\right)+i\sin\left(\pm\frac{\pi}{4}\right)\quad\text{（複号同順）}$$

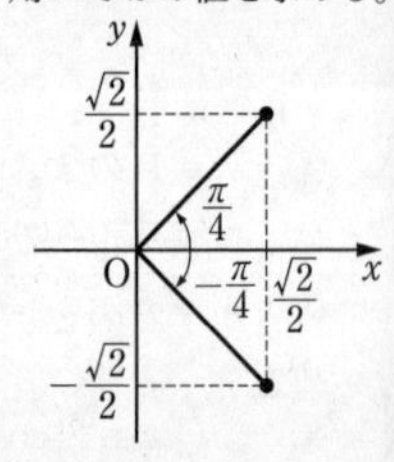

したがって

$$\begin{aligned}
w&=z^{100}+\frac{1}{z^{100}}=z^{100}+z^{-100}\\
&=\left\{\cos\left(\pm\frac{\pi}{4}\right)+i\sin\left(\pm\frac{\pi}{4}\right)\right\}^{100}+\left\{\cos\left(\pm\frac{\pi}{4}\right)+i\sin\left(\pm\frac{\pi}{4}\right)\right\}^{-100}\\
&=\cos(\pm25\pi)+i\sin(\pm25\pi)+\cos(\mp25\pi)+i\sin(\mp25\pi)\\
&=\cos25\pi\pm i\sin25\pi+\cos25\pi\mp i\sin25\pi\quad\text{（複号同順）}\\
&=2\cos25\pi\\
&=2\cos(24\pi+\pi)\\
&=2\cos\pi\\
&=2\cdot(-1)\\
&=-2
\end{aligned}$$

◀ $\cos(-\theta)=\cos\theta$
$\sin(-\theta)=-\sin\theta$

練習 107 $\alpha=\cos\dfrac{2\pi}{n}+i\sin\dfrac{2\pi}{n}$ （n は2以上の整数）とするとき，
$(1-\alpha)(1-\alpha^2)(1-\alpha^3)\cdots(1-\alpha^{n-1})=n$ であることを示せ。

$\alpha=\cos\dfrac{2\pi}{n}+i\sin\dfrac{2\pi}{n}$ の両辺を n 乗すると

$$\alpha^n=\left(\cos\frac{2}{n}\pi+i\sin\frac{2}{n}\pi\right)^n=\cos2\pi+i\sin2\pi=1$$

◀ ド・モアブルの定理を用いる。

よって　　$\alpha^n-1=0$

ここで，方程式 $z^n-1=0$ …① を考えると，$\alpha\neq1$ より，α は方程式①を満たす1以外の複素数の1つである。

◀ $n\geqq2$ であるから $\alpha\neq1$

このとき　　$(\alpha^2)^n-1=(\alpha^n)^2-1=1^2-1=0$

$(\alpha^3)^n-1=(\alpha^n)^3-1=1^3-1=0$

…

$$(\alpha^{n-1})^n-1=(\alpha^n)^{n-1}-1=1^{n-1}-1=0$$

よって，$z=\alpha^2$，α^3，$\cdots$，α^{n-1} はいずれも方程式 ① を満たす。

① を変形すると　$(z-1)(z^{n-1}+z^{n-2}+\cdots+z^2+z+1)=0$

ここで，方程式 ① は n 次方程式であるから，n 個の複素数解をもつ。

1，α，α^2，$\cdots$，α^{n-1} はすべて異なるから，方程式 ① の解は

$$z=1,\ \alpha,\ \alpha^2,\ \cdots,\ \alpha^{n-1}$$

よって，方程式 $z^{n-1}+z^{n-2}+\cdots+z^2+z+1=0$ の解は

$z=\alpha$，α^2，$\cdots$，α^{n-1} であるから

$$z^{n-1}+z^{n-2}+\cdots+z^2+z+1=(z-\alpha)(z-\alpha^2)\cdots(z-\alpha^{n-1})$$

◀この式は z についての恒等式である。

この両辺に $z=1$ を代入することにより

$$(1-\alpha)(1-\alpha^2)(1-\alpha^3)\cdots(1-\alpha^{n-1})$$
$$=1^{n-1}+1^{n-2}+\cdots+1^2+1+1$$
$$=n$$

練習 108 $\alpha=\cos\dfrac{2}{7}\pi+i\sin\dfrac{2}{7}\pi$ とする。

(1) $\alpha^6+\alpha^5+\alpha^4+\alpha^3+\alpha^2+\alpha+1$ の値を求めよ。

(2) $\alpha^3+(\overline{\alpha})^3+\alpha^2+(\overline{\alpha})^2+\alpha+\overline{\alpha}+1$ の値を求めよ。

(3) $\cos\dfrac{2}{7}\pi=x$ とすると，$8x^3+4x^2-4x=1$ であることを示せ。

(1) $\alpha^7=\left(\cos\dfrac{2}{7}\pi+i\sin\dfrac{2}{7}\pi\right)^7=\cos2\pi+i\sin2\pi=1$

◀ド・モアブルの定理

これより　$\alpha^7=1$

よって　$(\alpha-1)(\alpha^6+\alpha^5+\alpha^4+\alpha^3+\alpha^2+\alpha+1)=0$

◀一般に $x^n-1=(x-1)(x^{n-1}+\cdots+1)$ が成り立つ。

$\alpha\neq1$ であるから　$\boldsymbol{\alpha^6+\alpha^5+\alpha^4+\alpha^3+\alpha^2+\alpha+1=0}$

(2) $|\alpha|=1$ より $\alpha\overline{\alpha}=1$ であるから　$\overline{\alpha}=\dfrac{1}{\alpha}$

よって　$\alpha^3+(\overline{\alpha})^3+\alpha^2+(\overline{\alpha})^2+\alpha+\overline{\alpha}+1$

$$=\alpha^3+\frac{1}{\alpha^3}+\alpha^2+\frac{1}{\alpha^2}+\alpha+\frac{1}{\alpha}+1$$

$$=\frac{\alpha^6+\alpha^5+\alpha^4+\alpha^3+\alpha^2+\alpha+1}{\alpha^3}=\mathbf{0}$$

◀(1) で求めた $\alpha^6+\alpha^5+\cdots+1=0$ を代入する。

(3) $\cos\dfrac{2}{7}\pi=\dfrac{1}{2}(\alpha+\overline{\alpha})$ であるから　$\alpha+\overline{\alpha}=2x$　$\cdots$①

また　$\alpha^3+(\overline{\alpha})^3=(\alpha+\overline{\alpha})^3-3\alpha\overline{\alpha}(\alpha+\overline{\alpha})=8x^3-6x$　$\cdots$②

◀$\alpha\overline{\alpha}=|\alpha|^2=1$

$\alpha^2+(\overline{\alpha})^2=(\alpha+\overline{\alpha})^2-2\alpha\overline{\alpha}=4x^2-2$　$\cdots$③

(2) より $\alpha^3+(\overline{\alpha})^3+\alpha^2+(\overline{\alpha})^2+\alpha+\overline{\alpha}+1=0$ であるから，①，②，③ を代入すると

$$(8x^3-6x)+(4x^2-2)+(2x)+1=0$$
$$8x^3+4x^2-4x-1=0$$

ゆえに　$8x^3+4x^2-4x=1$

p.204

問題編 9　複素数平面

問題 92　複素数平面において，$A(i)$，$B(-4i)$，$C(3-3i)$，$D(-3+5i)$ とする。

(1)　点 C と虚軸に関して対称な点 E を表す複素数を求めよ。
(2)　線分 AB，AC，AD の長さをそれぞれ求めよ。
(3)　4 点 B，C，D，E は同一円周上にあることを示せ。

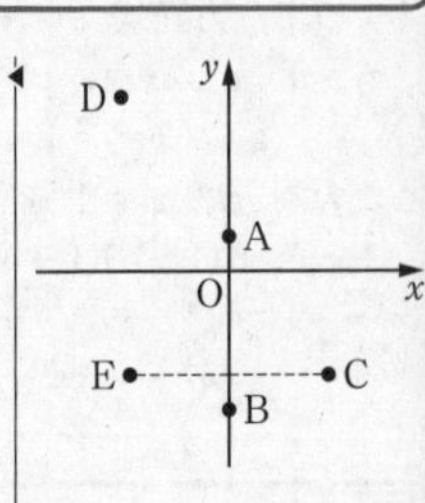

(1)　点 C と虚軸に関して対称な点 E を表す複素数は

$$-\overline{(3-3i)} = -(3+3i) = \boldsymbol{-3-3i}$$

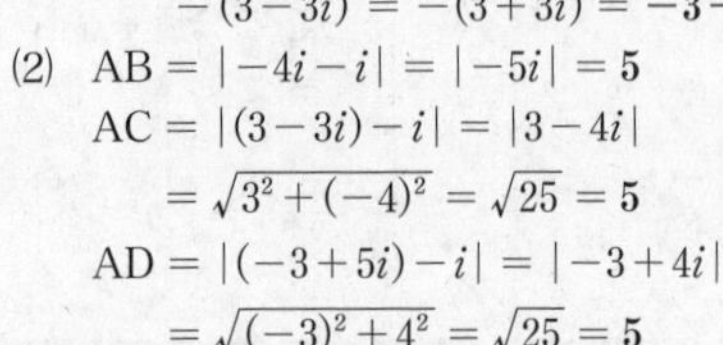

(2)　$AB = |-4i-i| = |-5i| = \boldsymbol{5}$

$AC = |(3-3i)-i| = |3-4i|$
$= \sqrt{3^2+(-4)^2} = \sqrt{25} = \boldsymbol{5}$

$AD = |(-3+5i)-i| = |-3+4i|$
$= \sqrt{(-3)^2+4^2} = \sqrt{25} = \boldsymbol{5}$

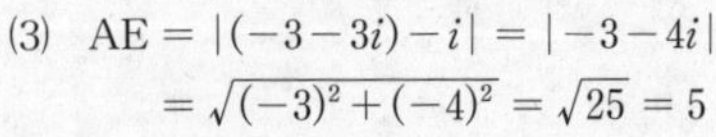

(3)　$AE = |(-3-3i)-i| = |-3-4i|$
$= \sqrt{(-3)^2+(-4)^2} = \sqrt{25} = 5$

◀線分 AE の長さを求める。

$AB = AC = AD = AE = 5$ が成り立つから，4 点 B，C，D，E は，点 A を中心とする半径 5 の円上にある。

問題 93　複素数平面上の原点 O，$A(5+2i)$，$B(1-i)$ について

(1)　2 つの線分 OA，OB を 2 辺とする平行四辺形において，残りの頂点 C を表す複素数を求めよ。
(2)　線分 OA を 1 辺とし，線分 OB が対角線となるような平行四辺形において，残りの頂点 D を表す複素数を求めよ。また，このとき線分 AD の長さを求めよ。

◀与えられた点を複素数平面上に図示する。

◀平行四辺形となるときの 4 点の順に注意する。

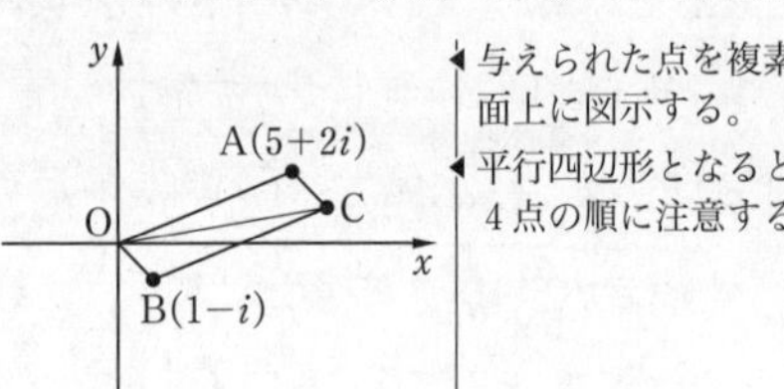

(1)　線分 OA，OB が隣り合う 2 辺であるから，四角形 OBCA が平行四辺形である。

$OB \parallel AC$，$OB = AC$ であるから，点 C は点 A を複素数 $1-i$ だけ平行移動した点である。

よって，頂点 C を表す複素数は

$$(5+2i)+(1-i) = \boldsymbol{6+i}$$

(2)　点 D を表す複素数を z とすると，(1) と同様にして

$$(5+2i)+z = 1-i$$

よって

$$z = (1-i)-(5+2i)$$
$$= \boldsymbol{-4-3i}$$

また　$AD = |(-4-3i)-(5+2i)|$
$= |-9-5i|$
$= \sqrt{(-9)^2+(-5)^2} = \boldsymbol{\sqrt{106}}$

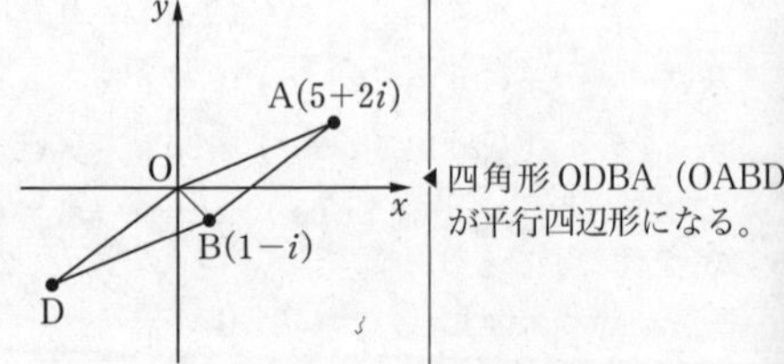

◀四角形 ODBA（OABD）が平行四辺形になる。

問題 94　$|z| = \sqrt{3}$ のとき，$\left|tz+\dfrac{1}{z}\right|$ の値を最小にする実数 t の値を求めよ。

$$\left|tz+\frac{1}{z}\right|^2=\left(tz+\frac{1}{z}\right)\overline{\left(tz+\frac{1}{z}\right)}=\left(tz+\frac{1}{z}\right)\left(t\overline{z}+\frac{1}{\overline{z}}\right)$$

$$=t^2z\overline{z}+2t+\frac{1}{z\overline{z}}=t^2|z|^2+2t+\frac{1}{|z|^2}$$

$$=(\sqrt{3})^2t^2+2t+\frac{1}{(\sqrt{3})^2}$$

$$=3t^2+2t+\frac{1}{3}=3\left(t+\frac{1}{3}\right)^2$$

よって，$\left|tz+\frac{1}{z}\right|^2$ は $t=-\frac{1}{3}$ のとき最小となる。

$\left|tz+\frac{1}{z}\right|\geqq 0$ より，$\left|tz+\frac{1}{z}\right|$ も $\boldsymbol{t=-\frac{1}{3}}$ のとき最小となる。

◀ t が実数であることに注意して
$\overline{\left(tz+\frac{1}{z}\right)}=t\overline{z}+\frac{1}{\overline{(z)}}$
$=t\overline{z}+\frac{1}{\overline{z}}$

◀ t についての2次式となる。

◀ $t=-\frac{1}{3}$ のとき，
$\left|tz+\frac{1}{z}\right|=0$ となる。

問題 95 複素数 α，β，γ が $\alpha+\beta+\gamma=0$，$|\alpha|=|\beta|=|\gamma|=1$ を満たすとき，次の値を求めよ。
(1) $|(\alpha+\beta)(\beta+\gamma)(\gamma+\alpha)|$　　(2) $|\alpha-\beta|^2+|\beta-\gamma|^2+|\gamma-\alpha|^2$

(1) $\alpha+\beta+\gamma=0$ より　$\alpha+\beta=-\gamma$，$\beta+\gamma=-\alpha$，$\gamma+\alpha=-\beta$
よって

$$|(\alpha+\beta)(\beta+\gamma)(\gamma+\alpha)|=|(-\gamma)(-\alpha)(-\beta)|$$
$$=|\alpha||\beta||\gamma|=\boldsymbol{1}$$

◀ $|\alpha|=|\beta|=|\gamma|=1$

(2) $|\alpha-\beta|^2+|\beta-\gamma|^2+|\gamma-\alpha|^2$

$$=(\alpha-\beta)\overline{(\alpha-\beta)}+(\beta-\gamma)\overline{(\beta-\gamma)}+(\gamma-\alpha)\overline{(\gamma-\alpha)}$$
$$=(\alpha-\beta)(\overline{\alpha}-\overline{\beta})+(\beta-\gamma)(\overline{\beta}-\overline{\gamma})+(\gamma-\alpha)(\overline{\gamma}-\overline{\alpha})$$
$$=\alpha\overline{\alpha}-\alpha\overline{\beta}-\overline{\alpha}\beta+\beta\overline{\beta}+\beta\overline{\beta}-\beta\overline{\gamma}-\overline{\beta}\gamma+\gamma\overline{\gamma}+\gamma\overline{\gamma}-\gamma\overline{\alpha}-\overline{\gamma}\alpha+\alpha\overline{\alpha}$$
$$=2|\alpha|^2+2|\beta|^2+2|\gamma|^2-\overline{\alpha}(\beta+\gamma)-\overline{\beta}(\gamma+\alpha)-\overline{\gamma}(\alpha+\beta)$$
$$=6-\overline{\alpha}\cdot(-\alpha)-\overline{\beta}\cdot(-\beta)-\overline{\gamma}\cdot(-\gamma)$$
$$=6+|\alpha|^2+|\beta|^2+|\gamma|^2=6+1+1+1=\boldsymbol{9}$$

◀ $|z|^2=z\overline{z}$

◀ $\alpha+\beta=-\gamma$，$\beta+\gamma=-\alpha$，$\gamma+\alpha=-\beta$

問題 96 絶対値が1である複素数 z について，$z^2-z+\frac{2}{z^2}$ が実数となる z をすべて求めよ。

$|z|=1$ であるから　$\overline{z}=\frac{1}{z}$　…①

$z^2-z+\frac{2}{z^2}$ が実数であるから

$$\overline{z^2-z+\frac{2}{z^2}}=z^2-z+\frac{2}{z^2}$$

$$(\overline{z})^2-\overline{z}+\frac{2}{(\overline{z})^2}=z^2-z+\frac{2}{z^2}$$

◀ $\overline{z^2}=(\overline{z})^2$

① より　$\frac{1}{z^2}-\frac{1}{z}+2z^2=z^2-z+\frac{2}{z^2}$

$$z^2+z-\frac{1}{z}-\frac{1}{z^2}=0$$

両辺に z^2 を掛けると

$$z^4+z^3-z-1=0$$
$$z^3(z+1)-(z+1)=0$$
$$(z+1)(z^3-1)=0$$
$$(z+1)(z-1)(z^2+z+1)=0$$

よって　　$\boldsymbol{z=\pm 1,\ \dfrac{-1\pm\sqrt{3}i}{2}}$

問題 97　複素数 $1-\cos\dfrac{\pi}{6}-i\sin\dfrac{\pi}{6}$ を極形式で表せ。ただし，偏角 θ は $0\leqq\theta<2\pi$ とし，$\sin\dfrac{\pi}{12}=\dfrac{\sqrt{6}-\sqrt{2}}{4}$，$\cos\dfrac{\pi}{12}=\dfrac{\sqrt{6}+\sqrt{2}}{4}$ であることを利用してよい。

$$1-\cos\frac{\pi}{6}-i\sin\frac{\pi}{6}=1-\frac{\sqrt{3}}{2}-\frac{1}{2}i=\frac{2-\sqrt{3}}{2}-\frac{1}{2}i$$

$$\left|\frac{2-\sqrt{3}}{2}-\frac{1}{2}i\right|=\sqrt{\left(\frac{2-\sqrt{3}}{2}\right)^2+\left(-\frac{1}{2}\right)^2}=\sqrt{\frac{7-4\sqrt{3}}{4}+\frac{1}{4}}$$
$$=\sqrt{2-\sqrt{3}}=\frac{\sqrt{4-2\sqrt{3}}}{\sqrt{2}}$$
$$=\frac{\sqrt{3}-1}{\sqrt{2}}=\frac{\sqrt{6}-\sqrt{2}}{2}$$

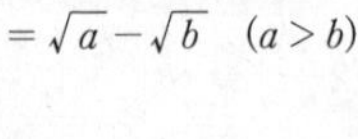

◀ $\sqrt{a+b-2\sqrt{ab}}=\sqrt{a}-\sqrt{b}\quad(a>b)$

偏角 θ は

$$\cos\theta=\frac{\frac{2-\sqrt{3}}{2}}{\frac{\sqrt{6}-\sqrt{2}}{2}}=\frac{(2-\sqrt{3})(\sqrt{6}+\sqrt{2})}{(\sqrt{6}-\sqrt{2})(\sqrt{6}+\sqrt{2})}=\frac{\sqrt{6}-\sqrt{2}}{4}=\sin\frac{\pi}{12}$$

$$\sin\theta=\frac{-\frac{1}{2}}{\frac{\sqrt{6}-\sqrt{2}}{2}}=\frac{-(\sqrt{6}+\sqrt{2})}{(\sqrt{6}-\sqrt{2})(\sqrt{6}+\sqrt{2})}=-\frac{\sqrt{6}+\sqrt{2}}{4}=-\cos\frac{\pi}{12}$$

を満たす。ここで

$$\sin\frac{\pi}{12}=\cos\left(\frac{\pi}{12}+\frac{3}{2}\pi\right),\quad -\cos\frac{\pi}{12}=\sin\left(\frac{\pi}{12}+\frac{3}{2}\pi\right)$$

◀ $\cos\left(\theta+\dfrac{3}{2}\pi\right)=\sin\theta$
$\sin\left(\theta+\dfrac{3}{2}\pi\right)=-\cos\theta$

であるから，$0\leqq\theta<2\pi$ の範囲で　　$\theta=\dfrac{\pi}{12}+\dfrac{3}{2}\pi=\dfrac{19}{12}\pi$

よって　　$1-\cos\dfrac{\pi}{6}-i\sin\dfrac{\pi}{6}=\boldsymbol{\dfrac{\sqrt{6}-\sqrt{2}}{2}\left(\cos\dfrac{19}{12}\pi+i\sin\dfrac{19}{12}\pi\right)}$

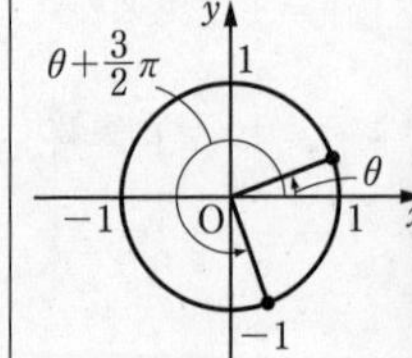

問題 98　複素数 $1+\cos\alpha+i\sin\alpha\ (0\leqq\alpha<\pi)$ を極形式で表せ。

$$|1+\cos\alpha+i\sin\alpha|=\sqrt{(1+\cos\alpha)^2+\sin^2\alpha}=\sqrt{2(1+\cos\alpha)}$$
$$=\sqrt{4\cos^2\frac{\alpha}{2}}=2\left|\cos\frac{\alpha}{2}\right|$$

$\cos^2\dfrac{\alpha}{2}=\dfrac{1+\cos\alpha}{2}$ より

◀ $1+\cos\alpha=2\cos^2\dfrac{\alpha}{2}$

$0 \leqq \alpha < \pi$ より $0 \leqq \dfrac{\alpha}{2} < \dfrac{\pi}{2}$ であるから　$\cos\dfrac{\alpha}{2} > 0$

よって　$|1+\cos\alpha+i\sin\alpha| = 2\cos\dfrac{\alpha}{2}$

偏角を θ とすると

$$\cos\theta = \frac{1+\cos\alpha}{2\cos\frac{\alpha}{2}} = \frac{2\cos^2\frac{\alpha}{2}}{2\cos\frac{\alpha}{2}} = \cos\frac{\alpha}{2}$$

$$\sin\theta = \frac{\sin\alpha}{2\cos\frac{\alpha}{2}} = \frac{2\sin\frac{\alpha}{2}\cos\frac{\alpha}{2}}{2\cos\frac{\alpha}{2}} = \sin\frac{\alpha}{2}$$

◀ $\sin\alpha = \sin 2\cdot\dfrac{\alpha}{2} = 2\sin\dfrac{\alpha}{2}\cos\dfrac{\alpha}{2}$

よって，偏角 θ の 1 つは　$\theta = \dfrac{\alpha}{2}$

ゆえに　$1+\cos\alpha+i\sin\alpha = \boldsymbol{2\cos\dfrac{\alpha}{2}\left(\cos\dfrac{\alpha}{2}+i\sin\dfrac{\alpha}{2}\right)}$

〔別解〕

$$1+\cos\alpha+i\sin\alpha = 2\cos^2\frac{\alpha}{2}+2i\sin\frac{\alpha}{2}\cos\frac{\alpha}{2}$$
$$= 2\cos\frac{\alpha}{2}\left(\cos\frac{\alpha}{2}+i\sin\frac{\alpha}{2}\right) \quad \cdots①$$

$0 \leqq \alpha < \pi$ より　$0 \leqq \dfrac{\alpha}{2} < \dfrac{\pi}{2}$

$2\cos\dfrac{\alpha}{2} > 0$ であるから，① が求める極形式である。

問題 **99**　$z = r(\cos\alpha+i\sin\alpha)$ $\left(r>0,\ 0<\alpha<\dfrac{\pi}{2}\right)$ とする。次の複素数の絶対値と偏角を，r，α で表せ。

(1)　$(z+\overline{z})z$　　　(2)　$\dfrac{z}{z-\overline{z}}$

$0 < \alpha < \dfrac{\pi}{2}$ より　$\sin\alpha > 0$，$\cos\alpha > 0$

(1)　$z+\overline{z} = 2r\cos\alpha = 2r\cos\alpha(\cos 0+i\sin 0)$ であるから

◀ $\overline{z} = r(\cos\alpha - i\sin\alpha)$

$$|z+\overline{z}| = |2r\cos\alpha(\cos 0+i\sin 0)|$$
$$= |2r\cos\alpha|\,|\cos 0+i\sin 0|$$
$$= 2r\cos\alpha$$

◀ $\sqrt{\cos^2 0+\sin^2 0} = 1$

◀ $\cos\alpha > 0$

また　$\arg(z+\overline{z}) = 0$

よって　$|(z+\overline{z})z| = 2r\cos\alpha\cdot r = \boldsymbol{2r^2\cos\alpha}$

$\arg(z+\overline{z})z = 0+\alpha = \boldsymbol{\alpha}$

(2)　$z-\overline{z} = 2ri\sin\alpha = 2r\sin\alpha\left(\cos\dfrac{\pi}{2}+i\sin\dfrac{\pi}{2}\right)$ であるから

◀ $\overline{z} = r(\cos\alpha - i\sin\alpha)$

$$|z-\overline{z}| = \left|2r\sin\alpha\left(\cos\frac{\pi}{2}+i\sin\frac{\pi}{2}\right)\right|$$
$$= |2r\sin\alpha|\left|\cos\frac{\pi}{2}+i\sin\frac{\pi}{2}\right|$$

◀ $\sqrt{\cos^2\dfrac{\pi}{2}+\sin^2\dfrac{\pi}{2}} = 1$

3章 9 複素数平面

$= 2r\sin\alpha$

◀ $\sin\alpha > 0$

また　$\arg(z-\overline{z}) = \dfrac{\pi}{2}$

よって　$\left|\dfrac{z}{z-\overline{z}}\right| = \dfrac{r}{2r\sin\alpha} = \boldsymbol{\dfrac{1}{2\sin\alpha}}$

$\boldsymbol{\arg\dfrac{z}{z-\overline{z}} = \alpha - \dfrac{\pi}{2}}$

問題 100 点 P$(1+i)$ を，原点を中心に θ だけ回転した点が Q$\left(\dfrac{\sqrt{3}-1}{2}+\dfrac{\sqrt{3}+1}{2}i\right)$ となるような θ を求めよ。ただし，$0 \leqq \theta < 2\pi$ とする。

題意より

$$(1+i)(\cos\theta + i\sin\theta) = \frac{\sqrt{3}-1}{2} + \frac{\sqrt{3}+1}{2}i$$

よって

$$\cos\theta + i\sin\theta = \frac{(\sqrt{3}-1)+(\sqrt{3}+1)i}{2(1+i)}$$

$$= \frac{\{(\sqrt{3}-1)+(\sqrt{3}+1)i\}(1-i)}{2(1+i)(1-i)}$$

$$= \frac{2\sqrt{3}+2i}{4}$$

$$= \frac{\sqrt{3}}{2} + \frac{1}{2}i$$

偏角 θ は $\cos\theta = \dfrac{\sqrt{3}}{2}$，$\sin\theta = \dfrac{1}{2}$ を満たす。

ゆえに，$0 \leqq \theta < 2\pi$ より　$\boldsymbol{\theta = \dfrac{\pi}{6}}$

問題 101 複素数平面上に点 A$(1+2i)$ がある。△OAB が，∠OAB の大きさが $\dfrac{\pi}{2}$，3 辺の比が $1:2:\sqrt{3}$ であるとき，点 B を表す複素数を求めよ。

△OAB は ∠OAB の大きさが $\dfrac{\pi}{2}$ であり，3 辺の比が $1:2:\sqrt{3}$ であるから，∠AOB の大きさは，$\dfrac{\pi}{6}$，$\dfrac{\pi}{3}$ のいずれかである。

◀ 条件より三角形は(ア)，(イ)の 2 種類あり，求める点 B はそれぞれ 2 つ存在する。

(ア)　∠AOB の大きさが $\dfrac{\pi}{6}$ のとき

OA : OB $= \sqrt{3} : 2 = 1 : \dfrac{2}{\sqrt{3}}$ より

絶対値 $\dfrac{2}{\sqrt{3}}$，偏角 $\pm\dfrac{\pi}{6}$ の複素数 w_1 は

$$w_1 = \frac{2}{\sqrt{3}}\left\{\cos\left(\pm\frac{\pi}{6}\right) + i\sin\left(\pm\frac{\pi}{6}\right)\right\}$$

$$= 1 \pm \frac{1}{\sqrt{3}}i \quad (\text{複号同順})$$

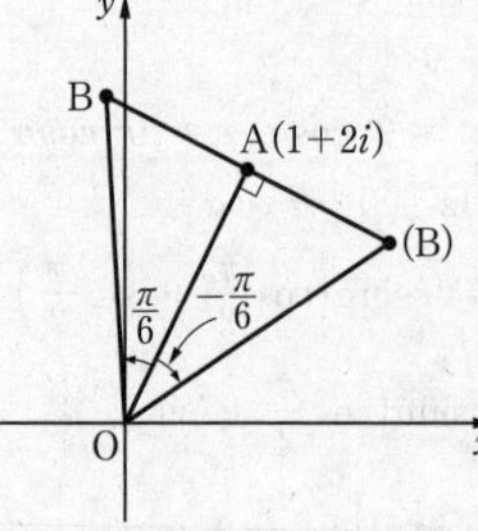

◀ 点 B は，点 A を原点を中心に $\pm\dfrac{\pi}{6}$ だけ回転して，原点からの距離を $\dfrac{2}{\sqrt{3}}$ 倍に拡大した点である。

よって，点Bを表す複素数は

$$(1+2i)w_1=(1+2i)\left(1\pm\frac{1}{\sqrt{3}}i\right)=\frac{3\mp2\sqrt{3}}{3}+\frac{6\pm\sqrt{3}}{3}i$$

(複号同順)

(イ) $\angle AOB$ の大きさが $\frac{\pi}{3}$ のとき

$OA:OB=1:2$ より

絶対値2，偏角 $\pm\frac{\pi}{3}$ の複素数 w_2 は

$$w_2=2\left\{\cos\left(\pm\frac{\pi}{3}\right)+i\sin\left(\pm\frac{\pi}{3}\right)\right\}$$
$$=1\pm\sqrt{3}i \quad (複号同順)$$

よって，点Bを表す複素数は

$$(1+2i)w_2=(1+2i)(1\pm\sqrt{3}i)$$
$$=(1\mp2\sqrt{3})+(2\pm\sqrt{3})i \quad (複号同順)$$

(ア)，(イ)より，点Bを表す複素数は

$$\boldsymbol{\frac{3\mp2\sqrt{3}}{3}+\frac{6\pm\sqrt{3}}{3}i,\ (1\mp2\sqrt{3})+(2\pm\sqrt{3})i} \quad \textbf{(複号同順)}$$

◀点Bは，点Aを原点を中心に $\pm\frac{\pi}{3}$ だけ回転して，原点からの距離を2倍に拡大した点である。

◀解は4つある。

問題 102 点A(2, 1)を点Pを中心に $\frac{\pi}{3}$ だけ回転した点の座標は $\left(\frac{3}{2}-\frac{3\sqrt{3}}{2},\ -\frac{1}{2}+\frac{\sqrt{3}}{2}\right)$ であった。複素数平面を利用して，点Pの座標を求めよ。

複素数平面で考える。点Pを表す複素数を α とすると

$$\{(2+i)-\alpha\}\left(\cos\frac{\pi}{3}+i\sin\frac{\pi}{3}\right)+\alpha=\left(\frac{3}{2}-\frac{3\sqrt{3}}{2}\right)+\left(-\frac{1}{2}+\frac{\sqrt{3}}{2}\right)i$$

$$(左辺)=(2+i)\left(\frac{1}{2}+\frac{\sqrt{3}}{2}i\right)-\alpha\left(\frac{1}{2}+\frac{\sqrt{3}}{2}i\right)+\alpha$$
$$=1-\frac{\sqrt{3}}{2}+\left(\frac{1}{2}+\sqrt{3}\right)i+\alpha\left(\frac{1}{2}-\frac{\sqrt{3}}{2}i\right)$$

これより

$$1-\frac{\sqrt{3}}{2}+\left(\frac{1}{2}+\sqrt{3}\right)i+\alpha\left(\frac{1}{2}-\frac{\sqrt{3}}{2}i\right)=\left(\frac{3}{2}-\frac{3\sqrt{3}}{2}\right)+\left(-\frac{1}{2}+\frac{\sqrt{3}}{2}\right)i$$

整理すると　$\alpha\left(\frac{1}{2}-\frac{\sqrt{3}}{2}i\right)=\left(\frac{1}{2}-\sqrt{3}\right)-\left(1+\frac{\sqrt{3}}{2}\right)i$

ここで，$w=\frac{1}{2}-\frac{\sqrt{3}}{2}i$ とすると，$|w|=1$ より　$\frac{1}{w}=\overline{w}$

よって　$\alpha=\left\{\left(\frac{1}{2}-\sqrt{3}\right)-\left(1+\frac{\sqrt{3}}{2}\right)i\right\}\left(\frac{1}{2}+\frac{\sqrt{3}}{2}i\right)=1-2i$

したがって，点Pの座標は　**(1, −2)**

◀点 β を点 α を中心に θ だけ回転した点は $(\beta-\alpha)(\cos\theta+i\sin\theta)+\alpha$

◀ $\cos\frac{\pi}{3}+i\sin\frac{\pi}{3}=\frac{1}{2}+\frac{\sqrt{3}}{2}i$

◀両辺に $\frac{1}{w}=\overline{w}=\frac{1}{2}+\frac{\sqrt{3}}{2}i$ を掛ける。

問題 103 次の複素数を $a+bi$ の形で表せ。

(1) $\dfrac{2+\sqrt{3}-i}{2+\sqrt{3}+i}$　(2) $\left(\dfrac{2+\sqrt{3}-i}{2+\sqrt{3}+i}\right)^3$　(3) $\left(\dfrac{2+\sqrt{3}-i}{2+\sqrt{3}+i}\right)^{2015}$　(上智大　改)

(1) $$\frac{2+\sqrt{3}-i}{2+\sqrt{3}+i}=\frac{(2+\sqrt{3}-i)^2}{(2+\sqrt{3}+i)(2+\sqrt{3}-i)}$$
$$=\frac{6+4\sqrt{3}-2(2+\sqrt{3})i}{8+4\sqrt{3}}=\boldsymbol{\frac{\sqrt{3}}{2}-\frac{1}{2}i}$$

◀実部
$\dfrac{6+4\sqrt{3}}{8+4\sqrt{3}}=\dfrac{3+2\sqrt{3}}{4+2\sqrt{3}}$
$=\dfrac{(3+2\sqrt{3})(2-\sqrt{3})}{2(2+\sqrt{3})(2-\sqrt{3})}$
$=\dfrac{\sqrt{3}}{2}$

(2) $$\frac{\sqrt{3}}{2}-\frac{1}{2}i=\cos\left(-\frac{\pi}{6}\right)+i\sin\left(-\frac{\pi}{6}\right)$$

よって
$$\left(\frac{2+\sqrt{3}-i}{2+\sqrt{3}+i}\right)^3=\left\{\cos\left(-\frac{\pi}{6}\right)+i\sin\left(-\frac{\pi}{6}\right)\right\}^3$$
$$=\cos\left(-\frac{\pi}{2}\right)+i\sin\left(-\frac{\pi}{2}\right)=\boldsymbol{-i}$$

◀ド・モアブルの定理
$(\cos\theta+i\sin\theta)^n$
$=\cos n\theta+i\sin n\theta$

(3) $$\left(\frac{2+\sqrt{3}-i}{2+\sqrt{3}+i}\right)^{2015}=\left\{\cos\left(-\frac{\pi}{6}\right)+i\sin\left(-\frac{\pi}{6}\right)\right\}^{2015}$$
$$=\cos\left(-\frac{2015}{6}\pi\right)+i\sin\left(-\frac{2015}{6}\pi\right)$$
$$=\cos\frac{\pi}{6}+i\sin\frac{\pi}{6}$$
$$=\boldsymbol{\frac{\sqrt{3}}{2}+\frac{1}{2}i}$$

◀$-\dfrac{2015}{6}\pi$
$=\dfrac{\pi}{6}+(-168)\times 2\pi$

問題 104 $\theta=\dfrac{\pi}{18}$ のとき，$\left\{\dfrac{(\cos 8\theta+i\sin 8\theta)(\cos 3\theta-i\sin 3\theta)}{\cos 2\theta+i\sin 2\theta}\right\}^{10}$ の値を求めよ。

$$\frac{(\cos 8\theta+i\sin 8\theta)(\cos 3\theta-i\sin 3\theta)}{\cos 2\theta+i\sin 2\theta}$$
$$=\frac{(\cos 8\theta+i\sin 8\theta)\{\cos(-3\theta)+i\sin(-3\theta)\}}{\cos 2\theta+i\sin 2\theta}$$
$$=\cos(8\theta-3\theta-2\theta)+i\sin(8\theta-3\theta-2\theta)$$
$$=\cos 3\theta+i\sin 3\theta$$
$$=\cos\frac{\pi}{6}+i\sin\frac{\pi}{6}$$

◀$\cos(-\alpha)=\cos\alpha$
$\sin(-\alpha)=-\sin\alpha$

◀$3\theta=3\times\dfrac{\pi}{18}=\dfrac{\pi}{6}$

よって
$$\left\{\frac{(\cos 8\theta+i\sin 8\theta)(\cos 3\theta-i\sin 3\theta)}{\cos 2\theta+i\sin 2\theta}\right\}^{10}=\left(\cos\frac{\pi}{6}+i\sin\frac{\pi}{6}\right)^{10}$$
$$=\cos\frac{5}{3}\pi+i\sin\frac{5}{3}\pi$$
$$=\boldsymbol{\frac{1}{2}-\frac{\sqrt{3}}{2}i}$$

◀{　}内を極形式に直してからド・モアブルの定理を用いる。

◀$\dfrac{\pi}{6}\times 10=\dfrac{5}{3}\pi$

問題 105〔1〕 方程式 $z^5=1$ について

(1) $z^5-1=(z-1)(z^4+z^3+z^2+z+1)$ を用いて解け。

(2) $z=r(\cos\theta+i\sin\theta)$ $(r>0,\ 0\leqq\theta<2\pi)$ とおくことによって解け。

〔2〕 $z=\dfrac{\sqrt{3}}{2}+\dfrac{1}{2}i$ のとき，$(1+\sqrt{3}i)z^n+2i=0$ を満たす自然数 n のうち，最小のものを求めよ。

〔1〕 (1) $z^5-1=0$ より　$(z-1)(z^4+z^3+z^2+z+1)=0$

よって　$z-1=0$ または $z^4+z^3+z^2+z+1=0$ …①

◀ ① は相反方程式である。

① の両辺を $z^2\ (\neq 0)$ で割ると

$$z^2+z+1+\frac{1}{z}+\frac{1}{z^2}=0$$

$$\left(z+\frac{1}{z}\right)^2+\left(z+\frac{1}{z}\right)-1=0$$

◀ $z^2+\dfrac{1}{z^2}=\left(z+\dfrac{1}{z}\right)^2-2$

$z+\dfrac{1}{z}=t$ とおくと　$t^2+t-1=0$

ゆえに　$t=\dfrac{-1\pm\sqrt{5}}{2}$

(ア) $t=\dfrac{-1+\sqrt{5}}{2}$ のとき

$z+\dfrac{1}{z}=\dfrac{-1+\sqrt{5}}{2}$ より　$z^2+\dfrac{1-\sqrt{5}}{2}z+1=0$

よって
$$z=\frac{-\dfrac{1-\sqrt{5}}{2}\pm\sqrt{\left(\dfrac{1-\sqrt{5}}{2}\right)^2-4}}{2}$$
$$=\frac{\sqrt{5}-1}{4}\pm\frac{\sqrt{10+2\sqrt{5}}}{4}i$$

◀ $\sqrt{\left(\dfrac{1-\sqrt{5}}{2}\right)^2-4}=\sqrt{\dfrac{-10-2\sqrt{5}}{4}}=\dfrac{\sqrt{10+2\sqrt{5}}}{2}i$

(イ) $t=\dfrac{-1-\sqrt{5}}{2}$ のとき

$z+\dfrac{1}{z}=\dfrac{-1-\sqrt{5}}{2}$ より　$z^2+\dfrac{1+\sqrt{5}}{2}z+1=0$

よって
$$z=\frac{-\dfrac{1+\sqrt{5}}{2}\pm\sqrt{\left(\dfrac{1+\sqrt{5}}{2}\right)^2-4}}{2}$$
$$=-\frac{\sqrt{5}+1}{4}\pm\frac{\sqrt{10-2\sqrt{5}}}{4}i$$

(ア)，(イ) より

$$\boldsymbol{z=1,\ \frac{\sqrt{5}-1}{4}\pm\frac{\sqrt{10+2\sqrt{5}}}{4}i,\ -\frac{\sqrt{5}+1}{4}\pm\frac{\sqrt{10-2\sqrt{5}}}{4}i}$$

◀ 解は 5 個ある。

(2) $z=r(\cos\theta+i\sin\theta)$ を代入すると，ド・モアブルの定理により

$$r^5(\cos5\theta+i\sin5\theta)=\cos0+i\sin0$$

絶対値と偏角を比較すると

$r^5=1$ …②，　$5\theta=0+2k\pi$ (k は整数) …③

$r>0$ であるから，② より　$r=1$

③ より　$\theta=\dfrac{2k}{5}\pi$

3章 9 複素数平面

$0 \leqq \theta < 2\pi$ の範囲で考えると　$k=0,\ 1,\ 2,\ 3,\ 4$

よって

$$z=1,\ \cos\frac{2}{5}\pi+i\sin\frac{2}{5}\pi,\ \cos\frac{4}{5}\pi+i\sin\frac{4}{5}\pi,$$
$$\cos\frac{6}{5}\pi+i\sin\frac{6}{5}\pi,\ \cos\frac{8}{5}\pi+i\sin\frac{8}{5}\pi$$

◀ $\cos\frac{2}{5}\pi$, $\sin\frac{2}{5}\pi$ 等の値は簡単に求まらない。

〔2〕 $z=\frac{\sqrt{3}}{2}+\frac{1}{2}i=\cos\frac{\pi}{6}+i\sin\frac{\pi}{6}$ である。

$(1+\sqrt{3}i)z^n+2i=0$ より　$z^n=\frac{-2i}{1+\sqrt{3}i}$　…①

ここで，$-2i=2\left(\cos\frac{3}{2}\pi+i\sin\frac{3}{2}\pi\right)$, $1+\sqrt{3}i=2\left(\cos\frac{\pi}{3}+i\sin\frac{\pi}{3}\right)$

であるから

◀ $-2i$ の偏角を $-\frac{\pi}{2}$ としてもよい。

$$\frac{-2i}{1+\sqrt{3}i}=\frac{2\left(\cos\frac{3}{2}\pi+i\sin\frac{3}{2}\pi\right)}{2\left(\cos\frac{\pi}{3}+i\sin\frac{\pi}{3}\right)}=\cos\frac{7}{6}\pi+i\sin\frac{7}{6}\pi$$

◀ $\frac{3}{2}\pi-\frac{\pi}{3}=\frac{7}{6}\pi$

よって，ド・モアブルの定理により，① は

$$\cos\frac{n}{6}\pi+i\sin\frac{n}{6}\pi=\cos\frac{7}{6}\pi+i\sin\frac{7}{6}\pi$$

両辺の偏角を比較すると

$$\frac{n}{6}\pi=\frac{7}{6}\pi+2k\pi\quad (k \text{ は整数})$$

すなわち　$n=7+12k$

これを満たす最小の自然数 n は　**7**

◀ $k=0$ のとき　$n=7$

Plus One

問題 105〔1〕は方程式 $z^5=1$ を (1), (2) の異なる 2 つの方法で解く問題である。

問題 105〔1〕の (1) の結果において

$$\frac{\sqrt{5}-1}{4}>0,\ \frac{\sqrt{10+2\sqrt{5}}}{4}>0,\ -\frac{\sqrt{5}+1}{4}<0,\ \frac{\sqrt{10-2\sqrt{5}}}{4}>0$$

また，(2) の結果を図示すると，右のようになるから，(1), (2) の結果より

$$\cos\frac{2}{5}\pi+i\sin\frac{2}{5}\pi=\frac{\sqrt{5}-1}{4}+\frac{\sqrt{10+2\sqrt{5}}}{4}i$$
$$\cos\frac{4}{5}\pi+i\sin\frac{4}{5}\pi=-\frac{\sqrt{5}+1}{4}+\frac{\sqrt{10-2\sqrt{5}}}{4}i$$
$$\cos\frac{6}{5}\pi+i\sin\frac{6}{5}\pi=-\frac{\sqrt{5}+1}{4}-\frac{\sqrt{10-2\sqrt{5}}}{4}i$$
$$\cos\frac{8}{5}\pi+i\sin\frac{8}{5}\pi=\frac{\sqrt{5}-1}{4}-\frac{\sqrt{10+2\sqrt{5}}}{4}i$$

また，これらの両辺の実部，虚部のそれぞれを比較することにより

$$\cos\frac{2}{5}\pi=\frac{\sqrt{5}-1}{4},\ \cos\frac{4}{5}\pi=-\frac{\sqrt{5}+1}{4},\ \cos\frac{6}{5}\pi=-\frac{\sqrt{5}+1}{4},\ \cos\frac{8}{5}\pi=\frac{\sqrt{5}-1}{4}$$
$$\sin\frac{2}{5}\pi=\frac{\sqrt{10+2\sqrt{5}}}{4},\ \sin\frac{4}{5}\pi=\frac{\sqrt{10-2\sqrt{5}}}{4},\ \sin\frac{6}{5}\pi=-\frac{\sqrt{10-2\sqrt{5}}}{4},\ \sin\frac{8}{5}\pi=-\frac{\sqrt{10+2\sqrt{5}}}{4}$$

問題 106 複素数 z は $z+\dfrac{1}{z}=2\cos\theta$ $(0\leqq\theta\leqq\pi)$ を満たすとする。自然数 n に対して，$z^n+\dfrac{1}{z^n}$ を $\cos n\theta$ を用いて表せ。さらに，$\theta=\dfrac{\pi}{20}$ のとき，$\left(z^5+\dfrac{1}{z^5}\right)^3$ の値を求めよ。（九州工業大　改）

$z+\dfrac{1}{z}=2\cos\theta$ より　　$z^2-2\cos\theta\cdot z+1=0$

よって　　$z=\cos\theta\pm\sqrt{\cos^2\theta-1}=\cos\theta\pm\sqrt{-\sin^2\theta}$

$0\leqq\theta\leqq\pi$ より $\sin\theta\geqq0$ であるから

$z=\cos\theta\pm i\sin\theta$

◀ $\sqrt{-\sin^2\theta}$
$=\sqrt{\sin^2\theta}\,i$
$=|\sin\theta|i$
$=i\sin\theta$

(ア) $z=\cos\theta+i\sin\theta$ のとき

ド・モアブルの定理により

$$\begin{aligned}z^n+\frac{1}{z^n}&=(\cos\theta+i\sin\theta)^n+(\cos\theta+i\sin\theta)^{-n}\\&=\cos n\theta+i\sin n\theta+\cos(-n\theta)+i\sin(-n\theta)\\&=\cos n\theta+i\sin n\theta+\cos n\theta-i\sin n\theta\\&=2\cos n\theta\end{aligned}$$

◀ $\cos(-\alpha)=\cos\alpha$
$\sin(-\alpha)=-\sin\alpha$

(イ) $z=\cos\theta-i\sin\theta$ のとき

$z=\cos(-\theta)+i\sin(-\theta)$ であるから，ド・モアブルの定理により

$$\begin{aligned}z^n+\frac{1}{z^n}&=\{\cos(-\theta)+i\sin(-\theta)\}^n+\{\cos(-\theta)+i\sin(-\theta)\}^{-n}\\&=\cos(-n\theta)+i\sin(-n\theta)+\cos n\theta+i\sin n\theta\\&=\cos n\theta-i\sin n\theta+\cos n\theta+i\sin n\theta\\&=2\cos n\theta\end{aligned}$$

(ア)，(イ) いずれの場合でも　　$\boldsymbol{z^n+\dfrac{1}{z^n}=2\cos n\theta}$

さらに，$\theta=\dfrac{\pi}{20}$ のとき，$z^5+\dfrac{1}{z^5}=2\cos\dfrac{\pi}{4}=\sqrt{2}$ であるから

◀ $n\theta=5\times\dfrac{\pi}{20}=\dfrac{\pi}{4}$

$$\left(z^5+\frac{1}{z^5}\right)^3=(\sqrt{2})^3=\boldsymbol{2\sqrt{2}}$$

問題 107 $z=\cos\dfrac{2}{5}\pi+i\sin\dfrac{2}{5}\pi$ とする。

(1) $z^n=1$ となる最小の正の整数 n を求めよ。
(2) $z^4+z^3+z^2+z+1$ の値を求めよ。
(3) $(1+z)(1+z^2)(1+z^4)(1+z^8)$ の値を求めよ。
(4) $\cos\dfrac{2}{5}\pi+\cos\dfrac{4}{5}\pi$ の値を求めよ。（富山県立大）

(1) ド・モアブルの定理により

$$z^n=\left(\cos\frac{2}{5}\pi+i\sin\frac{2}{5}\pi\right)^n=\cos\frac{2n}{5}\pi+i\sin\frac{2n}{5}\pi$$

$z^n=1$ となるのは $\cos\dfrac{2n}{5}\pi=1$ かつ $\sin\dfrac{2n}{5}\pi=0$ より

$$\frac{2n}{5}\pi=2k\pi$$

よって　　$n=5k$　（k は整数）

したがって，$k=1$ のとき n は最小の正の整数となり　　$\boldsymbol{n=5}$

(2) (1)より　$z^5-1=(z-1)(z^4+z^3+z^2+z+1)=0$

$z \neq 1$ であるから　$\boldsymbol{z^4+z^3+z^2+z+1=0}$

(3) 方程式 $x^5-1=0$ …① を考える。

$z^5-1=0$ より $x=z$ は①を満たす複素数解である。

また　$(z^2)^5-1=(z^5)^2-1=1^2-1=0$

$(z^3)^5-1=(z^5)^3-1=1^3-1=0$

$(z^4)^5-1=(z^5)^4-1=1^4-1=0$

よって，$x=z$，z^2，z^3，z^4 はすべて異なり，いずれも方程式①を満たす。

①を変形すると　$(x-1)(x^4+x^3+x^2+x+1)=0$

ここで，方程式①は5次方程式であるから5つの複素数解をもつ。

$z \neq 1$ であるから，方程式①の解は

$x=1,\ z,\ z^2,\ z^3,\ z^4$

したがって，方程式 $x^4+x^3+x^2+x+1=0$ の解は $x=z$，z^2，z^3，z^4 であるから

$$x^4+x^3+x^2+x+1=(x-z)(x-z^2)(x-z^3)(x-z^4)$$

この両辺に $x=-1$ を代入することにより

$$(-1-z)(-1-z^2)(-1-z^3)(-1-z^4)=1-1+1-1+1$$

$$(1+z)(1+z^2)(1+z^3)(1+z^4)=1$$

ここで $z^3=1\cdot z^3=z^5\cdot z^3=z^8$ であるから

$$\boldsymbol{(1+z)(1+z^2)(1+z^4)(1+z^8)=1}$$

〔別解〕

$z-1 \neq 0$ より

$$(1+z)(1+z^2)(1+z^4)(1+z^8)$$

$$=\frac{(1-z)(1+z)(1+z^2)(1+z^4)(1+z^8)}{1-z}$$

◀分子・分母に $1-z$ を掛けた。$z \neq 1$。

$$=\frac{1-z^{16}}{1-z}$$

$z^{16}=z^{5\cdot 3+1}=1^3\times z=z$

よって　$(1+z)(1+z^2)(1+z^4)(1+z^8)=\dfrac{1-z}{1-z}=1$

(4) (2)より　$z^4+z^3+z^2+z+1=0$

両辺の実部を比較すると

$$\cos\frac{8}{5}\pi+\cos\frac{6}{5}\pi+\cos\frac{4}{5}\pi+\cos\frac{2}{5}\pi+1=0$$

ここで，$\cos\dfrac{8}{5}\pi=\cos\dfrac{2}{5}\pi$，$\cos\dfrac{6}{5}\pi=\cos\dfrac{4}{5}\pi$ より

◀$\cos(2\pi-\theta)=\cos\theta$

$$2\left(\cos\frac{2}{5}\pi+\cos\frac{4}{5}\pi\right)+1=0$$

よって　$\boldsymbol{\cos\dfrac{2}{5}\pi+\cos\dfrac{4}{5}\pi=-\dfrac{1}{2}}$

問題 108 $z=\cos\dfrac{2}{7}\pi+i\sin\dfrac{2}{7}\pi$ とおく。

(1) $z+z^2+z^3+z^4+z^5+z^6$ を求めよ。

(2) $\alpha=z+z^2+z^4$ とするとき，$\alpha+\overline{\alpha}$，$\alpha\overline{\alpha}$ および α を求めよ。　（千葉大）

(1)　$z^7=\left(\cos\dfrac{2}{7}\pi+i\sin\dfrac{2}{7}\pi\right)^7=\cos 2\pi+i\sin 2\pi=1$

◀ド・モアブルの定理

これより　　$z^7=1$

よって　　$(z-1)(z^6+z^5+z^4+z^3+z^2+z+1)=0$

$z\neq 1$ であるから　　$z^6+z^5+z^4+z^3+z^2+z+1=0$

ゆえに　　$\boldsymbol{z+z^2+z^3+z^4+z^5+z^6=-1}$

(2)　$|z|=1$ より $z\overline{z}=1$ であるから　　$\overline{z}=\dfrac{1}{z}$

よって　　$\overline{\alpha}=\overline{z}+(\overline{z})^2+(\overline{z})^4=\dfrac{1}{z}+\dfrac{1}{z^2}+\dfrac{1}{z^4}$

(1) より，$z^7=1$ であるから　　$\dfrac{1}{z}=\dfrac{z^7}{z}=z^6$

ゆえに　　$\overline{\alpha}=z^6+z^5+z^3$

したがって　　$\alpha+\overline{\alpha}=(z+z^2+z^4)+(z^6+z^5+z^3)$

$=\boldsymbol{-1}$

また　　$\alpha\overline{\alpha}=(z+z^2+z^4)(z^6+z^5+z^3)$

$=z^4+z^5+z^6+3z^7+z^8+z^9+z^{10}$

$=z+z^2+z^3+z^4+z^5+z^6+3$

$=\boldsymbol{2}$

◀(1) で求めた $z+\cdots+z^6=-1$ を代入する。

$\alpha+\overline{\alpha}=-1$，$\alpha\overline{\alpha}=2$ より，α，$\overline{\alpha}$ は 2 次方程式 $x^2+x+2=0$ の解である。

α の虚部は　　$\sin\dfrac{2}{7}\pi+\sin\dfrac{4}{7}\pi+\sin\dfrac{8}{7}\pi$

$=\left(\sin\dfrac{2}{7}\pi-\sin\dfrac{1}{7}\pi\right)+\sin\dfrac{4}{7}\pi>0$

◀$\sin(\pi+\theta)=-\sin\theta$

ゆえに　　$\boldsymbol{\alpha=\dfrac{-1+\sqrt{7}i}{2}}$

p.207

定期テスト攻略 ▶9

1　複素数 α，β，γ は $|\alpha|=|\beta|=|\gamma|=1$ を満たしている。
このとき

$$\frac{(\beta+\gamma)(\gamma+\alpha)(\alpha+\beta)}{\alpha\beta\gamma}$$

は実数であることを証明せよ。

$w=\dfrac{(\beta+\gamma)(\gamma+\alpha)(\alpha+\beta)}{\alpha\beta\gamma}$　とおくと

$\overline{w}=\overline{\left\{\dfrac{(\beta+\gamma)(\gamma+\alpha)(\alpha+\beta)}{\alpha\beta\gamma}\right\}}$

$=\dfrac{(\overline{\beta}+\overline{\gamma})(\overline{\gamma}+\overline{\alpha})(\overline{\alpha}+\overline{\beta})}{\overline{\alpha}\,\overline{\beta}\,\overline{\gamma}}$　　…①

◀$\overline{\alpha+\beta}=\overline{\alpha}+\overline{\beta}$
$\overline{\alpha\beta}=\overline{\alpha}\,\overline{\beta}$

$|\alpha|=|\beta|=|\gamma|=1$ すなわち $|\alpha|^2=|\beta|^2=|\gamma|^2=1$ より

$\alpha\overline{\alpha}=\beta\overline{\beta}=\gamma\overline{\gamma}=1$

◀$|z|^2=z\overline{z}$

α，β，γ は 0 でないから　　$\overline{\alpha}=\dfrac{1}{\alpha}$，$\overline{\beta}=\dfrac{1}{\beta}$，$\overline{\gamma}=\dfrac{1}{\gamma}$

よって

$$① の分子 = \left(\frac{1}{\beta}+\frac{1}{\gamma}\right)\left(\frac{1}{\gamma}+\frac{1}{\alpha}\right)\left(\frac{1}{\alpha}+\frac{1}{\beta}\right)$$
$$= \frac{(\beta+\gamma)(\gamma+\alpha)(\alpha+\beta)}{(\alpha\beta\gamma)^2}$$

$$① の分母 = \frac{1}{\alpha}\cdot\frac{1}{\beta}\cdot\frac{1}{\gamma} = \frac{1}{\alpha\beta\gamma}$$

ゆえに $\quad \overline{w} = \dfrac{(\beta+\gamma)(\gamma+\alpha)(\alpha+\beta)}{(\alpha\beta\gamma)^2}\cdot\alpha\beta\gamma$

$$= \frac{(\beta+\gamma)(\gamma+\alpha)(\alpha+\beta)}{\alpha\beta\gamma} = w$$

したがって，w は実数である。

◀ w が実数 $\Longleftrightarrow \overline{w}=w$

2 (1) 複素数平面上の 2 点を z_1，z_2，それらの偏角をそれぞれ θ_1，θ_2 とするとき

$$z_1\overline{z_2}+\overline{z_1}z_2 = 2|z_1||z_2|\cos(\theta_1-\theta_2)$$

であることを示せ。

(2) $|\alpha|=2$，$|\beta|=1$，$\arg\left(\dfrac{\beta}{\alpha}\right)=\dfrac{\pi}{3}$ のとき

(ア) $\alpha\overline{\beta}+\overline{\alpha}\beta$ を求めよ。　　(イ) $|\alpha-\beta|$，$|\alpha+\beta|$ を求めよ。

(1) $|z_1|=r_1$，$|z_2|=r_2$ とすると

$$z_1 = r_1(\cos\theta_1+i\sin\theta_1),\quad z_2 = r_2(\cos\theta_2+i\sin\theta_2)$$
$$\overline{z_1} = r_1\{\cos(-\theta_1)+i\sin(-\theta_1)\},$$
$$\overline{z_2} = r_2\{\cos(-\theta_2)+i\sin(-\theta_2)\}$$

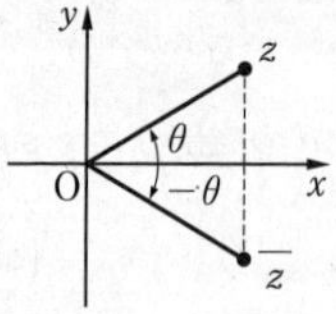

よって

$$z_1\overline{z_2} = r_1r_2(\cos\theta_1+i\sin\theta_1)\{\cos(-\theta_2)+i\sin(-\theta_2)\}$$
$$= r_1r_2\{\cos(\theta_1-\theta_2)+i\sin(\theta_1-\theta_2)\}$$

同様に

$$\overline{z_1}z_2 = r_1r_2\{\cos(-\theta_1+\theta_2)+i\sin(-\theta_1+\theta_2)\}$$
$$= r_1r_2\{\cos(\theta_1-\theta_2)-i\sin(\theta_1-\theta_2)\}$$

◀ $\cos(-\theta)=\cos\theta$
$\sin(-\theta)=-\sin\theta$

したがって

$$z_1\overline{z_2}+\overline{z_1}z_2 = 2r_1r_2\cos(\theta_1-\theta_2)$$
$$= 2|z_1||z_2|\cos(\theta_1-\theta_2)$$

(2) (ア) (1) の結果より

$$\alpha\overline{\beta}+\overline{\alpha}\beta = 2|\alpha||\beta|\cos\left(-\arg\frac{\beta}{\alpha}\right)$$
$$= 2\cdot2\cdot1\cdot\cos\left(-\frac{\pi}{3}\right) = 2$$

◀ $\arg\alpha-\arg\beta$
$=-(\arg\beta-\arg\alpha)$
$=-\arg\left(\dfrac{\beta}{\alpha}\right)$

(イ) $|\alpha-\beta|^2 = |\alpha|^2-(\alpha\overline{\beta}+\overline{\alpha}\beta)+|\beta|^2$
$= 2^2-2+1^2 = 3$

$|\alpha-\beta| \geqq 0$ より $\quad$ **$|\alpha-\beta|=\sqrt{3}$**

また $\quad |\alpha+\beta|^2 = |\alpha|^2+\alpha\overline{\beta}+\overline{\alpha}\beta+|\beta|^2$
$= 2^2+2+1^2 = 7$

$|\alpha+\beta| \geqq 0$ より $\quad$ **$|\alpha+\beta|=\sqrt{7}$**

◀ $|\alpha-\beta|^2$
$=(\alpha-\beta)(\overline{\alpha}-\overline{\beta})$
$=\alpha\overline{\alpha}-\alpha\overline{\beta}-\overline{\alpha}\beta+\beta\overline{\beta}$
$=|\alpha|^2-(\alpha\overline{\beta}+\overline{\alpha}\beta)+|\beta|$

3 複素数平面上で，2点B，Cを表す複素数をそれぞれ $1+2i$，3とする。
(1) BCを1辺とする正三角形ABCの頂点Aを表す複素数を求めよ。
(2) (1)のBA，BCを2辺とする平行四辺形ABCDの頂点Dを表す複素数を求めよ。

点A，B，C，Dを表す複素数を，それぞれ α，β，γ，δ とする。

◀ $\beta=1+2i$，$\gamma=3$

(1) 点Bを中心に，点Cを $\pm\dfrac{\pi}{3}$ 回転した点がAであるから

$$\alpha=(\gamma-\beta)\left\{\cos\left(\pm\frac{\pi}{3}\right)+i\sin\left(\pm\frac{\pi}{3}\right)\right\}+\beta$$

$$=\{3-(1+2i)\}\left(\frac{1}{2}\pm\frac{\sqrt{3}}{2}i\right)+1+2i \quad \text{(複号同順)}$$

$$=\boldsymbol{(2+\sqrt{3})+(1+\sqrt{3})i,\ (2-\sqrt{3})+(1-\sqrt{3})i}$$

◀ 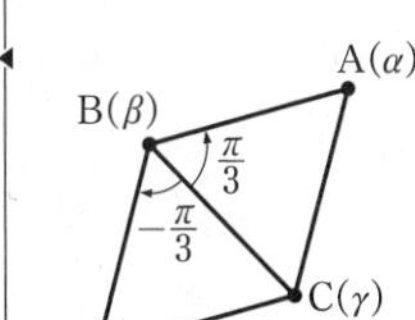

(2) (ア) $\alpha=(2+\sqrt{3})+(1+\sqrt{3})i$ のとき
4点A，B，C，Dの位置関係は右の図のようになるから

$$\delta=\gamma+(\alpha-\beta)$$
$$=3+[\{(2+\sqrt{3})+(1+\sqrt{3})i\}-(1+2i)]$$
$$=(4+\sqrt{3})+(-1+\sqrt{3})i$$

◀ (ア)，(イ)とも点Bを点Aに移す平行移動 $(\alpha-\beta)$ で点Cを移した点がDである。

◀ 線分ACの中点と線分BDの中点が一致することから δ を求めてもよい。

(イ) $\alpha=(2-\sqrt{3})+(1-\sqrt{3})i$ のとき
4点A，B，C，Dの位置関係は右の図のようになるから

$$\delta=\gamma+(\alpha-\beta)$$
$$=3+[\{(2-\sqrt{3})+(1-\sqrt{3})i\}-(1+2i)]$$
$$=(4-\sqrt{3})+(-1-\sqrt{3})i$$

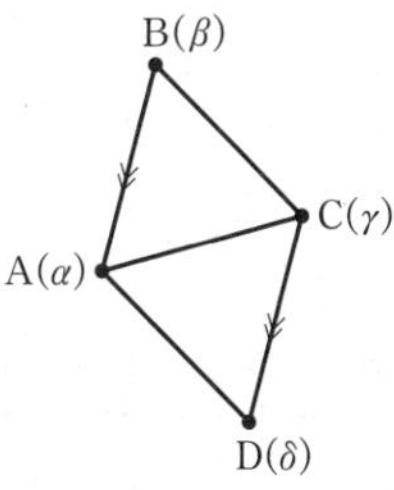

(ア)，(イ)より，求める点Dを表す複素数は

$$\boldsymbol{(4+\sqrt{3})+(-1+\sqrt{3})i,\ (4-\sqrt{3})+(-1-\sqrt{3})i}$$

4 次の計算をせよ。
(1) $(2-i)^4(1+3i)^4$　　(2) $\dfrac{(1-i)^4}{(\sqrt{3}+i)^8}$

(1) $(2-i)^4(1+3i)^4=\{(2-i)(1+3i)\}^4=(5+5i)^4$

ここで，$5+5i=5\sqrt{2}\left(\cos\dfrac{\pi}{4}+i\sin\dfrac{\pi}{4}\right)$ であるから

$$(2-i)^4(1+3i)^4=\left\{5\sqrt{2}\left(\cos\frac{\pi}{4}+i\sin\frac{\pi}{4}\right)\right\}^4$$
$$=(5\sqrt{2})^4(\cos\pi+i\sin\pi)$$
$$=\boldsymbol{-2500}$$

◀ $2-i$，$1+3i$ それぞれの偏角を求めることができないから，$(2-i)(1+3i)$ を計算し，極形式で表してから，ド・モアブルの定理を利用する。

◀ $(\cos\theta+i\sin\theta)^n=\cos n\theta+i\sin n\theta$

(2) $1-i=\sqrt{2}\left\{\cos\left(-\frac{\pi}{4}\right)+i\sin\left(-\frac{\pi}{4}\right)\right\}$ であるから

$$(1-i)^4=(\sqrt{2})^4\left\{\cos\left(-\frac{\pi}{4}\right)+i\sin\left(-\frac{\pi}{4}\right)\right\}^4$$
$$=4\{\cos(-\pi)+i\sin(-\pi)\}=-4$$

$\sqrt{3}+i=2\left(\cos\frac{\pi}{6}+i\sin\frac{\pi}{6}\right)$ であるから

$$\frac{1}{(\sqrt{3}+i)^8}=(\sqrt{3}+i)^{-8}$$
$$=2^{-8}\left(\cos\frac{\pi}{6}+i\sin\frac{\pi}{6}\right)^{-8}$$
$$=\frac{1}{256}\left\{\cos\left(-\frac{4}{3}\pi\right)+i\sin\left(-\frac{4}{3}\pi\right)\right\}$$
$$=\frac{1}{256}\left(-\frac{1}{2}+\frac{\sqrt{3}}{2}i\right)=-\frac{1}{512}(1-\sqrt{3}i)$$

したがって

$$\frac{(1-i)^4}{(\sqrt{3}+i)^8}=(1-i)^4\cdot(\sqrt{3}+i)^{-8}=\mathbf{\frac{1}{128}(1-\sqrt{3}i)}$$

◀分母・分子の複素数の偏角を求めることができるから，それぞれ極形式で表し，ド・モアブルの定理を利用する。

◀$\cos\left(-\frac{4}{3}\pi\right)=\cos\frac{4}{3}\pi=-\frac{1}{2}$

$\sin\left(-\frac{4}{3}\pi\right)=-\sin\frac{4}{3}\pi=\frac{\sqrt{3}}{2}$

5 複素数 $\alpha=1+\sqrt{3}i,\ \beta=1-\sqrt{3}i$ とする。

(1) $\frac{1}{\alpha^2}+\frac{1}{\beta^2}$ の値を求めよ。

(2) $\frac{\alpha^8}{\beta^7}$ の値を求めよ。

(3) $z^4=-8\beta$ を満たす複素数 z を求めよ。

(1) $\alpha=2\left(\cos\frac{\pi}{3}+i\sin\frac{\pi}{3}\right),\ \beta=2\left\{\cos\left(-\frac{\pi}{3}\right)+i\sin\left(-\frac{\pi}{3}\right)\right\}$

であるから

$$\frac{1}{\alpha^2}=\alpha^{-2}=2^{-2}\left(\cos\frac{\pi}{3}+i\sin\frac{\pi}{3}\right)^{-2}$$
$$=\frac{1}{4}\left\{\cos\left(-\frac{2}{3}\pi\right)+i\sin\left(-\frac{2}{3}\pi\right)\right\}$$
$$=\frac{1}{4}\left(\cos\frac{2}{3}\pi-i\sin\frac{2}{3}\pi\right)$$
$$\frac{1}{\beta^2}=\beta^{-2}=2^{-2}\left\{\cos\left(-\frac{\pi}{3}\right)+i\sin\left(-\frac{\pi}{3}\right)\right\}^{-2}$$
$$=\frac{1}{4}\left(\cos\frac{2}{3}\pi+i\sin\frac{2}{3}\pi\right)$$

よって

$$\frac{1}{\alpha^2}+\frac{1}{\beta^2}=\frac{1}{4}\left(\cos\frac{2}{3}\pi-i\sin\frac{2}{3}\pi\right)+\frac{1}{4}\left(\cos\frac{2}{3}\pi+i\sin\frac{2}{3}\pi\right)$$
$$=\frac{1}{2}\cos\frac{2}{3}\pi=\mathbf{-\frac{1}{4}}$$

◀$\alpha+\beta=2,\ \alpha\beta=4$ より
$$\frac{1}{\alpha^2}+\frac{1}{\beta^2}=\frac{(\alpha+\beta)^2-2\alpha\beta}{(\alpha\beta)^2}=\frac{2^2-2\cdot4}{4^2}=-\frac{1}{4}$$
としてもよい。

◀$\cos(-\theta)=\cos\theta$

$\sin(-\theta)=-\sin\theta$

(2) $\dfrac{\alpha^8}{\beta^7}=\dfrac{2^8\left(\cos\dfrac{8}{3}\pi+i\sin\dfrac{8}{3}\pi\right)}{2^7\left\{\cos\left(-\dfrac{7}{3}\pi\right)+i\sin\left(-\dfrac{7}{3}\pi\right)\right\}}$

$=2(\cos5\pi+i\sin5\pi)$

$=2(\cos\pi+i\sin\pi)=\mathbf{-2}$

◀ $\dfrac{8}{3}\pi-\left(-\dfrac{7}{3}\pi\right)=5\pi$

(3) $-8\beta=-16\left\{\cos\left(-\dfrac{\pi}{3}\right)+i\sin\left(-\dfrac{\pi}{3}\right)\right\}$

$=16\left\{\cos\left(\pi-\dfrac{\pi}{3}\right)+i\sin\left(\pi-\dfrac{\pi}{3}\right)\right\}$

◀ $-\cos\theta=\cos(\pi+\theta)$
$-\sin\theta=\sin(\pi+\theta)$

$=16\left(\cos\dfrac{2}{3}\pi+i\sin\dfrac{2}{3}\pi\right)$

$z=r(\cos\theta+i\sin\theta)$ $(r>0,\ 0\leqq\theta<2\pi)$ とおくと，$z^4=-8\beta$ より

$r^4(\cos4\theta+i\sin4\theta)=16\left(\cos\dfrac{2}{3}\pi+i\sin\dfrac{2}{3}\pi\right)$

よって　$r^4=16$ …①，　$4\theta=\dfrac{2}{3}\pi+2n\pi$ (n は整数) …②

◀ $\theta=\dfrac{\pi}{6}+\dfrac{n\pi}{2}$

$r>0$ であるから，① より　$r=2$

$0\leqq\theta<2\pi$ であるから，② より，$n=0,\ 1,\ 2,\ 3$ であり

$\theta=\dfrac{\pi}{6},\ \dfrac{2}{3}\pi,\ \dfrac{7}{6}\pi,\ \dfrac{5}{3}\pi$

したがって　$\boldsymbol{z=\sqrt{3}+i,\ -1+\sqrt{3}i,\ -\sqrt{3}-i,\ 1-\sqrt{3}i}$

10 図形への応用

p.210 Quick Check 10

① (1) $\dfrac{3(-2+5i)+2(7-10i)}{2+3}=\boldsymbol{\dfrac{8}{5}-i}$

(2) $\dfrac{(7-10i)+(1+2i)}{2}=\boldsymbol{4-4i}$

(3) $\dfrac{3(1+2i)+(-2)(-2+5i)}{-2+3}=\boldsymbol{7-4i}$

(4) $\dfrac{(-2+5i)+(7-10i)+(1+2i)}{3}$

$=\boldsymbol{2-i}$

② (1) $|z|=|z-(-2i)|$ より，点 z は **原点 O と点 A$(-2i)$ を結ぶ線分 OA の垂直二等分線** をえがく。

(2) $|z-(1-2i)|=2$ より，点 z は **点 A$(1-2i)$ を中心とする半径 2 の円** をえがく。

③〔1〕(1) $\dfrac{1+2i}{2-i}=i=\cos\dfrac{\pi}{2}+i\sin\dfrac{\pi}{2}$

よって　$\arg\left(\dfrac{1+2i}{2-i}\right)=\dfrac{\pi}{2}$

ゆえに　$\boldsymbol{\angle AOB=\dfrac{\pi}{2}}$

(2) $\dfrac{(3+8i)-(2+3i)}{4-(2+3i)}=\dfrac{1+5i}{2-3i}$

$=-1+i=\sqrt{2}\left(\cos\dfrac{3}{4}\pi+i\sin\dfrac{3}{4}\pi\right)$

よって

$\arg\left\{\dfrac{(3+8i)-(2+3i)}{4-(2+3i)}\right\}=\dfrac{3}{4}\pi$

ゆえに　$\boldsymbol{\angle BAC=\dfrac{3}{4}\pi}$

〔2〕$\alpha=2-4i$,

$\beta=1+2\sqrt{3}+(-2+\sqrt{3})i$ とおくと

$\dfrac{\beta}{\alpha}=\dfrac{1+2\sqrt{3}+(-2+\sqrt{3})i}{2-4i}$

$=\dfrac{1}{2}+\dfrac{\sqrt{3}}{2}i$

$=\cos\dfrac{\pi}{3}+i\sin\dfrac{\pi}{3}$

よって，$\arg\left(\dfrac{\beta}{\alpha}\right)=\dfrac{\pi}{3}$ より

$\angle AOB=\dfrac{\pi}{3}$

また，$\left|\dfrac{\beta}{\alpha}\right|=1$ より

OA : OB $=|\alpha|:|\beta|=1:1$

したがって，△OAB は正三角形である。

〔3〕(1) $\alpha\neq0$ より

$\dfrac{\beta}{\alpha}=i=\cos\dfrac{\pi}{2}+i\sin\dfrac{\pi}{2}$

よって，$\arg\left(\dfrac{\beta}{\alpha}\right)=\dfrac{\pi}{2}$ より

$\angle AOB=\dfrac{\pi}{2}$

また，$\left|\dfrac{\beta}{\alpha}\right|=1$ より

OA : OB $=|\alpha|:|\beta|=1:1$

したがって，△OAB は **$\angle AOB=\dfrac{\pi}{2}$ である直角二等辺三角形** である。

(2) $\alpha\neq0$ より

$\dfrac{\beta}{\alpha}=2\left(\cos\dfrac{\pi}{3}+i\sin\dfrac{\pi}{3}\right)$

よって，$\arg\left(\dfrac{\beta}{\alpha}\right)=\dfrac{\pi}{3}$ より

$\angle AOB=\dfrac{\pi}{3}$

また，$\left|\dfrac{\beta}{\alpha}\right|=2$ より

OA : OB $=|\alpha|:|\beta|=1:2$

したがって，△OAB は

$\angle A=\dfrac{\pi}{2}$，$\angle O=\dfrac{\pi}{3}$ の直角三角形

である。

練習 109 複素数平面上に，2 点 A$(-1+2i)$，B$(5+3i)$ がある。
(1) 線分 AB を 3:2 に内分する点 C を表す複素数を求めよ。
(2) 線分 AB を 3:2 に外分する点 D を表す複素数を求めよ。
(3) (1), (2) のとき，△CDE の重心が原点 O となるような点 E を表す複素数を求めよ。

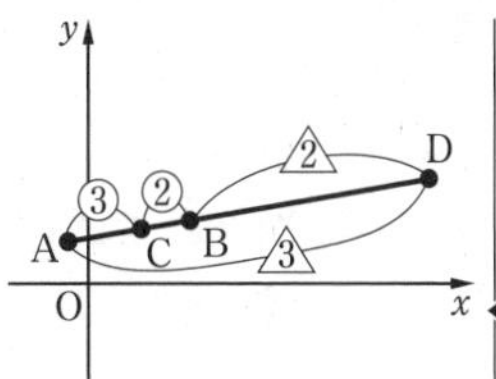

(1) 点 C を表す複素数は

$$\frac{2(-1+2i)+3(5+3i)}{3+2}=\mathbf{\frac{13}{5}+\frac{13}{5}i}$$

(2) 点 D を表す複素数は

$$\frac{(-2)(-1+2i)+3(5+3i)}{3-2}=\mathbf{17+5i}$$

◀ 3:(−2) に内分すると考えて公式を用いる。

(3) 点 E を表す複素数を α とおくと，
△CDE の重心を表す複素数は

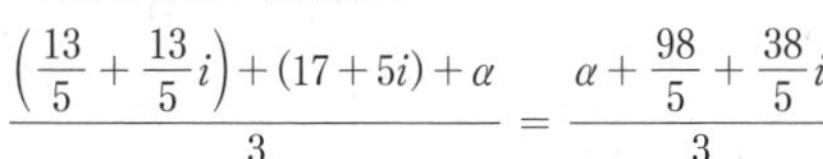

$$\frac{\left(\frac{13}{5}+\frac{13}{5}i\right)+(17+5i)+\alpha}{3}=\frac{\alpha+\frac{98}{5}+\frac{38}{5}i}{3}$$

◀ 3 点 A(α), B(β), C(γ) において，△ABC の重心を表す複素数は $\dfrac{\alpha+\beta+\gamma}{3}$

これが 0 に等しいから $\dfrac{\alpha+\frac{98}{5}+\frac{38}{5}i}{3}=0$

したがって $\alpha=\mathbf{-\frac{98}{5}-\frac{38}{5}i}$

練習 110 複素数 z が次の方程式を満たすとき，複素数平面において点 z はどのような図形をえがくか。
(1) $|z-3|=|z-2i|$ (2) $|2-z|=|z+1+i|$
(3) $|z-i|=3$ (4) $|3z-1+2i|=6$

(1) $|z-3|$ は点 z と点 3 の距離を表し，$|z-2i|$ は点 z と点 $2i$ の距離を表す。
よって，複素数平面において点 z は 2 点 3, $2i$ からの距離が等しい点である。
ゆえに，点 z は **2 点 3, $2i$ を結ぶ線分の垂直二等分線** をえがく。

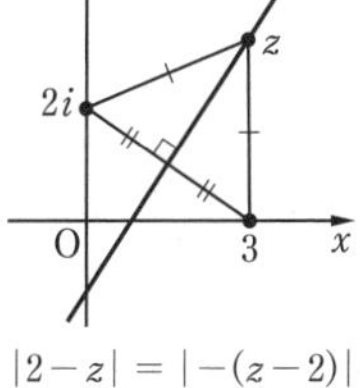

(2) $|2-z|=|z+1+i|$ より $|z-2|=|z-(-1-i)|$
$|z-2|$ は点 z と点 2 の距離を表し，$|z-(-1-i)|$ は点 z と点 $-1-i$ の距離を表す。
よって，複素数平面において点 z は 2 点 2, $-1-i$ からの距離が等しい点である。
ゆえに，点 z は **2 点 2, $-1-i$ を結ぶ線分の垂直二等分線** をえがく。

◀ $|2-z|=|-(z-2)|$
$=|z-2|$

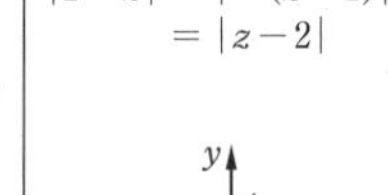

(3) $|z-i|$ は，点 z と点 i の距離を表すから，複素数平面において点 z は **点 i を中心とする半径 3 の円** をえがく。

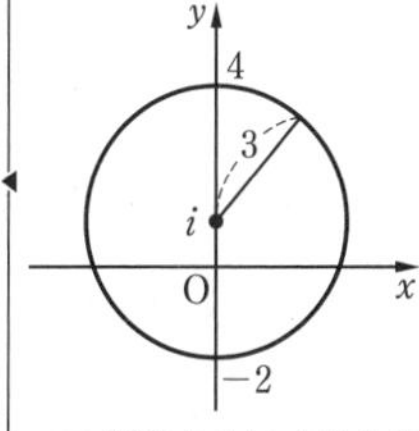

(4) $|3z-1+2i|=6$ の両辺を 3 で割ると $\left|z-\dfrac{1-2i}{3}\right|=2$

$\left|z-\dfrac{1-2i}{3}\right|$ は点 z と点 $\dfrac{1-2i}{3}$ の距離を表すから，複素数平面において点 z は **点 $\dfrac{1-2i}{3}$ を中心とする半径 2 の円** をえがく。

◀ z の係数を 1 にするため，両辺を 3 で割る。

練習 111 複素数平面において，次の方程式を満たす点 z はどのような図形をえがくか。

(1) $|z+1|=2|z-2|$　　(2) $|z-7i|=3|z+i|$

(1) $|z+1|=2|z-2|$ の両辺を 2 乗して

$|z+1|^2=4|z-2|^2$ より

$$(z+1)(\overline{z+1})=4(z-2)(\overline{z-2})$$

$$(z+1)(\overline{z}+1)=4(z-2)(\overline{z}-2)$$

$$z\overline{z}+z+\overline{z}+1=4(z\overline{z}-2z-2\overline{z}+4)$$

整理すると　$z\overline{z}-3z-3\overline{z}+5=0$

ゆえに　$(z-3)(\overline{z}-3)=4$

$\overline{z}-3=\overline{z}-\overline{3}=\overline{z-3}$ であるから

$(z-3)(\overline{z-3})=4$ となり　$|z-3|^2=4$

$|z-3|\geqq 0$ であるから　$|z-3|=2$

したがって，点 z は **点 3 を中心とする半径 2 の円** をえがく。

◀ 2 も 2 乗することに注意する。

◀ $|\alpha|^2=\alpha\overline{\alpha}$

◀ $\overline{\alpha+\beta}=\overline{\alpha}+\overline{\beta}$

r が実数 $\Longleftrightarrow \overline{r}=r$

◀ $z\overline{z}-3z-3\overline{z}$
$=(z-3)(\overline{z}-3)-9$

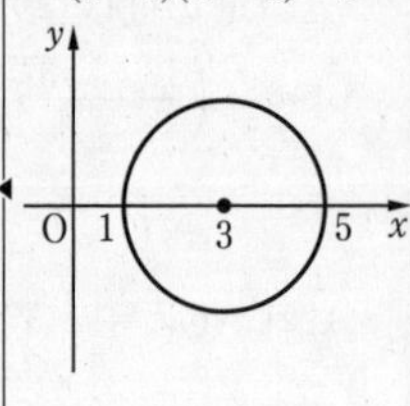

(2) $|z-7i|=3|z+i|$ の両辺を 2 乗して

$|z-7i|^2=9|z+i|^2$ より

$$(z-7i)(\overline{z-7i})=9(z+i)(\overline{z+i})$$

$$(z-7i)(\overline{z}+7i)=9(z+i)(\overline{z}-i)$$

$$z\overline{z}+7iz-7i\overline{z}+49=9(z\overline{z}-iz+i\overline{z}+1)$$

整理すると　$z\overline{z}-2iz+2i\overline{z}-5=0$

ゆえに　$(z+2i)(\overline{z}-2i)=9$

$\overline{z}-2i=\overline{z}+\overline{2i}=\overline{z+2i}$ であるから

$(z+2i)(\overline{z+2i})=9$ となり　$|z+2i|^2=9$

$|z+2i|\geqq 0$ であるから　$|z+2i|=3$

したがって，点 z は **点 $-2i$ を中心とする半径 3 の円** をえがく。

◀ $\overline{z-7i}=\overline{z}-\overline{7i}$
$=\overline{z}-(-7i)=\overline{z}+7i$

◀ $z\overline{z}-2iz+2i\overline{z}$
$=(z+2i)(\overline{z}-2i)-4$

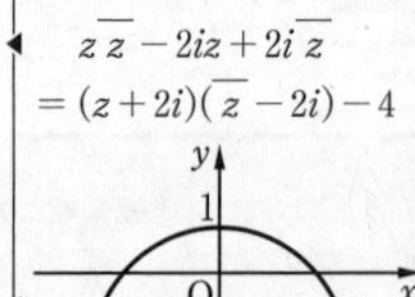

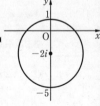

練習 112 複素数平面上で，点 z が原点を中心とする半径 3 の円上を動くとき，次の条件を満たす点 w はどのような図形をえがくか。

(1) $w=2z-i$　　(2) $w=\dfrac{z+3i}{z-3}$　$(z\neq 3)$

点 z は原点を中心とする半径 3 の円上を動くから　$|z|=3$ …①

(1) $w=2z-i$ より　$z=\dfrac{w+i}{2}$

① に代入すると　$\left|\dfrac{w+i}{2}\right|=3$

$\dfrac{|w+i|}{2}=3$ となり　$|w+i|=6$

したがって，点 w は，**点 $-i$ を中心とする半径 6 の円** をえがく。

◀ z について解く。

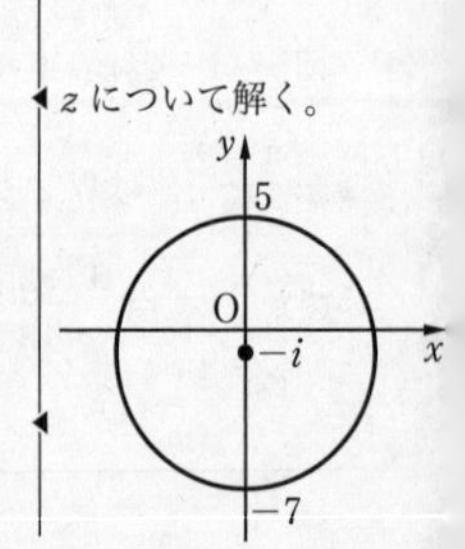

(2) $w=\dfrac{z+3i}{z-3}$ より　$w(z-3)=z+3i$

整理すると　$(w-1)z=3w+3i$

$w-1 \neq 0$ であるから　$z=\dfrac{3w+3i}{w-1}$

◀ $w-1=0$ とすると $0=3+3i$ となり矛盾。

① に代入すると　$\left|\dfrac{3w+3i}{w-1}\right|=3$

$\dfrac{3|w+i|}{|w-1|}=3$ となり　$|w+i|=|w-1|$

したがって，点 w は，**2 点 $-i$, 1 を結ぶ線分の垂直二等分線** をえがく。◀

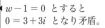

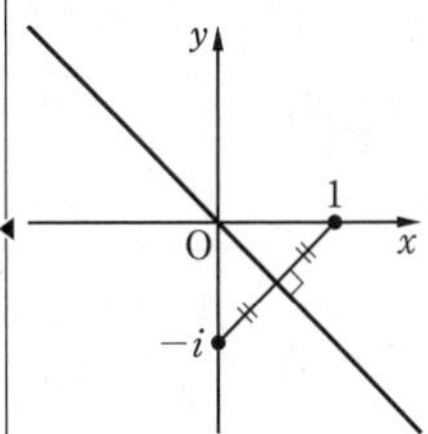

練習 113 z が複素数で $\dfrac{(i-1)z}{i(z-2)}$ が実数になるように変わるとき，z は複素数平面上で，どのような曲線をえがくか。（神戸大）

$\dfrac{(i-1)z}{i(z-2)}$ が実数であるから　$\overline{\left\{\dfrac{(i-1)z}{i(z-2)}\right\}}=\dfrac{(i-1)z}{i(z-2)}$

◀ 複素数 $\dfrac{(i-1)z}{i(z-2)}$ が実数となる条件式をつくる。

ここで　$\overline{\left\{\dfrac{(i-1)z}{i(z-2)}\right\}}=\dfrac{(-i-1)\overline{z}}{-i(\overline{z}-2)}=\dfrac{(i+1)\overline{z}}{i(\overline{z}-2)}$

よって　$\dfrac{(i-1)z}{i(z-2)}=\dfrac{(i+1)\overline{z}}{i(\overline{z}-2)}$

両辺の分母をはらうと

$(i-1)z(\overline{z}-2)=(i+1)\overline{z}(z-2)$　かつ　$z \neq 2$

◀ $z \neq 2$ かつ $\overline{z} \neq 2$ であるが，$z \neq 2$ ならば $\overline{z} \neq 2$ であるから，$z \neq 2$ だけでよい。

整理すると

$(i-1)z\overline{z}-2(i-1)z=(i+1)z\overline{z}-2(i+1)\overline{z}$

$2z\overline{z}+2(i-1)z-2(i+1)\overline{z}=0$

$z\overline{z}-(1-i)z-(1+i)\overline{z}=0$

$\{z-(1+i)\}\{\overline{z}-(1-i)\}=(1+i)(1-i)$

◀ $\overline{z}-(1-i)=\overline{z-(1+i)}$

$\{z-(1+i)\}\{\overline{z-(1+i)}\}=2$

$|z-(1+i)|^2=2$

◀ $w\overline{w}=|w|^2$

よって　$|z-(1+i)|=\sqrt{2}$

したがって，点 z は，**点 $1+i$ を中心とする半径 $\sqrt{2}$ の円** をえがく。**ただし，点 2 は除く。**

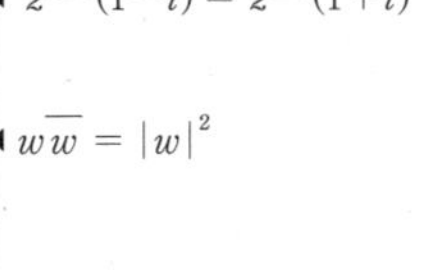

Plus One

実数条件を含む問題で

複素数 $a+bi$ が実数 $\iff$ $b=0$

を用いる練習 113 の別解。

$z=x+yi$（x，y は実数）とおくと

$\dfrac{(i-1)z}{i(z-2)}=\dfrac{(i-1)(x+yi)}{i(x-2+yi)}=\dfrac{-(x+y)+i(x-y)}{-y+(x-2)i}$

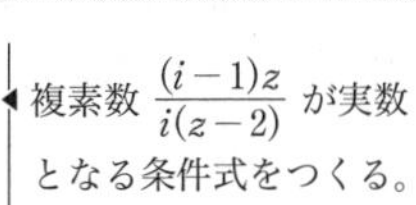

$$= \frac{(x^2+y^2-2x+2y)+(x^2+y^2-2x-2y)i}{y^2+(x-2)^2}$$

これが実数であるから　　$x^2+y^2-2x-2y=0$　かつ　$(x,\ y) \neq (2,\ 0)$

よって　　$(x-1)^2+(y-1)^2=2$

ゆえに，点 z の軌跡は点 $1+i$ を中心とする半径 $\sqrt{2}$ の円で，点 2 を除く。

練習 114 複素数平面上の 3 点 $A(7i)$，$B(3+i)$，$C(a+5i)$ が次のようになるとき，実数 a の値を求めよ。

(1) 3 点 A，B，C が一直線上にある　　(2) $AB \perp AC$

$\alpha=7i$，$\beta=3+i$，$\gamma=a+5i$ とする。

$$\frac{\gamma-\alpha}{\beta-\alpha}=\frac{(a+5i)-7i}{(3+i)-7i}=\frac{a-2i}{3(1-2i)}$$

$$=\frac{(a-2i)(1+2i)}{3(1-2i)(1+2i)}=\frac{(a+4)+2(a-1)i}{15}$$

◀ a は実数であるから 実部は $\dfrac{a+4}{15}$，虚部は $\dfrac{2(a-1)}{15}$

(1) 3 点 A，B，C が一直線上にある条件は，$\dfrac{\gamma-\alpha}{\beta-\alpha}$ が実数であるから

$a-1=0$　より　$\boldsymbol{a=1}$

(2) $AB \perp AC$ である条件は，$\dfrac{\gamma-\alpha}{\beta-\alpha}$ が純虚数であるから

$a+4=0$　かつ　$a-1 \neq 0$

よって　　$\boldsymbol{a=-4}$

◀ 複素数 $z=p+qi$（p，q は実数）が純虚数である $\iff p=0$ かつ $q \neq 0$

練習 115 複素数平面上で，原点 O と異なる 2 点 $A(\alpha)$，$B(\beta)$ がある。α，β が次の関係式を満たすとき，△OAB はどのような三角形か。

(1) $2\beta=(1+i)\alpha$　　(2) $\beta=(1+\sqrt{3}i)\alpha$

(1) $\alpha \neq 0$，$2\beta=(1+i)\alpha$ より

◀ 点 A は点 O と異なるから　$\alpha \neq 0$

$$\frac{\beta}{\alpha}=\frac{1+i}{2}=\frac{1}{\sqrt{2}}\left(\cos\frac{\pi}{4}+i\sin\frac{\pi}{4}\right)$$

よって　　$\angle AOB=\arg\left(\dfrac{\beta}{\alpha}\right)=\dfrac{\pi}{4}$

$\left|\dfrac{\beta}{\alpha}\right|=\dfrac{1}{\sqrt{2}}$ より　　$OA:OB=|\alpha|:|\beta|=\sqrt{2}:1$

したがって，△OAB は **$\angle B=\dfrac{\pi}{2}$ の直角二等辺三角形**

◀ 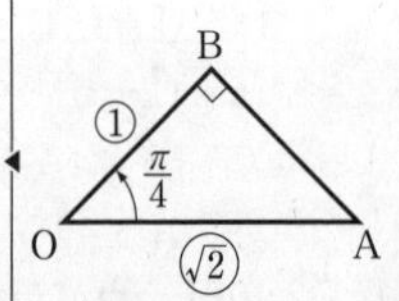

(2) $\alpha \neq 0$，$\beta=(1+\sqrt{3}i)\alpha$ より

$$\frac{\beta}{\alpha}=1+\sqrt{3}i=2\left(\cos\frac{\pi}{3}+i\sin\frac{\pi}{3}\right)$$

よって　　$\angle AOB=\arg\left(\dfrac{\beta}{\alpha}\right)=\dfrac{\pi}{3}$

$\left|\dfrac{\beta}{\alpha}\right|=2$ より　　$OA:OB=|\alpha|:|\beta|=1:2$

◀ 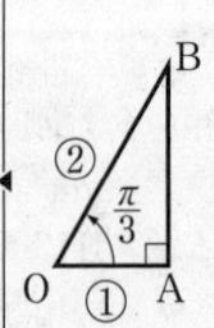

したがって，△OAB は **$\angle A=\dfrac{\pi}{2}$，$\angle O=\dfrac{\pi}{3}$ の直角三角形**

練習 116 複素数平面上で，2 点 A(α)，B(β) が，$|\alpha|=4$，$\beta=(1+2i)\alpha$ の関係を満たすとき
(1) △OAB の面積 S を求めよ。　(2) 2 点 A，B 間の距離を求めよ。

(1) $|\alpha|=4$，$\beta=(1+2i)\alpha$ より

$$\mathrm{OA}=|\alpha|=4$$
$$\mathrm{OB}=|\beta|=|(1+2i)\alpha|=|1+2i||\alpha|=\sqrt{5}\cdot 4=4\sqrt{5}$$

◀ $|1+2i|=\sqrt{1^2+2^2}=\sqrt{5}$

また，$\alpha\neq 0$ より　$\dfrac{\beta}{\alpha}=1+2i$　…①

◀ $|\alpha|=4$ より　$\alpha\neq 0$

$\left|\dfrac{\beta}{\alpha}\right|=\sqrt{5}$ より，$\angle\mathrm{AOB}=\theta$ とおくと

◀ $\left|\dfrac{\beta}{\alpha}\right|=|1+2i|=\sqrt{5}$

$$\frac{\beta}{\alpha}=\sqrt{5}(\cos\theta+i\sin\theta)\quad\cdots②$$

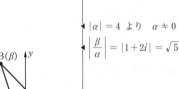

①，② より

$$1+2i=\sqrt{5}(\cos\theta+i\sin\theta)$$

よって　$\cos\theta=\dfrac{1}{\sqrt{5}}$，$\sin\theta=\dfrac{2}{\sqrt{5}}$

◀ θ を具体的に求めることはできないが，$\sin\theta$，$\cos\theta$ の値は求まる。

ゆえに，$0<\theta<\dfrac{\pi}{2}$ であるから

$$S=\frac{1}{2}\mathrm{OA}\cdot\mathrm{OB}\sin\theta=\frac{1}{2}\cdot 4\cdot 4\sqrt{5}\cdot\frac{2}{\sqrt{5}}=\mathbf{16}$$

(2) $\mathrm{AB}=|\beta-\alpha|=|(1+2i)\alpha-\alpha|=|2i\alpha|=|2i||\alpha|=2\cdot 4=\mathbf{8}$

〔別解〕

(1) より $\cos\theta=\dfrac{1}{\sqrt{5}}$ であり，余弦定理により

$$\mathrm{AB}^2=\mathrm{OA}^2+\mathrm{OB}^2-2\mathrm{OA}\cdot\mathrm{OB}\cos\theta=64$$

よって　$\mathrm{AB}=8$

練習 117 複素数平面上に原点 O と異なる 2 点 A(α)，B(β) があり，α，β は次の等式を満たすとき，△OAB はどのような三角形か。
(1) $\alpha^2+\beta^2=0$　(2) $\alpha^2-\alpha\beta+\beta^2=0$

(1) $\alpha\neq 0$ より，$\alpha^2+\beta^2=0$ の両辺を α^2 で割ると

$$1+\left(\frac{\beta}{\alpha}\right)^2=0$$

◀ $\dfrac{\beta}{\alpha}$ についての 2 次方程式と考える。

よって　$\dfrac{\beta}{\alpha}=\pm i=\cos\left(\pm\dfrac{\pi}{2}\right)+i\sin\left(\pm\dfrac{\pi}{2}\right)$（複号同順），

ゆえに　$\arg\left(\dfrac{\beta}{\alpha}\right)=\pm\dfrac{\pi}{2}$，$\left|\dfrac{\beta}{\alpha}\right|=1$

よって，$\angle\mathrm{AOB}$ の大きさは $\dfrac{\pi}{2}$ であり　$\mathrm{OA}=\mathrm{OB}$

◀

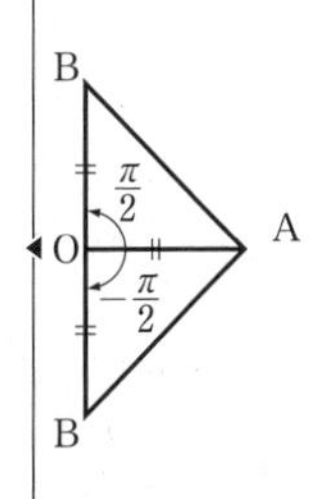

したがって，△OAB は $\angle\mathbf{O}=\dfrac{\pi}{2}$ **の直角二等辺三角形** である。

(2) $\alpha\neq 0$ より $\alpha^2-\alpha\beta+\beta^2=0$ の両辺を α^2 で割ると

$$1-\frac{\beta}{\alpha}+\left(\frac{\beta}{\alpha}\right)^2=0$$

よって　$\dfrac{\beta}{\alpha}=\dfrac{1\pm\sqrt{3}\,i}{2}=\cos\left(\pm\dfrac{\pi}{3}\right)+i\sin\left(\pm\dfrac{\pi}{3}\right)$　(複号同順)

ゆえに　$\arg\left(\dfrac{\beta}{\alpha}\right)=\pm\dfrac{\pi}{3},\ \left|\dfrac{\beta}{\alpha}\right|=1$

よって，$\angle\mathrm{AOB}$ の大きさは $\dfrac{\pi}{3}$ であり　$\mathrm{OA}=\mathrm{OB}$

したがって，$\triangle\mathrm{OAB}$ は **正三角形** である。

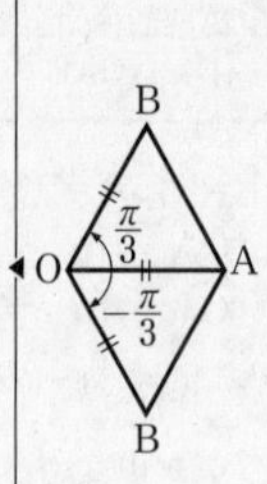

練習 118 複素数平面上で $\alpha=1+2i,\ \beta=(1-\sqrt{3})+(2+\sqrt{3})i,\ \gamma=2+3i$ で表される点を，それぞれ A，B，C とする。

(1) $\dfrac{\beta-\alpha}{\gamma-\alpha}$ の値を求めよ。　　(2) $\triangle\mathrm{ABC}$ はどのような三角形か。

(1) $$\frac{\beta-\alpha}{\gamma-\alpha}=\frac{\{(1-\sqrt{3})+(2+\sqrt{3})i\}-(1+2i)}{(2+3i)-(1+2i)}$$
$$=\frac{-\sqrt{3}+\sqrt{3}\,i}{1+i}=\frac{(-\sqrt{3}+\sqrt{3}\,i)(1-i)}{(1+i)(1-i)}=\boldsymbol{\sqrt{3}\,i}$$

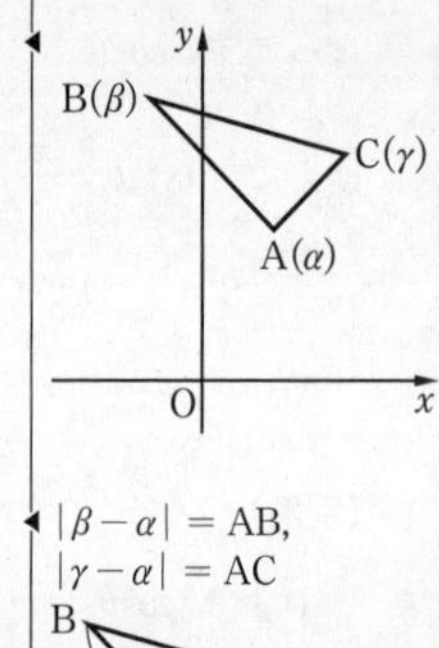

(2) (1) より　$\dfrac{\beta-\alpha}{\gamma-\alpha}=\sqrt{3}\left(\cos\dfrac{\pi}{2}+i\sin\dfrac{\pi}{2}\right)$

よって，$\arg\left(\dfrac{\beta-\alpha}{\gamma-\alpha}\right)=\dfrac{\pi}{2}$ より　$\angle\mathrm{CAB}=\dfrac{\pi}{2}$

また，$\left|\dfrac{\beta-\alpha}{\gamma-\alpha}\right|=\sqrt{3}$ であるから　$\dfrac{|\beta-\alpha|}{|\gamma-\alpha|}=\sqrt{3}$

◀ $|\beta-\alpha|=\mathrm{AB}$，$|\gamma-\alpha|=\mathrm{AC}$

よって　$\mathrm{AB}=\sqrt{3}\,\mathrm{AC}$

したがって，$\triangle\mathrm{ABC}$ は，$\boldsymbol{\mathrm{AB}=\sqrt{3}\,\mathrm{AC},\ \angle\mathrm{A}=\dfrac{\pi}{2}}$ **の直角三角形**

練習 119 $\alpha=-1-5i,\ \beta=2i,\ \gamma=6+2i,\ \delta=7+i$ とする。複素数平面上の 4 点 A(α)，B(β)，C(γ)，D(δ) は同一円周上にあることを示せ。

$\alpha=-1-5i,\ \beta=2i,\ \gamma=6+2i,\ \delta=7+i$ とおき，この 4 つの複素数が表す点を，それぞれ A，B，C，D とおく。

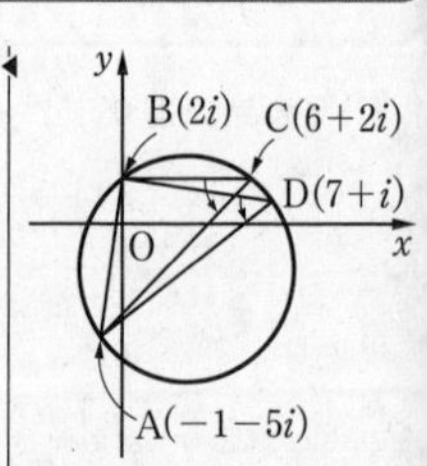

このとき　$\dfrac{\alpha-\gamma}{\beta-\gamma}=\dfrac{(-1-5i)-(6+2i)}{2i-(6+2i)}=\dfrac{7}{6}(1+i)$
$$=\frac{7\sqrt{2}}{6}\left(\cos\frac{\pi}{4}+i\sin\frac{\pi}{4}\right)$$

よって　$\angle\mathrm{BCA}=\arg\left(\dfrac{\alpha-\gamma}{\beta-\gamma}\right)=\dfrac{\pi}{4}$

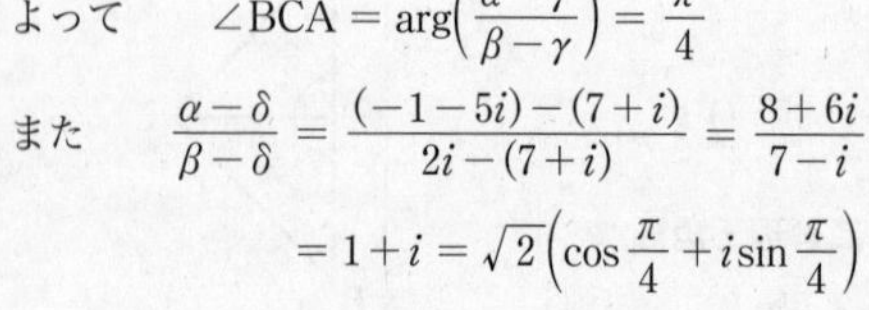

また　$\dfrac{\alpha-\delta}{\beta-\delta}=\dfrac{(-1-5i)-(7+i)}{2i-(7+i)}=\dfrac{8+6i}{7-i}$
$$=1+i=\sqrt{2}\left(\cos\frac{\pi}{4}+i\sin\frac{\pi}{4}\right)$$

よって　　$\angle\mathrm{BDA} = \arg\left(\dfrac{\alpha-\delta}{\beta-\delta}\right) = \dfrac{\pi}{4}$

ゆえに　　$\angle\mathrm{BCA} = \angle\mathrm{BDA} = \dfrac{\pi}{4}$

したがって，2定点A，Bから見込む角が一致するから，4点A，B，C，Dは同一円周上にある。

◀「円周角の定理の逆」を用いる。

練習 120　右の図のように，△ABCの2辺AB，ACをそれぞれ1辺とする正方形ABDE，ACFGをこの三角形の外側につくるとき，BG = CE，BG ⊥ CE であることを証明せよ。

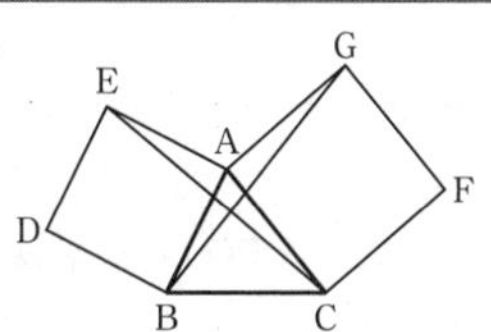

点Aを原点とし，点B，C，E，Gを表す複素数をそれぞれ z_1，z_2，w_1，w_2 とする。
右の図より，点Eは点Aを中心に点Bを $-\dfrac{\pi}{2}$ だけ回転した点であるから

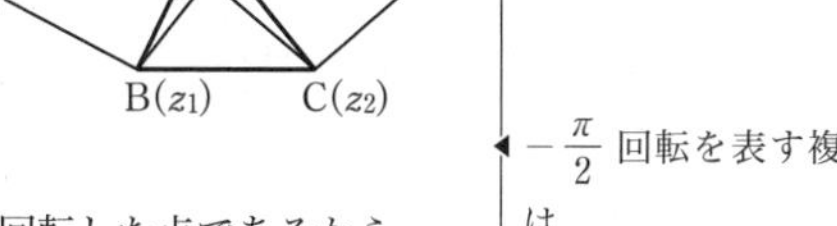

$$w_1 = -iz_1$$

◀ $-\dfrac{\pi}{2}$ 回転を表す複素数は $\cos\left(-\dfrac{\pi}{2}\right)+i\sin\left(-\dfrac{\pi}{2}\right) = -i$

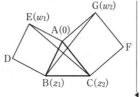

また，点Gは点Aを中心に点Cを $\dfrac{\pi}{2}$ だけ回転した点であるから

$$w_2 = iz_2$$

よって　　$\dfrac{w_2-z_1}{w_1-z_2} = \dfrac{iz_2-z_1}{-iz_1-z_2} = \dfrac{-i(-iz_1-z_2)}{-iz_1-z_2} = -i$

ゆえに，$\dfrac{w_2-z_1}{w_1-z_2}$ が純虚数より　　BG ⊥ CE

また，$\left|\dfrac{w_2-z_1}{w_1-z_2}\right| = 1$ より　　BG = CE

◀ $\left|\dfrac{w_2-z_1}{w_1-z_2}\right| = 1$ より $\dfrac{\mathrm{BG}}{\mathrm{CE}} = 1$

したがって　　BG = CE，BG ⊥ CE

練習 121　$\alpha = 3+i$，$\beta = 2+4i$ とするとき，原点Oと点A(α)を通る直線 l に関して点B(β)と対称な点Cを表す複素数 γ を求めよ。

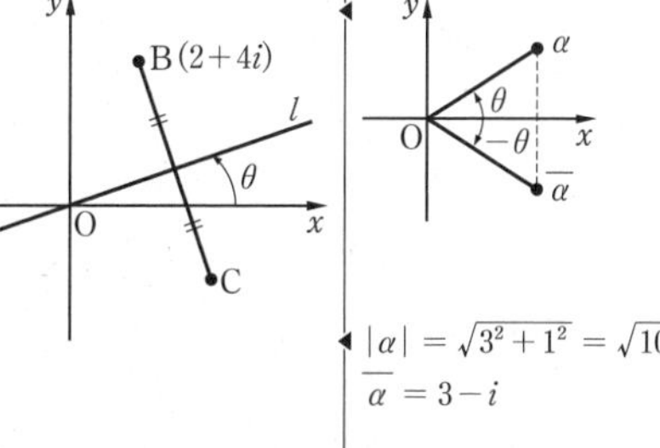

$\arg\alpha = \theta$ とおくと，$\overline{\alpha}$ の偏角は $-\theta$ である。
よって，点Bを原点を中心に $-\theta$ だけ回転した点をB′(β')とすると

$$\begin{aligned}\beta' &= \beta\{\cos(-\theta)+i\sin(-\theta)\}\\ &= \beta\cdot\frac{1}{|\alpha|}\overline{\alpha}\\ &= (2+4i)\cdot\frac{1}{\sqrt{10}}(3-i)\\ &= \sqrt{10}(1+i)\end{aligned}$$

◀ $|\alpha| = \sqrt{3^2+1^2} = \sqrt{10}$，$\overline{\alpha} = 3-i$

点B′を実軸に関して対称移動した点をC′(γ')とすると

$$\gamma' = \overline{\beta'} = \sqrt{10}(1-i)$$

◀点 z と点 $\overline{z}$ は実軸に関して対称の位置にある。

3章 10 図形への応用

点 C(γ) は点 C′ を原点を中心に θ だけ回転した点であるから

$$\gamma=\gamma'\cdot\frac{1}{|\alpha|}\alpha=\sqrt{10}(1-i)\cdot\frac{1}{\sqrt{10}}(3+i)=\boldsymbol{4-2i}$$

練習 122 不等式 $|z+1-\sqrt{3}i|\leqq\sqrt{2}$ を満たす複素数 z について

(1) $|z-2\sqrt{3}i|$ の最大値，最小値を求めよ。

(2) z の偏角を θ $(0\leqq\theta<2\pi)$ とするとき，θ の最大値，最小値およびそのときの z の値を求めよ。

$|z+1-\sqrt{3}i|\leqq\sqrt{2}$ より　$|z-(-1+\sqrt{3}i)|\leqq\sqrt{2}$

◀点 $-1+\sqrt{3}i$ からの距離が $\sqrt{2}$ 以下であるから，円の周および内部である。

よって，点 P(z) は複素数平面において，中心が点 A$(-1+\sqrt{3}i)$，半径が $\sqrt{2}$ の円 C の周および内部にある。

(1) $|z-2\sqrt{3}i|$ は，円 C の周および内部の点 z と点 $2\sqrt{3}i$ の距離を表す。

◀点 $2\sqrt{3}i$ は円の外部の点であることに注意する。

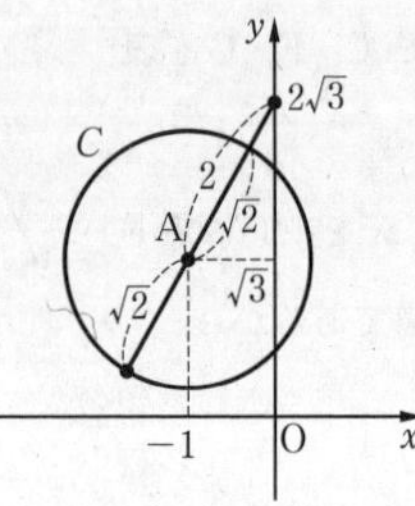

円 C の半径は $\sqrt{2}$ であり，点 $2\sqrt{3}i$ と円 C の中心 A$(-1+\sqrt{3}i)$ の距離は

$$|(-1+\sqrt{3}i)-2\sqrt{3}i|=|-1-\sqrt{3}i|=2$$

よって，$|z-2\sqrt{3}i|$ は

最大値 $2+\sqrt{2}$，最小値 $2-\sqrt{2}$

(2) 原点 O を通る直線と円 C が接するときの接点を P とすると

$$\text{AP}:\text{OA}=\sqrt{2}:2=1:\sqrt{2}$$

$$\angle\text{APO}=\frac{\pi}{2}$$

◀$\text{OA}=\sqrt{(-1)^2+(\sqrt{3})^2}=2$

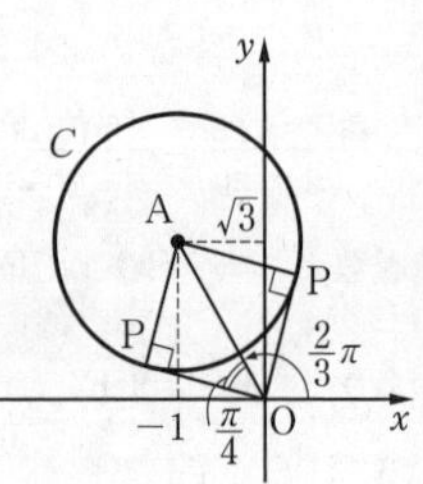

であるから　$\angle\text{POA}=\dfrac{\pi}{4}$

◀△POA は直角二等辺三角形である。

また，直線 OA と実軸の正の部分のなす角は　$\dfrac{2}{3}\pi$

◀点 A を表す複素数は $-1+\sqrt{3}i$ であり $\arg(-1+\sqrt{3}i)=\dfrac{2}{3}\pi$

よって，z の偏角 θ は

最大値 $\dfrac{2}{3}\pi+\dfrac{\pi}{4}=\dfrac{11}{12}\pi$，　最小値 $\dfrac{2}{3}\pi-\dfrac{\pi}{4}=\dfrac{5}{12}\pi$

θ が最大値をとるとき，点 P(z) は点 A を原点を中心に $\dfrac{\pi}{4}$ だけ回転して，原点からの距離を $\dfrac{1}{\sqrt{2}}$ 倍にしたものであるから

$$z=(-1+\sqrt{3}i)\cdot\frac{1}{\sqrt{2}}\left(\cos\frac{\pi}{4}+i\sin\frac{\pi}{4}\right)$$

$$=(-1+\sqrt{3}i)\left(\frac{1}{2}+\frac{1}{2}i\right)=-\frac{\sqrt{3}+1}{2}+\frac{\sqrt{3}-1}{2}i$$

また，θ が最小値をとるとき，点 P(z) は点 A を原点を中心に $-\dfrac{\pi}{4}$ だけ回転して，原点からの距離を $\dfrac{1}{\sqrt{2}}$ 倍したものであるから

$$z=(-1+\sqrt{3}i)\cdot\frac{1}{\sqrt{2}}\left\{\cos\left(-\frac{\pi}{4}\right)+i\sin\left(-\frac{\pi}{4}\right)\right\}$$

$$=(-1+\sqrt{3}i)\left(\frac{1}{2}-\frac{1}{2}i\right)=\frac{\sqrt{3}-1}{2}+\frac{\sqrt{3}+1}{2}i$$

したがって，z の偏角 θ は

$z=-\frac{\sqrt{3}+1}{2}+\frac{\sqrt{3}-1}{2}i$ **のとき　最大値** $\frac{11}{12}\pi$

$z=\frac{\sqrt{3}-1}{2}+\frac{\sqrt{3}+1}{2}i$ **のとき　最小値** $\frac{5}{12}\pi$

p.226 ## 問題編 10 図形への応用

問題 109 複素数平面上に，3 点 A(z_1)，B(z_2)，C(z_3) を頂点にもつ △ABC がある。
(1) 辺 BC，CA，AB をそれぞれ 2:1 に内分する点を D(w_1)，E(w_2)，F(w_3) とするとき，w_1，w_2，w_3 を z_1，z_2，z_3 を用いて表せ。
(2) △ABC の重心と △DEF の重心は一致することを示せ。

(1) 点 D は辺 BC を 2:1 に内分する点であるから

$$\boldsymbol{w_1=\frac{z_2+2z_3}{3}}$$

w_2，w_3 も同様にして

$$\boldsymbol{w_2=\frac{z_3+2z_1}{3},\quad w_3=\frac{z_1+2z_2}{3}}$$

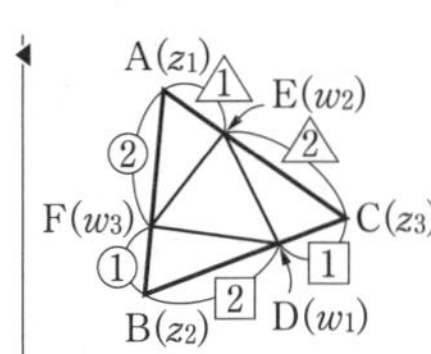

(2) △ABC，△DEF の重心を表す複素数を，それぞれ γ_1，γ_2 とおくと

$$\gamma_1=\frac{z_1+z_2+z_3}{3}$$

$$\gamma_2=\frac{w_1+w_2+w_3}{3}$$

$$=\frac{1}{3}\left(\frac{z_2+2z_3}{3}+\frac{z_3+2z_1}{3}+\frac{z_1+2z_2}{3}\right)$$

$$=\frac{z_1+z_2+z_3}{3}$$

よって　　$\gamma_1=\gamma_2$

したがって，△ABC の重心と △DEF の重心は一致する。

◀複素数平面上で，△ABC の重心の位置と △DEF の重心の位置は一致する。

問題 110 複素数 z が次の条件を満たすとき，複素数平面において点 z はどのような図形をえがくか。
(1) $(z-1)(\overline{z}-1)=9$　　　　(2) $|z+2i|\leqq 2$

(1) $(z-1)(\overline{z}-1)=9$ より　　$(z-1)(\overline{z-1})=9$

ゆえに　　$|z-1|^2=9$

$|z-1|\geqq 0$ であるから　　$|z-1|=3$

よって，求める図形は，**点 1 を中心とする半径 3 の円** である。

(2) $|z+2i|$ は，点 z と点 $-2i$ の距離を表す。

よって，点 z は点 $-2i$ からの距離が 2 以下である点である。

したがって，求める図形は，**点 $-2i$ を中心とする半径 2 の円の周お**

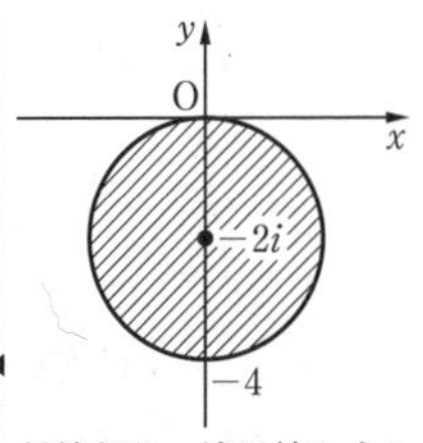

斜線部分。境界線を含む。

およびその内部 である。

問題 111 複素数 z が $3|z-4-4i|=|z|$ を満たすとき，複素数平面において点 z はどのような図形をえがくか。

$3|z-4-4i|=|z|$ の両辺を 2 乗して　$9|z-4-4i|^2=|z|^2$

これより　$9(z-4-4i)(\overline{z-4-4i})=z\overline{z}$

よって　$9\{z-(4+4i)\}\{\overline{z}-(4-4i)\}=z\overline{z}$

$9\{z\overline{z}-(4-4i)z-(4+4i)\overline{z}+32\}=z\overline{z}$

$z\overline{z}-\frac{9}{2}(1-i)z-\frac{9}{2}(1+i)\overline{z}+36=0$

ゆえに　$\left\{z-\frac{9}{2}(1+i)\right\}\left\{\overline{z}-\frac{9}{2}(1-i)\right\}=\frac{9}{2}$

$\overline{z}-\frac{9}{2}(1-i)=\overline{z}-\overline{\frac{9}{2}(1+i)}=\overline{z-\frac{9}{2}(1+i)}$ であるから

$\left\{z-\frac{9}{2}(1+i)\right\}\left\{\overline{z-\frac{9}{2}(1+i)}\right\}=\frac{9}{2}$

すなわち　$\left|z-\frac{9}{2}(1+i)\right|^2=\frac{9}{2}$

$\left|z-\frac{9}{2}(1+i)\right|\geqq 0$ であるから　$\left|z-\frac{9}{2}(1+i)\right|=\frac{3\sqrt{2}}{2}$

したがって，点 z は **点 $\frac{9}{2}(1+i)$ を中心とする半径 $\frac{3\sqrt{2}}{2}$ の円** をえがく。

◀ $(\overline{z-4-4i})$
$=\overline{\{z-(4+4i)\}}$
$=\overline{z}-\overline{(4+4i)}$
$=\overline{z}-(4-4i)$

◀ $z\overline{z}-\frac{9}{2}(1-i)z$
$-\frac{9}{2}(1+i)\overline{z}$
$=\left\{z-\frac{9}{2}(1+i)\right\}$
$\times\left\{\overline{z}-\frac{9}{2}(1-i)\right\}$
$-\frac{9}{2}(1+i)\cdot\frac{9}{2}(1-i)$
$=\left\{z-\frac{9}{2}(1+i)\right\}$
$\times\left\{\overline{z}-\frac{9}{2}(1-i)\right\}-\frac{81}{2}$

問題 112 複素数平面上で，点 z が $|z|=1$ を満たしながら動くとき，次の条件を満たす点 w はどのような図形をえがくか。

(1) 点 $4i$ と点 z を結ぶ線分の中点 w　　(2) $w=\frac{4z+i}{2z-i}$

(1) 点 $4i$ と点 z を結ぶ線分の中点が点 w であるから　$w=\frac{4i+z}{2}$

ゆえに　$z=2w-4i$

$|z|=1$ に代入して　$|2w-4i|=1$

$2|w-2i|=1$ となり　$|w-2i|=\frac{1}{2}$

したがって，点 w は，**点 $2i$ を中心とする半径 $\frac{1}{2}$ の円** をえがく。◀

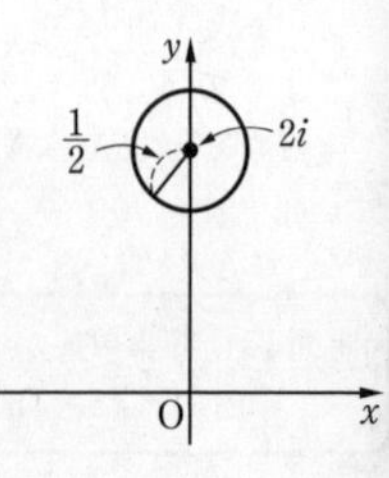

(2) $w=\frac{4z+i}{2z-i}$ より　$w(2z-i)=4z+i$

これより　$(2w-4)z=iw+i$

$2w-4\neq 0$ であるから　$z=\frac{iw+i}{2w-4}$

$|z|=1$ に代入して　$\left|\frac{iw+i}{2w-4}\right|=1$

◀ $2w-4=0$ とすると $0=3i$ となり矛盾。

$\dfrac{|w+1|}{2|w-2|}=1$ となり　　$2|w-2|=|w+1|$

両辺を2乗して　　$4|w-2|^2=|w+1|^2$

$$4(w-2)(\overline{w-2})=(w+1)(\overline{w+1})$$
$$4(w-2)(\overline{w}-2)=(w+1)(\overline{w}+1)$$
$$w\overline{w}-3w-3\overline{w}+5=0$$
$$(w-3)(\overline{w}-3)=4$$

すなわち　　$|w-3|^2=4$

$|w-3|\geqq 0$ であるから　　$|w-3|=2$

したがって，点 w は，**点3を中心とする半径2の円** をえがく。

◀ $\left|\dfrac{iw+i}{2w-4}\right|=\left|\dfrac{i(w+1)}{2(w-2)}\right|=\dfrac{|i||w+1|}{|2||w-2|}=\dfrac{|w+1|}{2|w-2|}$

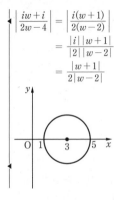

問題 113 $\dfrac{(1+i)(z-1)}{z}$ が純虚数のとき，複素数平面において z が表す点はどのような図形をえがくか。

$\dfrac{(1+i)(z-1)}{z}$ が純虚数であるから

$$\overline{\left\{\frac{(1+i)(z-1)}{z}\right\}}=-\frac{(1+i)(z-1)}{z}\quad かつ\quad \frac{(1+i)(z-1)}{z}\neq 0$$

◀ z が純虚数 $\iff \overline{z}=-z$ かつ $z\neq 0$

よって　　$\dfrac{(1-i)(\overline{z}-1)}{\overline{z}}=-\dfrac{(1+i)(z-1)}{z}$

$$(1-i)(\overline{z}-1)z=-(1+i)(z-1)\overline{z}$$
$$(1-i)z\overline{z}-(1-i)z=-(1+i)z\overline{z}+(1+i)\overline{z}$$
$$2z\overline{z}-(1-i)z-(1+i)\overline{z}=0$$
$$z\overline{z}-\frac{1-i}{2}z-\frac{1+i}{2}\overline{z}=0$$
$$\left(z-\frac{1+i}{2}\right)\left(\overline{z}-\frac{1-i}{2}\right)=\frac{1+i}{2}\cdot\frac{1-i}{2}$$
$$\left(z-\frac{1+i}{2}\right)\left(\overline{z-\frac{1+i}{2}}\right)=\frac{1}{2}$$
$$\left|z-\frac{1+i}{2}\right|^2=\frac{1}{2}$$

ゆえに　　$\left|z-\dfrac{1+i}{2}\right|=\dfrac{\sqrt{2}}{2}$

したがって，点 z は **点 $\dfrac{1}{2}+\dfrac{1}{2}i$ を中心とする半径 $\dfrac{\sqrt{2}}{2}$ の円** をえがく。**ただし，原点と点1を除く。**

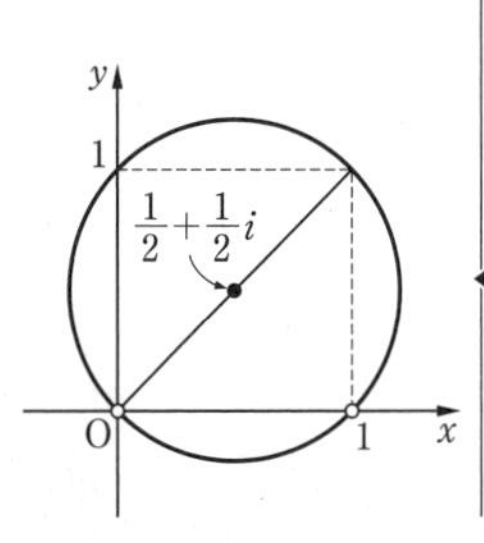

◀ $\dfrac{(1+i)(z-1)}{z}\neq 0$ より，原点と $z=1$ が除かれることに注意する。

問題 114 複素数平面上の異なる4点 A(α)，B(β)，C(γ)，D(δ) について，次を示せ。

(1) $\dfrac{\delta-\gamma}{\beta-\alpha}$ が実数 $\iff$ AB // CD　　(2) $\dfrac{\delta-\gamma}{\beta-\alpha}$ が純虚数 $\iff$ AB $\perp$ CD

点Bを $-\alpha$ だけ，点Dを $-\gamma$ だけ平行移動した点をそれぞれ $\mathrm{B'}$，$\mathrm{D'}$ とする。2点 $\mathrm{B'}$，$\mathrm{D'}$ を表す複素数はそれぞれ

$$\beta-\alpha,\ \delta-\gamma$$

◀点Aが原点と重なるように点Bを平行移動し，点Cが原点と重なるように点Dを平行移動する。

よって　$\angle \mathrm{B'OD'}=\arg\left(\dfrac{\delta-\gamma}{\beta-\alpha}\right)$

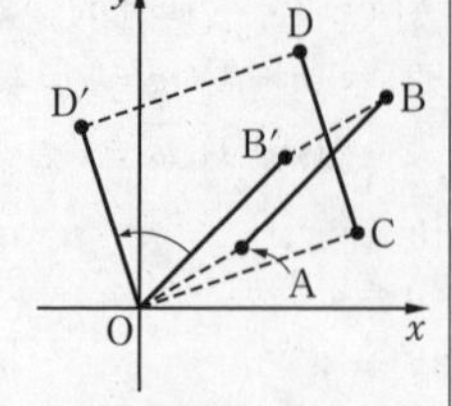

$\mathrm{AB} \parallel \mathrm{OB'}$，$\mathrm{CD} \parallel \mathrm{OD'}$ であるから，2直線ABとCDのなす角は，$\angle \mathrm{B'OD'}$ と一致する。

ここで，$-\pi<\arg\left(\dfrac{\delta-\gamma}{\beta-\alpha}\right)\leqq\pi$ とする。

(1) $\dfrac{\delta-\gamma}{\beta-\alpha}$ が実数であることは $\arg\left(\dfrac{\delta-\gamma}{\beta-\alpha}\right)=0,\ \pi$ であることが必要十分条件である。すなわち，2直線ABとCDは平行である。

したがって　$\mathrm{AB} \parallel \mathrm{CD}$

◀直線には向きがないから，$\arg\left(\dfrac{\delta-\gamma}{\beta-\alpha}\right)=\pi$ のときも2直線は平行になる。

(2) $\dfrac{\delta-\gamma}{\beta-\alpha}$ が純虚数であることは $\arg\left(\dfrac{\delta-\gamma}{\beta-\alpha}\right)=\pm\dfrac{\pi}{2}$ であることが必要十分条件である。すなわち，2直線ABとCDは直交する。

したがって　$\mathrm{AB} \perp \mathrm{CD}$

◀4点はすべて異なる。

問題 115 複素数平面上で，原点Oと異なる2点 $\mathrm{A}(\alpha)$，$\mathrm{B}(\beta)$ がある。△OABが直角二等辺三角形であるとき，$\dfrac{\beta}{\alpha}$ の値を求めよ。

(ア) ∠AOBが直角のとき　$\arg\left(\dfrac{\beta}{\alpha}\right)=\pm\dfrac{\pi}{2}$

$\mathrm{OA}=\mathrm{OB}$ より　$\left|\dfrac{\beta}{\alpha}\right|=1$

よって　$\dfrac{\beta}{\alpha}=1\cdot\left\{\cos\left(\pm\dfrac{\pi}{2}\right)+i\sin\left(\pm\dfrac{\pi}{2}\right)\right\}=\pm i$　(複号同順)

(イ) ∠OABが直角のとき　$\arg\left(\dfrac{\beta}{\alpha}\right)=\pm\dfrac{\pi}{4}$

$\mathrm{OA}:\mathrm{OB}=1:\sqrt{2}$ より　$\left|\dfrac{\beta}{\alpha}\right|=\sqrt{2}$

よって　$\dfrac{\beta}{\alpha}=\sqrt{2}\cdot\left\{\cos\left(\pm\dfrac{\pi}{4}\right)+i\sin\left(\pm\dfrac{\pi}{4}\right)\right\}$

$=\sqrt{2}\left(\dfrac{1}{\sqrt{2}}\pm\dfrac{1}{\sqrt{2}}i\right)=1\pm i$　(複号同順)

(ウ) ∠OBAが直角のとき　$\arg\left(\dfrac{\beta}{\alpha}\right)=\pm\dfrac{\pi}{4}$

$\mathrm{OA}:\mathrm{OB}=\sqrt{2}:1$ より　$\left|\dfrac{\beta}{\alpha}\right|=\dfrac{1}{\sqrt{2}}$

よって　$\dfrac{\beta}{\alpha}=\dfrac{1}{\sqrt{2}}\cdot\left\{\cos\left(\pm\dfrac{\pi}{4}\right)+i\sin\left(\pm\dfrac{\pi}{4}\right)\right\}$

$=\dfrac{1}{\sqrt{2}}\left(\dfrac{1}{\sqrt{2}}\pm\dfrac{1}{\sqrt{2}}i\right)=\dfrac{1}{2}\pm\dfrac{1}{2}i$　(複号同順)

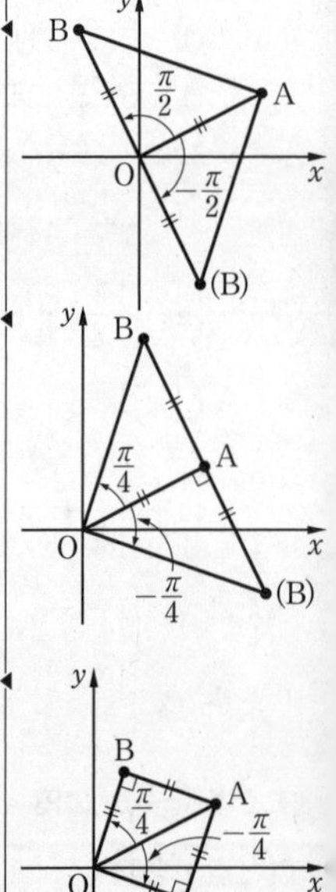

(ア)〜(ウ)より　$\boldsymbol{\dfrac{\beta}{\alpha}=\pm i,\ 1\pm i,\ \dfrac{1}{2}\pm\dfrac{1}{2}i}$

◀6通りの解がある。

問題 116 複素数平面上で，2 点 A(α)，B(β) が，$|\alpha|=3$，$\beta=(6+ki)\alpha$ の関係を満たし，△OAB の面積は 9 になるという。このとき，実数 k の値を求めよ。ただし，$k>0$ とする。

$|\alpha|=3$，$\beta=(6+ki)\alpha$ より

$$\mathrm{OA}=|\alpha|=3$$

$$\mathrm{OB}=|\beta|=|(6+ki)\alpha|$$

$$=|6+ki||\alpha|=3\sqrt{k^2+36}$$

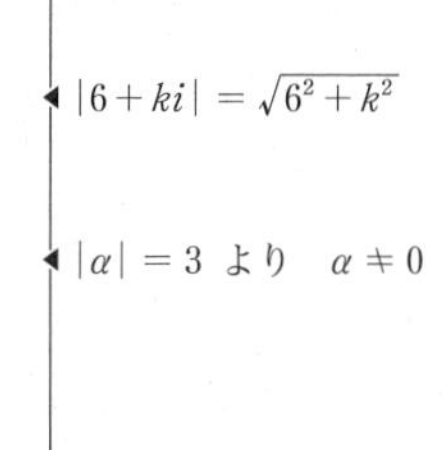

◀ $|6+ki|=\sqrt{6^2+k^2}$

また，$\alpha\neq 0$ より $\quad \dfrac{\beta}{\alpha}=6+ki \quad \cdots$①

◀ $|\alpha|=3$ より $\alpha\neq 0$

$\left|\dfrac{\beta}{\alpha}\right|=\sqrt{k^2+36}$ より，$\angle\mathrm{AOB}=\theta$ とおくと

$$\frac{\beta}{\alpha}=\sqrt{k^2+36}(\cos\theta+i\sin\theta) \quad \cdots②$$

①，② より $\quad 6+ki=\sqrt{k^2+36}(\cos\theta+i\sin\theta)$

よって $\quad \cos\theta=\dfrac{6}{\sqrt{k^2+36}}$，$\sin\theta=\dfrac{k}{\sqrt{k^2+36}}$

$k>0$ より $\sin\theta>0$，$\cos\theta>0$ となり，$0<\theta<\dfrac{\pi}{2}$ であるから

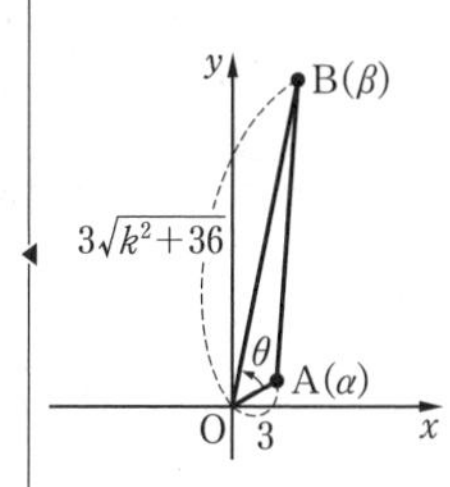

$$S=\frac{1}{2}\mathrm{OA}\cdot\mathrm{OB}\sin\theta$$

$$=\frac{1}{2}\cdot 3\cdot 3\sqrt{k^2+36}\cdot\frac{k}{\sqrt{k^2+36}}=\frac{9}{2}k$$

これが 9 に等しいことより $\quad \dfrac{9}{2}k=9$

したがって $\quad \boldsymbol{k=2}$

問題 117 複素数平面上に原点 O と異なる 2 点 A(α)，B(β) があり，α，β は等式 $\beta^3+8\alpha^3=0$ を満たしている。このとき，3 点 O，A，B を頂点とする三角形はどのような三角形か。

$\beta^3+8\alpha^3=0$ の両辺を α^3 ($\neq 0$) で割ると $\quad \left(\dfrac{\beta}{\alpha}\right)^3+8=0$

$$\left(\frac{\beta}{\alpha}+2\right)\left\{\left(\frac{\beta}{\alpha}\right)^2-2\left(\frac{\beta}{\alpha}\right)+4\right\}=0$$

◀ $z^3+8=0$ の解は $(z+2)(z^2-2z+4)=0$ より $z=-2$，$1\pm\sqrt{3}i$

よって $\quad \dfrac{\beta}{\alpha}=-2$，$1\pm\sqrt{3}i$

(ア) $\dfrac{\beta}{\alpha}=-2$ のとき

3 点 O，A，B は一直線上にあり，三角形はできないから，不適。

◀ $\dfrac{\beta}{\alpha}$ が実数のとき，3 点 O，A，B は一直線上にある。

(イ) $\dfrac{\beta}{\alpha}=1\pm\sqrt{3}i$ のとき

$$\frac{\beta}{\alpha}=2\left\{\cos\left(\pm\frac{\pi}{3}\right)+i\sin\left(\pm\frac{\pi}{3}\right)\right\} \quad (\text{複号同順})$$

よって，$\angle\mathrm{AOB}$ の大きさは $\dfrac{\pi}{3}$，$\quad \dfrac{|\beta|}{|\alpha|}=2$

ゆえに $\quad \mathrm{OA}:\mathrm{OB}=|\alpha|:|\beta|=1:2$

これは $\angle\mathrm{A}=\dfrac{\pi}{2}$，$\angle\mathrm{O}=\dfrac{\pi}{3}$ の直角三角形を表す。

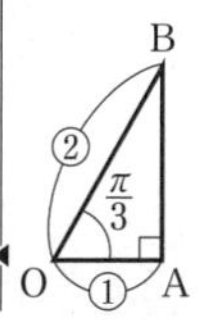

(ア), (イ) より，△OAB は $\angle\mathbf{A}=\dfrac{\pi}{2}$，$\angle\mathbf{O}=\dfrac{\pi}{3}$ **の直角三角形** である。

問題 118 複素数平面上で，複素数 α，β，γ で表される点をそれぞれ A，B，C とする。

(1) A，B，C が正三角形の 3 頂点であるとき，$\alpha^2+\beta^2+\gamma^2-\alpha\beta-\beta\gamma-\gamma\alpha=0$ …(∗) が成立することを示せ。

(2) 逆に，この関係式（∗）が成立するとき，3 点 A，B，C がすべて一致するか，または A，B，C が正三角形の 3 頂点となることを示せ。（金沢大　改）

(1) A，B，C が正三角形の 3 頂点であるとき

$\angle$BAC の大きさは $\dfrac{\pi}{3}$ であり，かつ AB = AC であるから

$$\arg\left(\frac{\gamma-\alpha}{\beta-\alpha}\right)=\pm\frac{\pi}{3}\quad かつ\quad \left|\frac{\gamma-\alpha}{\beta-\alpha}\right|=1$$

よって　$\dfrac{\gamma-\alpha}{\beta-\alpha}=\cos\left(\pm\dfrac{\pi}{3}\right)+i\sin\left(\pm\dfrac{\pi}{3}\right)$　（複号同順）　…①

また，$\angle$CBA の大きさは $\dfrac{\pi}{3}$ であり，かつ BA = BC であるから

$\dfrac{\alpha-\beta}{\gamma-\beta}=\cos\left(\pm\dfrac{\pi}{3}\right)+i\sin\left(\pm\dfrac{\pi}{3}\right)$　（複号同順）　…②

ただし，① と ② の複号は同順である。

①，② より　$\dfrac{\gamma-\alpha}{\beta-\alpha}=\dfrac{\alpha-\beta}{\gamma-\beta}$

分母をはらって　$(\gamma-\alpha)(\gamma-\beta)=(\alpha-\beta)(\beta-\alpha)$

これを整理して　$\alpha^2+\beta^2+\gamma^2-\alpha\beta-\beta\gamma-\gamma\alpha=0$

(2) 関係式（∗）が成立するとき

$(\gamma-\alpha)(\gamma-\beta)=(\alpha-\beta)(\beta-\alpha)$　…③

(ア) $\alpha=\beta$ のとき

③ は $(\gamma-\alpha)^2=0$ より　$\alpha=\gamma$

よって，$\alpha=\beta=\gamma$ となり，このとき 3 点 A，B，C はすべて一致する。

(イ) $\alpha\neq\beta$ のとき

③ より $\alpha\neq\gamma$ かつ $\beta\neq\gamma$ となり，3 点 A，B，C は異なる。

③ の両辺を $(\beta-\alpha)(\gamma-\beta)$ で割ると　$\dfrac{\gamma-\alpha}{\beta-\alpha}=\dfrac{\alpha-\beta}{\gamma-\beta}$

両辺の偏角を考えることにより　$\angle$BAC = $\angle$CBA

同様にして　$\angle$CBA = $\angle$ACB

よって，3 つの内角がすべて等しいから，三角形 ABC は正三角形である。

(ア), (イ) より，関係式（∗）が成立するとき，3 点 A，B，C がすべて一致するか，または A，B，C が正三角形の 3 頂点となる。

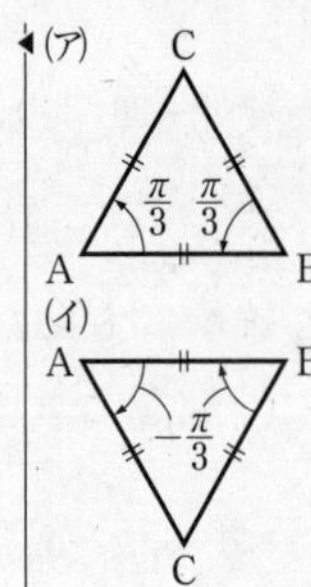

◀ ① と ② の右辺の偏角は，上の (ア) の場合はともに $\dfrac{\pi}{3}$，(イ) の場合はともに $-\dfrac{\pi}{3}$ となる。

◀（∗）と，この式は同値である。

◀（∗）は α，β，γ について対称式である。**PlusOne** 参照。

PlusOne

解答において，$\angle$CBA = $\angle$ACB が成り立つことは，次のように考えている。
（∗）が α，β，γ の対称式であることから，③ の文字を $\alpha\to\beta$，$\beta\to\gamma$，$\gamma\to\alpha$ と置き換えた式も成り立つ。この式を考えることにより，(2) の 1 行目から 9 行目までの解答において [A，α] → [B，β]，[B，β] → [C，γ]，[C，γ] → [A，α] と置き換えたものはすべて成り立つか

ら，∠CBA = ∠ACB が成り立つことがいえるのである。

問題 119 複素数平面上の 4 点 $1+i$，$7+i$，$-6i$，a が同一円周上にあるような，実数 a の値を求めよ。

$\alpha=1+i$，$\beta=7+i$，$\gamma=-6i$，$\delta=a$ とおく。

$z=\dfrac{\beta-\gamma}{\alpha-\gamma}$，$w=\dfrac{\beta-\delta}{\alpha-\delta}$ とおくと

◀例題 119 の Point参照。

$$z=\frac{(7+i)-(-6i)}{(1+i)-(-6i)}=\frac{7+7i}{1+7i}=\frac{(7+7i)(1-7i)}{(1+7i)(1-7i)}=\frac{7(4-3i)}{25}$$

◀z は実数にはならない。

$$w=\frac{(7+i)-a}{(1+i)-a}=\frac{(7-a)+i}{(1-a)+i}=\frac{\{(7-a)+i\}\{(1-a)-i\}}{\{(1-a)+i\}\{(1-a)-i\}}$$

$$=\frac{(a^2-8a+8)-6i}{(a-1)^2+1}$$

◀w は実数にはならない。

$$\frac{w}{z}=\frac{25}{(a-1)^2+1}\cdot\frac{(a^2-8a+8)-6i}{7(4-3i)}$$

$$=\frac{25}{(a-1)^2+1}\cdot\frac{\{(a^2-8a+8)-6i\}(4+3i)}{7(4-3i)(4+3i)}$$

$$=\frac{1}{(a-1)^2+1}\cdot\frac{(4a^2-32a+50)+3a(a-8)i}{7}$$

4 点が同一円周上にある条件は，z，w が実数でなく，$\dfrac{w}{z}$ が実数であるから　$3a(a-8)=0$

したがって　$\boldsymbol{a=0,\ 8}$

◀$a=0$ のとき，点 a は原点と一致する。

問題 120 右の図のように，△ABC の 2 辺 AB，AC をそれぞれ 1 辺とする正方形 ABDE，ACFG をこの三角形の外側につくる。線分 EG の中点を M とするとき，MA ⊥ BC，2MA = BC であることを証明せよ。

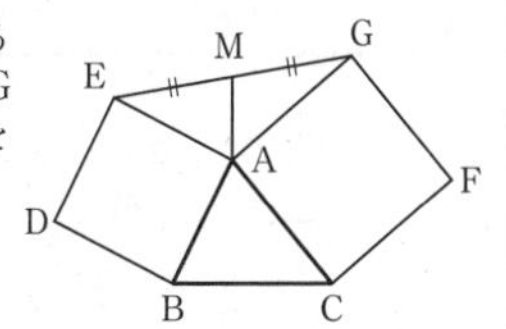

点 A を原点とし，点 B，C，E，G，M を表す複素数をそれぞれ z_1，z_2，w_1，w_2，m とすると　$w_1=-iz_1$，$w_2=iz_2$

◀練習 120 参照。

また，M は線分 EG の中点であるから

$$m=\frac{w_1+w_2}{2}=\frac{-iz_1+iz_2}{2}$$

$$=\frac{i}{2}(z_2-z_1)$$

よって　$\dfrac{m}{z_2-z_1}=\dfrac{i}{2}$

ゆえに，$\dfrac{m}{z_2-z_1}$ が純虚数であるから　MA ⊥ BC

◀点 A は原点である。

◀問題 114 参照。

また，$\left|\dfrac{m}{z_2-z_1}\right|=\dfrac{1}{2}$ より　$\dfrac{\mathrm{MA}}{\mathrm{BC}}=\dfrac{1}{2}$

したがって　2MA = BC

問題 121 $\arg\alpha=\theta\ (0\leqq\theta<2\pi)$ とするとき，原点Oと点 $\mathrm{A}(\alpha)$ を通る直線 l に関して，点 $\mathrm{B}(\beta)$ と対称な点を $\mathrm{C}(\gamma)$ とするとき，$\gamma=\dfrac{\alpha}{\overline{\alpha}}\overline{\beta}=(\cos2\theta+i\sin2\theta)\overline{\beta}$ が成り立つことを示せ。

$\arg\alpha=\theta$ のとき，$\overline{\alpha}$ の偏角は $-\theta$ である。
よって，点Bを原点を中心に $-\theta$ だけ回転した点を $\mathrm{B}'(\beta')$ とすると

$$\beta'=\beta\{\cos(-\theta)+i\sin(-\theta)\}=\beta\cdot\frac{1}{|\alpha|}\overline{\alpha}=\frac{1}{|\alpha|}\overline{\alpha}\beta$$

点 B' を実軸に関して対称移動した点を $\mathrm{C}'(\gamma')$ とすると

$$\gamma'=\overline{\beta'}=\overline{\frac{1}{|\alpha|}\overline{\alpha}\beta}=\frac{1}{|\alpha|}\alpha\overline{\beta}$$

◀ $\overline{\overline{\alpha}\beta}=\overline{(\overline{\alpha})}\,\overline{\beta}=\alpha\overline{\beta}$

点 $\mathrm{C}(\gamma)$ は点 C' を原点を中心に θ だけ回転した点であるから

$$\gamma=\gamma'\cdot\frac{1}{|\alpha|}\alpha=\frac{1}{|\alpha|}\alpha\overline{\beta}\cdot\frac{1}{|\alpha|}\alpha$$

$$=\frac{1}{|\alpha|^2}\alpha^2\overline{\beta}=\frac{1}{\alpha\overline{\alpha}}\alpha^2\overline{\beta}=\frac{\alpha}{\overline{\alpha}}\overline{\beta}$$

◀ $|z|^2=z\overline{z}$

また　$$\frac{\alpha}{\overline{\alpha}}=\frac{|\alpha|(\cos\theta+i\sin\theta)}{|\alpha|\{\cos(-\theta)+i\sin(-\theta)\}}$$

$$=\cos2\theta+i\sin2\theta$$

◀ $\cos\{\theta-(-\theta)\}+i\sin\{\theta-(-\theta)\}$

したがって　$\gamma=(\cos2\theta+i\sin2\theta)\overline{\beta}$

問題 122 (1) z が虚数で，$z+\dfrac{1}{z}$ が実数のとき，$|z|$ の値 a を求めよ。

(2) (1)の a に対して，$|z|=a$ を満たす z について，$w=\left(z+\sqrt{2}+\sqrt{2}i\right)^4$ の絶対値 r と偏角 $\theta\ (0\leqq\theta<2\pi)$ のとり得る値の範囲を求めよ。

(1) $z+\dfrac{1}{z}$ が実数であるから

$$\overline{z+\frac{1}{z}}=z+\frac{1}{z}\quad すなわち\quad \overline{z}+\frac{1}{\overline{z}}=z+\frac{1}{z}$$

よって　$z(\overline{z})^2+z=z^2\overline{z}+\overline{z}$

$(z\overline{z}-1)(z-\overline{z})=0$

$(|z|^2-1)(z-\overline{z})=0$

z が虚数であるから，$z\neq\overline{z}$ より　$|z|^2=1$

◀ z が虚数であるから虚部は0でない。よって　$z\neq\overline{z}$

$|z|>0$ より　$|z|=1$

よって　$\boldsymbol{a=1}$

(2) $|z|=1$ より，点 z は複素数平面上で単位円上を動く。

ここで，$z'=z+\sqrt{2}+\sqrt{2}i$ とおくと，点 z' は，中心が点 $\mathrm{A}(\sqrt{2}+\sqrt{2}i)$，半径1の円 C 上を動く。

◀ $z=z'-(\sqrt{2}+\sqrt{2}i)$ を $|z|=1$ に代入して $|z'-(\sqrt{2}+\sqrt{2}i)|=1$
または，$|z|=1$ を $\sqrt{2}+\sqrt{2}i$ 平行移動すると考える。

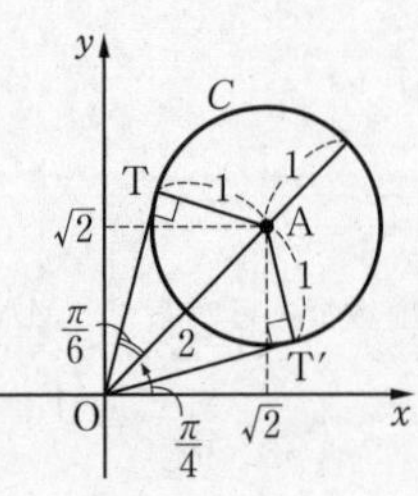

このとき，右の図のように，原点Oを通る直線と円 C が接するときの接点をT，T′とすると

$OA = |\sqrt{2}+\sqrt{2}i| = 2,\ \angle AOT = \dfrac{\pi}{6}$

◀ $AT : OA = 1 : 2$
$\angle ATO = \dfrac{\pi}{2}$ より，
$\triangle AOT$ は直角三角形である。

また，直線 OA と実軸の正の部分のなす角は $\dfrac{\pi}{4}$

よって

$$OA - 1 \leqq |z'| \leqq OA + 1 \quad すなわち \quad 1 \leqq |z'| \leqq 3$$

$$\frac{\pi}{4} - \frac{\pi}{6} \leqq \arg z' \leqq \frac{\pi}{4} + \frac{\pi}{6} \quad すなわち \quad \frac{\pi}{12} \leqq \arg z' \leqq \frac{5}{12}\pi$$

$w = (z')^4$ であるから　$|w| = |z'|^4,\ \arg w = 4\arg z'$

◀ $\alpha = r(\cos\theta + i\sin\theta)$ のとき
$\alpha^4 = r^4(\cos 4\theta + i\sin 4\theta)$

したがって　$\boldsymbol{1 \leqq r \leqq 81,\ \dfrac{\pi}{3} \leqq \theta \leqq \dfrac{5}{3}\pi}$

p.228

定期テスト攻略 ▶ 10

1 複素数平面において，z が条件 $z\overline{z} + iz - i\overline{z} = 0$（ただし $\overline{z}$ は z の共役複素数）を満たすとき，z はどのような図形をえがくか。

$z\overline{z} + iz - i\overline{z} = 0$ を変形して

$$(z-i)(\overline{z}+i) = 1$$

$$(z-i)(\overline{z} - \overline{i}) = 1$$

$$(z-i)(\overline{z-i}) = 1$$

$$|z-i|^2 = 1$$

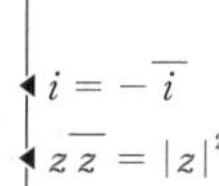

◀ $i = -\overline{i}$

◀ $z\overline{z} = |z|^2$

$|z-i| \geqq 0$ より　$|z-i| = 1$

したがって，z は **点 i を中心とする半径 1 の円** をえがく。

2 2つの複素数 z と w の間に，$w = \dfrac{z+i}{z+1}$ なる関係がある。ただし，$z+1 \neq 0$ である。

(1) z が複素数平面上の虚軸を動くとき，w の軌跡を求め，図示せよ。

(2) z が複素数平面上の原点を中心とする半径 1 の円上を動くとき，w の軌跡を求め，図示せよ。

$w = \dfrac{z+i}{z+1}$ より　$w(z+1) = z+i$

$wz + w = z + i$ より　$(w-1)z = -w+i$

◀ $w=1$ のとき，$0=-1+i$ となり矛盾。

$w - 1 \neq 0$ であるから　$z = \dfrac{-w+i}{w-1}$　…①

(1) z が虚軸上を動くとき　$\overline{z} = -z$

◀ z が純虚数 $\iff \overline{z} = -z,\ z \neq 0$
ただし，この場合は虚軸上であるから $z=0$ も含む。

① を代入して　$\overline{\left(\dfrac{-w+i}{w-1}\right)} = -\dfrac{-w+i}{w-1}$

よって　$\dfrac{-\overline{w}-i}{\overline{w}-1} = \dfrac{w-i}{w-1}$

◀ $\overline{-w+i} = \overline{-w} + \overline{i} = -\overline{w} - i$

分母をはらって

$$(-\overline{w}-i)(w-1) = (w-i)(\overline{w}-1)$$

整理すると　$w\overline{w} + \dfrac{-1+i}{2}w - \dfrac{1+i}{2}\overline{w} = 0$

$$\left(w-\frac{1+i}{2}\right)\left(\overline{w}+\frac{-1+i}{2}\right)=-\frac{(1+i)(-1+i)}{4}$$

$$\left(w-\frac{1+i}{2}\right)\overline{\left(w-\frac{1+i}{2}\right)}=\frac{1}{2}$$

$$\left|w-\frac{1+i}{2}\right|^2=\frac{1}{2}$$

$\left|w-\dfrac{1+i}{2}\right|\geqq 0$ より

$$\left|w-\frac{1+i}{2}\right|=\frac{\sqrt{2}}{2}\quad ただし，w \fallingdotseq 1$$

したがって，w の軌跡は，**点 $\dfrac{1+i}{2}$ を中心とする半径 $\dfrac{\sqrt{2}}{2}$ の円から，点 1 を除いた図形**であり，**右の図**。

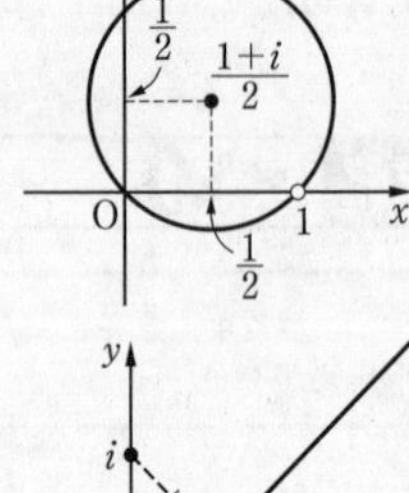

◀円 $\left|w-\dfrac{1+i}{2}\right|=\dfrac{\sqrt{2}}{2}$ は，点 1 を通る。$w \fallingdotseq 1$ より，点 1 を除いた図形が求める軌跡である。

(2)　z が原点を中心とする半径 1 の円上を動くから　$|z|=1$

① を代入して　$\left|\dfrac{-w+i}{w-1}\right|=1$

よって　$|w-i|=|w-1|$

したがって，w の軌跡は，**2 点 1，i を結ぶ線分の垂直二等分線** であり，**右の図**。

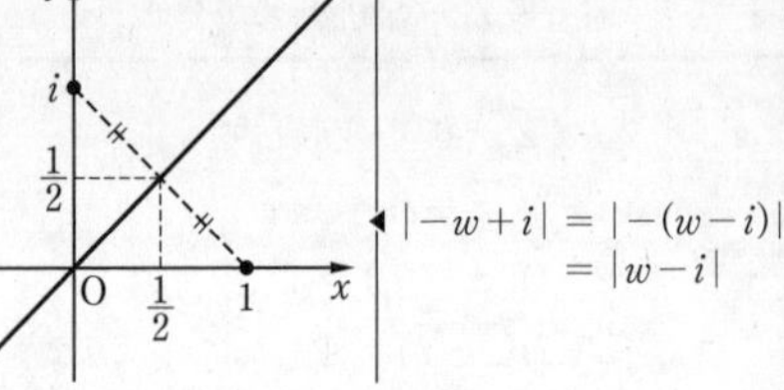

◀ $|-w+i|=|-(w-i)|=|w-i|$

> **3**　α，β，γ を複素数とする。次について，正しければ証明し，正しくなければ反例を挙げよ。
> α，β，γ が複素数平面の一直線上にあるとき，$\beta+\gamma$，$\gamma+\alpha$，$\alpha+\beta$ も一直線上にある。
> ただし，α，β，γ はすべて異なるものとする。

正しい。

〔証明〕

3 点 α，β，γ はすべて異なり，一直線上にあるから，$\dfrac{\beta-\gamma}{\alpha-\gamma}$ は実数である。

このとき，$\dfrac{(\gamma+\alpha)-(\alpha+\beta)}{(\beta+\gamma)-(\alpha+\beta)}=\dfrac{\gamma-\beta}{\gamma-\alpha}=\dfrac{\beta-\gamma}{\alpha-\gamma}$ も実数となり，

3 点 $\beta+\gamma$，$\gamma+\alpha$，$\alpha+\beta$ は一直線上にある。

◀異なる 3 点 α，β，γ が一直線上にある
$\iff \dfrac{\beta-\gamma}{\alpha-\gamma}$ は実数

◀ α, β, γ はすべて異なる点であるから，$\beta+\gamma$, $\gamma+\alpha$
$\alpha+\beta$ もすべて異なる。

> **4**　複素数平面上の原点 O と 2 点 A(α)，B(β) について
> (1)　α，β が $\dfrac{\alpha}{\beta}=\dfrac{1+\sqrt{3}i}{2}$ を満たすとき，△OAB は正三角形であることを示せ。
> (2)　α，β が $\alpha^2+a\alpha\beta+b\beta^2=0$ を満たすとき，△OAB が角 O の大きさが $\dfrac{\pi}{4}$ である直角二等辺三角形となるように，実数 a，b の値を決めよ。

(1)　$\dfrac{\alpha}{\beta}=\dfrac{1}{2}+\dfrac{\sqrt{3}}{2}i=\cos\dfrac{\pi}{3}+i\sin\dfrac{\pi}{3}$

よって　　$\angle \mathrm{BOA} = \arg\left(\dfrac{\alpha}{\beta}\right) = \dfrac{\pi}{3}$

$\left|\dfrac{\alpha}{\beta}\right| = 1$ より $\mathrm{OA}:\mathrm{OB} = |\alpha|:|\beta| = 1:1$ であるから　$\mathrm{OA} = \mathrm{OB}$

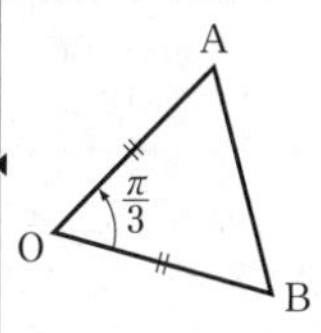

したがって，△OAB は正三角形である。

(2)　条件を満たす三角形は 2 種類できる。

(ア)　∠BAO が直角であり，OA = AB のとき

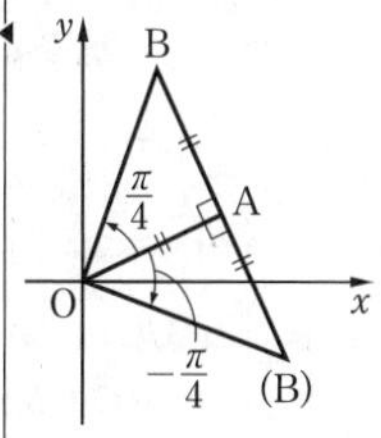

$\angle \mathrm{AOB} = \pm\dfrac{\pi}{4}$，$\dfrac{\mathrm{OA}}{\mathrm{OB}} = \dfrac{1}{\sqrt{2}}$ であるから

$$\frac{\alpha}{\beta} = \frac{1}{\sqrt{2}}\left\{\cos\left(\pm\frac{\pi}{4}\right) + i\sin\left(\pm\frac{\pi}{4}\right)\right\}$$

$$= \frac{1}{\sqrt{2}}\left(\frac{1}{\sqrt{2}} \pm \frac{1}{\sqrt{2}}i\right) = \frac{1}{2}(1 \pm i)\quad \text{（複号同順）}$$

よって　　$\alpha = \dfrac{1}{2}(1 \pm i)\beta$

$\alpha^2 + a\alpha\beta + b\beta^2 = 0$ に代入すると

$$\pm\frac{1}{2}\beta^2 i + \frac{1}{2}a(1 \pm i)\beta^2 + b\beta^2 = 0\quad \text{（複号同順）}$$

◀ $(1+i)^2 = 1 + 2i + i^2 = 2i$

$\beta = 0$ のときは三角形ができないから　　$\beta \neq 0$

両辺を β^2 で割って整理すると

$$\left(\frac{1}{2}a + b\right) \pm \frac{1}{2}(a+1)i = 0$$

a，b は実数であるから，$\dfrac{1}{2}a + b$，$a + 1$ も実数である。

ゆえに，$\dfrac{1}{2}a + b = 0$，$a + 1 = 0$ より　　$a = -1$，$b = \dfrac{1}{2}$

(イ)　∠OBA が直角であり，OB = AB のとき

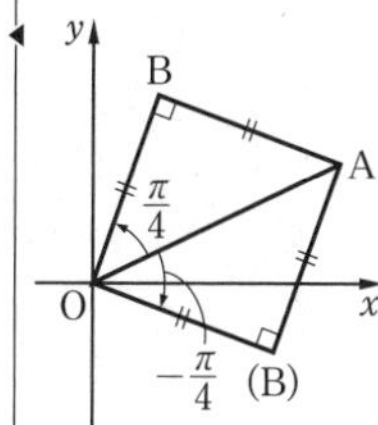

$\angle \mathrm{AOB} = \pm\dfrac{\pi}{4}$，$\dfrac{\mathrm{OA}}{\mathrm{OB}} = \sqrt{2}$ であるから

$$\frac{\alpha}{\beta} = \sqrt{2}\left\{\cos\left(\pm\frac{\pi}{4}\right) + i\sin\left(\pm\frac{\pi}{4}\right)\right\}$$

$$= \sqrt{2}\left(\frac{1}{\sqrt{2}} \pm \frac{1}{\sqrt{2}}i\right) = 1 \pm i\quad \text{（複号同順）}$$

よって　　$\alpha = (1 \pm i)\beta$

$\alpha^2 + a\alpha\beta + b\beta^2 = 0$ に代入して整理すると

$$(a+b) \pm (a+2)i = 0$$

◀ $\pm 2i\beta^2 + a(1 \pm i)\beta^2 + b\beta^2 = 0$
この両辺を β^2 $(\neq 0)$ で割る。

a，b は実数であるから，$a + b$，$a + 2$ も実数である。

ゆえに，$a + b = 0$，$a + 2 = 0$ より　　$a = -2$，$b = 2$

(ア)，(イ) より　　$\boldsymbol{a = -1}$，$\boldsymbol{b = \dfrac{1}{2}}$　**または**　$\boldsymbol{a = -2}$，$\boldsymbol{b = 2}$

5 四角形OABCについて，$OA^2+BC^2=OC^2+AB^2$ ならば $OB\perp AC$ であることを複素数を用いて証明せよ。

点Oを原点とし，直線OAを実軸，点Oを通り直線OAに垂直な直線を虚軸とする複素数平面を考える。

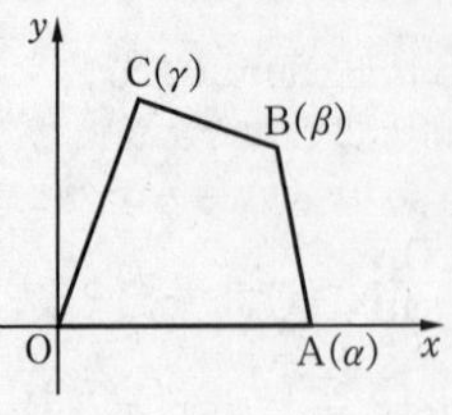

点A，B，Cを表す複素数をそれぞれα，β，γとすると，$OA^2+BC^2=OC^2+AB^2$ より

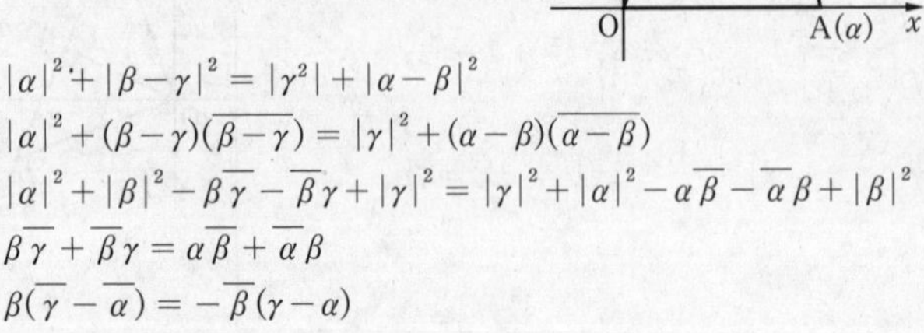

$$|\alpha|^2+|\beta-\gamma|^2=|\gamma^2|+|\alpha-\beta|^2$$

$$|\alpha|^2+(\beta-\gamma)\overline{(\beta-\gamma)}=|\gamma|^2+(\alpha-\beta)\overline{(\alpha-\beta)}$$

$$|\alpha|^2+|\beta|^2-\beta\overline{\gamma}-\overline{\beta}\gamma+|\gamma|^2=|\gamma|^2+|\alpha|^2-\alpha\overline{\beta}-\overline{\alpha}\beta+|\beta|^2$$

$$\beta\overline{\gamma}+\overline{\beta}\gamma=\alpha\overline{\beta}+\overline{\alpha}\beta$$

$$\beta(\overline{\gamma}-\overline{\alpha})=-\overline{\beta}(\gamma-\alpha)$$

両辺を $\beta\overline{\beta}$ $(\neq 0)$ で割ると $\quad \dfrac{\overline{\gamma}-\overline{\alpha}}{\overline{\beta}}=-\dfrac{\gamma-\alpha}{\beta}$

すなわち $\quad \overline{\left(\dfrac{\gamma-\alpha}{\beta}\right)}=-\dfrac{\gamma-\alpha}{\beta}$

$\dfrac{\gamma-\alpha}{\beta}\neq 0$ より，$\dfrac{\gamma-\alpha}{\beta}$ は純虚数であるから，$OB\perp AC$ である。

◀ $OB\perp AC$ を示すために $\dfrac{\gamma-\alpha}{\beta-0}$ すなわち $\dfrac{\gamma-\alpha}{\beta}$ が純虚数であることを示す。

◀ $(\beta-\gamma)\overline{(\beta-\gamma)}$
$=(\beta-\gamma)(\overline{\beta}-\overline{\gamma})$
$=\beta\overline{\beta}-\beta\overline{\gamma}-\gamma\overline{\beta}+\gamma\overline{\gamma}$
$=|\beta|^2-\beta\overline{\gamma}-\overline{\beta}\gamma+|\gamma|^2$

◀ $\beta\overline{\beta}=0$ すなわち $\beta=0$ のときは，四角形ができない。

◀ z が純虚数 $\iff \overline{z}=-z,\ z\neq 0$

$\dfrac{\gamma-\alpha}{\beta-0}$ は純虚数 $\iff OB\perp AC$

融合例題

練習 1 Oを原点とする座標平面上の放物線 $y=-\frac{1}{2}x^2$ 上に2点 $\mathrm{A}\left(a,\ -\frac{1}{2}a^2\right)$, $\mathrm{B}\left(b,\ -\frac{1}{2}b^2\right)$ をとり，$t=\overrightarrow{\mathrm{OA}}\cdot\overrightarrow{\mathrm{OB}}$ とおく。ただし，$a \leqq b$ とする。

(1) t の最小値 t_0 を求めよ。

(2) $\overrightarrow{\mathrm{OA}}$ と $\overrightarrow{\mathrm{OB}}$ のなす角を θ とおく。$t=t_0$ のとき，$\cos\theta$ の最小値およびそのときの2点A，Bの座標を求めよ。

(3) $\overrightarrow{\mathrm{OP}}=\overrightarrow{\mathrm{OA}}+\overrightarrow{\mathrm{OB}}$ とおく。$a>0$ かつ $t=3$ のとき，点Pの存在範囲を図示せよ。

(1) $\overrightarrow{\mathrm{OA}}=\left(a,\ -\frac{1}{2}a^2\right)$, $\overrightarrow{\mathrm{OB}}=\left(b,\ -\frac{1}{2}b^2\right)$ であるから

$$t=\overrightarrow{\mathrm{OA}}\cdot\overrightarrow{\mathrm{OB}}=ab+\frac{1}{4}(ab)^2=\frac{1}{4}(ab+2)^2-1$$

ab はすべての実数値をとるから，t は

$ab=-2$ のとき　**最小値 $t_0=-1$**

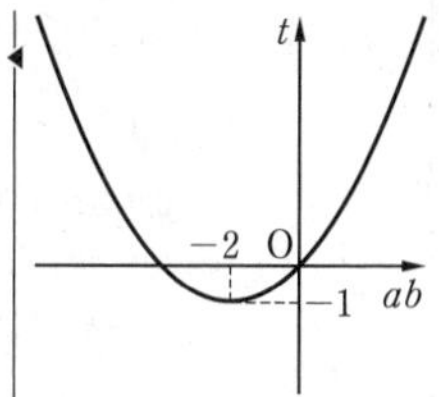

(2) (1)より，$t_0=-1$ のとき $ab=-2$ であるから

◀ $\overrightarrow{\mathrm{OA}}\cdot\overrightarrow{\mathrm{OB}}=-1$

$$|\overrightarrow{\mathrm{OA}}|^2|\overrightarrow{\mathrm{OB}}|^2=\left(a^2+\frac{1}{4}a^4\right)\left(b^2+\frac{1}{4}b^4\right)$$
$$=\frac{1}{16}(ab)^2\{(ab)^2+4(a^2+b^2)+16\}$$
$$=\frac{1}{16}\cdot4\{4+4(a^2+b^2)+16\}$$
$$=a^2+b^2+5 \quad \cdots ①$$

ここで，$a^2 \geqq 0$, $b^2 \geqq 0$ であるから，相加平均と相乗平均の関係により　$a^2+b^2 \geqq 2\sqrt{a^2b^2}=4 \quad \cdots ②$

等号が成立するのは，$a^2=b^2$ すなわち $a=\pm b$ のときであり，

$ab=-2$, $a \leqq b$ より $a=-\sqrt{2}$, $b=\sqrt{2}$ のときである。

①，②より　$|\overrightarrow{\mathrm{OA}}|^2|\overrightarrow{\mathrm{OB}}|^2 \geqq 4+5=9$

$|\overrightarrow{\mathrm{OA}}| \geqq 0$, $|\overrightarrow{\mathrm{OB}}| \geqq 0$ であるから　$|\overrightarrow{\mathrm{OA}}||\overrightarrow{\mathrm{OB}}| \geqq 3$

よって　$\cos\theta=\dfrac{\overrightarrow{\mathrm{OA}}\cdot\overrightarrow{\mathrm{OB}}}{|\overrightarrow{\mathrm{OA}}||\overrightarrow{\mathrm{OB}}|} \geqq \dfrac{-1}{3}=-\dfrac{1}{3}$

◀ $|\overrightarrow{\mathrm{OA}}||\overrightarrow{\mathrm{OB}}| \geqq 3$ より
$0<\dfrac{1}{|\overrightarrow{\mathrm{OA}}||\overrightarrow{\mathrm{OB}}|} \leqq \dfrac{1}{3}$
両辺に $\overrightarrow{\mathrm{OA}}\cdot\overrightarrow{\mathrm{OB}}=-1$ を掛けて
$\dfrac{\overrightarrow{\mathrm{OA}}\cdot\overrightarrow{\mathrm{OB}}}{|\overrightarrow{\mathrm{OA}}||\overrightarrow{\mathrm{OB}}|} \geqq \dfrac{-1}{3}$

したがって，$\cos\theta$ の **最小値は $-\frac{1}{3}$** であり，このとき

$\mathrm{A}(-\sqrt{2},\ -1)$, $\mathrm{B}(\sqrt{2},\ -1)$

(3) $t=3$ のとき，$ab+\frac{1}{4}(ab)^2=3$ より

$$(ab-2)(ab+6)=0$$

$0<a \leqq b$ より，$ab>0$ であるから　$ab=2$

$\overrightarrow{\mathrm{OP}}=\overrightarrow{\mathrm{OA}}+\overrightarrow{\mathrm{OB}}$ より

$$\overrightarrow{\mathrm{OP}}=\left(a,\ -\frac{1}{2}a^2\right)+\left(b,\ -\frac{1}{2}b^2\right)=\left(a+b,\ -\frac{1}{2}(a^2+b^2)\right)$$

ここで，$\overrightarrow{\mathrm{OP}}=(x,\ y)$ とおくと　$x=a+b$, $y=-\frac{1}{2}(a^2+b^2)$

これより　$y=-\frac{1}{2}\{(a+b)^2-2ab\}=-\frac{1}{2}x^2+2$

ただし，$0 < a \leqq b$ であるから，相加平均と相乗平均の関係により

$$x = a + b \geqq 2\sqrt{ab} = 2\sqrt{2}$$

◀ $0 < a \leqq b$ より $x = a + b > 0$ だけでは不十分である。

等号は $a = b = \sqrt{2}$ のとき成立する。

したがって，点Pの存在範囲は放物線

$y = -\dfrac{1}{2}x^2 + 2$ の $x \geqq 2\sqrt{2}$ の部分で

右の図。

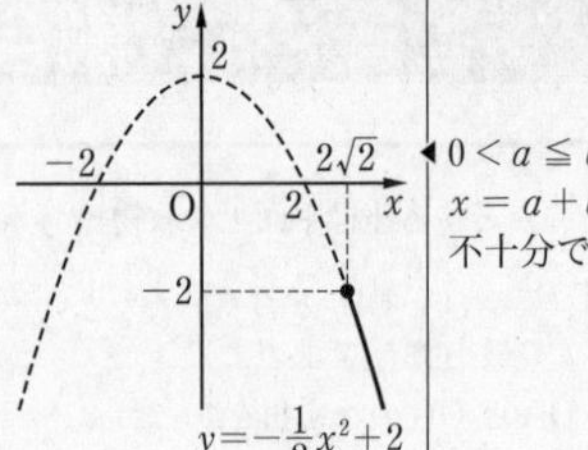

問題 **1** xy 平面上に3点 O(0, 0)，P$(p_x,\ p_y)$，Q$(q_x,\ q_y)$ がある。Pは曲線 $y = \dfrac{1}{x}$ 上に，またQは曲線 $y = -\dfrac{1}{x}$ 上にあり，$q_x < 0 < p_x$ かつ $\overrightarrow{\mathrm{OP}} \cdot \overrightarrow{\mathrm{OQ}} = 0$ である。$p = p_x$ とするとき，次の問に答えよ。

(1) q_x，q_y をそれぞれ p の式として表せ。

(2) $\overrightarrow{\mathrm{OR}} = \dfrac{1}{2}(\overrightarrow{\mathrm{OP}} + \overrightarrow{\mathrm{OQ}})$ となる点Rの座標を $(r,\ s)$ とおくとき，s を r の式として，p を含まない形で表せ。

(3) △OPQの面積 S を p を用いて表し，S の最小値と，そのときの p の値を求めよ。

（山梨大　改）

(1) 点P，Qはそれぞれ曲線 $y = \dfrac{1}{x}$，$y = -\dfrac{1}{x}$ 上の点であるから

$$p_y = \frac{1}{p_x} = \frac{1}{p},\quad q_y = -\frac{1}{q_x} \quad \cdots ①$$

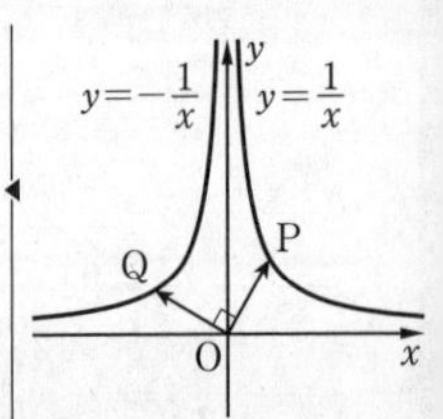

$\overrightarrow{\mathrm{OP}} = (p_x,\ p_y)$，$\overrightarrow{\mathrm{OQ}} = (q_x,\ q_y)$ であり，$\overrightarrow{\mathrm{OP}} \cdot \overrightarrow{\mathrm{OQ}} = 0$ より

$$p_x q_x + p_y q_y = 0$$

① を代入して　$pq_x + \dfrac{1}{p} \cdot \left(-\dfrac{1}{q_x}\right) = 0$

すなわち　$(pq_x)^2 = 1$

◀ $pq_x - \dfrac{1}{pq_x} = 0$ の両辺に pq_x を掛けて $(pq_x)^2 - 1 = 0$

$p > 0$，$q_x < 0$ より $pq_x < 0$ であるから　$pq_x = -1$

よって　$q_x = -\dfrac{1}{p}$

① より　$q_y = -\dfrac{1}{q_x} = p$

したがって　$\boldsymbol{q_x = -\dfrac{1}{p},\ q_y = p}$

(2) (1) より

$$\overrightarrow{\mathrm{OP}} = (p_x,\ p_y) = \left(p,\ \frac{1}{p}\right),\ \overrightarrow{\mathrm{OQ}} = (q_x,\ q_y) = \left(-\frac{1}{p},\ p\right)$$

よって　$\overrightarrow{\mathrm{OR}} = \dfrac{1}{2}(\overrightarrow{\mathrm{OP}} + \overrightarrow{\mathrm{OQ}}) = \left(\dfrac{1}{2}\left(p - \dfrac{1}{p}\right),\ \dfrac{1}{2}\left(p + \dfrac{1}{p}\right)\right)$

$\overrightarrow{\mathrm{OR}} = (r,\ s)$ であるから　$r = \dfrac{1}{2}\left(p - \dfrac{1}{p}\right)$，$s = \dfrac{1}{2}\left(p + \dfrac{1}{p}\right)$

$$s^2 - r^2 = \frac{1}{4}\left(p + \frac{1}{p}\right)^2 - \frac{1}{4}\left(p - \frac{1}{p}\right)^2$$

$$= \frac{1}{4}\left\{\left(p^2 + 2 + \frac{1}{p^2}\right) - \left(p^2 - 2 + \frac{1}{p^2}\right)\right\} = 1$$

◀ p を消去するために，$s^2 - r^2$ を求める。

よって　　$s^2 = r^2 + 1$

$p > 0$ であるから　　$s > 0$

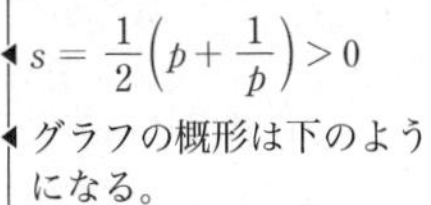

したがって　　$\boldsymbol{s = \sqrt{r^2+1}}$

◀ $s = \dfrac{1}{2}\left(p + \dfrac{1}{p}\right) > 0$

◀ グラフの概形は下のようになる。

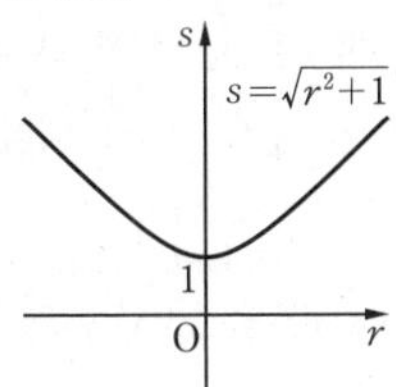

(3)　$\overrightarrow{OP}\cdot\overrightarrow{OQ} = 0$，$\overrightarrow{OP} \neq \vec{0}$，$\overrightarrow{OQ} \neq \vec{0}$ であるから　　$\mathrm{OP} \perp \mathrm{OQ}$

よって　　$S = \dfrac{1}{2}\mathrm{OP}\times\mathrm{OQ}$

$$= \frac{1}{2}\sqrt{p^2 + \left(\frac{1}{p}\right)^2}\sqrt{\left(-\frac{1}{p}\right)^2 + p^2}$$

$$= \boldsymbol{\frac{1}{2}\left(p^2 + \frac{1}{p^2}\right)}$$

ここで，$p^2 > 0$，$\dfrac{1}{p^2} > 0$ であるから，相加平均と相乗平均の関係により　　$\dfrac{1}{2}\left(p^2 + \dfrac{1}{p^2}\right) \geqq \sqrt{p^2\cdot\dfrac{1}{p^2}} = 1$

すなわち　　$S \geqq 1$

等号は $p^2 = \dfrac{1}{p^2}$ すなわち $p = 1$ のときに成立する。

◀ このとき P(1, 1)，Q(−1, 1)

したがって，S は **$p = 1$ のとき，最小値 1**

練習 2　O(0, 0, 0)，A(2, 0, 0)，C(0, 3, 0)，D$(-1, 0, \sqrt{6})$ であるような平行六面体 OABC − DEFG において，辺 AB の中点を M とし，辺 DG 上の点 N を MN = 4 かつ DN < GN を満たすように定める。

(1)　N の座標を求めよ。

(2)　3 点 E，M，N を通る平面と y 軸との交点 P の座標を求めよ。

(3)　3 点 E，M，N を通る平面による平行六面体 OABC − DEFG の切り口の面積を求めよ。

（東北大）

(1)　$\overrightarrow{OA} = (2, 0, 0)$，$\overrightarrow{OC} = (0, 3, 0)$，$\overrightarrow{OD} = (-1, 0, \sqrt{6})$ より

$$\overrightarrow{OM} = \overrightarrow{OA} + \frac{1}{2}\overrightarrow{OC} = (2, 0, 0) + \frac{1}{2}(0, 3, 0) = \left(2, \frac{3}{2}, 0\right)$$

$$\overrightarrow{ON} = \overrightarrow{OD} + t\overrightarrow{OC} = (-1, 0, \sqrt{6}) + t(0, 3, 0)$$

$$= (-1, 3t, \sqrt{6}) \quad \cdots ①$$

よって　　$\overrightarrow{MN} = \overrightarrow{ON} - \overrightarrow{OM} = (-1, 3t, \sqrt{6}) - \left(2, \dfrac{3}{2}, 0\right)$

$$= \left(-3, 3t - \frac{3}{2}, \sqrt{6}\right)$$

ゆえに　　$|\overrightarrow{MN}| = \sqrt{(-3)^2 + \left(3t - \dfrac{3}{2}\right)^2 + (\sqrt{6})^2} = 4$

すなわち

$$9 + 9t^2 - 9t + \frac{9}{4} + 6 = 16$$

$$9t^2 - 9t + \frac{5}{4} = 0$$

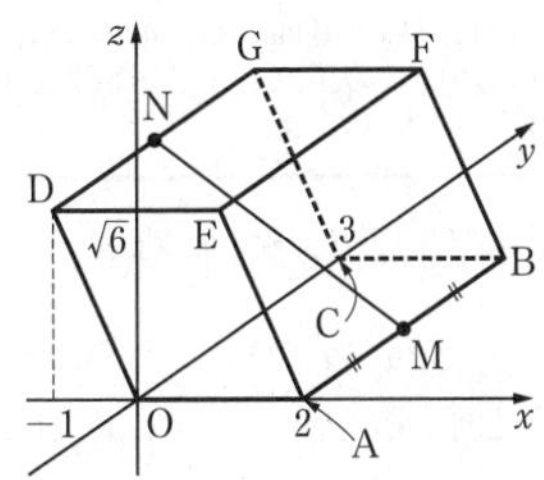

よって　　$t = \dfrac{1}{6}$，$\dfrac{5}{6}$

ここで，DN < GN より

$t<\dfrac{1}{2}$ であるから　　$t=\dfrac{1}{6}$

① に代入すると，点 N の座標は　　$\left(-1,\ \dfrac{1}{2},\ \sqrt{6}\right)$

(2)　$\overrightarrow{EM}=\overrightarrow{OM}-\overrightarrow{OE}=\left(1,\ \dfrac{3}{2},\ -\sqrt{6}\right)$

◀ $\overrightarrow{OE}=\overrightarrow{OA}+\overrightarrow{OD}=(1,\ 0,\ \sqrt{6})$

$\overrightarrow{EN}=\overrightarrow{EM}+\overrightarrow{MN}=\left(-2,\ \dfrac{1}{2},\ 0\right)$

◀ (1) より $\overrightarrow{MN}=(-3,\ -1,\ \sqrt{6})$

平面 EMN において $\overrightarrow{EM}$, $\overrightarrow{EN}$ は 1 次独立より，

$\overrightarrow{EP}=m\overrightarrow{EM}+n\overrightarrow{EN}$ と表すことができる。

$$\overrightarrow{EP}=m\left(1,\ \frac{3}{2},\ -\sqrt{6}\right)+n\left(-2,\ \frac{1}{2},\ 0\right)$$

$$=\left(m-2n,\ \frac{3}{2}m+\frac{1}{2}n,\ -\sqrt{6}\,m\right)$$

よって

$$\overrightarrow{OP}=\overrightarrow{OE}+\overrightarrow{EP}$$

$$=\left(m-2n+1,\ \frac{3}{2}m+\frac{1}{2}n,\ -\sqrt{6}\,m+\sqrt{6}\right)\quad\cdots②$$

ここで，点 P は y 軸上の点より，その x 座標，z 座標は 0 であるから

$$m-2n+1=0 \quad かつ \quad -\sqrt{6}\,m+\sqrt{6}=0$$

これを解くと　　$m=1,\ n=1$　　$\cdots③$

③ を ② に代入すると　　$\overrightarrow{OP}=(0,\ 2,\ 0)$

したがって，点 P の座標は　　**(0, 2, 0)**

(3)　(2) より　　$\overrightarrow{OC}=\dfrac{3}{2}\overrightarrow{OP}$

◀ $\overrightarrow{AC}=k\overrightarrow{AB}$ のとき，3 点 A, B, C は一直線上にある。

よって，点 P は辺 OC 上の点であるから，平面 EMN による切り口は，四角形 EMPN と一致する。

◀ 線分 EM, MP, PN, NE をつなぐと，平行六面体 OABC−DEFG の周囲を 1 周する。

ここで，③ より　　$\overrightarrow{EP}=\overrightarrow{EM}+\overrightarrow{EN}$

ゆえに，四角形 EMPN は平行四辺形であり，その面積 S は △EMN の 2 倍に等しいから

$$S=2\times\frac{1}{2}\sqrt{|\overrightarrow{EM}|^2|\overrightarrow{EN}|^2-(\overrightarrow{EM}\cdot\overrightarrow{EN})^2}$$

$$=\sqrt{\left\{1^2+\left(\frac{3}{2}\right)^2+(-\sqrt{6})^2\right\}\left\{(-2)^2+\left(\frac{1}{2}\right)^2+0^2\right\}-\left\{1\cdot(-2)+\frac{3}{2}\cdot\frac{1}{2}+(-\sqrt{6})\cdot 0\right\}^2}$$

$$=\sqrt{\frac{37}{4}\cdot\frac{17}{4}-\left(-\frac{5}{4}\right)^2}=\sqrt{\frac{604}{4^2}}=\boldsymbol{\frac{\sqrt{151}}{2}}$$

問題 2　1 辺の長さが 2 の正方形を底面とし，高さが 1 の直方体を K とする。2 点 A, B を直方体 K の同じ面に属さない 2 つの頂点とする。直線 AB を含む平面で直方体 K を切ったときの断面積の最大値と最小値を求めよ。　(一橋大)

点 A を原点とし，A を含む 3 辺が x 軸，y 軸，z 軸の正の部分と重なるように座標軸をとる。

このとき　　A(0, 0, 0), B(2, 2, 1)

立体 K を直線 AB を含む平面で切ったとき，断面の表れ方は次の 2 通りである。

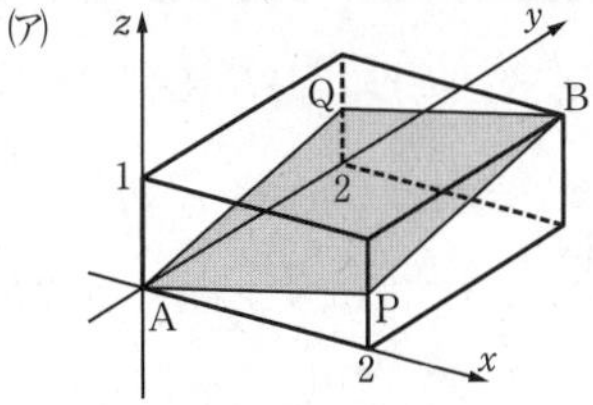

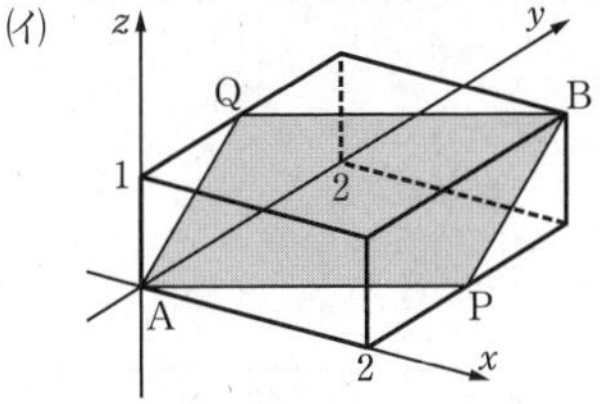

(ア)　(イ)

ここで，断面の四角形を上の図のように APBQ とおく。
K は直方体であるから，直線 AP，QB をそれぞれ含む K の面は平行である。よって，直線 AP と QB が交わることはない。
また，4 点 A，P，B，Q は同一平面上にあるから，直線 AP と QB はねじれの位置にはない。
以上より，直線 AP と QB は平行である。
直線 AQ と PB についても同様であるから，四角形 APBQ は向かい合う辺がそれぞれ平行，すなわち，平行四辺形である。
ゆえに，四角形 APBQ の面積を S とおくと，S は △APB の面積の 2 倍に等しい。

◀ 2 直線の位置関係は
(ア)　交わる
(イ)　平行である
(ウ)　ねじれの位置にある
のいずれかである。

(ア)　P の座標を $(2,\ 0,\ t)$ $(0 \leqq t \leqq 1)$ とおくと

$$S = 2\times\frac{1}{2}\sqrt{|\overrightarrow{\mathrm{AB}}|^2|\overrightarrow{\mathrm{AP}}|^2-(\overrightarrow{\mathrm{AB}}\cdot\overrightarrow{\mathrm{AP}})^2}$$
$$=\sqrt{(2^2+2^2+1^2)(2^2+0^2+t^2)-(2\times2+2\times0+1\times t)^2}$$
$$=\sqrt{9(t^2+4)-(t+4)^2}$$
$$=\sqrt{8t^2-8t+20}$$
$$=\sqrt{8\left(t-\frac{1}{2}\right)^2+18}$$

◀ $S = 2\times\triangle\mathrm{APB}$

よって，S が最大となるのは $t=0,\ 1$ のとき　$S=\sqrt{20}=2\sqrt{5}$

最小となるのは $t=\dfrac{1}{2}$ のとき　$S=\sqrt{18}=3\sqrt{2}$

(イ)　P の座標を $(2,\ u,\ 0)$ $(0 \leqq u \leqq 2)$ とおくと

$$S = 2\times\frac{1}{2}\sqrt{|\overrightarrow{\mathrm{AB}}|^2|\overrightarrow{\mathrm{AP}}|^2-(\overrightarrow{\mathrm{AB}}\cdot\overrightarrow{\mathrm{AP}})^2}$$
$$=\sqrt{(2^2+2^2+1^2)(2^2+u^2+0^2)-(2\times2+2\times u+1\times0)^2}$$
$$=\sqrt{9(u^2+4)-(2u+4)^2}$$
$$=\sqrt{5u^2-16u+20}$$
$$=\sqrt{5\left(u-\frac{8}{5}\right)^2+\frac{36}{5}}$$

よって，S が

最大となるのは $u=0$ のとき　$S=\sqrt{20}=2\sqrt{5}$

最小となるのは $u=\dfrac{8}{5}$ のとき　$S=\sqrt{\dfrac{36}{5}}=\dfrac{6\sqrt{5}}{5}$

(ア)，(イ) より，$3\sqrt{2}>\dfrac{6\sqrt{5}}{5}$ であるから

◀ $3\sqrt{2}>0$，$\dfrac{6\sqrt{5}}{5}>0$ より
それぞれ 2 乗すると
$18>\dfrac{36}{5}$

S の **最大値 $2\sqrt{5}$，最小値 $\dfrac{6\sqrt{5}}{5}$**

融合例題

練習 3 座標平面上の楕円 $C:\dfrac{x^2}{9}+\dfrac{y^2}{5}=1$ について，楕円の2つの焦点のうち x 座標が小さい方の焦点をFとする。

(1) 点Fを極とし，Fから x 軸の正方向に向かう半直線を始線とする極座標 $(r,\ \theta)$ で表された楕円 C の極方程式を $r=f(\theta)$ とする。$f(\theta)$ を求めよ。

(2) 点Fで直交する2直線 l_1，l_2 について，l_1 と楕円 C の交点をP，Q，l_2 と楕円 C の交点をR，Sとする。$\dfrac{1}{\mathrm{FP}\cdot\mathrm{FQ}}+\dfrac{1}{\mathrm{FR}\cdot\mathrm{FS}}$ の値を求めよ。

(1) x 座標が小さい方の焦点Fの座標は $(-2,\ 0)$ となる。楕円 C 上の点 $\mathrm{P}(x,\ y)$ に対して，FPの長さを r，FPと x 軸の正の方向がなす角を θ とおくと

◀ $\mathrm{F}(-\sqrt{a^2-b^2},\ 0)$ $a^2=9,\ b^2=5$ より

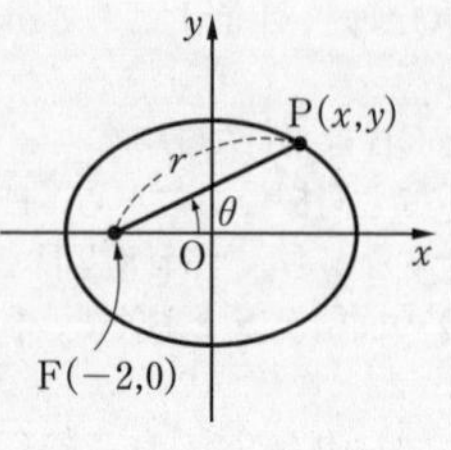

右の図より　　$x+2=r\cos\theta$

$y=r\sin\theta$

よって　　$x=r\cos\theta-2,\ y=r\sin\theta$

これらを $\dfrac{x^2}{9}+\dfrac{y^2}{5}=1$ に代入すると

$$\frac{(r\cos\theta-2)^2}{9}+\frac{(r\sin\theta)^2}{5}=1$$

$$r^2(9\sin^2\theta+5\cos^2\theta)-20r\cos\theta+20=45$$

$$(9-4\cos^2\theta)r^2-20\cos\theta\cdot r-25=0$$

◀ $9\sin^2\theta+5\cos^2\theta$ $=9(1-\cos^2\theta)+5\cos^2\theta$ $=9-4\cos^2\theta$

r についての2次方程式とみて，解の公式により

$$r=\frac{10\cos\theta\pm\sqrt{100\cos^2\theta+(9-4\cos^2\theta)\cdot25}}{9-4\cos^2\theta}$$

$$=\frac{10\cos\theta\pm\sqrt{225}}{9-4\cos^2\theta}=\frac{10\cos\theta\pm15}{9-4\cos^2\theta}$$

$$=\frac{5(2\cos\theta\pm3)}{(3+2\cos\theta)(3-2\cos\theta)}$$

$r>0$ であるから　　$r=\dfrac{5(2\cos\theta+3)}{(3+2\cos\theta)(3-2\cos\theta)}=\dfrac{5}{3-2\cos\theta}$

したがって　　$\boldsymbol{f(\theta)=\dfrac{5}{3-2\cos\theta}}$

(2) (1)で考えた極座標において点Pの偏角を α とし，$\mathrm{FP}=r_1$，$\mathrm{FQ}=r_2$，$\mathrm{FR}=r_3$，$\mathrm{FS}=r_4$ とおくと，P，Q，R，Sの極座標はそれぞれ

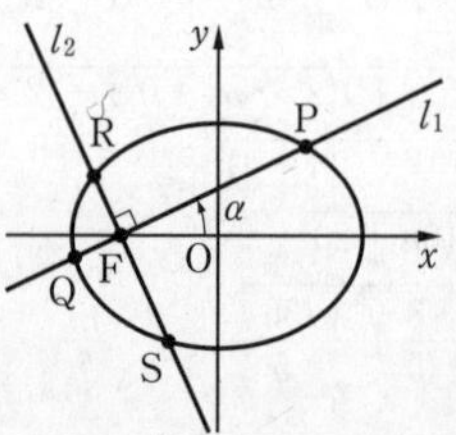

$\mathrm{P}(r_1,\ \alpha)$，$\mathrm{Q}(r_2,\ \alpha+\pi)$

$\mathrm{R}\left(r_3,\ \alpha+\dfrac{\pi}{2}\right)$，$\mathrm{S}\left(r_4,\ \alpha+\dfrac{3}{2}\pi\right)$

(1)の結果より

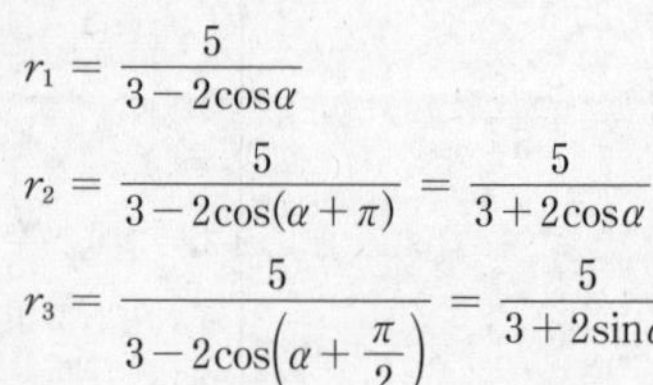

$$r_1=\frac{5}{3-2\cos\alpha}$$

$$r_2=\frac{5}{3-2\cos(\alpha+\pi)}=\frac{5}{3+2\cos\alpha}$$

◀ $\cos(\alpha+\pi)=-\cos\alpha$

$$r_3=\frac{5}{3-2\cos\left(\alpha+\dfrac{\pi}{2}\right)}=\frac{5}{3+2\sin\alpha}$$

◀ $\cos\left(\alpha+\dfrac{\pi}{2}\right)=-\sin\alpha$

$$r_4 = \frac{5}{3-2\cos\left(\alpha+\frac{3}{2}\pi\right)} = \frac{5}{3-2\sin\alpha}$$

◀ $\cos\left(\alpha+\frac{3}{2}\pi\right)=\sin\alpha$

したがって

$$\frac{1}{\mathrm{FP}\cdot\mathrm{FQ}}+\frac{1}{\mathrm{FR}\cdot\mathrm{FS}} = \frac{1}{r_1r_2}+\frac{1}{r_3r_4}$$
$$= \frac{9-4\cos^2\alpha}{25}+\frac{9-4\sin^2\alpha}{25}$$
$$= \frac{18-4(\cos^2\alpha+\sin^2\alpha)}{25} = \mathbf{\frac{14}{25}}$$

◀ $\sin^2\alpha+\cos^2\alpha=1$

問題 **3** 座標平面上の放物線 $C: y^2=4px\ (p>0)$ について，焦点をFとする。

(1) 点Fを極とし，Fから x 軸の正方向に向かう半直線を始線とする極座標 $(r,\ \theta)$ で表された放物線 C の極方程式を $r=f(\theta)$ とする。$f(\theta)$ を求めよ。

(2) 点Fで直交する2直線 l_1，l_2 について，l_1 と放物線 C の交点をP，Q，l_2 と放物線 C の交点をR，Sとする。$\dfrac{1}{\mathrm{FP}\cdot\mathrm{FQ}}+\dfrac{1}{\mathrm{FR}\cdot\mathrm{FS}}$ の値は一定であることを示せ。

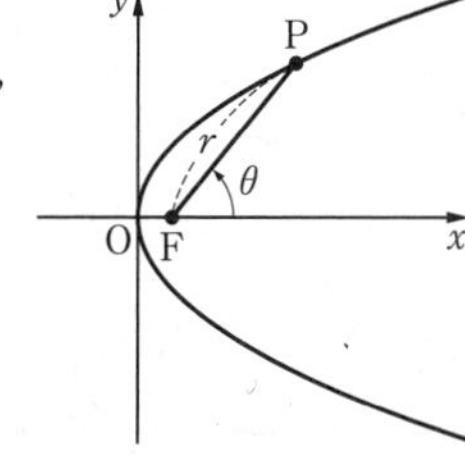

(1) 焦点Fの座標は $(p,\ 0)$ である。放物線 C 上の点 $\mathrm{P}(x,\ y)$ に対してFPの長さを r，FPと x 軸の正の方向がなす角を θ とおくと，右の図より

$$x-p=r\cos\theta,\qquad y=r\sin\theta$$

よって　$x=r\cos\theta+p,\ y=r\sin\theta$

これらを $y^2=4px$ に代入して

$$r^2\sin^2\theta=4p(r\cos\theta+p)$$
$$r^2\sin^2\theta-4pr\cos\theta-4p^2=0 \qquad \cdots ①$$

(ア) $\sin\theta=0$ のとき　$\theta=n\pi$（n は整数）

ここで，放物線の性質より　$\theta\neq 2n\pi$

よって　$\theta=(2n+1)\pi$

このとき，図より　$r=p$

(イ) $\sin\theta\neq 0$ のとき，① を r についての2次方程式とみて，解の公式により

$$r=\frac{2p\cos\theta\pm\sqrt{(-2p\cos\theta)^2+4p^2\sin^2\theta}}{\sin^2\theta}$$
$$=\frac{2p\cos\theta\pm\sqrt{4p^2}}{\sin^2\theta}=\frac{2p\cos\theta\pm 2p}{1-\cos^2\theta}$$

◀ $(-2p\cos\theta)^2+4p^2\sin^2\theta$
$=4p^2(\cos^2\theta+\sin^2\theta)$
$=4p^2$

◀ $p>0$ より
$\sqrt{4p^2}=\sqrt{(2p)^2}=2p$

$r>0$ より

$$r=\frac{2p\cos\theta+2p}{1-\cos^2\theta}=\frac{2p(\cos\theta+1)}{(1+\cos\theta)(1-\cos\theta)}$$
$$=\frac{2p}{1-\cos\theta}$$

◀ $\cos\theta\leqq 1$ より
$2p\cos\theta-2p\leqq 0$

$r=p$ は $r=\dfrac{2p}{1-\cos\theta}$ に含まれるから　$\boldsymbol{f(\theta)=\dfrac{2p}{1-\cos\theta}}$

融合例題

(2) $\mathrm{FP}=r_1$, $\mathrm{FQ}=r_2$, $\mathrm{FR}=r_3$, $\mathrm{FS}=r_4$ とおく。さらに，(1) で考えた極座標において点 P の偏角を α とすると，P, Q, R, S の極座標はそれぞれ

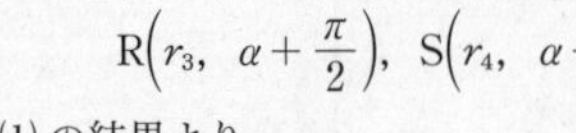

$$\mathrm{P}(r_1,\ \alpha),\ \mathrm{Q}(r_2,\ \alpha+\pi)$$

$$\mathrm{R}\left(r_3,\ \alpha+\frac{\pi}{2}\right),\ \mathrm{S}\left(r_4,\ \alpha+\frac{3}{2}\pi\right)$$

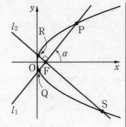

(1) の結果より

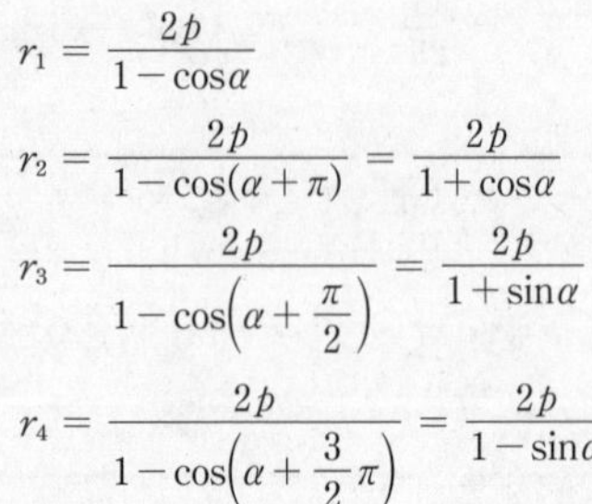

$$r_1=\frac{2p}{1-\cos\alpha}$$

$$r_2=\frac{2p}{1-\cos(\alpha+\pi)}=\frac{2p}{1+\cos\alpha}$$

◀ $\cos(\alpha+\pi)=-\cos\alpha$

$$r_3=\frac{2p}{1-\cos\left(\alpha+\frac{\pi}{2}\right)}=\frac{2p}{1+\sin\alpha}$$

◀ $\cos\left(\alpha+\frac{\pi}{2}\right)=-\sin\alpha$

$$r_4=\frac{2p}{1-\cos\left(\alpha+\frac{3}{2}\pi\right)}=\frac{2p}{1-\sin\alpha}$$

◀ $\cos\left(\alpha+\frac{3}{2}\pi\right)=\sin\alpha$

したがって

$$\frac{1}{\mathrm{FP}\cdot\mathrm{FQ}}+\frac{1}{\mathrm{FR}\cdot\mathrm{FS}}=\frac{1}{r_1r_2}+\frac{1}{r_3r_4}$$

$$=\frac{1-\cos^2\alpha}{4p^2}+\frac{1-\sin^2\alpha}{4p^2}=\frac{2-(\cos^2\alpha+\sin^2\alpha)}{4p^2}=\frac{1}{4p^2}$$

◀ $\sin^2\alpha+\cos^2\alpha=1$

p は定数であるから，この値は一定である。

練習 4 複素数平面上の異なる 2 点 z_1, z_2 と，$s\geqq 0$, $t\geqq 0$ を満たす実数 s, t に対して，$z=sz_1+tz_2$ とおく。

(1) $|z_1|=3$, $|z_2|=2$, $\arg\dfrac{z_1}{z_2}=\dfrac{\pi}{3}$ とする。

s, t が等式 $s+t=1$ を満たしながら変化するとき，複素数平面上の点 z が動いてできる図形の長さ l を求めよ。

また，s, t が不等式 $0\leqq s\leqq 1$, $1\leqq t\leqq 3$ を満たしながら変化するとき，複素数平面上の点 z が動いてできる図形の面積 S を求めよ。

(2) $z_1=1+\sqrt{3}i$ とし，点 z_2 は等式 $|z_2-3\sqrt{2}|=3$ を満たしながら動くとする。s, t が等式 $s+t=1$ を満たしながら変化するとき，複素数 z の偏角 θ の最大値および最小値を求めよ。ただし，$-\dfrac{\pi}{2}\leqq\theta\leqq\dfrac{\pi}{2}$ とする。

(1) $\mathrm{P}(z)$, $\mathrm{A}(z_1)$, $\mathrm{B}(z_2)$ とおく。

$|z_1|=3$, $|z_2|=2$, $\arg\dfrac{z_1}{z_2}=\dfrac{\pi}{3}$ より

$$\mathrm{OA}=3,\ \mathrm{OB}=2,\ \angle\mathrm{BOA}=\frac{\pi}{3}$$

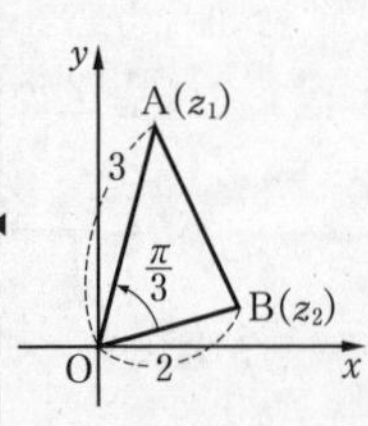

さらに，$z=sz_1+tz_2$ より

$$\overrightarrow{\mathrm{OP}}=s\overrightarrow{\mathrm{OA}}+t\overrightarrow{\mathrm{OB}}$$

ここで，s, t が等式 $s+t=1$ を満たしながら変化するとき

$$\overrightarrow{\mathrm{OP}}=s\overrightarrow{\mathrm{OA}}+t\overrightarrow{\mathrm{OB}},\ s+t=1,\ s\geqq 0,\ t\geqq 0$$

よって，点 $\mathrm{P}(z)$ は複素数平面上の線分 AB 上を動くから，その線分

の長さ l は，余弦定理により　$l^2=3^2+2^2-2\cdot3\cdot2\cos\dfrac{\pi}{3}=7$

$l>0$ より　$\boldsymbol{l=\sqrt{7}}$

次に，s，t が不等式 $0\leqq s\leqq 1$，$1\leqq t\leqq 3$ を満たしながら変化するとき　$\overrightarrow{\mathrm{OP}}=s\overrightarrow{\mathrm{OA}}+t\overrightarrow{\mathrm{OB}}$，$0\leqq s\leqq 1$，$1\leqq t\leqq 3$

よって，$\mathrm{C}(z_1+z_2)$，$\mathrm{D}(z_1+3z_2)$，$\mathrm{E}(3z_2)$ とおくと，点 $\mathrm{P}(z)$ は複素数平面上の平行四辺形 BCDE の周および内部を動く。

したがって，その面積 S は

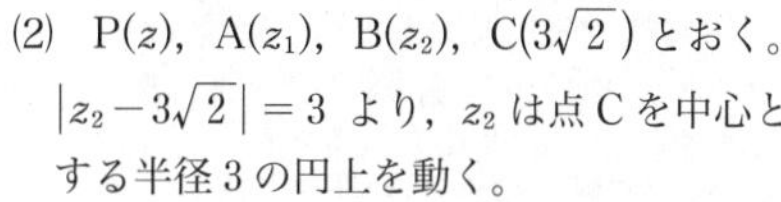

$$S=2\times(\text{平行四辺形 OACB})=2\times2\times\triangle\mathrm{OAB}$$

$$=2\times2\times\frac{1}{2}\cdot3\cdot2\sin\frac{\pi}{3}=\boldsymbol{6\sqrt{3}}$$

(2) $\mathrm{P}(z)$，$\mathrm{A}(z_1)$，$\mathrm{B}(z_2)$，$\mathrm{C}(3\sqrt{2})$ とおく。

$|z_2-3\sqrt{2}|=3$ より，z_2 は点 C を中心とする半径 3 の円上を動く。

さらに，s，t が $s+t=1$，$s\geqq0$，$t\geqq0$ を満たしながら変化するとき，点 $\mathrm{P}(z)$ は複素数平面上の線分 AB 上を動く。

よって，点 $\mathrm{P}(z)$ の存在範囲は右の図の斜線部分である。ただし，境界線を含む。

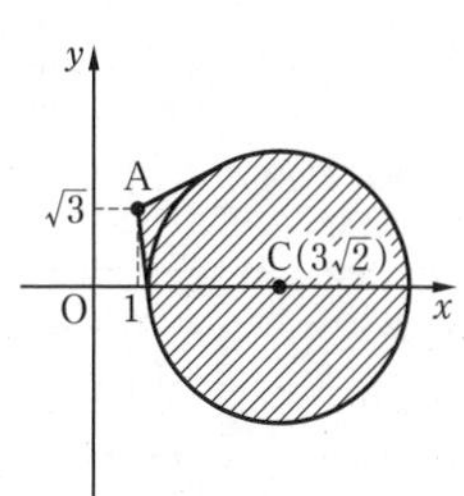

(ア) $\theta=\arg z$ が最大となるのは，$z=1+\sqrt{3}i$ のときであり

$$1+\sqrt{3}i=2\left(\cos\frac{\pi}{3}+i\sin\frac{\pi}{3}\right)$$

$-\dfrac{\pi}{2}\leqq\theta\leqq\dfrac{\pi}{2}$ より，**θ の最大値は $\dfrac{\pi}{3}$**

(イ) $\theta=\arg z$ が最小となるのは，右の図のように直線 OP が円 C に接するときであり

$$\angle\mathrm{POC}=\frac{\pi}{4}$$

$-\dfrac{\pi}{2}\leqq\theta\leqq\dfrac{\pi}{2}$ より，**θ の最小値は $-\dfrac{\pi}{4}$**

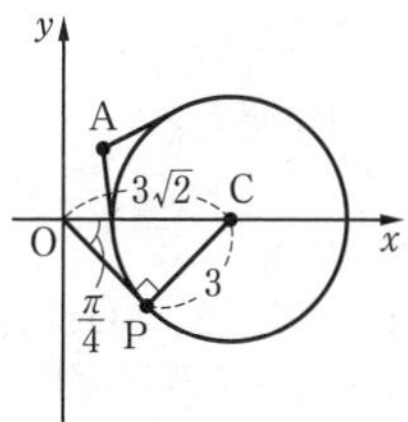

◀ $\mathrm{OC}=3\sqrt{2}$，$\mathrm{CP}=3$，$\angle\mathrm{OPC}=\dfrac{\pi}{2}$

問題 **4**　複素数 α，β が $|\alpha|=|\beta|=1$，$\dfrac{\beta}{\alpha}$ の偏角は $\dfrac{2}{3}\pi$ を満たす定角であるとき，$\gamma=(1-t)\alpha+t\beta$，$0\leqq t\leqq 1$ を満たす複素数 γ は複素数平面上のどのような図形上にあるか。（九州工業大　改）

原点を O とし，$\mathrm{A}(\alpha)$，$\mathrm{B}(\beta)$，$\mathrm{C}(\gamma)$ とおく。

$|\alpha|=|\beta|=1$，$\arg\dfrac{\beta}{\alpha}=\dfrac{2}{3}\pi$ であるから

$$\mathrm{OA}=\mathrm{OB}=1,\ \angle\mathrm{AOB}=\frac{2}{3}\pi$$

$\gamma=(1-t)\alpha+t\beta$，$0\leqq t\leqq 1$ より

$\overrightarrow{\mathrm{OC}}=(1-t)\overrightarrow{\mathrm{OA}}+t\overrightarrow{\mathrm{OB}}$，$0\leqq t\leqq 1$

よって，点 C は線分 AB 上にある。

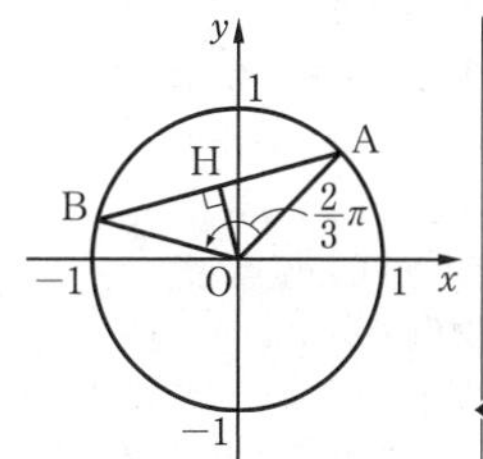

◀ 点 C は線分 AB を $t:(1-t)$ に内分する点である。

融合例題

また，原点Oと線分ABの距離 h は，原点から線分ABに下ろした垂線OHの長さに等しいから　　$h=\mathrm{OH}=\dfrac{1}{2}$

よって，点Cは原点を中心とする半径1の円と半径 $\dfrac{1}{2}$ の円に囲まれた領域内にある。

したがって，**右の図の斜線部分** にある。
ただし，**境界線を含む**。

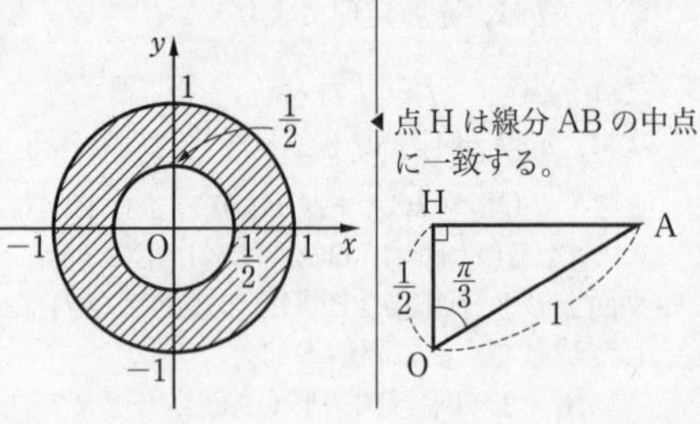

◀点Hは線分ABの中点に一致する。

練習 5 (1) 座標平面上の点 $\mathrm{P}(x,\ y)$ を原点Oを中心に45°だけ回転させた点を $\mathrm{Q}(X,\ Y)$ とするとき，$x,\ y$ をそれぞれ $X,\ Y$ の式で表せ。
(2) 座標平面上において，方程式 $x^2+y^2-2xy-8x-8y=0$ で表される2次曲線を C とする。2次曲線 C を原点Oを中心として45°だけ回転させた図形の方程式を求めよ。また，この結果から2次曲線 C の概形をかけ。さらに，2次曲線 C の焦点の座標を求めよ。

(1) 複素数平面において考える。
点 $\mathrm{P}(x+yi)$ を原点Oを中心に45°だけ回転させた点を $\mathrm{Q}(X+Yi)$ とすると　　$X+Yi=(\cos 45^\circ+i\sin 45^\circ)(x+yi)$

よって　　$x+yi=(\cos 45^\circ+i\sin 45^\circ)^{-1}(X+Yi)$

$$=\{\cos(-45^\circ)+i\sin(-45^\circ)\}(X+Yi)$$
$$=\frac{\sqrt{2}}{2}(1-i)(X+Yi)$$
$$=\frac{\sqrt{2}}{2}\{(X+Y)+(-X+Y)i\}$$

$x,\ y,\ X,\ Y$ はすべて実数であるから

◀ $X+Y,\ -X+Y$ も実数である。

$$\boldsymbol{x=\frac{\sqrt{2}}{2}(X+Y),\ \ y=\frac{\sqrt{2}}{2}(-X+Y)}\quad\cdots①$$

(2) 曲線 C 上の点を $(x,\ y)$ とし，点 $(x,\ y)$ を原点Oを中心に45°だけ回転させた点を $(X,\ Y)$ とすると，① が成り立つ。
曲線 C の方程式に ① を代入すると

◀点 $\mathrm{P}(x,\ y)$ が曲線 C 上を動くとき，点Pを原点Oを中心に45°だけ回転させた点Qの軌跡と考える

$$\frac{1}{2}(X+Y)^2+\frac{1}{2}(-X+Y)^2-2\cdot\frac{\sqrt{2}}{2}\cdot\frac{\sqrt{2}}{2}(X+Y)(-X+Y)$$
$$-8\cdot\frac{\sqrt{2}}{2}(X+Y)-8\cdot\frac{\sqrt{2}}{2}(-X+Y)=0$$

整理すると　　$X^2=4\sqrt{2}\,Y$

◀すなわち　$Y=\dfrac{\sqrt{2}}{8}X^2$

よって，曲線 C を原点Oを中心に45°だけ回転させた曲線 C' の方程式は

$$\boldsymbol{x^2=4\sqrt{2}\,y}$$

ゆえに，曲線 C' は原点Oを頂点とし，y 軸を軸とする放物線であるから，曲線 C は y 軸を原点Oを中心に $-45°$ だけ回転させた直線 $y=x$ を軸とする放物線で，その概形は **右の図**。

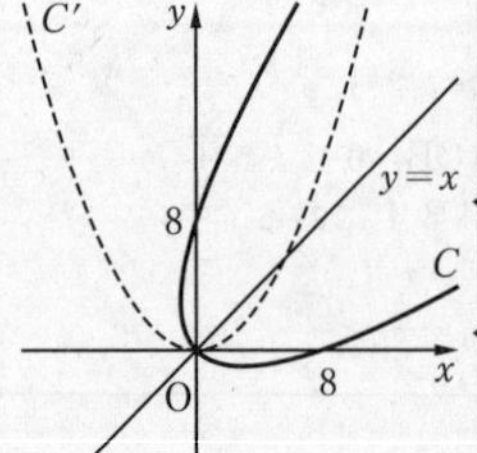

◀ y 軸との共有点の y 座標は C の方程式に $x=0$ を代入して
$y^2-8y=0$
◀よって　$y=0,\ 8$

また，曲線 C' の焦点は $\left(0,\ \sqrt{2}\right)$ であり，これを原点Oを中心に $-45°$ だけ回転

◀放物線 $x^2=4py$ の焦点の座標は $(0,\ p)$

させた点を表す複素数は

$\sqrt{2}i\{\cos(-45°)+i\sin(-45°)\}=1+i$

したがって，放物線 C の焦点の座標は　**(1, 1)**

問題 **5** (1) 座標平面上の点 $\mathrm{P}(x, y)$ を原点 O を中心に 30° だけ回転させた点を $\mathrm{Q}(X, Y)$ とするとき，x，y をそれぞれ X，Y の式で表せ。

(2) 座標平面上において，方程式 $11x^2-39y^2-50\sqrt{3}xy=576$ で表される 2 次曲線を C とする。2 次曲線 C を原点 O を中心に 30° だけ回転させた図形の方程式を求めよ。また，この結果から 2 次曲線 C の概形をかけ。さらに，2 次曲線 C の焦点の座標を求めよ。

---

(1) 複素数平面において考える。

点 $\mathrm{P}(x+yi)$ を原点 O を中心に 30° だけ回転させた点を $\mathrm{Q}(X+Yi)$ とすると

$$X+Yi=(\cos 30°+i\sin 30°)(x+yi)$$

よって

$$\begin{aligned} x+yi &= (\cos 30°+i\sin 30°)^{-1}(X+Yi) \\ &= \{\cos(-30°)+i\sin(-30°)\}(X+Yi) \\ &= \frac{1}{2}(\sqrt{3}-i)(X+Yi) \\ &= \frac{1}{2}\{(\sqrt{3}X+Y)+(-X+\sqrt{3}Y)i\} \end{aligned}$$

x，y，X，Y はすべて実数であるから

◀ $\sqrt{3}X+Y$，$-X+\sqrt{3}Y$ も実数である。

$$\boldsymbol{x=\frac{1}{2}(\sqrt{3}X+Y),\ y=\frac{1}{2}(-X+\sqrt{3}Y)} \quad \cdots ①$$

(2) 曲線 C 上の点を (x, y) とし，点 (x, y) を原点 O を中心に 30° だけ回転させた点を (X, Y) とすると，① が成り立つ。

曲線 C の方程式に ① を代入すると

$$\frac{11}{4}(\sqrt{3}X+Y)^2-\frac{39}{4}(-X+\sqrt{3}Y)^2 -\frac{50\sqrt{3}}{4}(\sqrt{3}X+Y)(-X+\sqrt{3}Y)=576$$

整理すると　$36X^2-64Y^2=576$

すなわち　$\dfrac{X^2}{16}-\dfrac{Y^2}{9}=1$

よって，曲線 C を原点 O を中心に 30° だけ回転させた曲線 C' の方程式は

$$\boldsymbol{\frac{x^2}{16}-\frac{y^2}{9}=1}$$

ゆえに，曲線 C' は原点 O を中心とし，x 軸を主軸とする双曲線であるから，曲線 C は x 軸を原点 O を中心に $-30°$ だけ回転させた直線 $y=-\dfrac{1}{\sqrt{3}}x$ を主軸とする双曲線で，その概形は **下の図**。

融合例題

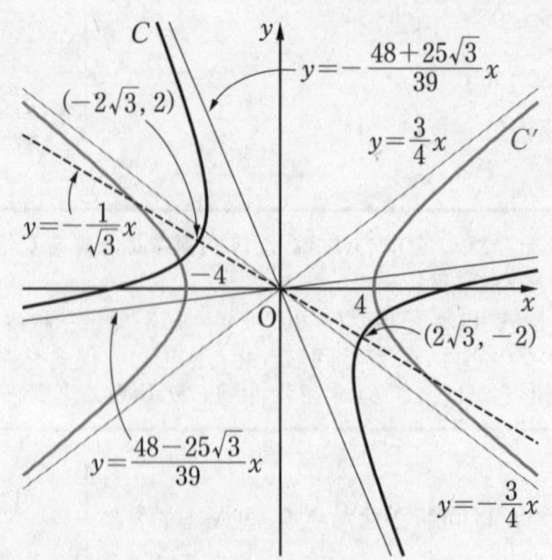

◀ 双曲線 C' の 2 つの頂点の座標は $(4,\ 0)$, $(-4,\ 0)$
複素数平面上でこれらを原点を中心に $-30°$ 回転させた点を表す複素数はそれぞれ
$2\sqrt{3}-2i,\ -2\sqrt{3}+2i$
であるから，双曲線 C の 2 つの頂点の座標は
$(2\sqrt{3},\ -2)$, $(-2\sqrt{3},\ 2)$

◀ 双曲線 C' は 2 直線
$y=\frac{3}{4}x,\ y=-\frac{3}{4}x$
を漸近線にもつ。

さらに，曲線 C' の 2 つの焦点の座標は $(\pm5,\ 0)$
複素数平面上で，2 点 ±5 を原点を中心にそれぞれ $-30°$ 回転させた点を表す複素数は

$$5\{\cos(-30°)+i\sin(-30°)\}=\frac{5\sqrt{3}}{2}-\frac{5}{2}i$$

$$-5\{\cos(-30°)+i\sin(-30°)\}=-\frac{5\sqrt{3}}{2}+\frac{5}{2}i$$

したがって，双曲線 C の 2 つの焦点の座標は

$$\left(\frac{5\sqrt{3}}{2},\ -\frac{5}{2}\right),\ \left(-\frac{5\sqrt{3}}{2},\ \frac{5}{2}\right)$$

◀ 双曲線 $\frac{x^2}{a^2}-\frac{y^2}{b^2}=1$ $(a>0,\ b>0)$
の焦点の座標は
$(\sqrt{a^2+b^2},\ 0)$,
$(-\sqrt{a^2+b^2},\ 0)$

Plus One

双曲線 C の漸近線については，次のように考える。

双曲線 C' の漸近線 $y=\frac{3}{4}x$ …① を原点を中心に $-30°$ 回転させた直線が C の漸近線である。① 上の点 $\mathrm{P}'(4,\ 3)$ を複素数平面上で原点を中心に $-30°$ 回転させた点 P を表す複素数は $(4+3i)\{\cos(-30°)+i\sin(-30°)\}=\frac{4\sqrt{3}+3}{2}+\frac{3\sqrt{3}-4}{2}i$

であるから $\mathrm{P}\left(\frac{4\sqrt{3}+3}{2},\ \frac{3\sqrt{3}-4}{2}\right)$

C の漸近線は O, P を通る直線であるから

$$y=\frac{\frac{3\sqrt{3}-4}{2}}{\frac{4\sqrt{3}+3}{2}}x \quad \text{すなわち} \quad y=\frac{48-25\sqrt{3}}{39}x$$

もう一方の漸近線についても，$y=-\frac{3}{4}x$ から同様にして $y=-\frac{48+25\sqrt{3}}{39}x$

p.246
1章 ベクトル

1 △OABがあり，3点P，Q，Rを

$$\overrightarrow{OP}=k\overrightarrow{BA},\ \overrightarrow{AQ}=k\overrightarrow{OB},\ \overrightarrow{BR}=k\overrightarrow{AO}$$

となるように定める。ただし，k は $0<k<1$ を満たす実数である。$\overrightarrow{OA}=\vec{a}$，$\overrightarrow{OB}=\vec{b}$ とおくとき，次の問に答えよ。

(1) $\overrightarrow{OP}$，$\overrightarrow{OQ}$，$\overrightarrow{OR}$ をそれぞれ $\vec{a}$，$\vec{b}$，k を用いて表せ。

(2) △OABの重心と△PQRの重心が一致することを示せ。

(3) 辺ABと辺QRの交点をMとする。点Mは，k の値によらずに辺QRを一定の比に内分することを示せ。 (茨城大)

(1) $\overrightarrow{OP}=k\overrightarrow{BA}=k(\overrightarrow{OA}-\overrightarrow{OB})=\boldsymbol{k(\vec{a}-\vec{b})}$

$\overrightarrow{AQ}=\overrightarrow{OQ}-\overrightarrow{OA}=k\overrightarrow{OB}$ より

$$\overrightarrow{OQ}=\overrightarrow{OA}+k\overrightarrow{OB}=\boldsymbol{\vec{a}+k\vec{b}}$$

$\overrightarrow{BR}=\overrightarrow{OR}-\overrightarrow{OB}=k\overrightarrow{AO}=-k\overrightarrow{OA}$ より

$$\overrightarrow{OR}=-k\overrightarrow{OA}+\overrightarrow{OB}=\boldsymbol{-k\vec{a}+\vec{b}}$$

◀ $\overrightarrow{AB}=\overrightarrow{OB}-\overrightarrow{OA}$ を利用して，始点をOにそろえる。

(2) △OABの重心をG，△PQRの重心をG′とする。

$$\overrightarrow{OG}=\frac{1}{3}(\overrightarrow{OA}+\overrightarrow{OB})=\frac{1}{3}(\vec{a}+\vec{b})$$

$$\overrightarrow{OG'}=\frac{1}{3}(\overrightarrow{OP}+\overrightarrow{OQ}+\overrightarrow{OR})$$

$$=\frac{1}{3}\{k(\vec{a}-\vec{b})+\vec{a}+k\vec{b}-k\vec{a}+\vec{b}\}=\frac{1}{3}(\vec{a}+\vec{b})$$

◀ 重心の位置ベクトルの公式を利用。

よって　$\overrightarrow{OG}=\overrightarrow{OG'}$

ゆえに，△OABの重心と△PQRの重心は一致する。

(3) 点Mは辺AB上にあるから，$\overrightarrow{AM}=t\overrightarrow{AB}$（$t$ は実数）とおける。

$\overrightarrow{AM}=\overrightarrow{OM}-\overrightarrow{OA}$，$\overrightarrow{AB}=\overrightarrow{OB}-\overrightarrow{OA}$ であるから

◀ 始点をOにそろえる。

$$\overrightarrow{OM}-\overrightarrow{OA}=t(\overrightarrow{OB}-\overrightarrow{OA})$$

よって　$\overrightarrow{OM}=(1-t)\overrightarrow{OA}+t\overrightarrow{OB}$

$$=(1-t)\vec{a}+t\vec{b}\quad\cdots①$$

同様に，点Mは辺QR上にあるから，$\overrightarrow{QM}=s\overrightarrow{QR}$（$s$ は実数）とおける。

$\overrightarrow{QM}=\overrightarrow{OM}-\overrightarrow{OQ}$，$\overrightarrow{QR}=\overrightarrow{OR}-\overrightarrow{OQ}$ であるから

$$\overrightarrow{OM}-\overrightarrow{OQ}=s(\overrightarrow{OR}-\overrightarrow{OQ})$$

よって　$\overrightarrow{OM}=(1-s)\overrightarrow{OQ}+s\overrightarrow{OR}$

$$=(1-s)(\vec{a}+k\vec{b})+s(-k\vec{a}+\vec{b})$$

$$=(1-s-ks)\vec{a}+(k-ks+s)\vec{b}\quad\cdots②$$

$\vec{a}\neq\vec{0}$，$\vec{b}\neq\vec{0}$ であり，$\vec{a}$ と $\vec{b}$ は平行でないから，①，② より

$$1-t=1-s-ks\quad\cdots③$$

$$t=k-ks+s\quad\cdots④$$

④ を ③ に代入すると　$k(2s-1)=0$

$0<k<1$ より　　$s=\dfrac{1}{2}$

よって　　$\overrightarrow{\mathrm{QM}}=\dfrac{1}{2}\overrightarrow{\mathrm{QR}}$

ゆえに，点 M は k の値によらずに辺 QR を 1:1 に内分する。

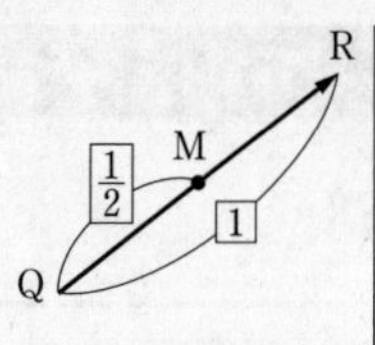

2 AB = 4，BC = 2，AD = 3，AD // BC である四角形 ABCD において，$\overrightarrow{\mathrm{AB}}=\vec{a}$，$\overrightarrow{\mathrm{AD}}=\vec{b}$ とする。∠A の二等分線と辺 CD の交わる点を M，∠B の二等分線と辺 CD の交わる点を N とする。また，線分 AM と線分 BN との交点を P とする。$\overrightarrow{\mathrm{AM}}$，$\overrightarrow{\mathrm{AN}}$，$\overrightarrow{\mathrm{AP}}$ をそれぞれ $\vec{a}$，$\vec{b}$ で表せ。（東京理科大）

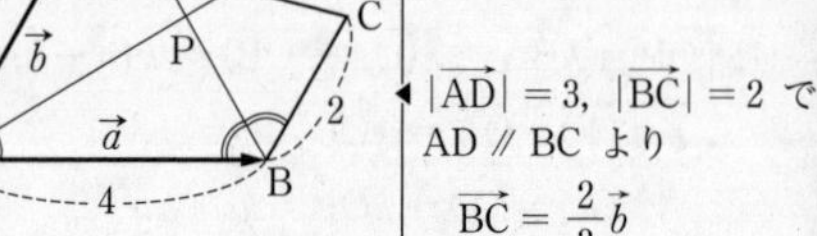

DM : MC $=s:(1-s)$ とおくと

$$\overrightarrow{\mathrm{AM}}=(1-s)\overrightarrow{\mathrm{AD}}+s\overrightarrow{\mathrm{AC}}$$

ここで，$\overrightarrow{\mathrm{AD}}=\vec{b}$，$\overrightarrow{\mathrm{AC}}=\vec{a}+\dfrac{2}{3}\vec{b}$

であるから

$$\overrightarrow{\mathrm{AM}}=(1-s)\vec{b}+s\left(\vec{a}+\frac{2}{3}\vec{b}\right)$$

$$=s\vec{a}+\left(1-\frac{1}{3}s\right)\vec{b} \quad \cdots ①$$

◀ $|\overrightarrow{\mathrm{AD}}|=3$，$|\overrightarrow{\mathrm{BC}}|=2$ で AD // BC より $\overrightarrow{\mathrm{BC}}=\dfrac{2}{3}\vec{b}$

また，AM は ∠A の二等分線であるから

$$\overrightarrow{\mathrm{AM}}=k\left(\frac{\overrightarrow{\mathrm{AB}}}{|\overrightarrow{\mathrm{AB}}|}+\frac{\overrightarrow{\mathrm{AD}}}{|\overrightarrow{\mathrm{AD}}|}\right)$$

$$=k\left(\frac{\vec{a}}{4}+\frac{\vec{b}}{3}\right)=\frac{k}{4}\vec{a}+\frac{k}{3}\vec{b} \quad \cdots ②$$

◀ ひし形の性質を利用

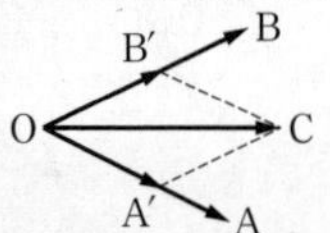

$\overrightarrow{\mathrm{OA}}$，$\overrightarrow{\mathrm{OB}}$ と同じ向きの単位ベクトル $\overrightarrow{\mathrm{OA'}}$，$\overrightarrow{\mathrm{OB'}}$ をとり，$\overrightarrow{\mathrm{OC}}=\overrightarrow{\mathrm{OA'}}+\overrightarrow{\mathrm{OB'}}$ とすると OC は，∠AOB の二等分線である。

$\vec{a}\neq\vec{0}$，$\vec{b}\neq\vec{0}$ であり，$\vec{a}$ と $\vec{b}$ は平行でないから，①，② より

$$\begin{cases} s=\dfrac{k}{4} \\ 1-\dfrac{1}{3}s=\dfrac{k}{3} \end{cases}$$

これを解いて　　$s=\dfrac{3}{5}$，$k=\dfrac{12}{5}$

よって　　$\boldsymbol{\overrightarrow{\mathrm{AM}}=\dfrac{3}{5}\vec{a}+\dfrac{4}{5}\vec{b}}$

同様に，DN : NC $=t:(1-t)$ とおくと

$$\overrightarrow{\mathrm{AN}}=(1-t)\overrightarrow{\mathrm{AD}}+t\overrightarrow{\mathrm{AC}}$$

$$=(1-t)\vec{b}+t\left(\vec{a}+\frac{2}{3}\vec{b}\right)=t\vec{a}+\left(1-\frac{1}{3}t\right)\vec{b} \quad \cdots ③$$

BN は ∠B の二等分線であるから

$$\overrightarrow{\mathrm{BN}}=l\left(\frac{\overrightarrow{\mathrm{BA}}}{|\overrightarrow{\mathrm{BA}}|}+\frac{\overrightarrow{\mathrm{BC}}}{|\overrightarrow{\mathrm{BC}}|}\right)$$

$$=l\left(-\frac{\vec{a}}{4}+\frac{\frac{2}{3}\vec{b}}{2}\right)=-\frac{l}{4}\vec{a}+\frac{l}{3}\vec{b}$$

$\overrightarrow{\mathrm{AN}}=\overrightarrow{\mathrm{AB}}+\overrightarrow{\mathrm{BN}}$ であるから

$$\overrightarrow{AN}=\vec{a}+\left(-\frac{l}{4}\vec{a}+\frac{l}{3}\vec{b}\right)=\left(1-\frac{l}{4}\right)\vec{a}+\frac{l}{3}\vec{b} \qquad \cdots ④$$

$\vec{a}\neq\vec{0}$，$\vec{b}\neq\vec{0}$ であり，$\vec{a}$ と $\vec{b}$ は平行でないから，③，④ より

$$\begin{cases} t=1-\dfrac{l}{4} \\ 1-\dfrac{1}{3}t=\dfrac{l}{3} \end{cases}$$

これを解いて　$t=\dfrac{1}{3}$，$l=\dfrac{8}{3}$

よって　$\boldsymbol{\overrightarrow{AN}=\dfrac{1}{3}\vec{a}+\dfrac{8}{9}\vec{b}}$

点 P は AM 上にあるから

$$\overrightarrow{AP}=u\overrightarrow{AM}=\frac{3}{5}u\vec{a}+\frac{4}{5}u\vec{b} \qquad \cdots ⑤$$

また，点 P は BN 上にあるから

$$\overrightarrow{BP}=v\overrightarrow{BN}$$

$$\overrightarrow{AP}-\overrightarrow{AB}=v(\overrightarrow{AN}-\overrightarrow{AB})$$

◀始点を A にかえる。

$$\overrightarrow{AP}=(1-v)\overrightarrow{AB}+v\overrightarrow{AN}=(1-v)\vec{a}+v\left(\frac{1}{3}\vec{a}+\frac{8}{9}\vec{b}\right)$$

$$=\left(1-\frac{2}{3}v\right)\vec{a}+\frac{8}{9}v\vec{b} \qquad \cdots ⑥$$

$\vec{a}\neq\vec{0}$，$\vec{b}\neq\vec{0}$ であり，$\vec{a}$ と $\vec{b}$ は平行でないから，⑤，⑥ より

$$\begin{cases} \dfrac{3}{5}u=1-\dfrac{2}{3}v \\ \dfrac{4}{5}u=\dfrac{8}{9}v \end{cases}$$

これを解いて　$u=\dfrac{5}{6}$，$v=\dfrac{3}{4}$

よって　$\boldsymbol{\overrightarrow{AP}=\dfrac{1}{2}\vec{a}+\dfrac{2}{3}\vec{b}}$

入試攻略

3　3 点 A，B，C が点 O を中心とする半径 1 の円上にあり，$13\overrightarrow{OA}+12\overrightarrow{OB}+5\overrightarrow{OC}=\vec{0}$ を満たしている。$\angle AOB=\alpha$，$\angle AOC=\beta$ として

(1)　$\overrightarrow{OB}\perp\overrightarrow{OC}$ であることを示せ。
(2)　$\cos\alpha$ および $\cos\beta$ を求めよ。
(3)　A から BC へ引いた垂線と BC との交点を H とする。AH の長さを求めよ。　(長崎大)

(1)　$13\overrightarrow{OA}+12\overrightarrow{OB}+5\overrightarrow{OC}=\vec{0}$ より

$$13\overrightarrow{OA}=-12\overrightarrow{OB}-5\overrightarrow{OC}$$

$$|13\overrightarrow{OA}|^2=|-12\overrightarrow{OB}-5\overrightarrow{OC}|^2$$

$$169|\overrightarrow{OA}|^2=144|\overrightarrow{OB}|^2+120\overrightarrow{OB}\cdot\overrightarrow{OC}+25|\overrightarrow{OC}|^2$$

$|\overrightarrow{OA}|=|\overrightarrow{OB}|=|\overrightarrow{OC}|=1$ より

$$169=144+120\overrightarrow{OB}\cdot\overrightarrow{OC}+25$$

よって　$\overrightarrow{OB}\cdot\overrightarrow{OC}=0$

$\overrightarrow{OB}\neq\vec{0}$，$\overrightarrow{OC}\neq\vec{0}$ より　$\overrightarrow{OB}\perp\overrightarrow{OC}$

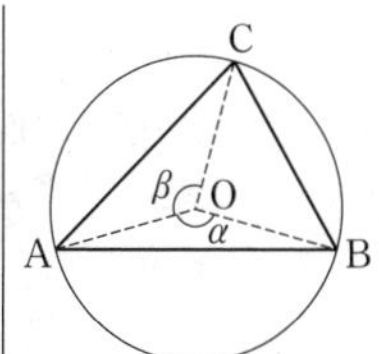

(2) $13\overrightarrow{\mathrm{OA}}+12\overrightarrow{\mathrm{OB}}+5\overrightarrow{\mathrm{OC}}=\vec{0}$ より

$$5\overrightarrow{\mathrm{OC}}=-13\overrightarrow{\mathrm{OA}}-12\overrightarrow{\mathrm{OB}}$$

$$|5\overrightarrow{\mathrm{OC}}|^2=|-13\overrightarrow{\mathrm{OA}}-12\overrightarrow{\mathrm{OB}}|^2$$

$$25=169+312\overrightarrow{\mathrm{OA}}\cdot\overrightarrow{\mathrm{OB}}+144$$

$$\overrightarrow{\mathrm{OA}}\cdot\overrightarrow{\mathrm{OB}}=-\frac{12}{13}$$

◀ α は $\overrightarrow{\mathrm{OA}}$, $\overrightarrow{\mathrm{OB}}$ のなす角であるから，$\overrightarrow{\mathrm{OA}}\cdot\overrightarrow{\mathrm{OB}}$ を計算する。

$\overrightarrow{\mathrm{OA}}\cdot\overrightarrow{\mathrm{OB}}=|\overrightarrow{\mathrm{OA}}||\overrightarrow{\mathrm{OB}}|\cos\alpha=\cos\alpha$ であるから

$$\boldsymbol{\cos\alpha=-\frac{12}{13}}$$

同様にして

$$12\overrightarrow{\mathrm{OB}}=-13\overrightarrow{\mathrm{OA}}-5\overrightarrow{\mathrm{OC}}$$

$$|12\overrightarrow{\mathrm{OB}}|^2=|-13\overrightarrow{\mathrm{OA}}-5\overrightarrow{\mathrm{OC}}|^2$$

$$144=169+130\overrightarrow{\mathrm{OA}}\cdot\overrightarrow{\mathrm{OC}}+25$$

$$\overrightarrow{\mathrm{OA}}\cdot\overrightarrow{\mathrm{OC}}=-\frac{5}{13}$$

◀ β は $\overrightarrow{\mathrm{OA}}$, $\overrightarrow{\mathrm{OC}}$ のなす角であるから，$\overrightarrow{\mathrm{OA}}\cdot\overrightarrow{\mathrm{OC}}$ を計算する。

$\overrightarrow{\mathrm{OA}}\cdot\overrightarrow{\mathrm{OC}}=|\overrightarrow{\mathrm{OA}}||\overrightarrow{\mathrm{OC}}|\cos\beta=\cos\beta$ であるから

$$\boldsymbol{\cos\beta=-\frac{5}{13}}$$

(3) $\sin^2\alpha=1-\cos^2\alpha=\frac{25}{169}$ より

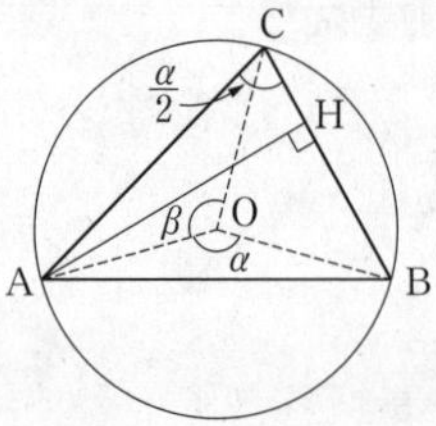

$$\sin\alpha=\frac{5}{13}$$

◀ $0°<\alpha<180°$ より $\sin\alpha>0$

$\sin^2\beta=1-\cos^2\beta=\frac{144}{169}$ より

$$\sin\beta=\frac{12}{13}$$

◀ $0°<\beta<180°$ より $\sin\beta>0$

よって

$$(\triangle\mathrm{OAB}\text{ の面積})=\frac{1}{2}\cdot1\cdot1\cdot\sin\alpha=\frac{5}{26}$$

$$(\triangle\mathrm{OBC}\text{ の面積})=\frac{1}{2}\cdot1\cdot1=\frac{1}{2}$$

◀ (1) より　$\overrightarrow{\mathrm{OB}}\perp\overrightarrow{\mathrm{OC}}$

$$(\triangle\mathrm{OCA}\text{ の面積})=\frac{1}{2}\cdot1\cdot1\cdot\sin\beta=\frac{6}{13}$$

ゆえに

$$(\triangle\mathrm{ABC}\text{ の面積})=\frac{6}{13}+\frac{1}{2}+\frac{5}{26}=\frac{15}{13}\quad\cdots①$$

一方，$\mathrm{BC}=\sqrt{2}$ より

◀ $\mathrm{BC}=\sqrt{\mathrm{OB}^2+\mathrm{OC}^2}=\sqrt{2}$

$$(\triangle\mathrm{ABC}\text{ の面積})=\frac{1}{2}\cdot\sqrt{2}\cdot\mathrm{AH}\quad\cdots②$$

①，② より　$\frac{\sqrt{2}}{2}\mathrm{AH}=\frac{15}{13}$

したがって　　$\boldsymbol{\mathrm{AH}=\frac{15\sqrt{2}}{13}}$

4 三角形 ABC を 1 辺の長さが 1 の正三角形とする。次の問に答えよ。

(1) 実数 s, t が $s+t=1$ を満たしながら動くとき, $\overrightarrow{\mathrm{AP}}=s\overrightarrow{\mathrm{AB}}+t\overrightarrow{\mathrm{AC}}$ を満たす点 P の軌跡 G を正三角形 ABC とともに図示せよ。

(2) 実数 s, t が $s \geqq 0$, $t \geqq 0$, $1 \leqq s+t \leqq 2$ を満たしながら動くとき, $\overrightarrow{\mathrm{AP}}=s\overrightarrow{\mathrm{AB}}+t\overrightarrow{\mathrm{AC}}$ を満たす点 P の存在範囲 D を正三角形 ABC とともに図示し, 領域 D の面積を求めよ。

(3) 実数 s, t が $1 \leqq |s|+|t| \leqq 2$ を満たしながら動くとき, $\overrightarrow{\mathrm{AP}}=s\overrightarrow{\mathrm{AB}}+t\overrightarrow{\mathrm{AC}}$ を満たす点 P の存在範囲 E を正三角形 ABC とともに図示し, 領域 E の面積を求めよ。 (甲南大)

(1) $s+t=1$ であるから, 点 P の軌跡 G は直線 BC であり, **右の図** のようになる。

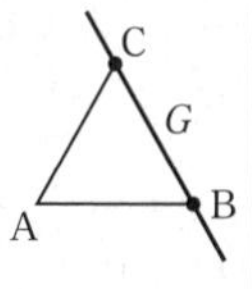

(2) $s \geqq 0$, $t \geqq 0$, $1 \leqq s+t \leqq 2$ であるから

$s \geqq 0$, $t \geqq 0$, $s+t \geqq 1$ …①

かつ $s \geqq 0$, $t \geqq 0$, $s+t \leqq 2$ …②

② について, $s'=\dfrac{1}{2}s$, $t'=\dfrac{1}{2}t$ とおくと

$s' \geqq 0$, $t' \geqq 0$, $s'+t' \leqq 1$

$s=2s'$, $t=2t'$ であるから

$$\overrightarrow{\mathrm{AP}}=2s'\overrightarrow{\mathrm{AB}}+2t'\overrightarrow{\mathrm{AC}}$$
$$=s'(2\overrightarrow{\mathrm{AB}})+t'(2\overrightarrow{\mathrm{AC}})$$

よって, $\overrightarrow{\mathrm{AB'}}=2\overrightarrow{\mathrm{AB}}$, $\overrightarrow{\mathrm{AC'}}=2\overrightarrow{\mathrm{AC}}$ とおくと領域 D は台形 BB′C′C の周および内部であり, **右の図の斜線部分**。ただし, **境界線を含む**。

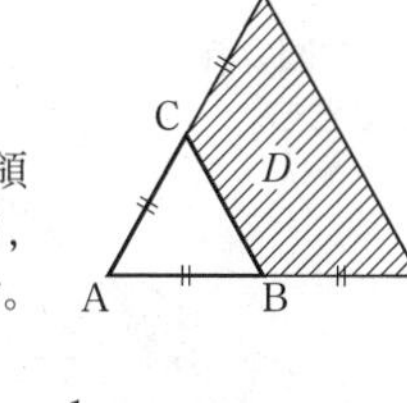

◀ ① のとき

◀ ② のとき

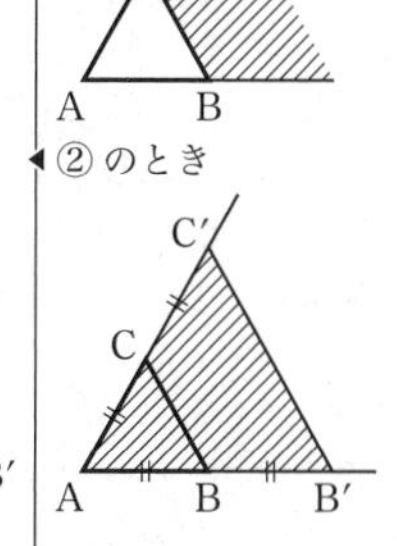

ゆえに, 領域 D の面積は

$$\triangle \mathrm{AB'C'}-\triangle \mathrm{ABC}=\frac{1}{2}\cdot 2\cdot 2\sin 60^\circ-\frac{1}{2}\cdot 1\cdot 1\cdot \sin 60^\circ$$
$$=\frac{1}{2}(4-1)\cdot\frac{\sqrt{3}}{2}=\boldsymbol{\frac{3\sqrt{3}}{4}}$$

(3) $1 \leqq |s|+|t| \leqq 2$ …③ とおく。

◀ 絶対値記号を外すために
(ア) $s \geqq 0$, $t \geqq 0$
(イ) $s \leqq 0$, $t \geqq 0$
(ウ) $s \geqq 0$, $t \leqq 0$
(エ) $s \leqq 0$, $t \leqq 0$
に場合分けする。

(ア) $s \geqq 0$, $t \geqq 0$ のとき

③ は $1 \leqq s+t \leqq 2$

よって, 点 P の存在範囲は (2) の領域 D となる。

(イ) $s \leqq 0$, $t \geqq 0$ のとき

③ は $1 \leqq (-s)+t \leqq 2$

よって, $s_1=-s$ とおくと

$s_1 \geqq 0$, $t \geqq 0$, $1 \leqq s_1+t \leqq 2$

$s=-s_1$ であるから

$$\overrightarrow{\mathrm{AP}}=-s_1\overrightarrow{\mathrm{AB}}+t\overrightarrow{\mathrm{AC}}$$
$$=s_1(-\overrightarrow{\mathrm{AB}})+t\overrightarrow{\mathrm{AC}}$$

ゆえに, $\overrightarrow{\mathrm{AB_1}}=-\overrightarrow{\mathrm{AB}}$ とおくと, 点 P の存在範囲は, 右の図のようになる。

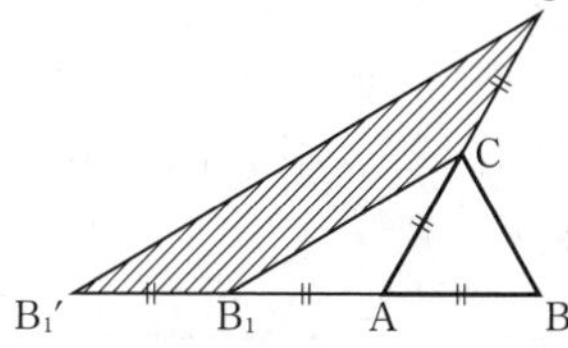

◀ $\overrightarrow{\mathrm{AP}}=s_1\overrightarrow{\mathrm{AB_1}}+t\overrightarrow{\mathrm{AC}}$
$s_1 \geqq 0$, $t \geqq 0$,
$1 \leqq s_1+t \leqq 2$ となり, $\triangle \mathrm{AB_1C}$ に対して (2) と同様の関係式となる。

(ウ) $s \geqq 0,\ t \leqq 0$ のとき

③は　$1 \leqq s+(-t) \leqq 2$

よって，$t_1=-t$ とおくと

$s \geqq 0,\ t_1 \geqq 0,\ 1 \leqq s+t_1 \leqq 2$

$t=-t_1$ であるから

$\overrightarrow{AP}=s\overrightarrow{AB}+(-t_1)\overrightarrow{AC}$

$\quad =s\overrightarrow{AB}+t_1(-\overrightarrow{AC})$

ゆえに，$\overrightarrow{AC_1}=-\overrightarrow{AC}$ とおくと，点Pの存在範囲は，右の図のようになる。

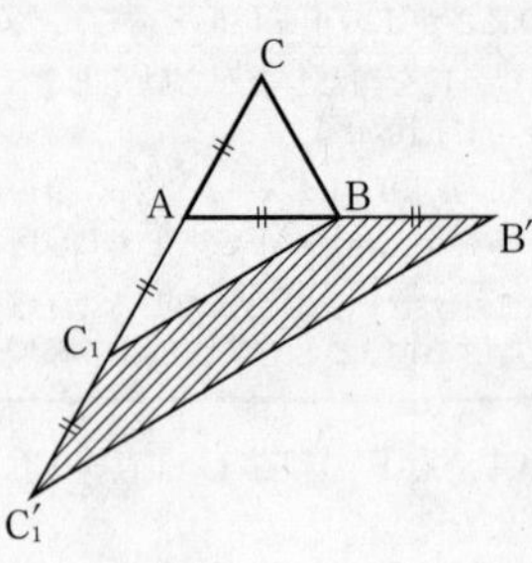

◀(イ)のときの領域と点Aに関して対称である。

(エ) $s \leqq 0,\ t \leqq 0$ のとき

③は　$1 \leqq (-s)+(-t) \leqq 2$

よって，$s_1=-s,\ t_1=-t$ に対して

$s_1 \geqq 0,\ t_1 \geqq 0,\ 1 \leqq s_1+t_1 \leqq 2$

$\overrightarrow{AP}=-s_1\overrightarrow{AB}+(-t_1)\overrightarrow{AC}$

$\quad =s_1(-\overrightarrow{AB})+t_1(-\overrightarrow{AC})$

ゆえに，点Pの存在範囲は右の図のようになる。

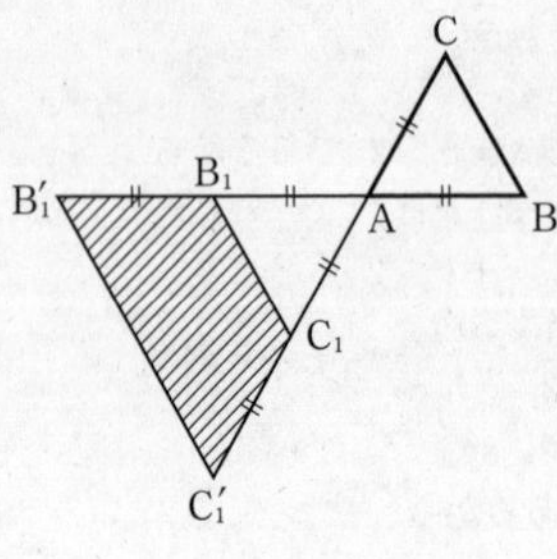

◀(ア)のときの領域 D と点Aに関して対称である。

(ア)〜(エ)より，領域 E は**右の図の斜線部分**。ただし，**境界線を含む**。

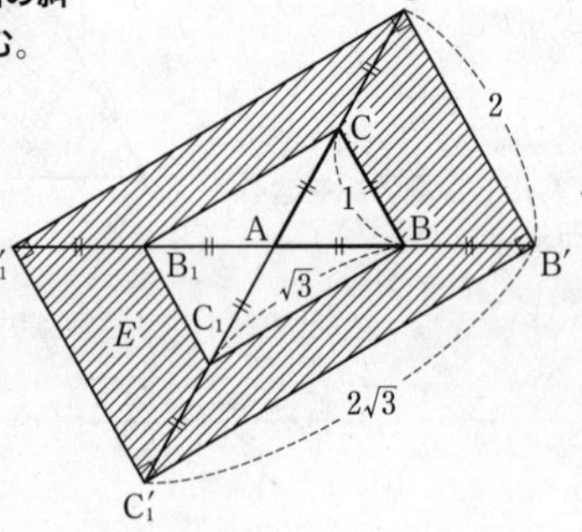

◀対角線の長さが等しく，互いに中点で交わっているから四角形 $B_1'C_1'B'C'$，B_1C_1BC はともに長方形である。

ここで

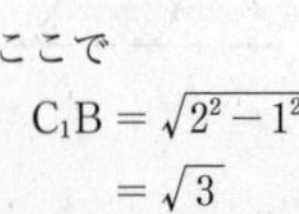

$C_1B=\sqrt{2^2-1^2}$

$\quad =\sqrt{3}$

よって

$C_1'B'=2C_1B$

$\quad =2\sqrt{3}$

したがって，領域 E の面積は

(長方形 $B_1'C_1'B'C'$)−(長方形 B_1C_1BC)

$=2 \cdot 2\sqrt{3}-1 \cdot \sqrt{3}$

$=3\sqrt{3}$

5 1辺の長さが1の正四面体OABCにおいて，$\overrightarrow{OA}=\vec{a}$，$\overrightarrow{OB}=\vec{b}$，$\overrightarrow{OC}=\vec{c}$ とする。線分OAを $s:(1-s)$ に内分する点をL，線分BCの中点をM，線分LMを $t:(1-t)$ に内分する点をPとし，$\angle POM=\theta$ とする。$\angle OPM=90^\circ$，$\cos\theta=\dfrac{\sqrt{6}}{3}$ のとき，次の問に答えよ。

(1) 直角三角形OPMにおいて，内積 $\overrightarrow{OP}\cdot\overrightarrow{OM}$ を求めよ。

(2) $\overrightarrow{OP}$ を $\vec{a},\ \vec{b},\ \vec{c}$ を用いて表せ。

(3) 平面OPCと直線ABとの交点をQとするとき，$\overrightarrow{OQ}$ を $\vec{a},\ \vec{b},\ \vec{c}$ を用いて表せ。(名古屋市立大)

(1) $|\vec{a}|=|\vec{b}|=|\vec{c}|=1,\ \vec{a}\cdot\vec{b}=\vec{b}\cdot\vec{c}=\vec{c}\cdot\vec{a}=1\cdot1\cdot\cos60^\circ=\dfrac{1}{2}$ より

$$\overrightarrow{\mathrm{OM}}=\frac{1}{2}\vec{b}+\frac{1}{2}\vec{c}$$

$$|\overrightarrow{\mathrm{OM}}|^2=\frac{1}{4}|\vec{b}|^2+\frac{1}{2}\vec{b}\cdot\vec{c}+\frac{1}{4}|\vec{c}|^2$$

$$=\frac{3}{4}$$

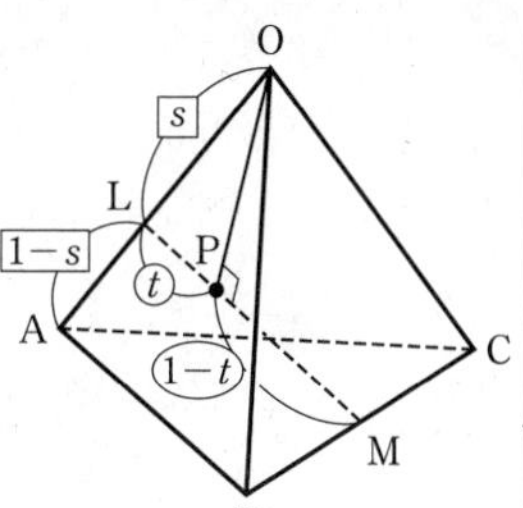

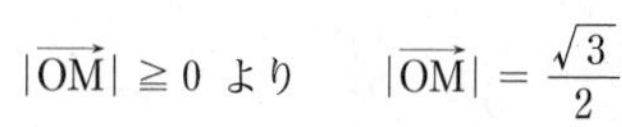
$|\overrightarrow{\mathrm{OM}}|\geqq 0$ より　　$|\overrightarrow{\mathrm{OM}}|=\dfrac{\sqrt{3}}{2}$

◀ $|\overrightarrow{\mathrm{OM}}|$ は，三角比を利用して求めてもよい。

$\angle\mathrm{POM}=\theta$，$\angle\mathrm{OPM}=90°$ より

$$|\overrightarrow{\mathrm{OP}}|=|\overrightarrow{\mathrm{OM}}|\cos\theta$$

◀ 三角比の定義より

$$\cos\theta=\frac{|\overrightarrow{\mathrm{OP}}|}{|\overrightarrow{\mathrm{OM}}|}$$

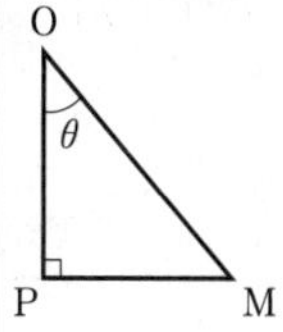

これらを用いると

$$\overrightarrow{\mathrm{OP}}\cdot\overrightarrow{\mathrm{OM}}=|\overrightarrow{\mathrm{OP}}||\overrightarrow{\mathrm{OM}}|\cos\theta$$

$$=|\overrightarrow{\mathrm{OM}}|^2\cos^2\theta=\frac{3}{4}\cdot\left(\frac{\sqrt{6}}{3}\right)^2=\boldsymbol{\frac{1}{2}}$$

(2)　$\overrightarrow{\mathrm{OL}}=s\vec{a}$ であり，P は線分 LM の内分点であるから

$$\overrightarrow{\mathrm{OP}}=(1-t)\overrightarrow{\mathrm{OL}}+t\overrightarrow{\mathrm{OM}}$$

$$=(1-t)s\vec{a}+\frac{1}{2}t\vec{b}+\frac{1}{2}t\vec{c}$$

$\angle\mathrm{OPM}=90°$ より

$$\overrightarrow{\mathrm{OP}}\cdot\overrightarrow{\mathrm{LM}}=\overrightarrow{\mathrm{OP}}\cdot(\overrightarrow{\mathrm{OM}}-\overrightarrow{\mathrm{OL}})$$

$$=\overrightarrow{\mathrm{OP}}\cdot\overrightarrow{\mathrm{OM}}-\overrightarrow{\mathrm{OP}}\cdot\overrightarrow{\mathrm{OL}}=0$$

よって，(1) より　　$\overrightarrow{\mathrm{OP}}\cdot\overrightarrow{\mathrm{OL}}=\overrightarrow{\mathrm{OP}}\cdot\overrightarrow{\mathrm{OM}}=\dfrac{1}{2}$

$$\overrightarrow{\mathrm{OP}}\cdot\overrightarrow{\mathrm{OM}}=\left\{(1-t)s\vec{a}+\frac{1}{2}t\vec{b}+\frac{1}{2}t\vec{c}\right\}\cdot\left(\frac{1}{2}\vec{b}+\frac{1}{2}\vec{c}\right)=\frac{1}{2}$$

すなわち　　$\dfrac{3}{4}t+\dfrac{1}{2}s-\dfrac{1}{2}st=\dfrac{1}{2}$　　…①

$$\overrightarrow{\mathrm{OP}}\cdot\overrightarrow{\mathrm{OL}}=\left\{(1-t)s\vec{a}+\frac{1}{2}t\vec{b}+\frac{1}{2}t\vec{c}\right\}\cdot s\vec{a}=\frac{1}{2}$$

すなわち　　$(1-t)s^2+\dfrac{1}{2}st=\dfrac{1}{2}$　　…②

①×2s−② より

◀ $(1-t)s^2$ を消去する。

$$st=s-\frac{1}{2}$$

$t=1-\dfrac{1}{2s}$　　…③

③ を ① に代入すると　　$s=\dfrac{3}{4}$，$t=\dfrac{1}{3}$

したがって　　$\boldsymbol{\overrightarrow{\mathrm{OP}}=\dfrac{1}{2}\vec{a}+\dfrac{1}{6}\vec{b}+\dfrac{1}{6}\vec{c}}$

(3)　平面 OPC 上に点 Q があるから

$\overrightarrow{\mathrm{OQ}}=\alpha\overrightarrow{\mathrm{OP}}+\beta\vec{c}$（$\alpha$，$\beta$ は実数）と表すことができる。

$$\overrightarrow{\mathrm{OQ}}=\alpha\left(\frac{1}{2}\vec{a}+\frac{1}{6}\vec{b}+\frac{1}{6}\vec{c}\right)+\beta\vec{c}$$

$$=\frac{1}{2}\alpha\vec{a}+\frac{1}{6}\alpha\vec{b}+\left(\frac{1}{6}\alpha+\beta\right)\vec{c}$$

ここで，Qが直線AB上にあるのは

$$\frac{1}{2}\alpha+\frac{1}{6}\alpha=1,\qquad \frac{1}{6}\alpha+\beta=0$$

となるときである。

これを解くと　$\alpha=\frac{3}{2},\ \beta=-\frac{1}{4}$

したがって　$\overrightarrow{\mathbf{OQ}}=\frac{\mathbf{3}}{\mathbf{4}}\vec{a}+\frac{\mathbf{1}}{\mathbf{4}}\vec{b}$

6 Oを原点とする空間内に3点A(1, −2, 1)，B(2, −1, −1)，C(2, 2, 3)がある。空間内に点Dをとり，ベクトル$\overrightarrow{\mathrm{OD}}$は$\overrightarrow{\mathrm{OD}}=\overrightarrow{\mathrm{OA}}+\overrightarrow{\mathrm{OB}}$を満たしているとする。

(1) 点Dの座標を求めよ。　(2) ベクトル$\overrightarrow{\mathrm{OA}}$と$\overrightarrow{\mathrm{OB}}$のなす角$\theta$を求めよ。

(3) 四角形OADBの面積Sを求めよ。

(4) 3点O，A，Bが定める平面上に点Pをとる。ベクトル$\overrightarrow{\mathrm{PC}}$が2つのベクトル$\overrightarrow{\mathrm{OA}}$と$\overrightarrow{\mathrm{OB}}$に垂直であるとき，$\overrightarrow{\mathrm{PC}}$を求めよ。

(5) 底面を四角形OADBとし，頂点をCとする四角錐の体積Vを求めよ。（宮城教育大）

(1) $\overrightarrow{\mathrm{OD}}=\overrightarrow{\mathrm{OA}}+\overrightarrow{\mathrm{OB}}=(1,\ -2,\ 1)+(2,\ -1,\ -1)=(3,\ -3,\ 0)$

よって，点Dの座標は　**(3, −3, 0)**

(2) $|\overrightarrow{\mathrm{OA}}|=\sqrt{1^2+(-2)^2+1^2}=\sqrt{6}$

$|\overrightarrow{\mathrm{OB}}|=\sqrt{2^2+(-1)^2+(-1)^2}=\sqrt{6}$

$\overrightarrow{\mathrm{OA}}\cdot\overrightarrow{\mathrm{OB}}=1\cdot 2+(-2)\cdot(-1)+1\cdot(-1)=3$ であるから

$$\cos\theta=\frac{\overrightarrow{\mathrm{OA}}\cdot\overrightarrow{\mathrm{OB}}}{|\overrightarrow{\mathrm{OA}}||\overrightarrow{\mathrm{OB}}|}=\frac{3}{\sqrt{6}\sqrt{6}}=\frac{1}{2}$$

$0^\circ\leqq\theta\leqq 180^\circ$ より　$\theta=\mathbf{60^\circ}$

(3) $\overrightarrow{\mathrm{OD}}=\overrightarrow{\mathrm{OA}}+\overrightarrow{\mathrm{OB}}$ であるから，四角形OADBは平行四辺形である。

よって　$S=2\times\triangle\mathrm{OAB}$

$$=2\cdot\frac{1}{2}\sqrt{6}\cdot\sqrt{6}\sin 60^\circ=\mathbf{3\sqrt{3}}$$

◀ $\overrightarrow{\mathrm{OD}}=\overrightarrow{\mathrm{OA}}+\overrightarrow{\mathrm{AD}}$ より $\overrightarrow{\mathrm{OB}}=\overrightarrow{\mathrm{AD}}$ となり，四角形OADBは平行四辺形。

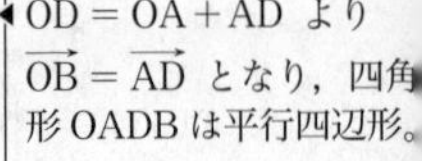

◀ $\triangle\mathrm{OAB}=\frac{1}{2}|\overrightarrow{\mathrm{OA}}||\overrightarrow{\mathrm{OB}}|\sin\angle\mathrm{BOA}$

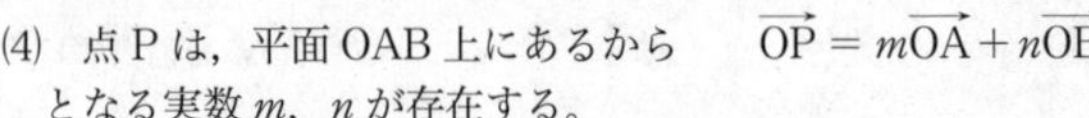

(4) 点Pは，平面OAB上にあるから　$\overrightarrow{\mathrm{OP}}=m\overrightarrow{\mathrm{OA}}+n\overrightarrow{\mathrm{OB}}$

となる実数m，nが存在する。

$$\overrightarrow{\mathrm{OP}}=m(1,\ -2,\ 1)+n(2,\ -1,\ -1)$$
$$=(m+2n,\ -2m-n,\ m-n)$$
$$\overrightarrow{\mathrm{PC}}=\overrightarrow{\mathrm{OC}}-\overrightarrow{\mathrm{OP}}$$
$$=(2-m-2n,\ 2+2m+n,\ 3-m+n)$$

$\overrightarrow{\mathrm{PC}}\perp\overrightarrow{\mathrm{OA}}$ であるから　$\overrightarrow{\mathrm{PC}}\cdot\overrightarrow{\mathrm{OA}}=0$

$$(2-m-2n)\cdot 1+(2+2m+n)\cdot(-2)+(3-m+n)\cdot 1=0$$

すなわち　$-6m-3n+1=0$　…①

$\overrightarrow{\mathrm{PC}}\perp\overrightarrow{\mathrm{OB}}$ であるから　$\overrightarrow{\mathrm{PC}}\cdot\overrightarrow{\mathrm{OB}}=0$

$$(2-m-2n)\cdot 2+(2+2m+n)\cdot(-1)+(3-m+n)\cdot(-1)=0$$

すなわち　$-3m-6n-1=0$　…②

①，②を解いて　$m=\frac{1}{3},\ n=-\frac{1}{3}$

したがって　$\overrightarrow{\mathrm{PC}}=\left(\dfrac{7}{3},\ \dfrac{7}{3},\ \dfrac{7}{3}\right)$

◀ $\overrightarrow{\mathrm{PC}}\perp\overrightarrow{\mathrm{OA}}$, $\overrightarrow{\mathrm{PC}}\perp\overrightarrow{\mathrm{OB}}$ より $\overrightarrow{\mathrm{PC}}\perp$ 平面 OAB である。

(5)　$|\overrightarrow{\mathrm{PC}}|=\sqrt{\left(\dfrac{7}{3}\right)^2+\left(\dfrac{7}{3}\right)^2+\left(\dfrac{7}{3}\right)^2}=\dfrac{7\sqrt{3}}{3}$

よって

$$V=\frac{1}{3}\cdot S\cdot|\overrightarrow{\mathrm{PC}}|=\frac{1}{3}\cdot 3\sqrt{3}\cdot\frac{7\sqrt{3}}{3}=\mathbf{7}$$

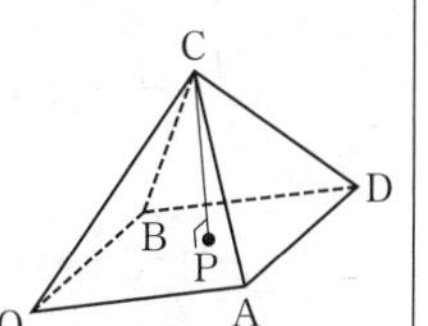

7　点 O を 1 つの頂点とする 4 面体 OABC を考える。$\overrightarrow{\mathrm{OA}}=\vec{a}$, $\overrightarrow{\mathrm{OB}}=\vec{b}$, $\overrightarrow{\mathrm{OC}}=\vec{c}$ とし，$\vec{a}$ と $\vec{b}$, $\vec{b}$ と $\vec{c}$, $\vec{c}$ と $\vec{a}$ がそれぞれ直交するとき，次の問に答えよ。

(1)　k, l, m を実数とする。空間の点 P を $\overrightarrow{\mathrm{OP}}=k\vec{a}+l\vec{b}+m\vec{c}$ とするとき，内積 $\overrightarrow{\mathrm{OP}}\cdot\overrightarrow{\mathrm{AP}}$ を k, l, m, $\vec{a}$, $\vec{b}$, $\vec{c}$ を用いて表せ。

(2)　点 O から △ABC に下ろした垂線の足を H とする。$\overrightarrow{\mathrm{OH}}$ を $\vec{a}$, $\vec{b}$, $\vec{c}$ を用いて表せ。

(3)　△ABC の面積 S を $\vec{a}$, $\vec{b}$, $\vec{c}$ を用いて表せ。

(4)　△OAB の面積を S_1, △OBC の面積を S_2, △OCA の面積を S_3 とする。△ABC の面積 S を S_1, S_2, S_3 を用いて表せ。　　（同志社大）

(1)　$\vec{a}$, $\vec{b}$, $\vec{c}$ はどの 2 つも直交するから

$$\vec{a}\cdot\vec{b}=\vec{b}\cdot\vec{c}=\vec{c}\cdot\vec{a}=0$$

内積 $\overrightarrow{\mathrm{OP}}\cdot\overrightarrow{\mathrm{AP}}$ を求めると

$$\begin{aligned}&\overrightarrow{\mathrm{OP}}\cdot\overrightarrow{\mathrm{AP}}\\&=\overrightarrow{\mathrm{OP}}\cdot(\overrightarrow{\mathrm{OP}}-\overrightarrow{\mathrm{OA}})\\&=(k\vec{a}+l\vec{b}+m\vec{c})\cdot(k\vec{a}+l\vec{b}+m\vec{c}-\vec{a})\\&=k^2|\vec{a}|^2-k|\vec{a}|^2+l^2|\vec{b}|^2+m^2|\vec{c}|^2\\&=\boldsymbol{(k^2-k)|\vec{a}|^2+l^2|\vec{b}|^2+m^2|\vec{c}|^2}\end{aligned}$$

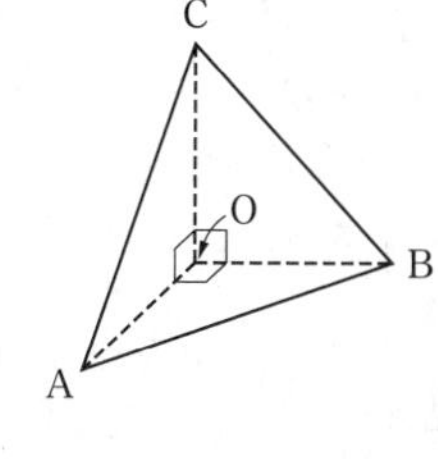

◀ $\vec{a}\cdot\vec{b}=\vec{b}\cdot\vec{c}=\vec{c}\cdot\vec{a}=0$ を代入する。

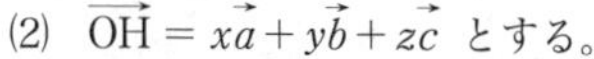

(2)　$\overrightarrow{\mathrm{OH}}=x\vec{a}+y\vec{b}+z\vec{c}$ とする。

点 H は △ABC 上にあるから　　$x+y+z=1$　　…①

$\overrightarrow{\mathrm{OH}}$ は平面 ABC と垂直であるから

$$\overrightarrow{\mathrm{OH}}\perp\overrightarrow{\mathrm{AB}},\ \overrightarrow{\mathrm{OH}}\perp\overrightarrow{\mathrm{BC}}$$

すなわち　　$\overrightarrow{\mathrm{OH}}\cdot\overrightarrow{\mathrm{AB}}=0$ …②，$\overrightarrow{\mathrm{OH}}\cdot\overrightarrow{\mathrm{BC}}=0$ …③

② より　　$\overrightarrow{\mathrm{OH}}\cdot\overrightarrow{\mathrm{AB}}=(x\vec{a}+y\vec{b}+z\vec{c})\cdot(\vec{b}-\vec{a})=0$

$$-x|\vec{a}|^2+y|\vec{b}|^2=0$$

よって　　$x|\vec{a}|^2=y|\vec{b}|^2$　　…④

③ より　　$\overrightarrow{\mathrm{OH}}\cdot\overrightarrow{\mathrm{BC}}=(x\vec{a}+y\vec{b}+z\vec{c})\cdot(\vec{c}-\vec{b})=0$

$$-y|\vec{b}|^2+z|\vec{c}|^2=0$$

よって　　$y|\vec{b}|^2=z|\vec{c}|^2$　　…⑤

④，⑤ より　　$x|\vec{a}|^2=y|\vec{b}|^2=z|\vec{c}|^2$

ここで，$x|\vec{a}|^2=y|\vec{b}|^2=z|\vec{c}|^2=s$ とおくと

$$x=\frac{s}{|\vec{a}|^2},\ y=\frac{s}{|\vec{b}|^2},\ z=\frac{s}{|\vec{c}|^2}$$

入試攻略

①に代入すると　$\dfrac{s}{|\vec{a}|^2}+\dfrac{s}{|\vec{b}|^2}+\dfrac{s}{|\vec{c}|^2}=1$

$$s=\frac{|\vec{a}|^2|\vec{b}|^2|\vec{c}|^2}{|\vec{a}|^2|\vec{b}|^2+|\vec{b}|^2|\vec{c}|^2+|\vec{c}|^2|\vec{a}|^2}$$

したがって

$$\overrightarrow{\mathbf{OH}}=\frac{|\vec{b}|^2|\vec{c}|^2\vec{a}+|\vec{c}|^2|\vec{a}|^2\vec{b}+|\vec{a}|^2|\vec{b}|^2\vec{c}}{|\vec{a}|^2|\vec{b}|^2+|\vec{b}|^2|\vec{c}|^2+|\vec{c}|^2|\vec{a}|^2}$$

◀ x, y, z に s を代入する。

(3)　$S=\dfrac{1}{2}\sqrt{|\overrightarrow{AB}|^2|\overrightarrow{AC}|^2-(\overrightarrow{AB}\cdot\overrightarrow{AC})^2}$

ここで，$|\overrightarrow{AB}|=|\vec{b}-\vec{a}|$，$|\overrightarrow{AC}|=|\vec{c}-\vec{a}|$ より

◀ $\vec{a}\cdot\vec{b}=\vec{b}\cdot\vec{c}=\vec{c}\cdot\vec{a}=0$

$$|\overrightarrow{AB}|^2=|\vec{b}|^2-2\vec{a}\cdot\vec{b}+|\vec{a}|^2=|\vec{a}|^2+|\vec{b}|^2$$

$$|\overrightarrow{AC}|^2=|\vec{c}|^2-2\vec{c}\cdot\vec{a}+|\vec{a}|^2=|\vec{c}|^2+|\vec{a}|^2$$

$$\overrightarrow{AB}\cdot\overrightarrow{AC}=(\vec{b}-\vec{a})\cdot(\vec{c}-\vec{a})=|\vec{a}|^2$$

よって

$$S=\frac{1}{2}\sqrt{(|\vec{a}|^2+|\vec{b}|^2)(|\vec{c}|^2+|\vec{a}|^2)-(|\vec{a}|^2)^2}$$

$$=\frac{1}{2}\sqrt{|\vec{a}|^2|\vec{b}|^2+|\vec{b}|^2|\vec{c}|^2+|\vec{c}|^2|\vec{a}|^2}$$

(4)　$\vec{a}$, $\vec{b}$, $\vec{c}$ はどの2つも直交するから，△OAB，△OBC，△OCA は直角三角形である。

よって　$S_1=\dfrac{1}{2}|\vec{a}||\vec{b}|$，　$S_2=\dfrac{1}{2}|\vec{b}||\vec{c}|$，　$S_3=\dfrac{1}{2}|\vec{c}||\vec{a}|$

ゆえに　$|\vec{a}|^2|\vec{b}|^2=4S_1{}^2$，　$|\vec{b}|^2|\vec{c}|^2=4S_2{}^2$，　$|\vec{c}|^2|\vec{a}|^2=4S_3{}^2$

したがって，(3)の結果より

$$S=\frac{1}{2}\sqrt{4(S_1{}^2+S_2{}^2+S_3{}^2)}=\sqrt{S_1{}^2+S_2{}^2+S_3{}^2}$$

8　空間内に4点 A(0, 0, 1)，B(2, 1, 0)，C(0, 2, −1)，D(0, 2, 1) がある。

(1)　点Cから直線ABに下ろした垂線の足Hの座標を求めよ。

(2)　点Pが xy 平面上を動き，点Qが直線AB上を動くとき，距離DP，PQの和DP＋PQが最小となるP，Qの座標を求めよ。　（大阪市立大）

(1)　点Hは直線AB上にあるから

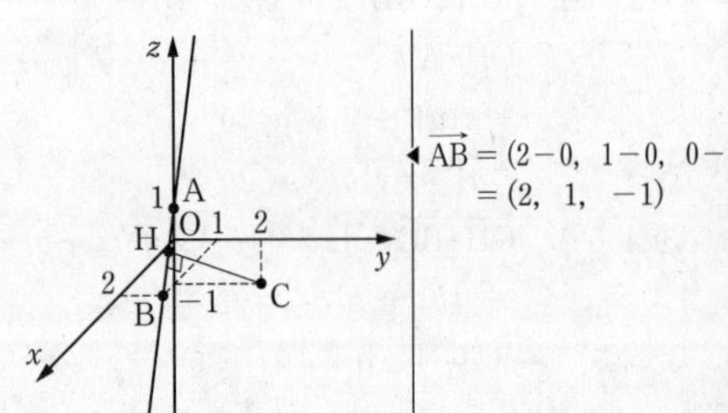

$\overrightarrow{OH}=\overrightarrow{OA}+t\overrightarrow{AB}$

$=(0,\ 0,\ 1)+t(2,\ 1,\ -1)$

$=(2t,\ t,\ 1-t)$

◀ $\overrightarrow{AB}=(2-0,\ 1-0,\ 0-1)$
$=(2,\ 1,\ -1)$

$\overrightarrow{CH}=\overrightarrow{OH}-\overrightarrow{OC}$

$=(2t,\ t,\ 1-t)-(0,\ 2,\ -1)$

$=(2t,\ t-2,\ 2-t)$

$\overrightarrow{CH}\perp\overrightarrow{AB}$ より　$\overrightarrow{CH}\cdot\overrightarrow{AB}=0$

$4t+(t-2)-(2-t)=0$

$6t=4$

よって　$t=\dfrac{2}{3}$

このとき，$\overrightarrow{\mathrm{OH}}=\left(\dfrac{4}{3},\ \dfrac{2}{3},\ \dfrac{1}{3}\right)$ であるから

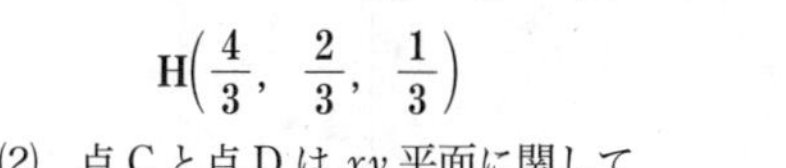

$$\mathbf{H}\left(\frac{4}{3},\ \frac{2}{3},\ \frac{1}{3}\right)$$

◀ $\overrightarrow{\mathrm{OH}}=(2t,\ t,\ 1-t)$ に $t=\dfrac{2}{3}$ を代入する。

(2) 点 C と点 D は xy 平面に関して対称であるから

$$\mathrm{DP}=\mathrm{CP}$$

よって

$$\mathrm{DP}+\mathrm{PQ}=\mathrm{CP}+\mathrm{PQ}$$
$$\geqq \mathrm{CQ}$$

◀ CP＋PQ が最小となるのは，点 P が CQ 上にあるときである。

点 Q が直線 AB 上を動くとき，CQ が最小になるのは，点 Q と点 H が一致したときである。

さらに，点 H は xy 平面に関して点 C と反対側にあるから，点 P が CH 上にあるとき，DP＋PQ は最小値 CH をとる。

よって，求める点 Q の座標は　$\mathbf{Q}\left(\dfrac{4}{3},\ \dfrac{2}{3},\ \dfrac{1}{3}\right)$

◀ Q と H は一致する。

また，求める点 P は，CH と xy 平面の交点であるから

$$\overrightarrow{\mathrm{OP}}=\overrightarrow{\mathrm{OC}}+s\overrightarrow{\mathrm{CH}}=(0,\ 2,\ -1)+s\left(\frac{4}{3},\ -\frac{4}{3},\ \frac{4}{3}\right)$$
$$=\left(\frac{4}{3}s,\ 2-\frac{4}{3}s,\ -1+\frac{4}{3}s\right)$$

◀ $\overrightarrow{\mathrm{CH}}=\left(\dfrac{4}{3},\ -\dfrac{4}{3},\ \dfrac{4}{3}\right)$

P は xy 平面上の点であるから，z 成分が 0 である。

すなわち　$-1+\dfrac{4}{3}s=0$　よって　$s=\dfrac{3}{4}$

このとき　$\overrightarrow{\mathrm{OP}}=(1,\ 1,\ 0)$

したがって，求める点 P は　$\mathbf{P(1,\ 1,\ 0)}$

p.248　2章　平面上の曲線

9　2 つの放物線 $C_1: y=x^2$，$C_2: y=-4x^2+a$（a は正の定数）の 2 つの交点と原点を通る円の中心を F とする。点 F が放物線 C_2 の焦点になっているときの a の値と点 F の座標を求めよ。

（東京医科大）

C_2 の方程式より　$x^2=4\cdot\left(-\dfrac{1}{16}\right)(y-a)$

◀ $-4x^2=y-a$
$x^2=4\cdot\left(-\dfrac{1}{16}\right)(y-a)$

C_2 の焦点は F であり，その座標は

$$\mathrm{F}\left(0,\ a-\frac{1}{16}\right)\quad\cdots①$$

C_1 と C_2 の交点と原点を通る円 C の中心は F であり，半径は $\left|a-\dfrac{1}{16}\right|$ であるから，円 C の方程式は

$$x^2+\left\{y-\left(a-\frac{1}{16}\right)\right\}^2=\left(a-\frac{1}{16}\right)^2\quad\cdots②$$

◀ C_1 と C_2 の交点と原点を通る円は x 軸に接する。

C_1 と C_2 の交点の x 座標は，$x^2=-4x^2+a$ より　$x=\pm\sqrt{\dfrac{a}{5}}$

◀ $5x^2=a$

よって，交点の座標は　$\left(\pm\sqrt{\dfrac{a}{5}},\ \dfrac{a}{5}\right)$　…③

C_1 と C_2 の交点が円 C 上にあることから，③ を ② に代入して

$$\left(\pm\sqrt{\frac{a}{5}}\right)^2+\left\{\frac{a}{5}-\left(a-\frac{1}{16}\right)\right\}^2=\left(a-\frac{1}{16}\right)^2$$

$$\frac{a}{5}+\frac{a^2}{25}-\frac{2}{5}a\left(a-\frac{1}{16}\right)=0$$

◀ $5a+a^2-10a\left(a-\dfrac{1}{16}\right)=0$

$5a+a^2-10a^2+\dfrac{5}{8}a=0$

$-a\left(9a-\dfrac{45}{8}\right)=0$

$a \neq 0$ より　$\boldsymbol{a=\dfrac{5}{8}}$

① より，F の座標は　$\mathbf{F}\left(\mathbf{0},\ \dfrac{\mathbf{9}}{\mathbf{16}}\right)$

10 点 $\mathrm{P}(x,\ y)$ が双曲線 $\dfrac{x^2}{2}-y^2=1$ 上を動くとき，点 $\mathrm{P}(x,\ y)$ と点 $\mathrm{A}(a,\ 0)$ との距離の最小値を $f(a)$ とする。

(1) $f(a)$ を a で表せ。

(2) $f(a)$ を a の関数とみなすとき，ab 平面上に曲線 $b=f(a)$ の概形をかけ。（筑波大）

(1) $\dfrac{x^2}{2}-y^2=1$ …① とおく。

双曲線 ① は y 軸に関して対称であるから，まず $a \geqq 0$ として考える。

◀ $f(-a)=f(a)$ である。

このとき，AP が最小となるような点 P は $x \geqq 0$ の範囲にあるから，$x \geqq \sqrt{2}$ で考える。

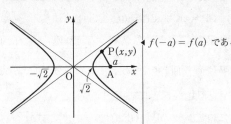

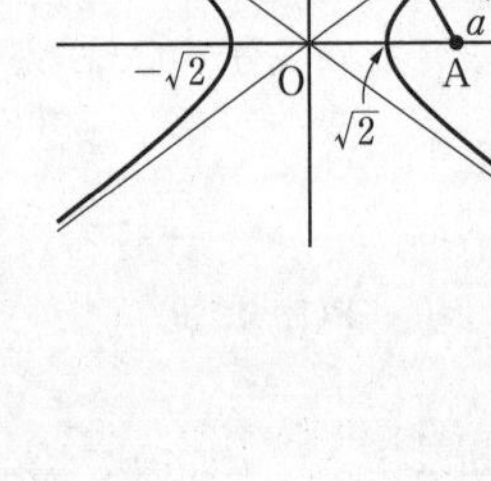

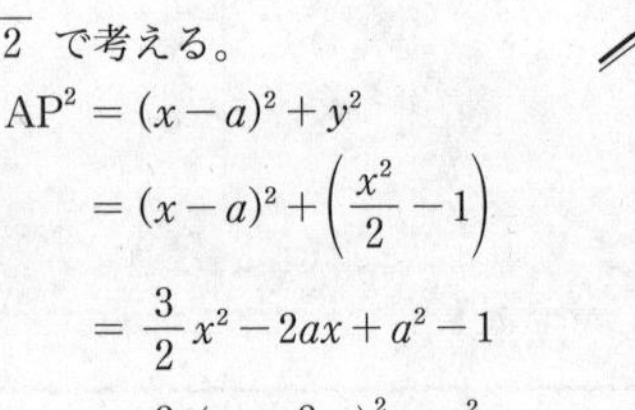

$$\begin{aligned}\mathrm{AP}^2&=(x-a)^2+y^2\\&=(x-a)^2+\left(\frac{x^2}{2}-1\right)\\&=\frac{3}{2}x^2-2ax+a^2-1\\&=\frac{3}{2}\left(x-\frac{2}{3}a\right)^2+\frac{a^2}{3}-1\end{aligned}$$

◀ ① を代入する。

(ア) $0 \leqq \dfrac{2}{3}a \leqq \sqrt{2}$ すなわち

$0 \leqq a \leqq \dfrac{3\sqrt{2}}{2}$ のとき

AP^2 は $x=\sqrt{2}$ のとき最小となり

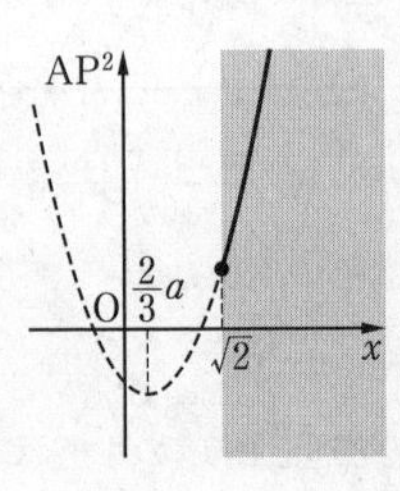

$$\begin{aligned}f(a)&=\sqrt{\frac{3}{2}\cdot\left(\sqrt{2}\right)^2-2\sqrt{2}a+a^2-1}\\&=\sqrt{a^2-2\sqrt{2}a+2}\\&=\sqrt{\left(a-\sqrt{2}\right)^2}=\left|a-\sqrt{2}\right|\end{aligned}$$

◀ $0 \leqq a \leqq \dfrac{3\sqrt{2}}{2}$ であるから絶対値を外してはいけない。

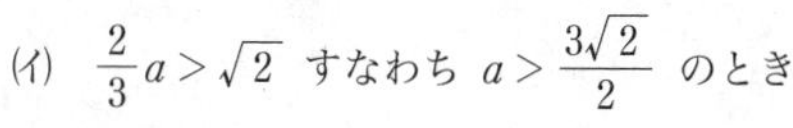

(イ)　$\frac{2}{3}a > \sqrt{2}$　すなわち　$a > \frac{3\sqrt{2}}{2}$　のとき

AP^2 は $x = \frac{2}{3}a$ のとき最小となり

$$f(a) = \sqrt{\frac{a^2}{3} - 1}$$

次に，$a \leqq 0$ のとき，対称性に注意すると

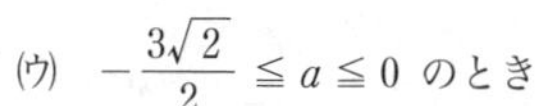

(ウ)　$-\frac{3\sqrt{2}}{2} \leqq a \leqq 0$ のとき

AP^2 は $x = -\sqrt{2}$ のとき最小となり　　$f(a) = |a + \sqrt{2}\,|$

◀ $f(a) = f(-a)$
$= |-a - \sqrt{2}\,|$
$= |a + \sqrt{2}\,|$

(エ)　$a < -\frac{3\sqrt{2}}{2}$ のとき

AP^2 は $x = \frac{2}{3}a$ のとき最小となり　　$f(a) = \sqrt{\frac{a^2}{3} - 1}$

(ア)〜(エ)より

$$\boldsymbol{f(a) = \begin{cases} \sqrt{\frac{a^2}{3} - 1} & \left(a < -\frac{3\sqrt{2}}{2},\ \frac{3\sqrt{2}}{2} < a \text{ のとき}\right) \\ |a + \sqrt{2}\,| & \left(-\frac{3\sqrt{2}}{2} \leqq a \leqq 0 \text{ のとき}\right) \\ |a - \sqrt{2}\,| & \left(0 \leqq a \leqq \frac{3\sqrt{2}}{2} \text{ のとき}\right) \end{cases}}$$

(2)　$a < -\frac{3\sqrt{2}}{2}$，$\frac{3\sqrt{2}}{2} < a$ のとき

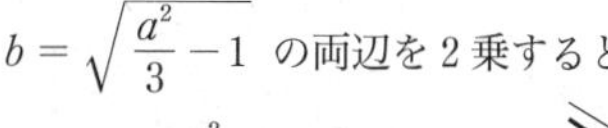

$b = \sqrt{\frac{a^2}{3} - 1}$ の両辺を 2 乗すると

$$b^2 = \frac{a^2}{3} - 1$$

よって　　$\frac{a^2}{3} - b^2 = 1$

したがって，$b = f(a)$ のグラフは **右の図**。

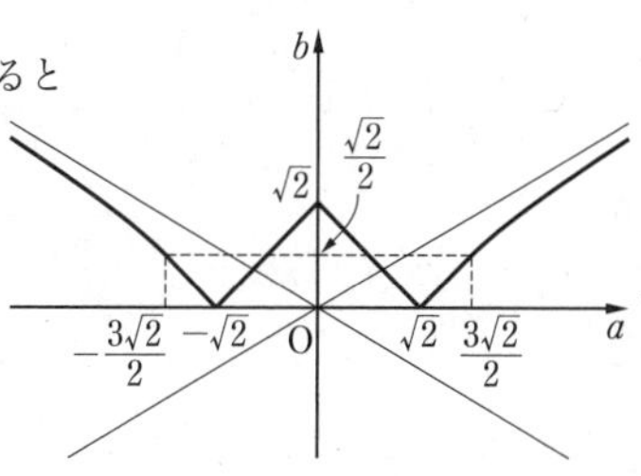

◀ この曲線は双曲線であり，漸近線は
$b = \pm\frac{1}{\sqrt{3}}a$
である。

11　座標平面上の楕円 $\frac{x^2}{4} + y^2 = 1$ の $x > 0$，$y > 0$ の部分を C で表す。曲線 C 上に点 $\mathrm{P}(x_1,\ y_1)$ をとり，点 P での接線と 2 直線 $y = 1$ および $x = 2$ との交点をそれぞれ Q，R とする。点 (2，1) を A で表し，三角形 AQR の面積を S とする。このとき，次の問に答えよ。

(1)　$x_1 + 2y_1 = k$ とおくとき，積 x_1y_1 を k を用いて表せ。

(2)　S を k を用いて表せ。

(3)　点 P が曲線 C 上を動くとき，S の最大値を求めよ。　　　　(三重大)

(1)　点 P は楕円上にあるから

$$\frac{x_1{}^2}{4} + y_1{}^2 = 1$$

すなわち　　$x_1{}^2 + 4y_1{}^2 = 4$　…①

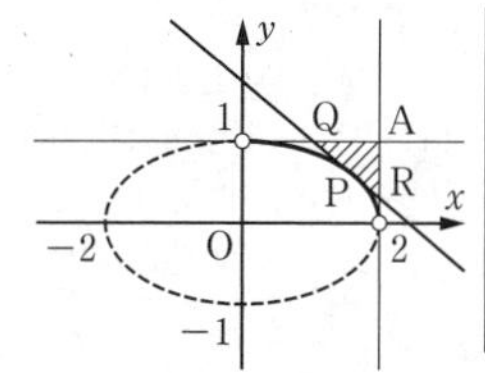

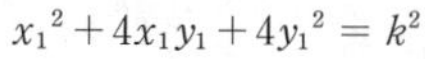

$x_1 + 2y_1 = k$ の両辺を 2 乗すると

$$x_1{}^2 + 4x_1y_1 + 4y_1{}^2 = k^2$$

① を代入して　　$x_1y_1=\dfrac{k^2-4}{4}$

(2)　点Pにおける接線の方程式は　　$\dfrac{x_1x}{4}+y_1y=1$　　…②

② と $y=1$ を連立して　　$\mathrm{Q}\left(\dfrac{4(1-y_1)}{x_1},\ 1\right)$

② と $x=2$ を連立して　　$\mathrm{R}\left(2,\ \dfrac{2-x_1}{2y_1}\right)$

$$S=\frac{1}{2}\mathrm{AQ}\cdot\mathrm{AR}=\frac{1}{2}\cdot\frac{2x_1+4y_1-4}{x_1}\cdot\frac{x_1+2y_1-2}{2y_1}$$

$$=\frac{(x_1+2y_1-2)^2}{2x_1y_1}=\frac{2(k-2)^2}{k^2-4}=\boldsymbol{\frac{2(k-2)}{k+2}}$$

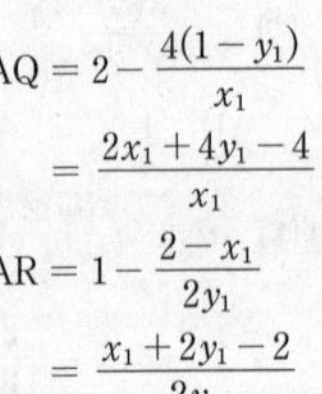

◀ $\mathrm{AQ}=2-\dfrac{4(1-y_1)}{x_1}$

$=\dfrac{2x_1+4y_1-4}{x_1}$

$\mathrm{AR}=1-\dfrac{2-x_1}{2y_1}$

$=\dfrac{x_1+2y_1-2}{2y_1}$

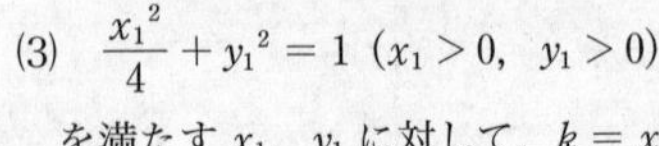

(3)　$\dfrac{x_1{}^2}{4}+y_1{}^2=1$ $(x_1>0,\ y_1>0)$

を満たす x_1, y_1 に対して，$k=x_1+2y_1$ とおく。

右の図のように接するとき，重解条件より

$k=2\sqrt{2}$

◀ 2式を連立した2次方程式 $2x_1{}^2-2kx_1+k^2-4=0$ の判別式 D が $D=0$ となる k の値を考えて

$\dfrac{D}{4}=-k^2+8=0$

よって，k のとり得る値の範囲は

$2<k\leqq 2\sqrt{2}$

ここで

$$S=\frac{2(k-2)}{k+2}=2-\frac{8}{k+2}$$

$2<k\leqq 2\sqrt{2}$ より　　$-\dfrac{8}{2+2}<-\dfrac{8}{k+2}\leqq-\dfrac{8}{2\sqrt{2}+2}$

すなわち　　$-2<-\dfrac{8}{k+2}\leqq 4-4\sqrt{2}$

よって　　$0<S\leqq 6-4\sqrt{2}$

したがって，S は $k=2\sqrt{2}$ のとき，

最大値　$6-4\sqrt{2}$

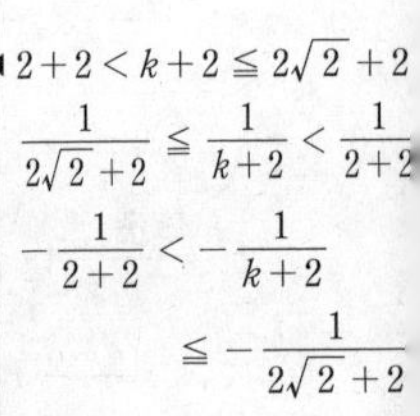

◀ $2+2<k+2\leqq 2\sqrt{2}+2$

$\dfrac{1}{2\sqrt{2}+2}\leqq\dfrac{1}{k+2}<\dfrac{1}{2+2}$

$-\dfrac{1}{2+2}<-\dfrac{1}{k+2}$

$\leqq-\dfrac{1}{2\sqrt{2}+2}$

12 曲線 C は極方程式 $r=2\cos\theta$ で定義されているとする。このとき，次の問に答えよ。

(1)　曲線 C を直交座標 $(x,\ y)$ に関する方程式で表し，さらに図示せよ。

(2)　点 $(-1,\ 0)$ を通る傾き k の直線を考える。この直線が曲線 C と2点で交わるような k の値の範囲を求めよ。

(3)　(2)のもとで，2交点の中点の軌跡を求めよ。　　(鹿児島大)

(1)　$r=2\cos\theta$ より　　$r^2=2r\cos\theta$

$r\cos\theta=x$, $r^2=x^2+y^2$ を代入すると

$x^2+y^2=2x$

よって　　$\boldsymbol{(x-1)^2+y^2=1}$　　…①

したがって，グラフは **右の図**。

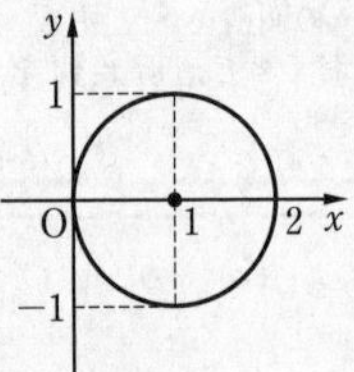

(2)　直線の方程式は $y=k(x+1)$ とおける。

① に代入すると　　$(x-1)^2+k^2(x+1)^2=1$

$(k^2+1)x^2+2(k^2-1)x+k^2=0$　　…②

$k^2+1\neq 0$ であるから，② の方程式の判別式を D とすると

◀ $k^2+1\neq 0$ より ② は2次方程式である。

$$\frac{D}{4}=(k^2-1)^2-(k^2+1)k^2=-3k^2+1$$

直線が曲線 C と 2 点で交わるためには　$\frac{D}{4}>0$

よって，$-3k^2+1>0$ より　$k^2-\frac{1}{3}<0$

ゆえに　$-\frac{\sqrt{3}}{3}<\boldsymbol{k}<\frac{\sqrt{3}}{3}$

(3)　2 つの交点を P，Q とし，それぞれの x 座標を α，β $(\alpha<\beta)$ とおくと　P$(\alpha,\ k\alpha+k)$，　Q$(\beta,\ k\beta+k)$

◀ $y=k(x+1)$ より

中点を M$(x,\ y)$ とおくと　$\mathrm{M}\left(\frac{\alpha+\beta}{2},\ \frac{k(\alpha+\beta)}{2}+k\right)$

ここで，α，β は方程式 ② の解であるから，解と係数の関係により

$$\alpha+\beta=-\frac{2(k^2-1)}{k^2+1}$$

◀ $ax^2+bx+c=0$ の解を α，β とすると $\alpha+\beta=-\frac{b}{a}$

よって，点 M の座標は

$$\left(-\frac{k^2-1}{k^2+1},\ -\frac{k(k^2-1)}{k^2+1}+k\right)\ \text{すなわち}\ \left(\frac{1-k^2}{k^2+1},\ \frac{2k}{k^2+1}\right)$$

ゆえに，$x=\frac{1-k^2}{k^2+1}$，$y=\frac{2k}{k^2+1}$ であるから

$$x^2+y^2=\frac{(1-k^2)^2}{(k^2+1)^2}+\frac{4k^2}{(k^2+1)^2}=\frac{k^4+2k^2+1}{(k^2+1)^2}$$
$$=\frac{(k^2+1)^2}{(k^2+1)^2}=1$$

ここで

$$x=\frac{1-k^2}{k^2+1}=\frac{-(k^2+1)+2}{k^2+1}=-1+\frac{2}{k^2+1}$$

また，(2) より $k^2-\frac{1}{3}<0$

すなわち　$k^2<\frac{1}{3}$

よって　$x>\frac{1}{2}$

◀ $k^2+1<\frac{4}{3}$ より $\frac{1}{k^2+1}>\frac{3}{4}$，$\frac{2}{k^2+1}>\frac{3}{2}$，$-1+\frac{2}{k^2+1}>\frac{1}{2}$

したがって，求める軌跡は**円 $\boldsymbol{x^2+y^2=1}$ の $\boldsymbol{x>\frac{1}{2}}$ の部分**。

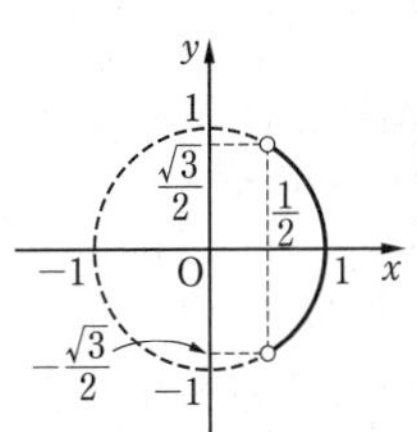

13 (1)　直交座標において，点 A$(\sqrt{3},\ 0)$ と準線 $x=\frac{4}{\sqrt{3}}$ からの距離の比が $\sqrt{3}:2$ である点 P$(x,\ y)$ の軌跡を求めよ。

(2)　(1) における A を極，x 軸の正の部分の半直線 AX とのなす角 θ を偏角とする極座標を定める。このとき，P の軌跡を $r=f(\theta)$ の形の極方程式で求めよ。ただし，$0\leqq\theta<2\pi$，$r>0$ とする。

(3)　A を通る任意の直線と (1) で求めた曲線との交点を R，Q とする。このとき $\frac{1}{\mathrm{RA}}+\frac{1}{\mathrm{QA}}$ は一定であることを示せ。　　（帯広畜産大）

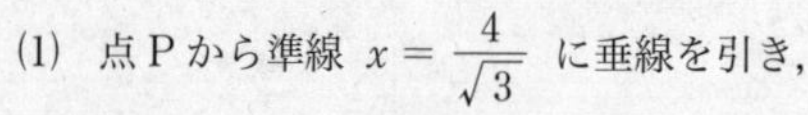

(1) 点Pから準線 $x=\dfrac{4}{\sqrt{3}}$ に垂線を引き，

準線との交点をHとすると

$$\mathrm{PH}=\left|\frac{4}{\sqrt{3}}-x\right|$$

$$\mathrm{PA}=\sqrt{(x-\sqrt{3})^2+y^2}$$

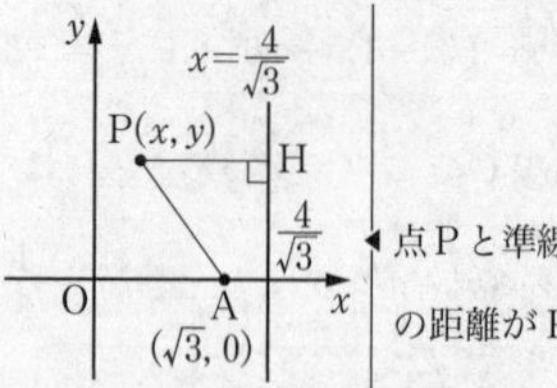

◀点Pと準線 $x=\dfrac{4}{\sqrt{3}}$ との距離がPHとなる。

$\mathrm{PA}:\mathrm{PH}=\sqrt{3}:2$ より，$4\mathrm{PA}^2=3\mathrm{PH}^2$ であるから

$4\{(x-\sqrt{3})^2+y^2\}=3\left(\dfrac{4}{\sqrt{3}}-x\right)^2$ より　$\dfrac{x^2}{4}+y^2=1$

よって，点Pの軌跡は　**楕円 $\boldsymbol{\dfrac{x^2}{4}+y^2=1}$**

(2) (1)より　$\dfrac{x^2}{4}+y^2=1$　…①

点 $\mathrm{P}(x,\ y)$ の極座標を $(r,\ \theta)$ とすると

$$\begin{cases} x=\sqrt{3}+r\cos\theta \\ y=r\sin\theta \end{cases} \quad \cdots ②$$

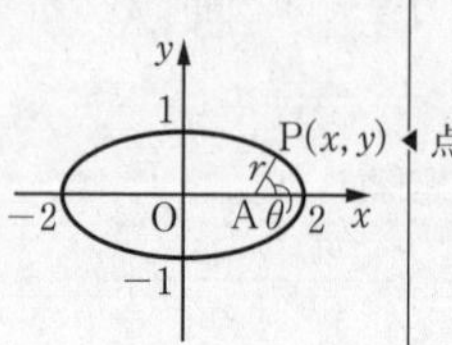

◀点Aを極とすることより

②を①に代入して

$$\frac{(\sqrt{3}+r\cos\theta)^2}{4}+(r\sin\theta)^2=1$$

整理して　$(4-3\cos^2\theta)r^2+2\sqrt{3}\,r\cos\theta-1=0$

$0\leqq\cos^2\theta\leqq1$ より $4-3\cos^2\theta\neq0$ であるから，r の2次方程式として解くと　$r=\dfrac{-\sqrt{3}\cos\theta\pm2}{4-3\cos^2\theta}$

$r>0$ より　$r=\dfrac{2-\sqrt{3}\cos\theta}{4-3\cos^2\theta}=\boldsymbol{\dfrac{1}{2+\sqrt{3}\cos\theta}}$

◀ $\dfrac{2-\sqrt{3}\cos\theta}{4-3\cos^2\theta}$
$=\dfrac{2-\sqrt{3}\cos\theta}{(2+\sqrt{3}\cos\theta)(2-\sqrt{3}\cos\theta)}$
$=\dfrac{1}{2+\sqrt{3}\cos\theta}$

(3) 2点R，Qの極座標を，それぞれ $(r_1,\ \theta_1)$，$(r_2,\ \theta_2)$ とすると，点Aが極であるから

$$\mathrm{RA}=r_1,\ \mathrm{QA}=r_2$$

A，R，Qが同一直線上にあるから

$$\theta_2=\theta_1+\pi$$

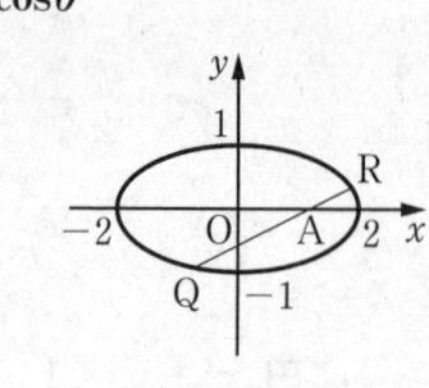

さらに，R，Qは楕円上の点であるから

$$r_1=\frac{1}{2+\sqrt{3}\cos\theta_1},\ r_2=\frac{1}{2+\sqrt{3}\cos\theta_2}$$

よって

$$\begin{aligned}\frac{1}{\mathrm{RA}}+\frac{1}{\mathrm{QA}}&=\frac{1}{r_1}+\frac{1}{r_2}\\&=(2+\sqrt{3}\cos\theta_1)+(2+\sqrt{3}\cos\theta_2)\\&=4+\sqrt{3}\cos\theta_1+\sqrt{3}\cos(\theta_1+\pi)\\&=4+\sqrt{3}\cos\theta_1-\sqrt{3}\cos\theta_1\\&=4\end{aligned}$$

◀ $\theta_2=\theta_1+\pi$

◀ $\cos(\theta_1+\pi)=-\cos\theta_1$

したがって，$\dfrac{1}{\mathrm{RA}}+\dfrac{1}{\mathrm{QA}}$ は一定である。

14 $\alpha=\cos\frac{2}{5}\pi+i\sin\frac{2}{5}\pi$ とする。

(1) $1+\alpha+\alpha^2+\alpha^3+\alpha^4=0$ を示せ。

(2) $u=\alpha+\alpha^4$, $v=\alpha^2+\alpha^3$ とおくとき，$u+v$ と uv の値を求めよ。

(3) $\cos\frac{2}{5}\pi$ の値を求めよ。 (京都教育大)

(1) $\alpha^5=\cos 2\pi+i\sin 2\pi=1$ であるから $\alpha^5-1=0$

よって $(\alpha-1)(\alpha^4+\alpha^3+\alpha^2+\alpha+1)=0$

$\alpha\neq 1$ であるから $1+\alpha+\alpha^2+\alpha^3+\alpha^4=0$

(2) (1)の結果を用いて

$$u+v=\alpha+\alpha^2+\alpha^3+\alpha^4=\mathbf{-1}$$

$$uv=(\alpha+\alpha^4)(\alpha^2+\alpha^3)=\alpha^3+\alpha^4+\alpha^6+\alpha^7$$

$$=\alpha^3+\alpha^4+\alpha+\alpha^2=\mathbf{-1}$$

(3) $u=\alpha+\alpha^4$

$$=\left(\cos\frac{2}{5}\pi+i\sin\frac{2}{5}\pi\right)+\left(\cos\frac{8}{5}\pi+i\sin\frac{8}{5}\pi\right)$$

$$=\left(\cos\frac{2}{5}\pi+i\sin\frac{2}{5}\pi\right)+\left(\cos\frac{2}{5}\pi-i\sin\frac{2}{5}\pi\right)=2\cos\frac{2}{5}\pi$$

$v=\alpha^2+\alpha^3$

$$=\left(\cos\frac{4}{5}\pi+i\sin\frac{4}{5}\pi\right)+\left(\cos\frac{6}{5}\pi+i\sin\frac{6}{5}\pi\right)$$

$$=\left(\cos\frac{4}{5}\pi+i\sin\frac{4}{5}\pi\right)+\left(\cos\frac{4}{5}\pi-i\sin\frac{4}{5}\pi\right)=2\cos\frac{4}{5}\pi$$

(2)の結果から，u, v は 2 次方程式 $z^2+z-1=0$ の解であり，これを解くと $z=\frac{-1\pm\sqrt{5}}{2}$

$u=2\cos\frac{2}{5}\pi>0$, $v=2\cos\frac{4}{5}\pi<0$ であるから

$$2\cos\frac{2}{5}\pi=\frac{-1+\sqrt{5}}{2}$$

したがって $\boldsymbol{\cos\frac{2}{5}\pi=\frac{-1+\sqrt{5}}{4}}$

◀ $\frac{2}{5}\pi=72^\circ$ である。

◀ $\alpha=\cos\frac{2}{5}\pi+i\sin\frac{2}{5}\pi$ より $\alpha\neq 1$

◀ $\alpha^5=1$ であるから $\alpha^6=\alpha^5\alpha=\alpha$, $\alpha^7=\alpha^5\alpha^2=\alpha^2$

◀ $\cos\frac{8}{5}\pi=\cos\left(2\pi-\frac{2}{5}\pi\right)=\cos\left(-\frac{2}{5}\pi\right)=\cos\frac{2}{5}\pi$, $\sin\frac{8}{5}\pi=\sin\left(2\pi-\frac{2}{5}\pi\right)=\sin\left(-\frac{2}{5}\pi\right)=-\sin\frac{2}{5}\pi$

◀ 解と係数の関係 $z^2-(和)z+(積)=0$

◀ $\frac{2}{5}\pi$ は第 1 象限の角，$\frac{4}{5}\pi$ は第 2 象限の角である。

15 $n=1, 2, 3, \cdots$ に対して，$\alpha_n=(2+i)\left(\frac{-\sqrt{2}+\sqrt{6}i}{2}\right)^n$ とおくとき，次の問に答えよ。

(1) $\frac{-\sqrt{2}+\sqrt{6}i}{2}$ を極形式で表せ。

(2) α_1, α_2, α_3 をそれぞれ $a+bi$ (a, b は実数) の形で表せ。

(3) α_n の実部と虚部がともに整数となるための n の条件と，そのときの α_n の値を求めよ。

(4) 複素数平面上で，原点を中心とする半径 100 の円の内部に存在する α_n の個数を求めよ。 (電気通信大)

(1) $\left|\frac{-\sqrt{2}+\sqrt{6}i}{2}\right|=\sqrt{\left(-\frac{\sqrt{2}}{2}\right)^2+\left(\frac{\sqrt{6}}{2}\right)^2}=\sqrt{2}$ より

入試攻略

$$\frac{-\sqrt{2}+\sqrt{6}\,i}{2}=\sqrt{2}\left(-\frac{1}{2}+\frac{\sqrt{3}}{2}i\right)$$

$$=\sqrt{2}\left(\cos\frac{2}{3}\pi+i\sin\frac{2}{3}\pi\right)$$

◀ $-\frac{1}{2}+\frac{\sqrt{3}}{2}i$

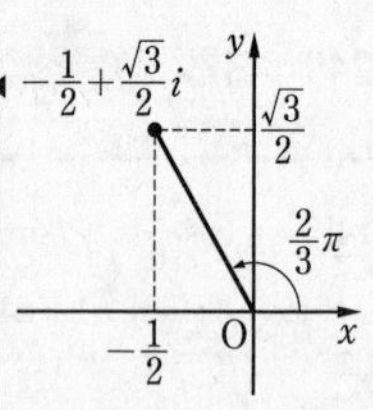

(2) $\alpha_1=(2+i)\left(\frac{-\sqrt{2}+\sqrt{6}\,i}{2}\right)=-\frac{2\sqrt{2}+\sqrt{6}}{2}+\frac{-\sqrt{2}+2\sqrt{6}}{2}i$

$$\alpha_2=(2+i)(\sqrt{2})^2\left(\cos\frac{4}{3}\pi+i\sin\frac{4}{3}\pi\right)$$

$$=(2+i)\cdot 2\cdot\left(-\frac{1}{2}-\frac{\sqrt{3}}{2}i\right)=(-2+\sqrt{3})+(-1-2\sqrt{3})i$$

◀ ド・モアブルの定理
$\left(\cos\frac{2}{3}\pi+i\sin\frac{2}{3}\pi\right)^2=\left(\cos\frac{4}{3}\pi+i\sin\frac{4}{3}\pi\right)$

$$\alpha_3=(2+i)(\sqrt{2})^3(\cos 2\pi+i\sin 2\pi)$$

$$=(2+i)\cdot 2\sqrt{2}\cdot 1=4\sqrt{2}+2\sqrt{2}\,i$$

(3) $\alpha_n=(2+i)(\sqrt{2})^n\left(\cos\frac{2}{3}n\pi+i\sin\frac{2}{3}n\pi\right)$

$$=(\sqrt{2})^n\left(2\cos\frac{2}{3}n\pi-\sin\frac{2}{3}n\pi\right)+(\sqrt{2})^n\left(\cos\frac{2}{3}n\pi+2\sin\frac{2}{3}n\pi\right)i$$

◀

n	$3k$	$3k+1$	$3k+2$
$\cos\frac{2}{3}n\pi$	1	$-\frac{1}{2}$	$-\frac{1}{2}$
$\sin\frac{2}{3}n\pi$	0	$\frac{\sqrt{3}}{2}$	$-\frac{\sqrt{3}}{2}$

（k は整数）

実部と虚部がともに整数となるのは

$$(\sqrt{2})^n,\ \cos\frac{2}{3}n\pi,\ \sin\frac{2}{3}n\pi$$

がすべて整数になるときである。

よって，求める n の条件は，**n が 6 の倍数である** ことである。

◀ $(\sqrt{2})^n$ が整数となるためには，n が 2 の倍数であり，$\cos\frac{2}{3}n\pi$ と $\sin\frac{2}{3}n\pi$ がともに整数となるためには，n が 3 の倍数であるから，n は 6 の倍数となる。

このとき，$n=6k$（k は整数）とおくと

$$\alpha_n=\alpha_{6k}$$

$$=(\sqrt{2})^{6k}(2\cos 4k\pi-\sin 4k\pi)+(\sqrt{2})^{6k}(\cos 4k\pi+2\sin 4k\pi)i$$

$$=2^{3k+1}+2^{3k}i=2^{\frac{n+2}{2}}+2^{\frac{n}{2}}i$$

◀ $k=\frac{n}{6}$ を代入して n の式で表す。

(4) $|\alpha_n|<100$ より　$\left|(2+i)(\sqrt{2})^n\left(\cos\frac{2}{3}n\pi+i\sin\frac{2}{3}n\pi\right)\right|<100$

$$|(2+i)(\sqrt{2})^n|<100$$

◀ 原点を中心とする半径 100 の円の内部は，$|z|<100$ で表される。

◀ $\left|\cos\frac{2}{3}n\pi+i\sin\frac{2}{3}n\pi\right|=1$

$|2+i|=\sqrt{5}$ より　$2^{\frac{n}{2}}<\frac{100}{\sqrt{5}}$

両辺を 2 乗して整理すると　$2^n<2000$

$2^{10}=1024,\ 2^{11}=2048$ であるから，これを満たす自然数 n は $n\leqq 10$ である。

よって，求める個数は　**10 個**

16 (1) 方程式 $z^3=i$ を解け。

(2) 任意の自然数 n に対して，複素数 z_n を $z_n=(\sqrt{3}+i)^n$ で定義する。
複素数平面上で z_{3n}，$z_{3(n+1)}$，$z_{3(n+2)}$ が表す 3 点をそれぞれ A，B，C とするとき，∠ABC は直角であることを証明せよ。（島根大）

(1) $i=\cos\frac{\pi}{2}+i\sin\frac{\pi}{2}$ であるから，

$z=r(\cos\theta+i\sin\theta)$（$r>0$，$0\leqq\theta<2\pi$）とおくと，$z^3=i$ は

$$r^3(\cos 3\theta+i\sin 3\theta)=\cos\frac{\pi}{2}+i\sin\frac{\pi}{2}$$

よって　$r^3 = 1,\ 3\theta = \dfrac{\pi}{2} + 2k\pi$　（k は整数）

$r > 0$ より　$r = 1$

$\theta = \dfrac{\pi}{6} + \dfrac{2}{3}k\pi,\ 0 \leqq \theta < 2\pi$ より，$k = 0,\ 1,\ 2$ として

$$\theta = \frac{\pi}{6},\ \frac{5}{6}\pi,\ \frac{3}{2}\pi$$

したがって　$\boldsymbol{z = \dfrac{\sqrt{3}+i}{2},\ \dfrac{-\sqrt{3}+i}{2},\ -i}$

(2)　$\sqrt{3} + i = 2\left(\cos\dfrac{\pi}{6} + i\sin\dfrac{\pi}{6}\right)$ であるから

$$z_{3n} = \left\{2\left(\cos\frac{\pi}{6} + i\sin\frac{\pi}{6}\right)\right\}^{3n} = 2^{3n}\left(\cos\frac{\pi}{2} + i\sin\frac{\pi}{2}\right)^n$$
$$= 8^n \cdot i^n = (8i)^n$$

◀ $\left(\cos\dfrac{\pi}{6} + i\sin\dfrac{\pi}{6}\right)^{3n} = \left\{\left(\cos\dfrac{\pi}{6} + i\sin\dfrac{\pi}{6}\right)^3\right\}^n = \left(\cos\dfrac{\pi}{2} + i\sin\dfrac{\pi}{2}\right)^n$

これより　$z_{3(n+1)} = (8i)^{n+1},\ z_{3(n+2)} = (8i)^{n+2}$

ゆえに

$$\frac{z_{3(n+2)} - z_{3(n+1)}}{z_{3n} - z_{3(n+1)}} = \frac{(8i)^{n+2} - (8i)^{n+1}}{(8i)^n - (8i)^{n+1}}$$
$$= \frac{(8i)^{n+1}(8i-1)}{(8i)^n(1-8i)}$$
$$= \frac{8i(8i-1)}{1-8i} = -8i$$

◀ 分母・分子をそれぞれ共通因数でくくり，$(8i)^n$ で約分する。

したがって，$\dfrac{z_{3(n+2)} - z_{3(n+1)}}{z_{3n} - z_{3(n+1)}}$ は純虚数であるから，**∠ABC は直角である。**

入試攻略

17　複素数 $a,\ b,\ c$ は連立方程式 $\begin{cases} a - ib - ic = 0 \\ ia - ib - c = 0 \\ ac = 1 \end{cases}$ を満たすとする。

(1)　$a,\ b,\ c$ を求めよ。

(2)　複素数平面上の点 z が原点を中心とする半径 1 の円上を動くとき，$w = \dfrac{bz + c}{az}$ で定まる点 w の軌跡を求めよ。　　（愛媛大）

(1)　$\begin{cases} a - ib - ic = 0 & \cdots ① \\ ia - ib - c = 0 & \cdots ② \\ ac = 1 & \cdots ③ \end{cases}$

①－② より　$(1-i)(a+c) = 0$

◀ b を消去する。

これより　$c = -a$

これを ③ に代入して　$a^2 = -1$　よって　$a = \pm i$

このとき　$c = \mp i$　（複号同順）

① より　$b = \dfrac{1}{i}a - c = \dfrac{1}{i}(\pm i) - (\mp i) = \pm(1+i)$　（複号同順）

よって　$\boldsymbol{(a,\ b,\ c) = (i,\ 1+i,\ -i),\ (-i,\ -1-i,\ i)}$

◀ 解は 2 組ある。

(2)　(1) のいずれの $(a,\ b,\ c)$ に対しても

$$w = \frac{(1+i)z - i}{iz}\quad すなわち\quad w = \frac{(1-i)z - 1}{z}$$

◀ 分母・分子に i を掛けて整理する。

整理すると　$(w - 1 + i)z = -1$

$w \neq 1-i$ であるから　　$z=-\dfrac{1}{w-1+i}$　　…④

◀ $w=1-i$ のとき，$0 \cdot z=-1$ となり矛盾。

z は原点を中心とする半径 1 の円上を動くから　　$|z|=1$

④ を代入すると　　$\left|-\dfrac{1}{w-1+i}\right|=1$

よって　　$|w-1+i|=1$

したがって，点 w の軌跡は，**点 $1-i$ を中心とする半径 1 の円** である。

18 すべての複素数 z に対して，$|z|^2+az+\overline{a}\,\overline{z}+1 \geqq 0$ となる複素数 a の集合を求め，これを複素数平面上に図示せよ。　（名古屋大）

$|z|^2+az+\overline{a}\,\overline{z}+1 \geqq 0$ より

$$z\overline{z}+az+\overline{a}\,\overline{z}+1 \geqq 0$$

$$(z+\overline{a})(\overline{z}+a) \geqq a\overline{a}-1$$

よって　　$|z+\overline{a}|^2 \geqq a\overline{a}-1$

◀ $a=\overline{(\overline{a})}$ であるから
$\overline{z}+a=\overline{z}+\overline{(\overline{a})}$
$=\overline{z+\overline{a}}$

ここで，$|z+\overline{a}|^2 \geqq 0$ であり，$|z+\overline{a}|^2$ は $z=-\overline{a}$ のとき最小値 0 をとる。

よって，任意の複素数 z に対して

$$|z+\overline{a}|^2 \geqq a\overline{a}-1$$

が成り立つことより　　$a\overline{a}-1 \leqq 0$

◀ $a\overline{a}-1$ は $|z+\overline{a}|^2$ の最小値以下である。

したがって

$$|a|^2 \leqq 1 \quad \text{すなわち} \quad |a| \leqq 1$$

となり，これを満たす複素数 a の存在する範囲は，**右の図の斜線部分** である。ただし，**境界線を含む**。

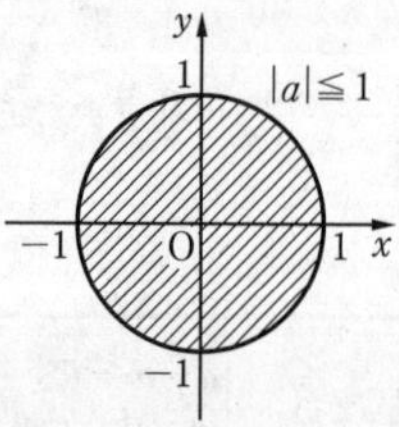